星创天地政策汇编

◎ 中国农村技术开发中心　编著

中国农业科学技术出版社

图书在版编目（CIP）数据

星创天地政策汇编 / 中国农村技术开发中心编著 .—北京：中国农业科学技术出版社，2018.6

ISBN 978-7-5116-3660-7

Ⅰ.①星… Ⅱ.①中… Ⅲ.①农村-创业-政策-汇编-中国 Ⅳ.①F249.214

中国版本图书馆 CIP 数据核字（2018）第 103899 号

责任编辑 崔改泵 李 华
责任校对 李向荣

出 版 者 中国农业科学技术出版社
北京市中关村南大街 12 号 邮编：100081
电 话 (010) 82109708（编辑室） (010) 82109702（发行部）
(010) 82109709（读者服务部）
传 真 (010) 82106625
网 址 http://www.castp.cn
经 销 者 全国各地新华书店
印 刷 者 北京建宏印刷有限公司
开 本 787mm×1 092mm 1/16
印 张 26.5
字 数 565 千字
版 次 2018 年 6 月第 1 版 2018 年 6 月第 1 次印刷
定 价 150.00 元

《星创天地政策汇编》

编委会

前　言

党的十九大明确提出了“实施乡村振兴战略”，构建农业创业体系、生产体系、经营体系，培育新型农业经营主体，促进农村一二三产业融合发展等，为在农业领域开展创新创业指明了方向。2015 年，科技部为强化科技创新驱动，推动农业供给侧结构性改革，在以重庆、陕西、山西等地先期试点的基础上，在全国范围内开展了星创天地建设工作。经过近两年的积极实践，星创天地为服务现代化农业发展，提升农业竞争力，为广大农民增收就业开辟了新的空间。截止到 2017 年 11 月，先后有 1 206 家发展水平较高，创新绩效显著，具有一定示范带动作用的星创天地主体通过了国家级备案。第一批 638 家国家级星创天地，共聚集创业导师 5 232 名，累计培训创业人才 226. 85 万人，培育职业农民 28 万人，成功孵化 10 286 家企业，培育农村新型经营主体 10 475 个。

为加大对星创天地的支持力度，营造良好政策支持环境和发展氛围，中央及地方纷纷出台了支持星创天地建设的相关政策。为强化示范推广，帮助各地科技主管部门和星创天地建设主体学习建设经验，完善星创天地支持政策，进一步发挥星创天地在促进农业农村领域创新创业的积极作用，中国农村技术开发中心组织专家收集整理了来自全国各地的星创天地支持政策，梳理筛选形成了《星创天地政策汇编》一书。

本汇编分为三部分，第一部分为中央政策文件 5 项，第二部分为各省、自治区、直辖市及计划单列市出台的相关政策 57 项，第三部分为地级市出台的相关政策 3 项。

中国农村技术开发中心

2017 年 12 月

前言

目　　录

中央政策文件

各省、自治区、直辖市及计划单列市出台的相关政策

地级市出台的相关政策

中央政策文件

国务院关于大力推进大众创业万众创新若干政策措施的意见

国发〔2015〕32号

各省、自治区、直辖市人民政府，国务院各部委、各直属机构：

推进大众创业、万众创新，是发展的动力之源，也是富民之道、公平之计、强国之策，对于推动经济结构调整、打造发展新引擎、增强发展新动力、走创新驱动发展道路具有重要意义，是稳增长、扩就业、激发亿万群众智慧和创造力，促进社会纵向流动、公平正义的重大举措。根据2015年《政府工作报告》部署，为改革完善相关体制机制，构建普惠性政策扶持体系，推动资金链引导创业创新链、创业创新链支持产业链、产业链带动就业链，现提出以下意见。

一、充分认识推进大众创业、万众创新的重要意义

——推进大众创业、万众创新，是培育和催生经济社会发展新动力的必然选择。随着我国资源环境约束日益强化，要素的规模驱动力逐步减弱，传统的高投入、高消耗、粗放式发展方式难以为继，经济发展进入新常态，需要从要素驱动、投资驱动转向创新驱动。推进大众创业、万众创新，就是要通过结构性改革、体制机制创新，消除不利于创业创新发展的各种制度束缚和桎梏，支持各类市场主体不断开办新企业、开发新产品、开拓新市场，培育新兴产业，形成小企业“铺天盖地”、大企业“顶天立地”的发展格局，实现创新驱动发展，打造新引擎、形成新动力。

——推进大众创业、万众创新，是扩大就业、实现富民之道的根本举措。我国有13亿多人口、9亿多劳动力，每年高校毕业生、农村转移劳动力、城镇困难人员、退役军人数量较大，人力资源转化为人力资本的潜力巨大，但就业总量压力较大，结构性矛盾凸显。推进大众创业、万众创新，就是要通过转变政府职能、建设服务型政府，营造公平竞争的创业环境，使有梦想、有意愿、有能力的科技人员、高校毕业生、农民工、退役军人、失业人员等各类市场创业主体“如鱼得水”，通过创业增加收入，让更多的人富起来，促进收入分配结构调整，实现创新支持创业、创业带动就业的良性互动发展。

——推进大众创业、万众创新，是激发全社会创新潜能和创业活力的有效途径。目前，我国创业创新理念还没有深入人心，创业教育培训体系还不健全，善于创造、勇于创业的能力不足，鼓励创新、宽容失败的良好环境尚未形成。推进大众创业、万

众创新，就是要通过加强全社会以创新为核心的创业教育，弘扬“敢为人先、追求创新、百折不挠”的创业精神，厚植创新文化，不断增强创业创新意识，使创业创新成为全社会共同的价值追求和行为习惯。

二、总体思路

按照“四个全面”战略布局，坚持改革推动，加快实施创新驱动发展战略，充分发挥市场在资源配置中的决定性作用和更好发挥政府作用，加大简政放权力度，放宽政策、放开市场、放活主体，形成有利于创业创新的良好氛围，让千千万万创业者活跃起来，汇聚成经济社会发展的巨大动能。不断完善体制机制、健全普惠性政策措施，加强统筹协调，构建有利于大众创业、万众创新蓬勃发展的政策环境、制度环境和公共服务体系，以创业带动就业、创新促进发展。

——坚持深化改革，营造创业环境。通过结构性改革和创新，进一步简政放权、放管结合、优化服务，增强创业创新制度供给，完善相关法律法规、扶持政策和激励措施，营造均等普惠环境，推动社会纵向流动。

——坚持需求导向，释放创业活力。尊重创业创新规律，坚持以人为本，切实解决创业者面临的资金需求、市场信息、政策扶持、技术支撑、公共服务等瓶颈问题，最大限度释放各类市场主体创业创新活力，开辟就业新空间，拓展发展新天地，解放和发展生产力。

——坚持政策协同，实现落地生根。加强创业、创新、就业等各类政策统筹，部门与地方政策联动，确保创业扶持政策可操作、能落地。鼓励有条件的地区先行先试，探索形成可复制、可推广的创业创新经验。

——坚持开放共享，推动模式创新。加强创业创新公共服务资源开放共享，整合利用全球创业创新资源，实现人才等创业创新要素跨地区、跨行业自由流动。依托“互联网+”、大数据等，推动各行业创新商业模式，建立和完善线上与线下、境内与境外、政府与市场开放合作等创业创新机制。

三、创新体制机制，实现创业便利化

（一）完善公平竞争市场环境

进一步转变政府职能，增加公共产品和服务供给，为创业者提供更多机会。逐步清理并废除妨碍创业发展的制度和规定，打破地方保护主义。加快出台公平竞争审查制度，建立统一透明、有序规范的市场环境。依法反垄断和反不正当竞争，消除不利于创业创新发展的垄断协议和滥用市场支配地位以及其他不正当竞争行为。清理规范涉企收费项目，完善收费目录管理制度，制定事中事后监管办法。建立和规范企业信用信息发布制度，制定严重违法企业名单管理办法，把创业主体信用与市场准入、享受优惠政策挂钩，完善以信用管理为基础的创业创新监管模式。

（二）深化商事制度改革

加快实施工商营业执照、组织机构代码证、税务登记证“三证合一”“一照一码”，落实“先照后证”改革，推进全程电子化登记和电子营业执照应用。支持各地结合实际放宽新注册企业场所登记条件限制，推动“一址多照”、集群注册等住所登记改革，为创业创新提供便利的工商登记服务。建立市场准入等负面清单，破除不合理的行业准入限制。开展企业简易注销试点，建立便捷的市场退出机制。依托企业信用信息公示系统建立小微企业名录，增强创业企业信息透明度。

（三）加强创业知识产权保护

研究商业模式等新形态创新成果的知识产权保护办法。积极推进知识产权交易，加快建立全国知识产权运营公共服务平台。完善知识产权快速维权与维权援助机制，缩短确权审查、侵权处理周期。集中查处一批侵犯知识产权的大案要案，加大对反复侵权、恶意侵权等行为的处罚力度，探索实施惩罚性赔偿制度。完善权利人维权机制，合理划分权利人举证责任，完善行政调解等非诉讼纠纷解决途径。

（四）健全创业人才培养与流动机制

把创业精神培育和创业素质教育纳入国民教育体系，实现全社会创业教育和培训制度化、体系化。加快完善创业课程设置，加强创业实训体系建设。加强创业创新知识普及教育，使大众创业、万众创新深入人心。加强创业导师队伍建设，提高创业服务水平。加快推进社会保障制度改革，破除人才自由流动制度障碍，实现党政机关、企事业单位、社会各方面人才顺畅流动。加快建立创业创新绩效评价机制，让一批富有创业精神、勇于承担风险的人才脱颖而出。

四、优化财税政策，强化创业扶持

（五）加大财政资金支持和统筹力度

各级财政要根据创业创新需要，统筹安排各类支持小微企业和创业创新的资金，加大对创业创新支持力度，强化资金预算执行和监管，加强资金使用绩效评价。支持有条件的地方政府设立创业基金，扶持创业创新发展。在确保公平竞争前提下，鼓励对众创空间等孵化机构的办公用房、用水、用能、网络等软硬件设施给予适当优惠，减轻创业者负担。

（六）完善普惠性税收措施

落实扶持小微企业发展的各项税收优惠政策。落实科技企业孵化器、大学科技园、研发费用加计扣除、固定资产加速折旧等税收优惠政策。对符合条件的众创空间等新型孵化机构适用科技企业孵化器税收优惠政策。按照税制改革方向和要求，对包括天使投资在内的投向种子期、初创期等创新活动的投资，统筹研究相关税收支持政策。修订完善高新技术企业认定办法，完善创业投资企业享受70%应纳税所得额税收抵免政策。抓紧推广中关村国家自主创新示范区税收试点政策，将企业转增股本分期缴纳个人所得税试点政策、股权奖励分期缴纳个人所得税试点政策推广至全国范围。落实促进高校毕业生、残疾人、退役军人、登记失业人员等创业就业税收政策。

（七）发挥政府采购支持作用

完善促进中小企业发展的政府采购政策，加强对采购单位的政策指导和监督检查，督促采购单位改进采购计划编制和项目预留管理，增强政策对小微企业发展的支持效果。加大创新产品和服务的采购力度，把政府采购与支持创业发展紧密结合起来。

五、搞活金融市场，实现便捷融资

（八）优化资本市场

支持符合条件的创业企业上市或发行票据融资，并鼓励创业企业通过债券市场筹集资金。积极研究尚未盈利的互联网和高新技术企业到创业板发行上市制度，推动在上海证券交易所建立战略新兴产业板。加快推进全国中小企业股份转让系统向创业板转板试点。研究解决特殊股权结构类创业企业在境内上市的制度性障碍，完善资本市场规则。规范发展服务于中小微企业的区域性股权市场，推动建立工商登记部门与区域性股权市场的股权登记对接机制，支持股权质押融资。支持符合条件的发行主体发行小微企业增信集合债等企业债券创新品种。

（九）创新银行支持方式

鼓励银行提高针对创业创新企业的金融服务专业化水平，不断创新组织架构、管理方式和金融产品。推动银行与其他金融机构加强合作，对创业创新活动给予有针对性的股权和债权融资支持。鼓励银行业金融机构向创业企业提供结算、融资、理财、咨询等一站式系统化的金融服务。

（十）丰富创业融资新模式

支持互联网金融发展，引导和鼓励众筹融资平台规范发展，开展公开、小额股权众筹融资试点，加强风险控制和规范管理。丰富完善创业担保贷款政策。支持保险资金参与创业创新，发展相互保险等新业务。完善知识产权估值、质押和流转体系，依法合规推动知识产权质押融资、专利许可费收益权证券化、专利保险等服务常态化、规模化发展，支持知识产权金融发展。

六、扩大创业投资，支持创业起步成长

（十一）建立和完善创业投资引导机制

不断扩大社会资本参与新兴产业创投计划参股基金规模，做大直接融资平台，引导创业投资更多向创业企业起步成长的前端延伸。不断完善新兴产业创业投资政策体系、制度体系、融资体系、监管和预警体系，加快建立考核评价体系。加快设立国家新兴产业创业投资引导基金和国家中小企业发展基金，逐步建立支持创业创新和新兴产业发展的市场化长效运行机制。发展联合投资等新模式，探索建立风险补偿机制。

鼓励各地方政府建立和完善创业投资引导基金。加强创业投资立法，完善促进天使投资的政策法规。促进国家新兴产业创业投资引导基金、科技型中小企业创业投资引导基金、国家科技成果转化引导基金、国家中小企业发展基金等协同联动。推进创业投资行业协会建设，加强行业自律。

（十二）拓宽创业投资资金供给渠道

加快实施新兴产业“双创”三年行动计划，建立一批新兴产业“双创”示范基地，引导社会资金支持大众创业。推动商业银行在依法合规、风险隔离的前提下，与创业投资机构建立市场化长期性合作。进一步降低商业保险资金进入创业投资的门槛。推动发展投贷联动、投保联动、投债联动等新模式，不断加大对创业创新企业的融资支持。

（十三）发展国有资本创业投资

研究制定鼓励国有资本参与创业投资的系统性政策措施，完善国有创业投资机构激励约束机制、监督管理机制。引导和鼓励中央企业和其他国有企业参与新兴产业创业投资基金、设立国有资本创业投资基金等，充分发挥国有资本在创业创新中的作用。研究完善国有创业投资机构国有股转持豁免政策。

（十四）推动创业投资“引进来”与“走出去”

抓紧修订外商投资创业投资企业相关管理规定，按照内外资一致的管理原则，放宽外商投资准入，完善外资创业投资机构管理制度，简化管理流程，鼓励外资开展创业投资业务。放宽对外资创业投资基金投资限制，鼓励中外合资创业投资机构发展。引导和鼓励创业投资机构加大对境外高端研发项目的投资，积极分享境外高端技术成果。按投资领域、用途、募集资金规模，完善创业投资境外投资管理。

七、发展创业服务，构建创业生态

（十五）加快发展创业孵化服务

大力发展创新工场、车库咖啡等新型孵化器，做大做强众创空间，完善创业孵化服务。引导和鼓励各类创业孵化器与天使投资、创业投资相结合，完善投融资模式。引导和推动创业孵化与高校、科研院所等技术成果转移相结合，完善技术支撑服务。引导和鼓励国内资本与境外合作设立新型创业孵化平台，引进境外先进创业孵化模式，提升孵化能力。

（十六）大力发展第三方专业服务

加快发展企业管理、财务咨询、市场营销、人力资源、法律顾问、知识产权、检验检测、现代物流等第三方专业化服务，不断丰富和完善创业服务。

（十七）发展“互联网+”创业服务

加快发展“互联网+”创业网络体系，建设一批小微企业创业创新基地，促进创业与创新、创业与就业、线上与线下相结合，降低全社会创业门槛和成本。加强政府数据开放共享，推动大型互联网企业和基础电信企业向创业者开放计算、存储和数据资源。积极推广众包、用户参与设计、云设计等新型研发组织模式和创业创新模式。

(十八) 研究探索创业券、创新券等公共服务新模式

有条件的地方继续探索通过创业券、创新券等方式对创业者和创新企业提供社会培训、管理咨询、检验检测、软件开发、研发设计等服务，建立和规范相关管理制度和运行机制，逐步形成可复制、可推广的经验。

八、建设创业创新平台，增强支撑作用

(十九) 打造创业创新公共平台

加强创业创新信息资源整合，建立创业政策集中发布平台，完善专业化、网络化服务体系，增强创业创新信息透明度。鼓励开展各类公益讲坛、创业论坛、创业培训等活动，丰富创业平台形式和内容。支持各类创业创新大赛，定期办好中国创新创业大赛、中国农业科技创新创业大赛和创新挑战大赛等赛事。加强和完善中小企业公共服务平台网络建设。充分发挥企业的创新主体作用，鼓励和支持有条件的大型企业发展创业平台、投资并购小微企业等，支持企业内外部创业者创业，增强企业创业创新活力。为创业失败者再创业建立必要的指导和援助机制，不断增强创业信心和创业能力。加快建立创业企业、天使投资、创业投资统计指标体系，规范统计口径和调查方法，加强监测和分析。

(二十) 用好创业创新技术平台

建立科技基础设施、大型科研仪器和专利信息资源向全社会开放的长效机制。完善国家重点实验室等国家级科研平台(基地)向社会开放机制，为大众创业、万众创新提供有力支撑。鼓励企业建立一批专业化、市场化的技术转移平台。鼓励依托三维(3D)打印、网络制造等先进技术和发展模式，开展面向创业者的社会化服务。引导和支持有条件的领军企业创建特色服务平台，面向企业内部和外部创业者提供资金、技术和服务支撑。加快建立军民两用技术项目实施、信息交互和标准化协调机制，促进军民创新资源融合。

(二十一) 发展创业创新区域平台

支持开展全面创新改革试验的省(区、市)、国家综合配套改革试验区等，依托改革试验平台在创业创新体制机制改革方面积极探索，发挥示范和带动作用，为创业创新制度体系建设提供可复制、可推广的经验。依托自由贸易试验区、国家自主创新示范区、战略性新兴产业集聚区等创业创新资源密集区域，打造若干具有全球影响力的创业创新中心。引导和鼓励创业创新型城市完善环境，推动区域集聚发展。推动实施小微企业创业基地城市示范。鼓励有条件的地方出台各具特色的支持政策，积极盘活闲置的商业用房、工业厂房、企业库房、物流设施和家庭住所、租赁房等资源，为创

业者提供低成本办公场所和居住条件。

九、激发创造活力，发展创新型创业

（二十二）支持科研人员创业

加快落实高校、科研院所等专业技术人员离岗创业政策，对经同意离岗的可在3年内保留人事关系，建立健全科研人员双向流动机制。进一步完善创新型中小企业上市股权激励和员工持股计划制度规则。鼓励符合条件的企业按照有关规定，通过股权、期权、分红等激励方式，调动科研人员创业积极性。支持鼓励学会、协会、研究会等科技社团为科技人员和创业企业提供咨询服务。

（二十三）支持大学生创业

深入实施大学生创业引领计划，整合发展高校毕业生就业创业基金。引导和鼓励高校统筹资源，抓紧落实大学生创业指导服务机构、人员、场地、经费等。引导和鼓励成功创业者、知名企业家、天使和创业投资人、专家学者等担任兼职创业导师，提供包括创业方案、创业渠道等创业辅导。建立健全弹性学制管理办法，支持大学生保留学籍休学创业。

（二十四）支持境外人才来华创业

发挥留学回国人才特别是领军人才、高端人才的创业引领带动作用。继续推进人力资源市场对外开放，建立和完善境外高端创业创新人才引进机制。进一步放宽外籍高端人才来华创业办理签证、永久居留证等条件，简化开办企业审批流程，探索由事前审批调整为事后备案。引导和鼓励地方对回国创业高端人才和境外高端人才来华创办高科技企业给予一次性创业启动资金，在配偶就业、子女入学、医疗、住房、社会保障等方面完善相关措施。加强海外科技人才离岸创业基地建设，把更多的国外创业创新资源引入国内。

十、拓展城乡创业渠道，实现创业带动就业

（二十五）支持电子商务向基层延伸

引导和鼓励集办公服务、投融资支持、创业辅导、渠道开拓于一体的市场化网商创业平台发展。鼓励龙头企业结合乡村特点建立电子商务交易服务平台、商品集散平台和物流中心，推动农村依托互联网创业。鼓励电子商务第三方交易平台渠道下沉，带动城乡基层创业人员依托其平台和经营网络开展创业。完善有利于中小网商发展的相关措施，在风险可控、商业可持续的前提下支持发展面向中小网商的融资贷款业务。

（二十六）支持返乡创业集聚发展

结合城乡区域特点，建立有市场竞争力的协作创业模式，形成各具特色的返乡人员创业联盟。引导返乡创业人员融入特色专业市场，打造具有区域特点的创业集群和优势产业集群。深入实施农村青年创业富民行动，支持返乡创业人员因地制宜围绕休

闲农业、农产品深加工、乡村旅游、农村服务业等开展创业，完善家庭农场等新型农业经营主体发展环境。

（二十七）完善基层创业支撑服务

加强城乡基层创业人员社保、住房、教育、医疗等公共服务体系建设，完善跨区域创业转移接续制度。健全职业技能培训体系，加强远程公益创业培训，提升基层创业人员创业能力。引导和鼓励中小金融机构开展面向基层创业创新的金融产品创新，发挥社区地理和软环境优势，支持社区创业者创业。引导和鼓励行业龙头企业、大型物流企业发挥优势，拓展乡村信息资源、物流仓储等技术和服务网络，为基层创业提供支撑。

十一、加强统筹协调，完善协同机制

（二十八）加强组织领导

建立由发展改革委牵头的推进大众创业万众创新部际联席会议制度，加强顶层设计和统筹协调。各地区、各部门要立足改革创新，坚持需求导向，从根本上解决创业创新中面临的各种体制机制问题，共同推进大众创业、万众创新蓬勃发展。重大事项要及时向国务院报告。

（二十九）加强政策协调联动

建立部门之间、部门与地方之间政策协调联动机制，形成强大合力。各地区、各部门要系统梳理已发布的有关支持创业创新发展的各项政策措施，抓紧推进“立、改、废”工作，将对初创企业的扶持方式从选拔式、分配式向普惠式、引领式转变。建立健全创业创新政策协调审查制度，增强政策普惠性、连贯性和协同性。

（三十）加强政策落实情况督查

加快建立推进大众创业、万众创新有关普惠性政策措施落实情况督查督导机制，建立和完善政策执行评估体系和通报制度，全力打通决策部署的“最先一公里”和政策落实的“最后一公里”，确保各项政策措施落地生根。

各地区、各部门要进一步统一思想认识，高度重视、认真落实本意见的各项要求，结合本地区、本部门实际明确任务分工、落实工作责任，主动作为、敢于担当，积极研究解决新问题，及时总结推广经验做法，加大宣传力度，加强舆论引导，推动本意见确定的各项政策措施落实到位，不断拓展大众创业、万众创新的空间，汇聚经济社会发展新动能，促进我国经济保持中高速增长、迈向中高端水平。

国务院

2015 年 6 月 11 日

国务院办公厅关于印发促进科技成果转移转化行动方案的通知

国办发〔2016〕28号

各省、自治区、直辖市人民政府，国务院各部委、各直属机构：

《促进科技成果转移转化行动方案》已经国务院同意，现印发给你们，请认真贯彻落实。

国务院办公厅

2016年4月21日

促进科技成果转移转化行动方案

促进科技成果转移转化是实施创新驱动发展战略的重要任务，是加强科技与经济紧密结合的关键环节，对于推进结构性改革尤其是供给侧结构性改革、支撑经济转型升级和产业结构调整，促进大众创业、万众创新，打造经济发展新引擎具有重要意义。为深入贯彻党中央、国务院一系列重大决策部署，落实《中华人民共和国促进科技成果转化法》，加快推动科技成果转化为现实生产力，依靠科技创新支撑稳增长、促改革、调结构、惠民生，特制定本方案。

一、总体思路

深入贯彻落实党的十八大、十八届三中、四中、五中全会精神和国务院部署，紧扣创新发展要求，推动大众创新创业，充分发挥市场配置资源的决定性作用，更好发挥政府作用，完善科技成果转移转化政策环境，强化重点领域和关键环节的系统部署，强化技术、资本、人才、服务等创新资源的深度融合与优化配置，强化中央和地方协同推动科技成果转移转化，建立符合科技创新规律和市场经济规律的科技成果转移转化体系，促进科技成果资本化、产业化，形成经济持续稳定增长新动力，为到2020年进入创新型国家行列、实现全面建成小康社会奋斗目标作出贡献。

（一）基本原则

——市场导向。发挥市场在配置科技创新资源中的决定性作用，强化企业转移转化科技成果的主体地位，发挥企业家整合技术、资金、人才的关键作用，推进产学研协同创新，大力发展技术市场。完善科技成果转移转化的需求导向机制，拓展新技术、新产品的市场应用空间。

——政府引导。加快政府职能转变，推进简政放权、放管结合、优化服务，强化政府在科技成果转移转化政策制定、平台建设、人才培养、公共服务等方面职能，发挥财政资金引导作用，营造有利于科技成果转移转化的良好环境。

——纵横联动。加强中央与地方的上下联动，发挥地方在推动科技成果转移转化中的重要作用，探索符合地方实际的成果转化有效路径。加强部门之间统筹协同、军民之间融合联动，在资源配置、任务部署等方面形成共同促进科技成果转化的合力。

——机制创新。充分运用众创、众包、众扶、众筹等基于互联网的创新创业新理念，建立创新要素充分融合的新机制，充分发挥资本、人才、服务在科技成果转移转化中的催化作用，探索科技成果转移转化新模式。

（二）主要目标

“十三五”期间，推动一批短中期见效、有力带动产业结构优化升级的重大科技成果转化应用，企业、高校和科研院所科技成果转移转化能力显著提高，市场化的技术交易服务体系进一步健全，科技型创新创业蓬勃发展，专业化技术转移人才队伍发展壮大，多元化的科技成果转移转化投入渠道日益完善，科技成果转移转化的制度环境更加优化，功能完善、运行高效、市场化的科技成果转移转化体系全面建成。

主要指标：建设100个示范性国家技术转移机构，支持有条件的地方建设10个科技成果转移转化示范区，在重点行业领域布局建设一批支撑实体经济发展的众创空间，建成若干技术转移人才培养基地，培养1万名专业化技术转移人才，全国技术合同交易额力争达到2万亿元。

二、重点任务

围绕科技成果转移转化的关键问题和薄弱环节，加强系统部署，抓好措施落实，形成以企业技术创新需求为导向、以市场化交易平台为载体、以专业化服务机构为支撑的科技成果转移转化新格局。

（一）开展科技成果信息汇交与发布

1. 发布转化先进适用的科技成果包。围绕新一代信息网络、智能绿色制造、现代农业、现代能源、资源高效利用和生态环保、海洋和空间、智慧城市和数字社会、人口健康等重点领域，以需求为导向发布一批符合产业转型升级方向、投资规模与产业带动作用大的科技成果包。发挥财政资金引导作用和科技中介机构的成果筛选、市场化评估、融资服务、成果推介等作用，鼓励企业探索新的商业模式和科技成果产业化路径，加速重大科技成果转化应用。引导支持农业、医疗卫生、生态建设等社会公益领域科技成果转化应用。

2. 建立国家科技成果信息系统。制定科技成果信息采集、加工与服务规范，推动中央和地方各类科技计划、科技奖励成果存量与增量数据资源互联互通，构建由财政资金支持产生的科技成果转化项目库与数据服务平台。完善科技成果信息共享机制，在不泄露国家秘密和商业秘密的前提下，向社会公布科技成果和相关知识产权信息，提供科技成果信息查询、筛选等公益服务。

3. 加强科技成果信息汇交。建立健全各地方、各部门科技成果信息汇交工作机制，推广科技成果在线登记汇交系统，畅通科技成果信息收集渠道。加强科技成果管理与科技计划项目管理的有机衔接，明确由财政资金设立的应用类科技项目承担单位的科技成果转化义务，开展应用类科技项目成果以及基础研究中具有应用前景的科研项目成果信息汇交。鼓励非财政资金资助的科技成果进行信息汇交。

4. 加强科技成果数据资源开发利用。围绕传统产业转型升级、新兴产业培育发展需求，鼓励各类机构运用云计算、大数据等新一代信息技术，积极开展科技成果信息增值服务，提供符合用户需求的精准科技成果信息。开展科技成果转化为技术标准试点，推动更多应用类科技成果转化为技术标准。加强科技成果、科技报告、科技文献、知识产权、标准等的信息化关联，各地方、各部门在规划制定、计划管理、战略研究等方面要充分利用科技成果资源。

5. 推动军民科技成果融合转化应用。建设国防科技工业成果信息与推广转化平台，研究设立国防科技工业军民融合产业投资基金，支持军民融合科技成果推广应用。梳理具有市场应用前景的项目，发布军用技术转民用推广目录、“民参军”技术与产品推荐目录、国防科技工业知识产权转化目录。实施军工技术推广专项，推动国防科技成果向民用领域转化应用。

（二）产学研协同开展科技成果转移转化

6. 支持高校和科研院所开展科技成果转移转化。组织高校和科研院所梳理科技成果资源，发布科技成果目录，建立面向企业的技术服务站点网络，推动科技成果与产业、企业需求有效对接，通过研发合作、技术转让、技术许可、作价投资等多种形式，实现科技成果市场价值。依托中国科学院的科研院所体系实施科技服务网络计划，围绕产业和地方需求开展技术攻关、技术转移与示范、知识产权运营等。鼓励医疗机构、医学研究单位等构建协同研究网络，加强临床指南和规范制定工作，加快新技术、新产品应用推广。引导有条件的高校和科研院所建立健全专业化科技成果转移转化机构，明确统筹科技成果转移转化与知识产权管理的职责，加强市场化运营能力。在部分高校和科研院所试点探索科技成果转移转化的有效机制与模式，建立职务科技成果披露与管理制度，实行技术经理人市场化聘用制，建设一批运营机制灵活、专业人才集聚、服务能力突出、具有国际影响力的国家技术转移机构。

7. 推动企业加强科技成果转化应用。以创新型企业、高新技术企业、科技型中小企业为重点，支持企业与高校、科研院所联合设立研发机构或技术转移机构，共同开展研究开发、成果应用与推广、标准研究与制定等。围绕“互联网+”战略开展企业技术难题竞标等“研发众包”模式探索，引导科技人员、高校、科研院所承接企业的项目委托和难题招标，聚众智推进开放式创新。市场导向明确的科技计划项目由企业牵头组织实施。完善技术成果向企业转移扩散的机制，支持企业引进国内外先进适用技术，开展技术革新与改造升级。

8. 构建多种形式的产业技术创新联盟。围绕“中国制造2025”“互联网+”等国家重点产业发展战略以及区域发展战略部署，发挥行业骨干企业、转制科研院所主导作用，联合上下游企业和高校、科研院所等构建一批产业技术创新联盟，围绕产业链构建创新链，推动跨领域跨行业协同创新，加强行业共性关键技术研发和推广应用，为联盟成员企业提供订单式研发服务。支持联盟承担重大科技成果转化项目，探索联合攻关、利益共享、知识产权运营的有效机制与模式。

9. 发挥科技社团促进科技成果转移转化的纽带作用。以创新驱动助力工程为抓手，提升学会服务科技成果转移转化能力和水平，利用学会服务站、技术研发基地等柔性创新载体，组织动员学会智力资源服务企业转型升级，建立学会联系企业的长效机制，开展科技信息服务，实现科技成果转移转化供给端与需求端的精准对接。

（三）建设科技成果中试与产业化载体

10. 建设科技成果产业化基地。瞄准节能环保、新一代信息技术、生物技术、高端装备制造、新能源、新材料、新能源汽车等战略性新兴产业领域，依托国家自主创新示范区、国家高新区、国家农业科技园区、国家可持续发展实验区、国家大学科技园、战略性新兴产业集聚区等创新资源集聚区域以及高校、科研院所、行业骨干企业等，建设一批科技成果产业化基地，引导科技成果对接特色产业需求转移转化，培育新的经济增长点。

11. 强化科技成果中试熟化。鼓励企业牵头、政府引导、产学研协同，面向产业发展需求开展中试熟化与产业化开发，提供全程技术研发解决方案，加快科技成果转移转化。支持地方围绕区域特色产业发展、中小企业技术创新需求，建设通用性或行业性技术创新服务平台，提供从实验研究、中试熟化到生产过程所需的仪器设备、中试生产线等资源，开展研发设计、检验检测认证、科技咨询、技术标准、知识产权、投融资等服务。推动各类技术开发类科研基地合理布局和功能整合，促进科研基地科技成果转移转化，推动更多企业和产业发展亟需的共性技术成果扩散与转化应用。

（四）强化科技成果转移转化市场化服务

12. 构建国家技术交易网络平台。以“互联网+”科技成果转移转化为核心，以需求为导向，连接技术转移服务机构、投融资机构、高校、科研院所和企业等，集聚成果、资金、人才、服务、政策等各类创新要素，打造线上与线下相结合的国家技术交易网络平台。平台依托专业机构开展市场化运作，坚持开放共享的运营理念，支持各类服务机构提供信息发布、融资并购、公开挂牌、竞价拍卖、咨询辅导等专业化服务，形成主体活跃、要素齐备、机制灵活的创新服务网络。引导高校、科研院所、国有企业的科技成果挂牌交易与公示。

13. 健全区域性技术转移服务机构。支持地方和有关机构建立完善区域性、行业性技术市场，形成不同层级、不同领域技术交易有机衔接的新格局。在现有的技术转移区域中心、国际技术转移中心基础上，落实“一带一路”、京津冀协同发展、长江经济带等重大战略，进一步加强重点区域间资源共享与优势互补，提升跨区域技术转移与辐射功能，打造连接国内外技术、资本、人才等创新资源的技术转移网络。

14. 完善技术转移机构服务功能。完善技术产权交易、知识产权交易等各类平台功能，促进科技成果与资本的有效对接。支持有条件的技术转移机构与天使投资、创业投资等合作建立投资基金，加大对科技成果转化项目的投资力度。鼓励国内机构与国际知名技术转移机构开展深层次合作，围绕重点产业技术需求引进国外先进适用的科技成果。鼓励技术转移机构探索适应不同用户需求的科技成果评价方法，提升科技成果转移转化成功率。推动行业组织制定技术转移服务标准和规范，建立技术转移服务评价与信用机制，加强行业自律管理。

15. 加强重点领域知识产权服务。实施“互联网+”融合重点领域专利导航项目，引导“互联网+”协同制造、现代农业、智慧能源、绿色生态、人工智能等融合领域的知识产权战略布局，提升产业创新发展能力。开展重大科技经济活动知识产权分析评议，为战略规划、政策制定、项目确立等提供依据。针对重点产业完善国际化知识产权信息平台，发布“走向海外”知识产权实务操作指引，为企业“走出去”提供专业化知识产权服务。

（五）大力推动科技型创新创业

16. 促进众创空间服务和支撑实体经济发展。重点在创新资源集聚区域，依托行业龙头企业、高校、科研院所，在电子信息、生物技术、高端装备制造等重点领域建设一批以成果转移转化为主要内容、专业服务水平高、创新资源配置优、产业辐射带动作用强的众创空间，有效支撑实体经济发展。构建一批支持农村科技创新创业的星创天地。支持企业、高校和科研院所发挥科研设施、专业团队、技术积累等专业领域创新优势，为创业者提供技术研发服务。吸引更多科技人员、海外归国人员等高端创业人才入驻众创空间，重点支持以核心技术为源头的创新创业。

17. 推动创新资源向创新创业者开放。引导高校、科研院所、大型企业、技术转移机构、创业投资机构以及国家级科研平台(基地)等，将科研基础设施、大型科研仪器、科技数据文献、科技成果、创投资金等向创新创业者开放。依托3D打印、大数据、网络制造、开源软硬件等先进技术和手段，支持各类机构为创新创业者提供便捷的创新创业工具。支持高校、企业、孵化机构、投资机构等开设创新创业培训课程，鼓励经验丰富的企业家、天使投资人和专家学者等担任创业导师。

18. 举办各类创新创业大赛。组织开展中国创新创业大赛、中国创新挑战赛、中国“互联网+”大学生创新创业大赛、中国农业科技创新创业大赛、中国科技创新创业人才投融资集训营等活动，支持地方和社会各界举办各类创新创业大赛，集聚整合创业投资等各类资源支持创新创业。

（六）建设科技成果转移转化人才队伍

19. 开展技术转移人才培养。充分发挥各类创新人才培养示范基地作用，依托有条件的地方和机构建设一批技术转移人才培养基地。推动有条件的高校设立科技成果转化相关课程，打造一支高水平的师资队伍。加快培养科技成果转移转化领军人才，纳入各类创新创业人才引进培养计划。推动建设专业化技术经纪人队伍，畅通职业发展通道。鼓励和规范高校、科研院所、企业中符合条件的科技人员从事技术转移工作。与国际技术转移组织联合培养国际化技术转移人才。

20. 组织科技人员开展科技成果转移转化。紧密对接地方产业技术创新、农业农村发展、社会公益等领域需求，继续实施万名专家服务基层行动计划、科技特派员、科技创业者行动、企业院士行、先进适用技术项目推广等，动员高校、科研院所、企业的科技人员及高层次专家，深入企业、园区、农村等基层一线开展技术咨询、技术服务、科技攻关、成果推广等科技成果转移转化活动，打造一支面向基层的科技成果转移转化人才队伍。

21. 强化科技成果转移转化人才服务。构建“互联网+”创新创业人才服务平台，提供科技咨询、人才计划、科技人才活动、教育培训等公共服务，实现人才与人才、人才与企业、人才与资本之间的互动和跨界协作。围绕支撑地方特色产业培育发展，建立一批科技领军人才创新驱动中心，支持有条件的企业建设院士（专家）工作站，为高层次人才与企业、地方对接搭建平台。建设海外科技人才离岸创新创业基地，为引进海外创新创业资源搭建平台和桥梁。

（七）大力推动地方科技成果转移转化

22. 加强地方科技成果转化工作。健全省、市、县三级科技成果转化工作网络，强化科技管理部门开展科技成果转移转化的工作职能，加强相关部门之间的协同配合，探索适应地方成果转化要求的考核评价机制。加强基层科技管理机构与队伍建设，完善承接科技成果转移转化的平台与机制，宣传科技成果转化政策，帮助中小企业寻找应用科技成果，搭建产学研合作信息服务平台。指导地方探索“创新券”等政府购买服务模式，降低中小企业技术创新成本。

23. 开展区域性科技成果转移转化试点示范。以创新资源集聚、工作基础好的省(区、市）为主导，跨区域整合成果、人才、资本、平台、服务等创新资源，建设国家科技成果转移转化试验示范区，在科技成果转移转化服务、金融、人才、政策等方面，探索形成一批可复制、可推广的工作经验与模式。围绕区域特色产业发展技术瓶颈，推动一批符合产业转型发展需求的重大科技成果在示范区转化与推广应用。

（八）强化科技成果转移转化的多元化资金投入

24. 发挥中央财政对科技成果转移转化的引导作用。发挥国家科技成果转化引导基金等的杠杆作用，采取设立子基金、贷款风险补偿等方式，吸引社会资本投入，支持关系国计民生和产业发展的科技成果转化。通过优化整合后的技术创新引导专项(基金)、基地和人才专项，加大对符合条件的技术转移机构、基地和人才的支持力度。国家科技重大专项、重点研发计划支持战略性重大科技成果产业化前期攻关和示范应用。

25. 加大地方财政支持科技成果转化力度。引导和鼓励地方设立创业投资引导、科技成果转化、知识产权运营等专项资金（基金），引导信贷资金、创业投资资金以及各类社会资金加大投入，支持区域重点产业科技成果转移转化。

26. 拓宽科技成果转化资金市场化供给渠道。大力发展创业投资，培育发展天使投资人和创投机构，支持初创期科技企业和科技成果转化项目。利用众筹等互联网金融平台，为小微企业转移转化科技成果拓展融资渠道。支持符合条件的创新创业企业通过发行债券、资产证券化等方式进行融资。支持银行探索股权投资与信贷投放相结合的模式，为科技成果转移转化提供组合金融服务。

三、组织与实施

（一）加强组织领导

各有关部门要根据职能定位和任务分工，加强政策、资源统筹，建立协同推进机制，形成科技部门、行业部门、社会团体等密切配合、协同推进的工作格局。强化中央和地方协同，加强重点任务的统筹部署及创新资源的统筹配置，形成共同推进科技成果转移转化的合力。各地方要将科技成果转移转化工作纳入重要议事日程，强化科技成果转移转化工作职能，结合实际制定具体实施方案，明确工作推进路线图和时间表，逐级细化分解任务，切实加大资金投入、政策支持和条件保障力度。

（二）加强政策保障

落实《中华人民共和国促进科技成果转化法》及相关政策措施，完善有利于科技成果转移转化的政策环境。建立科研机构、高校科技成果转移转化绩效评估体系，将科技成果转移转化情况作为对单位予以支持的参考依据。推动科研机构、高校建立符合自身人事管理需要和科技成果转化工作特点的职称评定、岗位管理和考核评价制度。完善有利于科技成果转移转化的事业单位国有资产管理相关政策。研究探索科研机构、高校领导干部正职任前在科技成果转化中获得股权的代持制度。各地方要围绕落实《中华人民共和国促进科技成果转化法》，完善促进科技成果转移转化的政策法规。建立实施情况监测与评估机制，为调整完善相关政策举措提供支撑。

（三）加强示范引导

加强对试点示范工作的指导推动，交流各地方各部门的好经验、好做法，对可复制、可推广的经验和模式及时总结推广，发挥促进科技成果转移转化行动的带动作用，引导全社会关心和支持科技成果转移转化，营造有利于科技成果转移转化的良好社会氛围。

附件：重点任务分工及进度安排表

附件：

重点任务分工及进度安排表

序号	重点任务	责任部门	时间进度
1	发布一批产业转型升级发展急需的科技成果包	科技部会同有关部门	2016年6月底前完成
2	建立国家科技成果信息系统	科技部、财政部、中科院、工程院、自然科学基金会等	2017年6月底前建成
3	加强科技成果信息汇交，推广科技成果在线登记汇交系统	科技部会同有关部门	持续推进
4	开展科技成果转化为技术标准试点	质检总局、科技部	2016年12月底前启动
5	推动军民科技成果融合转化应用	国家国防科工局、工业和信息化部、财政部、国家知识产权局等	持续推进
6	依托中科院科研院所体系实施科技服务网络计划	中科院	持续推进
7	在有条件的高校和科研院所建设一批国家技术转移机构	科技部、教育部、农业部、中科院等	2016年6月底前启动建设，持续推进
8	围绕国家重点产业和重大战略，构建一批产业技术创新联盟	科技部、工业和信息化部、中科院等	2016年6月底前启动建设，持续推进
9	推动各类技术开发类科研基地合理布局和功能整合，促进科研基地科技成果转移转化	科技部会同有关部门	持续推进
10	打造线上与线下相结合的国家技术交易网络平台	科技部、教育部、工业和信息化部、农业部、国务院国资委、中科院、国家知识产权局等	2017年6月底前建成运行
11	制定技术转移服务标准和规范	科技部、质检总局	2017年3月底前出台
12	依托行业龙头企业、高校、科研院所建设一批支撑实体经济发展的众创空间	科技部会同有关部门	持续推进
13	依托有条件的地方和机构建设一批技术转移人才培养基地	科技部会同有关部门	持续推进
14	构建“互联网+”创新创业人才服务平台	科技部会同有关部门	2016年12月底前建成运行
15	建设海外科技人才离岸创新创业基地	中国科协	持续推进
16	建设国家科技成果转移转化试验示范区，探索可复制、可推广的经验与模式	科技部会同有关地方政府	2016年6月底前启动建设
17	发挥国家科技成果转化引导基金等的杠杆作用，支持科技成果转化	科技部、财政部等	持续推进

（续表）

序号	重点任务	责任部门	时间进度
18	引导信贷资金、创业投资资金以及各类社会资金加大投入，支持区域重点产业科技成果转移转化	科技部、财政部、人民银行、银监会、证监会	持续推进
19	推动科研机构、高校建立符合自身人事管理需要和科技成果转化工作特点的职称评定、岗位管理和考核评价制度	教育部、科技部、人力资源社会保障部等	2017年12月底前完成
20	研究探索科研机构、高校领导干部正职任前在科技成果转化中获得股权的代持制度	科技部、中央组织部、人力资源社会保障部、教育部	持续推进

国务院办公厅关于深入推行科技特派员制度的若干意见

国办发〔2016〕32号

各省、自治区、直辖市人民政府，国务院各部委、各直属机构：

科技特派员制度是一项源于基层探索、群众需要、实践创新的制度安排，主要目的是引导各类科技创新创业人才和单位整合科技、信息、资金、管理等现代生产要素，深入农村基层一线开展科技创业和服务，与农民建立“风险共担、利益共享”的共同体，推动农村创新创业深入开展。当前，我国正处在全面建成小康社会的决胜阶段，农村经济社会发展任务艰巨繁重。为深入实施创新驱动发展战略，激发广大科技特派员创新创业热情，推进农村大众创业、万众创新，促进一二三产业融合发展，经国务院同意，现提出如下意见。

一、总体要求

（一）指导思想

全面贯彻党的十八大和十八届三中、四中、五中全会精神，按照党中央、国务院决策部署，牢固树立创新、协调、绿色、开放、共享的发展理念，深入实施创新驱动发展战略，壮大科技特派员队伍，完善科技特派员制度，培育新型农业经营和服务主体，健全农业社会化科技服务体系，推动现代农业全产业链增值和品牌化发展，促进农村一二三产业深度融合，为补齐农业农村短板、促进城乡一体化发展、全面建成小康社会作出贡献。

（二）实施原则

——坚持改革创新。面对新形势新要求，立足服务“三农”，不断深化改革，加强体制机制创新，总结经验，与时俱进，大力推动科技特派员农村科技创业。

——突出农村创业。围绕农村实际需求，加大创业政策扶持力度，培育农村创业主体，构建创业服务平台，强化科技金融结合，营造农村创业环境，形成大众创业、万众创新的良好局面。

——加强分类指导。发挥各级政府以及科技特派员协会等社会组织作用，对公益服务、农村创业等不同类型科技特派员实行分类指导，完善保障措施和激励政策，提升创业能力和服务水平。

——尊重基层首创。鼓励地方结合自身特点开展试点，围绕农村经济社会发展需要，建立完善适应当地实际情况的科技特派员农村科技创业的投入、保障、激励和管理等机制。

二、重点任务

（三）切实提升农业科技创新支撑水平

面向现代农业和农村发展需求，重点围绕科技特派员创业和服务过程中的关键环节和现实需要，引导地方政府和社会力量加大投入力度，积极推进农业科技创新，在良种培育、新型肥药、加工贮存、疫病防控、设施农业、农业物联网和装备智能化、土壤改良、旱作节水、节粮减损、食品安全以及农村民生等方面取得一批新型实用技术成果，形成系列化、标准化的农业技术成果包，加快科技成果转化推广和产业化，为科技特派员农村科技创业提供技术支撑。

（四）完善新型农业社会化科技服务体系

以政府购买公益性农业技术服务为引导，加快构建公益性与经营性相结合、专项服务与综合服务相协调的新型农业社会化科技服务体系，推动解决农技服务“最后一公里”问题。加强科技特派员创业基地建设，打造农业农村领域的众创空间——星创天地，完善创业服务平台，降低创业门槛和风险，为科技特派员和大学生、返乡农民工、农村青年致富带头人、乡土人才等开展农村科技创业营造专业化、便捷化的创业环境。深化基层农技推广体系改革和建设，支持高校、科研院所与地方共建新农村发展研究院、农业综合服务示范基地，面向农村开展农业技术服务。推进供销合作社综合改革试点，打造农民生产生活综合服务平台。建立农村粮食产后科技服务新模式，提高农民粮食收储和加工水平，减少损失浪费。支持科技特派员创办、领办、协办专业合作社、专业技术协会和涉农企业等，围绕农业全产业链开展服务。推进农业科技园区建设，发挥各类创新战略联盟作用，加强创新品牌培育，实现技术、信息、金融和产业联动发展。

（五）加快推动农村科技创业和精准扶贫

围绕区域经济社会发展需求，以现代农业、食品产业、健康产业等为突破口，支持科技特派员投身优势特色产业创业，开展农村科技信息服务，应用现代信息技术推动农业转型升级，大力推进“互联网+”现代农业，加快实施食品安全创新工程，培育新的经济增长点。落实“一带一路”等重大发展战略，促进我国特色农产品、医药、食品、传统手工业、民族产业等走出去，培育创新品牌，提升品牌竞争力。落实精准扶贫战略，瞄准贫困地区存在的科技和人才短板，创新扶贫理念，开展创业式扶贫，加快科技、人才、管理、信息、资本等现代生产要素注入，推动解决产业发展关键技术难题，增强贫困地区创新创业和自我发展能力，加快脱贫致富进程。

三、政策措施

（六）壮大科技特派员队伍

支持普通高校、科研院所、职业学校和企业的科技人员发挥职业专长，到农村开展创业服务。引导大学生、返乡农民工、退伍转业军人、退休技术人员、农村青年、农村妇女等参与农村科技创业。鼓励高校、科研院所、科技成果转化中介服务机构以及农业科技型企业等各类农业生产经营主体，作为法人科技特派员带动农民创新创业，服务产业和区域发展。结合各类人才计划实施，加强科技特派员的选派和培训，继续实施林业科技特派员、农村流通科技特派员、农村青年科技特派员、巾帼科技特派员专项行动和健康行业科技创业者行动，支持相关行业人才深入农村基层开展创新创业和服务。利用新农村发展研究院、科技特派员创业培训基地等，通过提供科技资料、创业辅导、技能培训等形式，提高科技特派员创业和服务能力。鼓励我国科技特派员到中亚、东南亚、非洲等地开展科技创业，引进国际人才到我国开展农村科技创业。

（七）完善科技特派员选派政策

普通高校、科研院所、职业学校等事业单位对开展农村科技公益服务的科技特派员，在5年时间内实行保留原单位工资福利、岗位、编制和优先晋升职务职称的政策，其工作业绩纳入科技人员考核体系；对深入农村开展科技创业的，在5年时间内保留其人事关系，与原单位其他在岗人员同等享有参加职称评聘、岗位等级晋升和社会保险等方面的权利，期满后可以根据本人意愿选择辞职创业或回原单位工作。结合实施大学生创业引领计划、离校未就业高校毕业生就业促进计划，动员金融机构、社会组织、行业协会、就业人才服务机构和企事业单位为大学生科技特派员创业提供支持，完善人事、劳动保障代理等服务，对符合规定的要及时纳入社会保险。

（八）健全科技特派员支持机制

鼓励高校、科研院所通过许可、转让、技术入股等方式支持科技特派员转化科技成果，开展农村科技创业，保障科技特派员取得合法收益。通过国家科技成果转化引导基金等，发挥财政资金的杠杆作用，以创投引导、贷款风险补偿等方式，推动形成多元化、多层次、多渠道的融资机制，加大对科技特派员创业企业的支持力度。引导政策性银行和商业银行等金融机构在业务范围内加大信贷支持力度，开展对科技特派员的授信业务和小额贷款业务，完善担保机制，分担创业风险。吸引社会资本参与农村科技创业，办好中国农业科技创新创业大赛、中国青年涉农产业创业创富大赛等赛事，鼓励银行与创业投资机构建立市场化、长期性合作机制，支持具有较强自主创新能力和高增长潜力的科技特派员企业进入资本市场融资。对农民专业合作社等农业经营主体，落实减税政策，积极开展创业培训、融资指导等服务。

四、组织实施

（九）强化组织领导

发挥科技特派员农村科技创业行动协调指导小组作用，加强顶层设计、统筹协调和政策配套，形成部门协同、上下联动的组织体系和长效机制，为推行科技特派员制度提供组织保障。各地方要将科技特派员工作作为加强县市科技工作的重要抓手，建立健全多部门联合工作机制，结合实际制定本地区推动科技特派员创业的政策措施，抓好督查落实，推动科技特派员工作深入开展。

（十）创新服务机制

加强对各类科技特派员协会的指导，继续实行科技特派员选派制，启动科技特派员登记制。支持科技特派员协会等社会组织为科技特派员提供电子商务、金融、法律、合作交流等服务。建立完善科技特派员考核评价指标体系和退出机制，实行动态管理。加强对科技特派员工作的动态监测，完善科技特派员统计报告工作。

（十一）加强表彰宣传

对作出突出贡献的优秀科技特派员及团队、科技特派员派出单位以及相关组织管理机构等，按照有关规定予以表彰。鼓励社会力量设奖对科技特派员进行表彰奖励。宣传科技特派员农村科技创业的典型事迹和奉献精神，组织开展科技特派员巡讲活动，激励更多的人员、企业和机构踊跃参与科技特派员农村科技创业。

国务院办公厅

2016 年 5 月 1 日

国务院办公厅关于支持农民工等人员返乡创业的意见

国办发〔2015〕47号

各省、自治区、直辖市人民政府，国务院各部委、各直属机构：

支持农民工、大学生和退役士兵等人员返乡创业，通过大众创业、万众创新使广袤乡镇百业兴旺，可以促就业、增收入，打开新型工业化和农业现代化、城镇化和新农村建设协同发展新局面。根据《中共中央国务院关于加大改革创新力度加快农业现代化建设的若干意见》和《国务院关于进一步做好新形势下就业创业工作的意见》(国发〔2015〕23号）要求，为进一步做好农民工等人员返乡创业工作，经国务院同意，现提出如下意见。

一、总体要求

（一）指导思想

全面贯彻落实党的十八大和十八届二中、三中、四中全会精神，按照党中央、国务院决策部署，加强统筹谋划，健全体制机制，整合创业资源，完善扶持政策，优化创业环境，以人力资本、社会资本的提升、扩散、共享为纽带，加快建立多层次多样化的返乡创业格局，全面激发农民工等人员返乡创业热情，创造更多就地就近就业机会，加快输出地新型工业化、城镇化进程，全面汇入大众创业、万众创新热潮，加快培育经济社会发展新动力，催生民生改善、经济结构调整和社会和谐稳定新动能。

（二）基本原则

——坚持普惠性与扶持性政策相结合。既要保证返乡创业人员平等享受普惠性政策，又要根据其抗风险能力弱等特点，落实完善差别化的扶持性政策，努力促进他们成功创业。

——坚持盘活存量与创造增量并举。要用好用活已有园区、项目、资金等存量资源全面支持返乡创业，同时积极探索公共创业服务新方法、新路径，开发增量资源，加大对返乡创业的支持力度。

——坚持政府引导与市场主导协同。要加强政府引导，按照绿色、集约、实用的原则，创造良好的创业环境，更要充分发挥市场的决定性作用，支持返乡创业企业与龙头企业、市场中介服务机构等共同打造充满活力的创业生态系统。

——坚持输入地与输出地发展联动。要推进创新创业资源跨地区整合，促进输入地与输出地在政策、服务、市场等方面的联动对接，扩大返乡创业市场空间，延长返乡创业产业链条。

二、主要任务

（三）促进产业转移带动返乡创业

鼓励输入地在产业升级过程中对口帮扶输出地建设承接产业园区，引导劳动密集型产业转移，大力发展相关配套产业，带动农民工等人员返乡创业。鼓励已经成功创业的农民工等人员，顺应产业转移的趋势和潮流，充分挖掘和利用输出地资源和要素方面的比较优势，把适合的产业转移到家乡再创业、再发展。

（四）推动输出地产业升级带动返乡创业

鼓励积累了一定资金、技术和管理经验的农民工等人员，学习借鉴发达地区的产业组织形式、经营管理方式，顺应输出地消费结构、产业结构升级的市场需求，抓住机遇创业兴业，把小门面、小作坊升级为特色店、连锁店、品牌店。

（五）鼓励输出地资源嫁接输入地市场带动返乡创业

鼓励农民工等人员发挥既熟悉输入地市场又熟悉输出地资源的优势，借力"互联网+"信息技术发展现代商业，通过对少数民族传统手工艺品、绿色农产品等输出地特色产品的挖掘、升级、品牌化，实现输出地产品与输入地市场的嫁接。

（六）引导一二三产业融合发展带动返乡创业

统筹发展县域经济，引导返乡农民工等人员融入区域专业市场、示范带和块状经济，打造具有区域特色的优势产业集群。鼓励创业基础好、创业能力强的返乡人员，充分开发乡村、乡土、乡韵潜在价值，发展休闲农业、林下经济和乡村旅游，促进农村一二三产业融合发展，拓展创业空间。以少数民族特色村镇为平台和载体，大力发展民族风情旅游业，带动民族地区创业。

（七）支持新型农业经营主体发展带动返乡创业

鼓励返乡人员共创农民合作社、家庭农场、农业产业化龙头企业、林场等新型农业经营主体，围绕规模种养、农产品加工、农村服务业以及农技推广、林下经济、贸易营销、农资配送、信息咨询等合作建立营销渠道，合作打造特色品牌，合作分散市场风险。

三、健全基础设施和创业服务体系

（八）加强基层服务平台和互联网创业线上线下基础设施建设

切实加大人力财力投入，进一步推进县乡基层就业和社会保障服务平台、中小企业公共服务平台、农村基层综合公共服务平台、农村社区公共服务综合信息平台的建设，使其成为加强和优化农村基层公共服务的重要基础设施。支持电信企业加大互联网和移动互联网建设投入，改善县乡互联网服务，加快提速降费，建设高速畅通、覆盖城乡、质优价廉、服务便捷的宽带网络基础设施和服务体系。继续深化和扩大电子商务进农村综合示范县工作，推动信息入户，引导和鼓励电子商务交易平台渠道下沉，带动返乡人员依托其平台和经营网络创业。加大交通物流等基础设施投入，支持乡镇政府、农村集体经济组织与社会资本合作共建智能电商物流仓储基地，健全县、乡、村三级农村物流基础设施网络，鼓励物流企业完善物流下乡体系，提升冷链物流配送能力，畅通农产品进城与工业品下乡的双向流通渠道。

（九）依托存量资源整合发展农民工返乡创业园

各地要在调查分析农民工等人员返乡创业总体状况和基本需求基础上，结合推进新型工业化、信息化、城镇化、农业现代化和绿色化同步发展的实际需要，对农民工返乡创业园布局作出安排。依托现有各类合规开发园区、农业产业园，盘活闲置厂房等存量资源，支持和引导地方整合发展一批重点面向初创期“种子培育”的返乡创业孵化基地、引导早中期创业企业集群发展的返乡创业园区，聚集创业要素，降低创业成本。挖掘现有物业设施利用潜力，整合利用零散空地等存量资源，并注意与城乡基础设施建设、发展电子商务和完善物流基础设施等统筹结合。属于非农业态的农民工返乡创业园，应按照城乡规划要求，结合老城或镇村改造、农村集体经营性建设用地或农村宅基地盘整进行开发建设。属于农林牧渔业态的农民工返乡创业园，在不改变农地、集体林地、草场、水面权属和用途前提下，允许建设方通过与权属方签订合约的方式整合资源开发建设。

（十）强化返乡农民工等人员创业培训工作

紧密结合返乡农民工等人员创业特点、需求和地域经济特色，编制实施专项培训计划，整合现有培训资源，开发有针对性的培训项目，加强创业师资队伍建设，采取培训机构面授、远程网络互动等方式有效开展创业培训，扩大培训覆盖范围，提高培训的可获得性，并按规定给予创业培训补贴。建立健全创业辅导制度，加强创业导师队伍建设，从有经验和行业资源的成功企业家、职业经理人、电商辅导员、天使投资人、返乡创业带头人当中选拔一批创业导师，为返乡创业农民工等人员提供创业辅导。支持返乡创业培训实习基地建设，动员知名乡镇企业、农产品加工企业、休闲农业企业和专业市场等为返乡创业人员提供创业见习、实习和实训服务，加强输出地与东部地区对口协作，组织返乡创业农民工等人员定期到东部企业实习，为其学习和增强管理经验提供支持。发挥好驻贫困村“第一书记”和驻村工作队作用，帮助开展返乡农民工教育培训，做好贫困乡村创业致富带头人培训。

（十一）完善农民工等人员返乡创业公共服务

各地应本着“政府提供平台、平台集聚资源、资源服务创业”的思路，依托基层公共平台集聚政府公共资源和社会其他各方资源，组织开展专项活动，为农民工等人员返乡创业提供服务。统筹考虑社保、住房、教育、医疗等公共服务制度改革，及时将返乡创业农民工等人员纳入公共服务范围。依托基层就业和社会保障服务平台，做好返乡人员创业服务、社保关系转移接续等工作，确保其各项社保关系顺畅转移接入。及时将电子商务等新兴业态创业人员纳入社保覆盖范围。探索完善返乡创业人员社会兜底保障机制，降低创业风险。深化农村社区建设试点，提升农村社区支持返乡创业和吸纳就业的能力，逐步建立城乡社区农民工服务衔接机制。

（十二）改善返乡创业市场中介服务

运用政府向社会力量购买服务的机制，调动教育培训机构、创业服务企业、电子商务平台、行业协会、群团组织等社会各方参与积极性，帮助返乡创业农民工等人员解决企业开办、经营、发展过程中遇到的能力不足、经验不足、资源不足等难题。培育和壮大专业化市场中介服务机构，提供市场分析、管理辅导等深度服务，帮助返乡创业人员改善管理、开拓市场。鼓励大型市场中介服务机构跨区域拓展，推动输出地形成专业化、社会化、网络化的市场中介服务体系。

（十三）引导返乡创业与万众创新对接

引导和支持龙头企业建立市场化的创新创业促进机制，加速资金、技术和服务扩散，带动和支持返乡创业人员依托其相关产业链创业发展。鼓励大型科研院所建立开放式创新创业服务平台，吸引返乡创业农民工等各类创业者围绕其创新成果创业，加速科技成果资本化、产业化步伐。鼓励社会资本特别是龙头企业加大投入，结合其自身发展壮大需要，建设发展市场化、专业化的众创空间，促进创新创意与企业发展、市场需求和社会资本有效对接。鼓励发达地区众创空间加速向输出地扩展、复制，不断输出新的创业理念，集聚创业活力，帮助返乡农民工等人员解决创业难题。推行科技特派员制度，建设一批星创天地，为农民工等人员返乡创业提供科技服务，实现返乡创业与万众创新有序对接、联动发展。

四、政策措施

（十四）降低返乡创业门槛

深化商事制度改革，落实注册资本登记制度改革，优化返乡创业登记方式，简化创业住所（经营场所）登记手续，推动“一址多照”、集群注册等住所登记制度改革。放宽经营范围，鼓励返乡农民工等人员投资农村基础设施和在农村兴办各类事业。对政府主导、财政支持的农村公益性工程和项目，可采取购买服务、政府与社会资本合作等方式，引导农民工等人员创设的企业和社会组织参与建设、管护和运营。对能够商业化运营的农村服务业，向社会资本全面开放。制定鼓励社会资本参与农村建设目录，探索建立乡镇政府职能转移目录，鼓励返乡创业人员参与建设或承担公共服务项目，支持返乡人员创设的企业参加政府采购。将农民工等人员返乡创业纳入社会信用体系，建立健全返乡创业市场交易规则和服务监管机制，促进公共管理水平提升和交易成本下降。取消和下放涉及返乡创业的行政许可审批事项，全面清理并切实取消非行政许可审批事项，减少返乡创业投资项目前置审批。

（十五）落实定向减税和普遍性降费政策

农民工等人员返乡创业，符合政策规定条件的，可适用财政部、国家税务总局《关于小型微利企业所得税优惠政策的通知》（财税〔2015〕34号）、《关于进一步支持小微企业增值税和营业税政策的通知》（财税〔2014〕71号）、《关于对小微企业免征有关政府性基金的通知》（财税〔2014〕122号）和《人力资源社会保障部财政部关于调整失业保险费率有关问题的通知》（人社部发〔2015〕24号）的政策规定，享受减征企业所得税、免征增值税、营业税、教育费附加、地方教育附加、水利建设基金、文化事业建设费、残疾人就业保障金等税费减免和降低失业保险费率政策。各级财政、税务、人力资源社会保障部门要密切配合，严格按照上述政策规定和《国务院关于税收等优惠政策相关事项的通知》（国发〔2015〕25号）要求，切实抓好工作落实，确保优惠政策落地并落实到位。

（十六）加大财政支持力度

充分发挥财政资金的杠杆引导作用，加大对返乡创业的财政支持力度。对返乡农民工等人员创办的新型农业经营主体，符合农业补贴政策支持条件的，可按规定同等享受相应的政策支持。对农民工等人员返乡创办的企业，招用就业困难人员、毕业年度高校毕业生的，按规定给予社会保险补贴。对符合就业困难人员条件，从事灵活就业的，给予一定的社会保险补贴。对具备各项支农惠农资金、小微企业发展资金等其他扶持政策规定条件的，要及时纳入扶持范围，便捷申请程序，简化审批流程，建立健全政策受益人信息联网查验机制。经工商登记注册的网络商户从业人员，同等享受各项就业创业扶持政策；未经工商登记注册的网络商户从业人员，可认定为灵活就业人员，同等享受灵活就业人员扶持政策。

（十七）强化返乡创业金融服务

加强政府引导，运用创业投资类基金，吸引社会资本加大对农民工等人员返乡创业初创期、早中期的支持力度。在返乡创业较为集中、产业特色突出的地区，探索发行专项中小微企业集合债券、公司债券，开展股权众筹融资试点，扩大直接融资规模。进一步提高返乡创业的金融可获得性，加快发展村镇银行、农村信用社等中小金融机构和小额贷款公司等机构，完善返乡创业信用评价机制，扩大抵押物范围，鼓励银行业金融机构开发符合农民工等人员返乡创业需求特点的金融产品和金融服务，加大对返乡创业的信贷支持和服务力度。大力发展农村普惠金融，引导加大涉农资金投放，运用金融服务“三农”发展的相关政策措施，支持农民工等人员返乡创业。落实创业担保贷款政策，优化贷款审批流程，对符合条件的返乡创业人员，可按规定给予创业担保贷款，财政部门按规定安排贷款贴息所需资金。

（十八）完善返乡创业园支持政策

农民工返乡创业园的建设资金由建设方自筹；以土地租赁方式进行农民工返乡创

业园建设的，形成的固定资产归建设方所有；物业经营收益按相关各方合约分配。对整合发展农民工返乡创业园，地方政府可在不增加财政预算支出总规模、不改变专项资金用途前提下，合理调整支出结构，安排相应的财政引导资金，以投资补助、贷款贴息等恰当方式给予政策支持。鼓励银行业金融机构在有效防范风险的基础上，积极创新金融产品和服务方式，加大对农民工返乡创业园区基础设施建设和产业集群发展等方面的金融支持。有关方面可安排相应项目给予对口支持，帮助返乡创业园完善水、电、交通、物流、通信、宽带网络等基础设施。适当放宽返乡创业园用电用水用地标准，吸引更多返乡人员入园创业。

五、组织实施

（十九）加强组织协调

各地区、各部门要高度重视农民工等人员返乡创业工作，健全工作机制，明确任务分工，细化配套措施，跟踪工作进展，及时总结推广经验，研究解决工作中出现的问题。支持农民工等人员返乡创业，关键在地方。各地特别是中西部地区，要结合产业转移和推进新型城镇化的实际需要，制定更加优惠的政策措施，加大对农民工等人员返乡创业的支持力度。有关部门要密切配合，抓好《鼓励农民工等人员返乡创业三年行动计划纲要（2015—2017年）》（见附件）的落实，明确时间进度，制定实施细则，确保工作实效。

（二十）强化示范带动

结合国家新型城镇化综合试点城市和中小城市综合改革试点城市组织开展试点工作，探索优化鼓励创业创新的体制机制环境，打造良好创业生态系统。打造一批民族传统产业创业示范基地、一批县级互联网创业示范基地，发挥示范带动作用。

（二十一）抓好宣传引导

坚持正确导向，以返乡创业人员喜闻乐见的形式加强宣传解读，充分利用微信等移动互联社交平台搭建返乡创业交流平台，使之发挥凝聚返乡创业人员和交流创业信息、分享创业经验、展示创业项目、传播创业商机的作用。大力宣传优秀返乡创业典型事迹，充分调动社会各方面支持、促进农民工等人员返乡创业的积极性、主动性，大力营造创业、兴业、乐业的良好环境。

附件：鼓励农民工等人员返乡创业三年行动计划纲要（2015—2017年）

国务院办公厅

2015年6月17日

附件：

鼓励农民工等人员返乡创业三年行动计划纲要

（2015—2017年）

序号	行动计划名称	工作任务	实现路径	责任单位
1	提升基层创业服务能力行动计划	加强基层就业和社会保障服务设施建设，提升专业化创业服务能力	加快建设县、乡基层就业和社会保障服务设施，2017年基本实现主要输出地县级服务设施全覆盖。鼓励地方政府依托基层就业和社会保障服务平台，整合各职能部门涉及返乡创业的服务职能，建立融资、融智、融商一体化创业服务中心	发展改革委、人力资源社会保障部会同有关部门
2	整合发展农民工返乡创业园行动计划	依托存量资源整合发展一批农民工返乡创业园	以输出地市、县为主，依托现有开发区和农业产业园等各类园区、闲置土地、厂房、校舍、批发市场、楼宇、商业街和科研培训设施，整合发展一批农民工返乡创业园	发展改革委、人力资源社会保障部、住房城乡建设部、国土资源部、农业部、人民银行
3	开发农业农村资源支持返乡创业行动计划	培育一批新型农业经营主体，开发特色产业，保护与发展少数民族传统手工艺，促进创业	将返乡创业与发展县域经济结合起来，培育新型农业经营主体，充分开发一批农林产品加工、休闲农业、乡村旅游、农村服务业等产业项目，促进农村一二三产业融合；面向少数民族农牧民群众开展少数民族传统工艺品保护与发展培训	农业部、林业局、国家民委、发展改革委、民政部、扶贫办
4	完善基础设施支持返乡创业行动计划	改善信息、交通、物流等基础设施条件	加大对农村地区的信息、交通、物流等基础设施的投入，提升网速、降低网费；支持地方政府依据规划，与社会资本共建物流仓储基地，不断提升冷链物流等基础配送能力；鼓励物流企业完善物流下乡体系	发展改革委、工业和信息化部、交通运输部、财政部、国土资源部、住房城乡建设部
5	电子商务进农村综合示范行动计划	培育一批电子商务进农村综合示范县	全国创建200个电子商务进农村综合示范县，支持建立完善的县、乡、村三级物流配送体系；建设改造县域电子商务公共服务中心和村级电子商务服务站点；支持农林产品品牌培育和质量保障体系建设，以及农林产品标准化、分级包装、初加工配送等设施建设	商务部、交通运输部、农业部、财政部、林业局

（续表）

序号	行动计划名称	工作任务	实现路径	责任单位
6	创业培训专项行动计划	推进优质创业培训资源下县乡	编制实施专项培训计划，开发有针对性的培训项目，加强创业培训师资队伍建设，采取培训机构面授、远程网络互动等方式，对有培训需求的返乡创业人员开展创业培训，并按规定给予培训补贴；充分发挥群团组织的组织发动作用，支持其利用各自资源对农村妇女、青年开展创业培训	人力资源社会保障部、农业部会同有关部门及共青团中央、全国妇联等群团组织
7	返乡创业与万众创新有序对接行动计划	引导和推动建设一批市场化、专业化的众创空间	推行科技特派员制度，组织实施一批星创天地，为返乡创业人员提供科技服务。充分利用国家自主创新示范区、国家高新区、科技企业孵化器、大学科技园和高校、科研院所的有利条件，发挥行业领军企业、创业投资机构、社会组织等作用，构建一批众创空间。鼓励发达地区众创空间加速向输出地扩展，帮助返乡人员解决创业难题	科技部、教育部

科技部关于发布《发展“星创天地”工作指引》的通知

国科发农〔2016〕210号

各省、自治区、直辖市及计划单列市科技厅（委、局），新疆生产建设兵团科技局：

为贯彻《国家创新驱动发展战略纲要》，落实国务院办公厅《关于深入推行科技特派员制度的若干意见》（国办发〔2016〕32号）、《关于印发促进科技成果转移转化行动方案的通知》（国办发〔2016〕28号）、《关于加快众创空间发展服务实体经济转型升级的指导意见》（国办发〔2016〕7号）、《关于发展众创空间推进大众创新创业的指导意见》（国办发〔2015〕9号）、《关于支持农民工等人员返乡创业的意见》（国办发〔2015〕47号）等文件精神，动员和鼓励科技特派员、大学生、返乡农民工、职业农民等各类创新创业人才深入农村“大众创业、万众创新”，科技部制定了《发展“星创天地”工作指引》，现予发布。

附件：发展“星创天地”工作指引

科技部

2016年7月11日

附件：

发展“星创天地”工作指引

为贯彻全国科技创新大会精神和《国家创新驱动发展战略纲要》，落实国务院办公厅《关于深入推行科技特派员制度的若干意见》（国办发〔2016〕32号）、《关于印发促进科技成果转移转化行动方案的通知》（国办发〔2016〕28号）、《关于加快众创空间发展服务实体经济转型升级的指导意见》（国办发〔2016〕7号）、《关于发展众创空间推进大众创新创业的指导意见》（国办发〔2015〕9号）、《关于支持农民工等人员返乡创业的意见》（国办发〔2015〕47号）等文件精神，动员和鼓励科技特派员、大学生、返乡农民工、职业农民等各类创新创业人才深入农村“大众创业、万众创新”，走一二三产业融合发展之路，特制定本工作指引。

一、目的意义

“星创天地”是发展现代农业的众创空间，是农村“大众创业、万众创新”的有效载体，是新型农业创新创业一站式开放性综合服务平台，旨在通过市场化机制、专业化服务和资本化运作方式，利用线下孵化载体和线上网络平台，聚集创新资源和创业要素，促进农村创新创业的低成本、专业化、便利化和信息化。

“星创天地”是推动农业农村创新创业的主阵地，是加强基层科技工作的有力抓手，是实现农业现代化、推动农业创新驱动发展的战略举措。打造“星创天地”，对于进一步激发农业农村创新创业活力，优化农村创新创业环境，加快科技成果转移转化，提高农业创新供给质量和产业竞争力，培育新型农业经营主体，以创业带动就业，在打赢精准扶贫、精准脱贫攻坚战、新农村建设和新型城镇化进程中支撑引领经济转型升级和产业结构调整，加快一二三产业融合发展具有重要意义。

二、工作思路

全面贯彻党的十八大和十八届三中、四中、五中全会精神和全国科技创新大会精神，牢固树立创新、协调、绿色、开放、共享的发展理念，深入推行科技特派员制度，推动“大众创业、万众创新”，按照“政府引导、企业运营、市场运作、社会参与”原则，以农业高新技术产业示范区、农业科技园区、高等学校新农村发展研究院、农业科技型企业等为载体，整合科技、人才、信息、金融等资源，面向科技特派员、大学生、返乡农民工、职业农民等创新创业主体，集中打造融合科技示范、技术集成、成果转化、融资孵化、创新创业、平台服务为一体的“星创天地”，营造低成本、专业化、社会化、便捷化的农村科技创业服务环境，推进一二三产业融合发展，使农村科技创业之火加快形成燎原之势。

鼓励各地因地制宜、各具特色地规划布局建设“星创天地”。在城市近郊区，以发展农业高新技术产业和企业孵化为重点，服务都市农业、休闲农业与有机蔬菜瓜果、农产品深加工等产业发展；在农村集中区，立足区域特色，聚集农业适用技术成果包，服务特色种植养殖、生态农业与乡村旅游等产业发展。

三、基本条件

1. 具有明确的实施主体。具有独立法人资格，具备一定运营管理和专业服务能力。如：农业高新技术产业示范区、农业科技园区、高等学校新农村发展研究院、工程技术研究中心、涉农高校科研院所、农业科技型企业、农业龙头企业、科技特派员创业基地、农民专业合作社或其他社会组织等。

2. 具备一二三产业融合发展的良好基础。立足地方农业主导产业和区域特色产业，有一定的产业基础；有较明确的技术依托单位，形成一批适用的标准化的农业技术成果包，加快科技成果向农村转移转化；促进农业产业链整合和价值链提升，带动农民脱贫致富；促进农村产业融合与新型城镇化的有机结合，推进农村一二三产业融合发展。

3. 具备良好的行业资源和全要素融合，具备“互联网+”网络电商平台（线上平台）。通过线上交易、交流、宣传、协作等，促进农村创业的便利化和信息化，推进商业模式创新。

4. 具有较好的创新创业服务平台（线下平台）。有创新创业示范场地、种植养殖试验示范基地、创业培训基地、创意创业空间、开放式办公场所、研发和检验测试、技术交易等公共服务平台，免费或低成本供创业者使用。

5. 具有多元化的人才服务队伍。有一支结构合理、熟悉产业、经验丰富、相对稳定的创业服务团队和创业导师队伍，为创业者提供创业辅导与培训，加强科学普及，解决涉及技术、金融、管理、法律、财务、市场营销、知识产权等方面实际问题。

6. 具有良好的政策保障。地方政府要加大对“星创天地”建设的指导和支持，制定完善个性化的财税、金融、工商、知识产权和土地流转等支持政策；鼓励探索投融资模式创新，吸引社会资本投资、孵化初创企业。

7. 具有一定数量的创客聚集和创业企业入驻。运营良好，经济社会效益显著，有较好的发展前景。

四、服务功能

1. 集聚创业人才。以专业化、个性化服务吸引和集聚创新创业群体。鼓励高校、科研院所、职业学校科技人员及企业人员发挥职业专长，到农村开展创业服务；鼓励大学生、返乡农民工、退伍转业军人、退休技术人员等深入农村创新创业。

2. 技术集成示范。引导和鼓励“星创天地”依托单位面向现代农业和农村发展，整合科技资源和要素，开展农业技术联合攻关和集成创新，形成一批适用的农业技术成果包，加大良种良法、新型农资、现代农机等应用示范推广。通过线上线下结合，推进“互联网+”现代农业，加快科技成果转移转化和产业化。

3. 创业培育孵化。引导和鼓励一批成功创业者、企业家、天使和创业投资人、专家学者任兼职创业导师，建设一批创业导师全程参与的创业孵化基地，降低创业门槛，减少创业风险。围绕具有地方特色的农产品、医药、食品、传统手工艺、民族文化产业，通过创新品牌培育推动农业转型升级。

4. 创业人才培训。利用“星创天地”人才、技术、网络、场地等条件，重点开展网络培训、授课培训、田间培训和一线实训，定期召开示范现场会和专题培训会，举办创新创业沙龙、创业大讲堂、创业训练营等创业培训活动，加强科普宣传，弘扬创新创业文化，提升创业者能力。

5. 科技金融服务。构建技术交易平台，畅通技术转移服务机构、投融资机构、高校、科研院所和企业交流交易途径。开展各类投资洽谈活动，举办好中国农业科技创新创业大赛，搭建投资者与创业者的对接平台。探索利用互联网金融，股权众筹融资等盘活社会金融资源，加大对“星创天地”的支持。

6. 创业政策集成。梳理各级政府部门出台的创新创业扶持政策，完善创新创业服务体系。协助政府相关部门落实商事制度改革、知识产权保护、财政资金支持、普惠性税收政策、人才引进与扶持、政府采购、创新券等政策措施，优化创业环境。

五、保障措施

1. 加强组织领导。各地科技管理部门要切实加强组织领导，做好顶层设计，统筹协调，为开展“星创天地”建设提供有力保障。要结合地方发展实际，健全工作机制，加大协调力度，推进工作开展。

2. 强化协同推进。“星创天地”纳入众创空间的政策支持。各地科技管理部门要认真落实国务院办公厅《关于深入推行科技特派员制度的若干意见》《促进科技成果转移转化行动方案》《关于加快众创空间发展服务实体经济转型升级的指导意见》，研究完善推进“星创天地”政策措施，引导高校、科研院所、职业学校等事业单位科技人员到农村开展服务和创业。深入实施大学生创业引领计划、离校未就业高校毕业生就业促进计划，支持大学生到农村创业。贯彻落实《国务院关于进一步做好为农民工服务工作的意见》，支持农民工参与科技特派员创业。

3. 加大政府引导。各地科技管理部门、国家农业高新技术产业示范区、国家现代农业科技示范区、国家农业科技园区要积极引导和支持“星创天地”发展，出台务实管用的政策措施，构建和完善农业农村创新创业生态系统。结合技术创新引导专项（基金）实施，通过中央引导地方科技发展专项和国家科技成果转化引导基金等支持

“星创天地”建设。发挥中央财政资金的放大作用，以创投结合、风险补偿等形式，引导地方财政和社会资本支持农村科技创业，形成多元化、多层次、多渠道的创业融资机制。

4. 鼓励先行先试。支持各地先行先试，勇于创新，探索“星创天地”差异化的发展路径。鼓励农业高新技术产业示范区、农业科技园区等结合国家战略布局和当地产业实际，打造一批具有当地特色的“星创天地”。指导支持贫困地区、革命老区建设一批“星创天地”。鼓励中央企业、农业龙头企业围绕主营业务建设专业化“星创天地”，按照市场机制与中小微企业、高校、科研院所和各类创客群体有机结合，完善农业创新生态。鼓励科研院所、高校发挥科研设施、专业团队、技术积累等优势，围绕专业领域建设“星创天地”。加强国际合作，支持建立高水平、国际化的“星创天地”。总结提升各地“星创天地”的典型案例，形成模式经验，加大推广力度。

5. 开展监测评估。各地科技管理部门要开展对“星创天地”的监测引导，将创业服务能力、服务创业者数量和创业者运营情况等作为重要的评估指标，不断总结完善，进一步推动“星创天地”工作。科技部将对符合条件、运行良好的“星创天地”备案后，向社会发布。

6. 加大宣传力度。各地科技管理部门要加强“星创天地”品牌和创业文化建设，营造农业农村“大众创业、万众创新”的良好社会氛围，及时总结先进经验，加强典型案例和经验宣传，提高社会认知度。充分利用微信等移动互联社交平台搭建星创交流平台，宣传创业事迹、分享创业经验、展示创业项目、传播创业商机，营造创业、兴业、乐业的良好环境。

各省、自治区、直辖市及计划单列市出台的相关政策

关于印发《关于深入推进科技特派员工作的实施意见》的通知

京科发〔2016〕720号

各有关单位：

为贯彻《关于深入推行科技特派员制度的若干意见》（国办发〔2016〕32号），落实国家创新驱动发展战略，进一步激发广大科技特派员创新创业热情，加快北京全国科技创新中心建设，推进农村大众创业、万众创新，促进农村一二三产业融合，服务京津冀协同发展，我们研究制定了《关于深入推进科技特派员工作的实施意见》，现印发给你们，请结合工作贯彻落实。

北京市科学技术委员会　北京市人力资源和社会保障局
北京市农村工作委员会　北京市农业局
北京市教育委员会　北京市园林绿化局
共青团北京市委员会　北京市金融工作局
北京市供销合作总社　北京市妇女联合会
北京市粮食局　北京市财政局
2016年12月29日

为落实国务院办公厅《关于深入推行科技特派员制度的若干意见》（国办发〔2016〕32号），激发广大科技特派员创新创业热情，推进农村大众创业、万众创新，强化科技创新对农业农村发展的引领作用，带动农民增收致富，促进一二三产业融合发展，加强全国科技创新中心建设，现提出如下意见。

一、指导思想

全面贯彻党的十八大和十八届三中、四中、五中全会精神，牢固树立创新、协调、绿色、开放、共享的发展理念，围绕全国科技创新中心建设和京津冀协同发展要求，落实创新驱动发展战略，壮大科技特派员队伍，完善科技特派员制度，培育新型农业经营和服务主体，健全农业社会化科技服务体系，以科技创新支持农业农村发展，推动现代农业全产业链增值和品牌化发展，促进农村一二三产业深度融合，为加强全国科技创新中心建设，加快城乡一体化发展、建设国际一流和谐宜居之都作出贡献。

二、实施目标

到2020年，农业农村领域科技、人才、信息、金融与产业的结合更加紧密，农村科技创新创业环境更加优化，建设50个服务体系完善、发展成效显著的“星创天地”，支持300个要素集聚、服务专业的现代农业创新创业示范基地，转化应用1 000项农业技术成果，建设一支规模10 000人的科技特派员队伍，向天津市、河北省辐射实用农业科技成果500项，实现科技特派员与产业的有效对接，推动农业结构调整和发展方式转变，促进农民增收致富。

三、重点任务

围绕切实提升农业科技创新水平、完善新型农业社会化科技服务体系、加快推动农村科技创业和精准扶贫三个方面，实施以下重点任务。

（一）加大创新资源和科技成果的有效供给

充分利用财税、金融、人才、市场等政策工具，加快科技成果转化，促进科技成果的快速、高效、精准供给。依托首都科技条件平台建设，加快创新资源和要素向科技特派员开放共享，为科技特派员增强创新创业能力提供基础支撑。鼓励高校、科研院所通过许可、转让、技术入股等方式支持科技特派员转化科技成果，开展农村科技创业，保障科技特派员取得合法收益。发挥财政资金的杠杆作用，以创投引导、贷款风险补偿等方式，推动形成多元化、多层次、多渠道的融资机制，加大对科技特派员创新创业的支持力度。鼓励在京金融机构为科技成果转化和产业化提供知识产权质押贷款、股权质押贷款、科技企业信用贷款等科技金融服务，支持科技特派员科技成果转化和产业化。

（二）完善科技特派员信息化服务平台

利用“221信息平台”“农村科技服务港”“12396北京新农村科技服务热线”“北京12316农业服务热线”等科技服务资源，搭建科技特派员创新创业的信息桥梁，打通科技特派员同产业对接的服务通道，推进农业信息资源共享，形成“线上与线下相结合、智能与人工相配套、创新与创业相衔接”的服务模式，推动科技特派员开展“互联网+”现代农业创业，提高农业生产的标准化、集约化、精准化和智能化水平。集成服务热线、远程教育、多媒体系统、手机App等多种通道，面向科技特派员开展全链条、专业化、便捷化的教育培训、创业指导和知识传播服务。

（三）推进科技特派员创业链建设

针对农业产业链关键环节和瓶颈问题，开展技术攻关，重点支持科技特派员开展生物育种、智能装备、安全投入品、食品制造、林果花卉、森林文化创意等产业的自主创新，形成系列化、标准化的农业技术包。围绕都市农业、食品安全和生态建设，依托科技特派员开展科技创新和成果转化。以科技创新带动商业模式创新，支持科技特派员在产业链各个环节开展创业和服务，培育一批具有高成长性的科技特派员创业企业，探索发展创意农业、休闲农业、会展农业、众筹农业等新兴业态，推进农业产业链的延伸、优化和转型升级。

（四）创建农业农村领域的“星创天地”

以农业科技园区、新农村发展研究院、重点实验室、工程（技术）研究中心、高等学校、科研机构、职业院校、科技型企业、龙头企业、科技企业孵化器、科技特派员创业基地、农民专业合作社等为载体，面向科技特派员及其他创新创业主体，集中打造融合科技示范、技术集成、成果转化、融资孵化、创新创业、平台服务为一体的“星创天地”，推动科技、资本、管理、人文、教育等要素融入农业、流入农村。协同推进科技特派员创业基地、巾帼现代农业科技示范基地、优级农业标准化基地、林果乡土专家科技示范园基地、美丽乡村等建设，形成一批特色鲜明、优势突出的创新创业示范基地，支持科技特派员创办、领办、协办科技型企业、科技服务实体或合作组织。

（五）壮大优化科技特派员队伍

按照“市场化、信息化、乡土化、社会化”的原则，壮大完善农村科技协调员队伍，继续推进创新团队、全科农技员、林果乡土专家、巾帼科技特派员、青年带头人等科技特派员队伍建设。引导科技人员、大学生、返乡农民工、退伍转业军人、退休技术人员、农村青年、农村妇女等参与农村科技创新创业。鼓励高校、科研院所、科技成果转化服务机构以及科技型企业等各类农业生产经营主体，作为法人科技特派员带动农民创新创业，服务产业和区域发展。

（六）健全科技特派员创业支持机制

普通高校、科研院所、职业院校等事业单位对开展农村科技公益服务的科技特派员，在5年时间内实行保留原单位工资福利、岗位、编制和优先晋升职务职称的政策，其工作业绩纳入科技人员考核体系；对深入农村开展科技创业的，在5年时间内保留其人事关系，与原单位其他在岗人员同等享有参加职称评聘、岗位等级晋升和社会保险等方面的权利，期满后可以根据本人意愿选择辞职创业或回原单位工作。结合实施大学生创业引领计划、离校未就业高校毕业生就业促进计划，动员金融机构、社会组织、行业协会、人力资源公共服务机构和企事业单位为大学生科技特派员创业提供支持，完善人事、劳动保障代理等服务，对符合规定的要及时纳入社会保险。

（七）深化区域科技合作和精准扶贫

针对北京市低收入村发展和低收入农户增收存在的科技短板，支持科技特派员与低收入村农业生产经营主体精准对接，解决低收入村特色产业发展和生态建设中的关键技术问题，加快先进适用技术成果转化。健全科技特派员区域协同创新机制，加强首都农业科技成果向天津市、河北省和其他省区市的推广辐射力度。创新扶贫理念，推进精准扶贫，鼓励支持科技特派员异地创业，加快首都科技、人才、管理、信息、资本等创新要素对贫困地区的注入，增强贫困地区创新创业和自我发展能力。吸引国际人才到北京开展农业农村科技创业。

四、保障措施

（一）加强组织领导

建立北京市科技特派员协同工作机制，加强顶层设计，统筹协调，分解任务，落实责任，形成工作合力。北京市科学技术委员会作为协同工作机制的召集单位，各区、各部门、各单位要将科技特派员工作作为加强科技工作的重要抓手，因地制宜，积极创新，抓好落实，推动科技特派员工作深入开展。

（二）创新服务机制

加强对相关社会组织的指导，发挥创新联盟的组织和协调作用，推进科技特派员产业对接和创业服务，做好科技特派员登记工作。鼓励产业联盟、行业协会、科技中介等社会组织为科技特派员提供电子商务、金融、法律、合作交流等服务。做好科技特派员服务绩效和统计报告工作，对科技特派员队伍实行动态服务，加强整体工作的动态监测。

（三）加强表彰宣传

对作出突出贡献的优秀科技特派员及团队、科技特派员派出单位以及相关组织管理机构等，按照有关规定予以表彰。鼓励社会力量设奖对科技特派员进行表彰奖励。宣传科技特派员农村科技创业的典型事迹和奉献精神，激励更多的人员、企业和机构踊跃参与科技特派员农村科技创业。

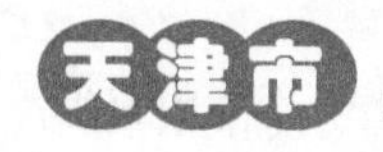

天津市人民政府办公厅印发贯彻落实国务院关于大力推进大众创业万众创新若干政策措施意见任务分工的通知

津政办发〔2016〕7号

各区、县人民政府，各委、局，各直属单位：

经市人民政府同意，现将《贯彻落实〈国务院关于大力推进大众创业万众创新若干政策措施的意见〉任务分工》印发给你们，请照此执行。

天津市人民政府办公厅

2016年1月22日

贯彻落实《国务院关于大力推进大众创业万众创新若干政策措施的意见》任务分工

为贯彻落实《国务院关于大力推进大众创业万众创新若干政策措施的意见》(国发〔2015〕32号，以下简称《意见》)，推进我市创业创新发展，结合我市实际，现将有关任务分工明确如下。

一、主要任务和责任分工

(一) 创新体制机制，实现创业便利化

1. 进一步转变政府职能，增加公共产品和服务供给，为创业者提供更多机会。(市人民政府各部门负责，持续落实并加强与国家部委沟通衔接)

2. 逐步清理并废除妨碍创业发展的制度和规定，打破地方保护主义。(市人民政府各部门负责，持续落实并加强与国家部委沟通衔接)

3. 贯彻落实公平竞争审查制度，推动建立统一透明、有序规范的市场环境。(市发展改革委等部门负责，持续落实)

4. 依法反垄断和反不正当竞争，消除不利于创业创新发展的垄断协议和滥用市场支配地位、涉及经营者集中的垄断行为，以及其他不正当竞争行为。(市发展改革委、

市商务委、市市场监管委负责，持续落实）

5. 清理规范涉企收费，依法公布收费目录清单，加强事中事后监管。（市财政局、市发展改革委、市工业和信息化委、天津银监局、市市场监管委等部门负责，持续落实）

6. 贯彻落实企业信用信息发布制度，实施严重违法企业名单管理办法，把创业主体信用与市场准入、享受优惠政策挂钩，完善以信用管理为基础的创业创新监管模式。（市市场监管委、市发展改革委、人民银行天津分行等部门负责，持续落实）

7. 加快实施工商营业执照、组织机构代码证、税务登记证“三证合一”“一照一码”，落实“先照后证”改革。结合我市实际，支持放宽新注册企业场所登记条件限制，推动“一址多照”、集群注册等住所登记改革，为创新创业提供便利的工商登记服务。建立市场准入等负面清单，破除不合理的行业准入限制。（市市场监管委、市发展改革委、市财政局、市国税局、市地税局等部门负责，持续落实）

8. 开展企业简易注销试点，建立便捷的市场退出机制。（市市场监管委负责，国家工商总局相关文件下发后落实）

9. 依托企业信用信息公示系统建立小微企业名录，增强创业企业信息透明度。（市市场监管委、市中小企业局等部门负责，2016 年 12 月底前落实）

10. 研究商业模式等新形态创新成果的知识产权保护办法。积极推进知识产权交易，加快建立知识产权运营公共服务平台。（市知识产权局等部门负责，持续落实）

11. 完善知识产权快速维权与维权援助机制，缩短确权审查、侵权处理周期。（市知识产权局负责，持续落实）

12. 集中查处一批侵犯知识产权的大案要案，加大对反复侵权、恶意侵权等行为的处罚力度，探索实施惩罚性赔偿制度。（市知识产权局、市市场监管委等部门负责，持续落实）

13. 完善权利人维权机制，合理划分权利人举证责任，完善行政调解等非诉讼纠纷解决途径。（市知识产权局等部门负责，持续落实）

14. 把创业精神培育和创业素质教育纳入国民教育体系，实现全社会创业教育和培训制度化、体系化。加快完善创业课程设置，加强创业实训体系建设。（市教委、市发展改革委负责，2016 年 12 月底前落实）

15. 加强创业创新知识普及教育，营造氛围，推广成功案例，使大众创业、万众创新深入人心。（市科委、市教委、市科协等部门负责，持续落实）

16. 加强创业导师队伍建设，提高创业服务水平。（市科委、市发展改革委、市人力社保局、市教委等部门负责，持续落实）

17. 加快推进社会保障制度改革，破除人才自由流动制度障碍，实现党政机关、企事业单位、社会各方面人才顺畅流动。（市人力社保局、市发展改革委、市科委、市财政局、市国资委等部门负责，持续落实）

18. 加快建立创业创新绩效评价机制，让一批富有创业精神、勇于承担风险的人

才脱颖而出。(市科委、市发展改革委、市财政局、市国资委、市人力社保局等部门负责，持续落实)

(二)优化财税政策，强化创业扶持

1. 根据创业创新需要，统筹安排各类支持小微企业和创业创新的资金，加大对创业创新支持力度，强化资金预算执行和监管，加强资金使用绩效评价。(市财政局、市科委、市金融局、市中小企业局、市工业和信息化委、市发展改革委、市人力社保局、市教委等部门负责，持续落实)

2. 支持有条件的区县设立创业基金，扶持创业创新发展。(市发展改革委、市财政局、市人力社保局负责，持续落实)

3. 在确保公平竞争前提下，鼓励对众创空间等孵化机构的办公用房、用水、用能、网络等软硬件设施给予适当优惠，减轻创业者负担。(市发展改革委、市财政局、市科委、市人力社保局等部门按职能分工负责，持续落实)

4. 落实扶持小微企业发展的各项税收优惠政策。(市财政局、市国税局、市地税局、市工业和信息化委、市中小企业局负责，持续落实并加强与国家相关部委沟通衔接)

5. 落实科技企业孵化器、大学科技园、研发费用加计扣除、固定资产加速折旧等税收优惠政策。对符合条件的众创空间等新型孵化机构适用科技企业孵化器税收优惠政策。(市财政局、市国税局、市地税局、市科委、市教委等部门负责，持续落实并加强与国家相关部委沟通衔接)

6. 按照国家统一安排部署，落实对包括天使投资在内的投向种子期、初创期等创新活动的投资税收政策。(市财政局、市国税局、市地税局、市发展改革委、天津证监局等部门负责，持续落实并加强与国家相关部委沟通衔接)

7. 落实有限合伙制创业投资企业法人、合伙人企业所得税政策。(市财政局、市国税局、市地税局、市科委负责，持续落实)

8. 落实中小高新技术企业转增股本分期缴纳个人所得税政策、高新技术企业股权奖励分期缴纳个人所得税政策。(市财政局、市地税局、市科委负责，持续落实并加强与国家相关部委沟通衔接)

9. 落实促进高校毕业生、残疾人、退役军人、登记失业人员等创业就业税收政策。(市财政局、市国税局、市地税局、市教委、市人力社保局等部门负责，持续落实)

10. 完善促进中小企业发展的政府采购政策，加强对采购单位的政策指导和监督检查，督促采购单位改进采购计划编制和项目预留管理，增强政策对小微企业发展的支持效果。(市财政局、市发展改革委、市工业和信息化委、市科委、市中小企业局负责，持续落实)

11. 加大创新产品和服务的采购力度，把政府采购与支持创业发展紧密结合起来。(市财政局、市发展改革委、市科委等部门负责，2017 年 12 月底前落实)

（三）搞活金融市场，实现便捷融资

1. 支持符合条件的创业企业利用多层次资本市场上市挂牌，加快发展；充分利用我市各类股权投资基金聚集的优势，支持风险投资、私募股权投资等投资机构加大对我市创业企业的支持力度；拓宽创业企业直接融资渠道，通过各种直接融资工具筹集企业发展所需资金。（市金融局、市发展改革委、天津证监局、人民银行天津分行负责，持续落实）

2. 积极跟踪了解股票发行注册制改革、尚未盈利的互联网和高新技术企业到创业板发行上市制度改革、战略新兴产业板建立、“新三板”分层、全国中小企业股份转让系统与创业板转板通道、特殊股权结构创业企业在境内上市等资本市场改革的新动态、新进展，加强工作的针对性、超前性，推动企业提前筹备相关工作，争取抢抓改革先机。规范发展服务于中小微企业的区域性股权市场，推动建立工商登记部门与区域性股权市场的股权登记对接机制，支持股权质押融资。（市金融局、天津证监局、市市场监管委等部门负责，持续落实）

3. 支持符合条件的发行主体发行小微企业增信集合债等企业债券创新品种。（市发展改革委、市金融局负责，持续落实）

4. 鼓励银行提高针对创业创新企业的金融服务专业化水平，不断创新组织架构、管理方式和金融产品。（天津银监局、市金融局、市发展改革委、市科委、人民银行天津分行等部门负责，持续落实）

5. 推动银行与其他金融机构加强合作，对创业创新活动给予有针对性的股权和债权融资支持。（天津银监局、市金融局、市发展改革委、市科委、人民银行天津分行等部门负责，持续落实）

6. 鼓励银行业金融机构向创业企业提供结算、融资、理财、咨询等一站式系统化的金融服务。（天津银监局、市金融局、人民银行天津分行等部门负责，持续落实）

7. 丰富完善创业担保贷款政策。（人民银行天津分行、天津银监局、市财政局、市人力社保局等部门负责，持续落实）

8. 完善知识产权估值、质押和流转体系，依法合规推动知识产权质押融资、专利保险等服务常态化、规模化发展，支持知识产权金融发展。（市知识产权局、人民银行天津分行、天津银监局、天津证监局、天津保监局负责，持续落实）

（四）扩大创业投资，支持创业成长进步

1. 不断扩大社会资本参与新兴产业创投计划参股基金规模，做大直接融资平台，引导创业投资更多向创业企业起步成长的前端延伸。不断完善新兴产业创业投资政策体系、制度体系、融资体系、监管和预警体系，加快建立考核评价体系。加快设立新兴产业创业投资引导基金和中小企业发展基金，逐步建立支持创业创新和新兴产业发展的市场化长效运行机制。（市发展改革委、市科委、市财政局、市工业和信息化委、天津证监局等部门负责，持续落实）

2. 鼓励各区县建立和完善创业投资引导基金。（市科委、市财政局等部门负责，

持续落实）

3. 促进新兴产业创业投资引导基金、科技型中小企业创业投资引导基金、科技成果转化引导基金、中小企业发展基金等协同联动。（市发展改革委、市财政局、市科委、市工业和信息化委、市中小企业局等部门负责，持续落实）

4. 推进创业投资行业协会建设，加强行业自律。（市科委、市发展改革委、天津证监局负责，持续落实）

5. 加快实施新兴产业“双创”三年行动计划，建立一批新兴产业“双创”示范基地，引导社会资金支持大众创业。（市发展改革委负责，持续落实）

6. 推动商业银行在依法合规、风险隔离的前提下，与创业投资机构建立市场化长期性合作。（天津银监局、市发展改革委、人民银行天津分行等部门负责，持续落实）

7. 推动发展投贷联动、投保联动、投债联动等新模式，不断加大对创业创新企业的融资支持。（天津银监局、市发展改革委、市科委、人民银行天津分行等部门负责，持续落实）

8. 按照国家制定的国有资本参与创业投资的相关政策措施和监督管理机制，引导和鼓励国有企业参与、设立新兴产业创业投资基金，充分发挥国有资本在创业创新中的作用。（市国资委、市发展改革委、市财政局负责，持续落实）

9. 积极落实国有创业投资机构国有股转持豁免政策。（市财政局、市国资委、市发展改革委、天津证监局等部门负责，持续落实）

10. 引导和鼓励创业投资机构加大对境外高端研发项目的投资，积极分享境外高端技术成果。（市发展改革委、市商务委、市科委等部门负责，持续落实）

11. 按投资领域、用途、募集资金规模，完善创业投资境外投资管理。（市发展改革委、市商务委、国家外汇管理局天津市分局负责，持续落实）

（五）发展创业服务，构建创业生态

1. 大力发展创新工场、车库咖啡等新型孵化器，做大做强众创空间，完善创业孵化服务。（市科委、市教委、市发展改革委、市工业和信息化委、市财政局等部门负责，2016 年 12 月底前落实）

2. 引导和鼓励各类创业孵化器与天使投资、创业投资相结合，完善投融资模式。（市科委负责，持续落实）

3. 引导和推动创业孵化与高校、科研院所等技术成果转移相结合，完善技术支撑服务。（市教委、市科委等部门负责，持续落实）

4. 引导和鼓励国内资本与境外合作设立新型创业孵化平台，引进境外先进创业孵化模式，提升孵化能力。（市科委、市外专局等部门负责，持续落实）

5. 加快发展企业管理、财务咨询、市场营销、人力资源、法律顾问、知识产权、检验检测、现代物流等第三方专业化服务，不断丰富和完善创业服务。（市有关部门按职能分工负责，持续落实）

6. 加快发展“互联网+”创业网络体系，建设一批小微企业创业创新基地，促进创业与创新、创业与就业、线上与线下相结合，降低全社会创业门槛和成本。（市发展改革委、市工业和信息化委、市中小企业局、市科委等部门负责，持续落实）

7. 加强政府数据开放共享，推动大型互联网企业和基础电信企业向创业者开放计算、存储和数据资源。积极推广众包、用户参与设计、云设计等新型研发组织模式和创业创新模式。（市发展改革委、市工业和信息化委、市市场监管委等部门负责，持续落实）

8. 探索通过创新券方式对创新企业提供检测认证、购买新技术新产品、专业咨询、研发设计等服务，建立和规范相关管理制度和运行机制，逐步形成可复制、可推广的经验。（市科委、市财政局等部门负责，2016 年 12 月底前落实）

（六）建设创业创新平台，增强支撑作用

1. 加强创业创新信息资源整合，建立创业政策集中发布平台，完善专业化、网络化服务体系，增强创业创新信息透明度。（市科委、市发展改革委等部门负责，2016 年 12 月底前落实）

2. 鼓励开展各类公益讲坛、创业论坛、创业培训等活动，丰富创业平台形式和内容。（市教委、市科委、市发展改革委、市人力社保局等部门负责，持续落实）

3. 支持各类创业创新大赛，定期办好中国创新创业大赛天津赛区赛事活动。（市科委等部门负责，持续落实）

4. 加强和完善中小企业公共服务平台网络建设。（市中小企业局、市工业和信息化委负责，持续落实）

5. 充分发挥企业的创新主体作用，鼓励和支持有条件的大型企业发展创业平台、投资并购小微企业等，支持企业内外部创业者创业，增强企业创业创新活力。为创业失败者再创业建立必要的指导和援助机制，不断增强创业信心和创业能力。（市发展改革委、市国资委、市工业和信息化委、市中小企业局、市人力社保局等部门负责，持续落实）

6. 建设科技基础设施、大型科研仪器和专利信息资源向全社会开放的长效机制。完善国家及市级重点实验室等各类科研平台（基地）向社会开放机制，为大众创业、万众创新提供有力支撑。鼓励企业建立一批专业化、市场化的技术转移平台。（市科委、市发展改革委、市工业和信息化委等部门负责，持续落实）

7. 鼓励依托三维（3D）打印、网络制造等先进技术和发展模式，开展面向创业者的社会化服务。（市科委、市工业和信息化委、市发展改革委等部门负责，持续落实）

8. 引导和支持有条件的领军企业创建特色服务平台，面向企业内部和外部创业者提供资金、技术和服务支撑。（市发展改革委、市科委、市工业和信息化委、市中小企业局等部门负责，持续落实）

9. 加快建立军民两用技术项目实施、信息交互和标准化协调机制，促进军民创新资源融合。（市工业和信息化委、市国防科工办、市发展改革委、市科委、市知识产权局等部门负责，持续落实）

10. 依托改革试验平台在创业创新体制机制改革方面积极探索，发挥示范和带动作用，为创业创新制度体系建设提供可复制、可推广的经验。(市发展改革委、市科委、市人力社保局等部门负责，持续落实)

11. 依托自由贸易试验区、国家自主创新示范区、战略性新兴产业集聚区等创业创新资源密集区域，打造创业创新中心。引导和鼓励创业创新型城市完善环境，推动区域集聚发展。(市发展改革委、市商务委、市人力社保局、市科委等部门负责，持续落实)

12. 推动实施小微企业创业基地城市示范工作。(市财政局、市工业和信息化委、市中小企业局、市科委、市商务委、市市场监管委等部门负责，2016 年 12 月底前落实)

13. 研究制定有特色的支持政策，积极盘活闲置的商业用房、工业厂房、企业库房、物流设施和家庭住所、租赁房等资源，为创业者提供低成本办公场所和居住条件。(市中小企业局、市国土房管局、市发展改革委等部门负责，持续落实。

（七）激发创造活力，发展创新型创业

1. 加快落实高校、科研院所等专业技术人员离岗创业政策，对经同意离岗的可在 3 年内保留人事关系，建立健全科研人员双向流动机制。(市教委、市科委、市人力社保局负责，2016 年 12 月底前落实)

2. 进一步完善创新型中小企业上市股权激励和员工持股计划制度规则。(天津证监局、市财政局等部门负责，持续落实并加强与国家相关部委沟通衔接)

3. 鼓励符合条件的企业按照相关规定，通过股权、期权、分红等激励方式，调动科研人员创业积极性。(市财政局、市科委、市国资委等部门负责，持续落实并加强与国家相关部委沟通衔接)

4. 支持鼓励学会、协会、研究会等科技社团为科技人员和创业企业提供咨询服务。(市科协等单位负责，持续落实)

5. 深入实施大学生创业引领计划，整合发展高校毕业生就业创业基金。(市人力社保局、市财政局、市发展改革委、市教委等部门负责，持续落实)

6. 引导和鼓励高校统筹资源，抓紧落实大学生创业指导服务机构、人员、场地、经费等。(市教委、市发展改革委负责，持续落实)

7. 引导和鼓励成功创业者、知名企业家、天使和创业投资人、专家学者等担任兼职创业导师，提供包括创业方案、创业渠道等创业辅导。(市发展改革委、市人力社保局、市科委、市教委等部门负责，持续落实)

8. 建立健全弹性学制管理办法，支持大学生保留学籍休学创业。(市教委负责，持续落实)

9. 发挥留学回国人才特别是领军人才、高端人才的创业引领带动作用。(市人力社保局、市教委、市科委负责，持续落实)

10. 继续推进人力资源市场对外开放，建立和完善境外高端创业创新人才引进机

制。（市人力社保局、市外专局负责，持续落实）

11. 进一步放宽外籍高端人才来津创业办理签证、永久居留证等条件，简化开办企业审批流程，探索由事前审批调整为事后备案。（市公安局、市发展改革委、市人力社保局、市外专局、市市场监管委等部门负责，持续落实）

12. 研究对回国创业高端人才和境外高端人才来津创办高科技企业给予一次性创业启动资金，在配偶就业、子女入学、医疗、住房、社会保障等方面完善相关措施。（市财政局、市人力社保局、市外专局等部门负责，持续落实）

13. 加强海外科技人才离岸创业基地建设，把更多的国外创业创新资源引入国内。（市科协等单位负责，持续落实）

（八）拓展城乡创业渠道，实现创业带动就业

1. 引导和鼓励集办公服务、投融资支持、创业辅导、渠道开拓于一体的市场化网商创业平台发展。鼓励龙头企业结合乡村特点建立电子商务交易服务平台、商品集散平台和物流中心，推动农村依托互联网创业。鼓励电子商务第三方交易平台渠道下沉，带动城乡基层创业人员依托其平台和经营网络开展创业。完善有利于中小网商发展的相关措施，在风险可控、商业可持续的前提下支持发展面向中小网商的融资贷款业务。（市商务委、市发展改革委、市人力社保局、市农委等部门按职能分工负责，持续落实）

2. 深入实施农村青年创业富民行动，支持返乡创业人员因地制宜围绕休闲农业、农产品深加工、乡村旅游、农村服务业等开展创业，完善家庭农场等新型农业经营主体发展环境。（市农委、市人力社保局等部门负责，持续落实）

3. 加强城乡基层创业人员社保、住房、教育、医疗等公共服务体系建设，完善跨区域创业转移接续制度。健全职业技能培训体系，加强远程公益创业培训，提升基层创业人员创业能力。引导和鼓励中小金融机构开展面向基层创业创新的金融产品创新，发挥社区地理和软环境优势，支持社区创业者创业。引导和鼓励行业龙头企业、大型物流企业发挥优势，拓展乡村信息资源、物流仓储等技术和服务网络，为基层创业提供支撑。（市发展改革委、市人力社保局、天津银监局、人民银行天津分行、市农委等部门负责，持续落实）

（九）加强统筹协调，完善协同机制

1. 建立部门之间、部门与区县之间政策协调联动机制，形成强大合力。系统梳理已发布的有关支持创业创新发展的各项政策措施，抓紧推进“立、改、废”工作，将对初创企业的扶持方式从选拔式、分配式向普惠式、引领式转变。建立健全创业创新政策协调审查制度，增强政策普惠性、连贯性和协同性。认真梳理服务“双创”企业的行政审批和服务事项，做好超前辅导和帮办领办，切实提高审批服务效率。（市科委、市发展改革委、市审批办等部门负责，持续落实）

2. 加快建立推进大众创业、万众创新有关普惠性政策措施落实情况督查督导机制，建立和完善政策执行评估体系和通报制度，全力打通决策部署的“最先一公里”

和政策落实的“最后一公里”，确保各项政策措施落地生根。（市科委、市发展改革委、市科协等部门负责，持续落实）

二、有关要求

（一）强化政策学习，加大宣传力度

各区县人民政府、市有关部门和单位要认真学习《意见》，准确把握《意见》的总体要求、主要任务和政策措施，充分认识推进大众创业、万众创新对于推动我市经济结构调整、打造发展新引擎、增强发展新动力、走创新驱动发展道路的重要意义。加大宣传力度，做好政策推广，努力营造良好的创业创新生态环境，进一步激发创新主体活力和全市创业创新热情，把每个有创业创新意愿的人动员起来，让创业创新蔚然成风，让有志于创业创新的人才圆梦天津。

（二）落实责任分工，制定配套政策

各区县人民政府、市有关部门和单位要按照《意见》和上述任务分工要求，结合各自实际，研究制定落实计划，层层分解任务，逐条落实责任，明确具体责任部门和责任人。对《意见》和上述任务分工中明确规定的任务和政策，要制定具体落实措施和相关配套政策；对原则规定的任务和政策，要细化落实措施，确保相关政策顺畅执行。

（三）加强统筹协调，形成工作合力

要加强部门之间、部门与区县之间政策协调联动，有关部门和单位要各负其责，主动配合，形成合力，共同推动。各区县人民政府和市有关部门要进一步统一思想认识，积极研究解决问题，及时总结推广经验做法，推动各项政策措施落实到位，构建有利于大众创业、万众创新蓬勃发展的政策环境、制度环境和公共服务体系，促进我市大众创业、万众创新工作快速有序发展。

市科委市教委关于印发天津市企业科技特派员工作实施细则(试行)的通知

津科基〔2017〕14号

各有关单位：

为进一步贯彻落实国家创新驱动发展战略，落实市委市政府关于加快推进创新型城市和产业创新中心建设的部署要求，深化科技供给侧改革，促进高校、科研院所科技要素向企业转移，推动产业转型升级，市科委、市教委修订了《天津市企业科技特派员工作实施细则（试行）》，现印发给你们，请结合实际认真贯彻落实。

天津市科学技术委员会　天津市教育委员会

2017年2月14日

天津市企业科技特派员工作实施细则（试行）

第一章　总则

第一条　为进一步贯彻落实国家创新驱动发展战略，落实市委市政府关于加快推进创新型城市和产业创新中心建设的部署要求，深化科技供给侧改革，完善技术创新体系，鼓励和引导科技人员服务我市的科技创新和产业发展，促进高校、科研院所科技要素向企业转移，推动产业转型升级，打造创新发展新动能，特制定本细则。

第二条　企业科技特派员（以下简称特派员）是指立足我市产业发展需求，从有关高等院校、科研院所中选拔，通过市科委、市教委认定，派驻到我市各区的科技型企业开展创新服务的科技人员。

第三条　市科委联合市教委负责特派员的选派、管理、协调、奖励等工作。

第四条　高等院校、科研院所要把特派员选派作为服务于我市经济发展的一项重要工作，设立专门机构负责此项工作。要制定相关政策措施，鼓励广大科技人员积极参加特派员工作。

第二章　选拔条件

第五条　选拔特派员应满足以下条件：

（一）具有博士学位或中级以上职称。

（二）具有扎实的相关产业领域专业知识、较强的研发能力、组织协调能力和工作责任心。

（三）熟悉企业科研情况，有志于从事产学研结合工作，对服务科技型企业有浓厚兴趣，能帮助科技型企业解决发展中的科技问题。

第三章　组织派驻

第六条　高等院校、科研院所根据企业实际需求，结合各自学科特点、专业特色情况，推荐特派员人选，与拟入驻企业达成派驻协议后，特派员、派出单位及企业签订《科技特派员派驻协议书》，明确各方的责任、权利和义务。双方可根据需要签订知识产权、利益归属以及其他协议作为补充法律文件。

第七条　派出单位将拟派驻的特派员汇总后，填写《科技特派员推荐情况一览表》，与《科技特派员派驻协议书》一起上报市科委。

第八条　特派员要妥善处理教学、科研与服务企业之间的关系，做到彼此兼顾，互相促进。

第九条　科技型企业可以将需求信息以及《科技特派员入驻企业信息登记表》上报到所在区的科技主管部门；高等院校、科研院所有志于作为特派员服务企业的科技人员可以将自己的专业特长、可服务企业要求等上报所在单位。

第十条　市科委和市教委汇总企业和高等院校、科研院所的技术需求和人才信息后，建立信息库，进行分类整理，有针对性地组织人才与需求的对接活动，落实派驻事宜。

第四章　管理要求

第十一条　特派员派驻期间，实行特派员所在高等院校、科研院所和入驻企业联合管理，各负其责的管理机制。

第十二条　特派员服务派驻企业的时间一般为两年，到期后可根据企业实际需要继续申报。

第十三条　特派员派出期间，工资、职务、职称晋升和岗位变动与所在高等院校在职人员同等对待。特派员入驻企业期间，应按要求遵守企业相关管理制度。

第十四条　特派员可依据国家和我市有关科技成果转化收益分配的法律、法规和政策文件，经派出单位允许，以技术、管理、资金等投资入股企业并取得相应的报酬。

第十五条　入驻企业应积极创造特派员必需的生活、开展工作的便利条件，认真履行签订协议的承诺，把特派员作为企业创新资源，充分利用特派员的科研成果和创新能力，加快提升企业竞争力，促进企业转型升级。

第十六条　特派员的主要职责是：

（一）参与企业研发，解决企业生产和新产品开发中的技术问题，提升企业产品竞争力。

（二）优化企业研发团队，为企业培养和引进高层次技术人才和管理人才。

（三）在充分摸清企业技术需求基础上，收集新工艺、新技术、新产品信息，掌握相关技术领域的发展态势和资源布局，协助企业制定技术发展战略。

（四）根据企业技术需求和技术发展战略，聚集国内外优势科技创新资源，共建校企协同创新平台，推动科技成果转化。

（五）推动企业完善以知识产权为核心的知识、技术管理制度。发挥典型示范效应，加快提升产学研结合的层次和水平。

（六）协助企业策划申报各级科技项目，并与企业联合承担。

第十七条 特派员可与入驻企业采取多种形式的项目合作，针对合作过程中涉及的技术保密、知识产权归属等问题，可根据具体情况签署相应协议予以明确。

第十八条 市科委、市教委定期组织特派员通过集中培训、座谈会、参观考察、现场观摩学习等形式，提高特派员服务能力，了解工作情况，总结交流经验。

第五章 考核奖励

第十九条 市科委、市教委联合特派员派出单位和入驻企业共同对特派员进行考核，考核结果存入本人档案。

第二十条 特派员每半年要进行一次工作小结，每年进行年度总结。派驻任务结束后进行工作总结。小结材料和工作总结由派出单位整理、汇总后送交市科委。

第二十一条 市科委联合市教委每年评选优秀特派员，对工作中表现突出、有显著成绩和贡献的特派员予以表彰，并给予项目奖励支持。

第二十二条 特派员可与入驻企业联合申请市科技计划项目。对考核优秀、产学研合作成效明显的特派员申请的项目，给予择优立项支持。

第二十三条 各区科技主管部门对积极开展特派员工作、成绩突出的企业予以表彰奖励。

第六章 附则

第二十四条 特派员与入驻企业如有提供虚假信息、违法违规等行为，市科委、市教委将取消其资格，三年内不再受理其申报，并将联合相关部门追回财政支持资金，并视情节轻重，追究其法律责任。

第二十五条 本细则由市科委、市教委负责解释，有效期三年，自颁布之日起执行。

河北省科学技术厅关于开展“星创天地”创建工作的通知

冀科农函〔2016〕58号

各设区市（含定州、辛集）科技局，有关县（市、区）科技局：

为贯彻落实国务院《关于深入推进科技特派员制度的若干意见》（国办发〔2016〕32号）和省政府《关于发展众创空间推进大众创新创业的实施意见》（冀政发〔2015〕15号）等文件精神，加快推进我省农业农村“大众创业、万众创新”，着力打造适应于农业农村发展的“众创空间”，省科技厅决定在全省开展农业“星创天地”创建工作。现就有关事宜通知如下。

一、创建意义

“星创天地”是农业农村领域的众创空间，是农村科技创新创业的“加油站”，是破解“三农”问题的“助推器”，也是广大科技特派员的“创业之家”。鼓励和支持地方结合当地特色主导产业打造农业“星创天地”，通过创业带动就业，进一步提升农业农村科技创新活力，拉长农业产业衍生链，挖掘农业农村发展潜力。同时，开展“星创天地”创建工作，对不断推进农业现代化、农民脱贫致富和美丽乡村建设具有重要促进作用。

二、创建思路

牢固树立创新、协调、绿色、开放、共享的发展理念，深入推进科技特派员制度，按照“政府引导、企业运营、市场运作、社会参与”的原则，整合科技、人才、信息、金融等资源，推动农业农村领域“大众创业、万众创新”，集中打造融合科技示范、技术集成、成果转化、融资孵化、创新创业、平台服务为一体的“星创天地”，营造低成本、专业化、社会化、便捷化的农村科技创业服务环境，推进一二三产业深度融合发展。

三、创建内容

农业“星创天地”是综合性服务平台，要健全完善各项创新服务功能，聚集创新资源和创业要素，最终形成创业主体大众化、孵化对象多元化、创业服务专业化、组织体系网络化、建设运营市场化的农业“众创”体系。

（一）打造成果转化示范基地

引导和鼓励“星创天地”开展农业技术集成创新，进行农业技术联合攻关，解决农业产业关键技术难题。支持创业主体在“星创天地”开展良种引进和培育、产业关键性技术示范，加快农业科技成果转化速度。大力发展“互联网+”和电子商务，积极开展新型农资、农机具的研发和推广，引进新业态、新技术、新产品。

（二）集聚农业科技创业人才

引导和鼓励一批成功创业者、知名企业家、天使和创业投资人、专家学者等担任兼职创业导师，培养一支创业理论知识扎实、实践经验丰富、业务能力突出的常态化创业服务团队和创业导师队伍。支持鼓励涉农院校、科研院所和龙头企业的专业人才和技术骨干到农业科技园创业。

（三）提供农业科技创新服务

为创新创业者提供规划设计、政策咨询、技术培训、企业注册、融资支持、创业辅导、知识产权、法律财务等方面服务。适时组织召开示范现场会和专题培训会，开展科技特派员创新创业、科技扶贫、农业创意大赛等活动。建立创业辅导制度，搭建交流平台，提供创业策划、企业建立到成熟运营全过程服务。

四、创建条件

（一）具有一定的产业背景和科技支撑

要立足于地方农业主导产业和区域特色产业，有较明确的技术依托单位，依靠科技强农惠农富农，促进科技成果向农村转移转化。“星创天地”要具有一定数量的“创客”聚集和创业企业入驻，要正式挂牌运营，有较好的发展前景。

（二）具有一支稳定的专业服务团队

要有协同创新意识强的 10 名以上科技人员组成的团队。团队应包括来自涉农高校、科研院所和重点企业，涉农科技、教育、市场营销和经济管理等学科的科技人员和创新型企业的技术骨干等。

（三）具有一个完整的线上线下服务平台

要具备较好的创新创业服务平台（线下平台），有创新创业示范场地、种植养殖试验示范基地、创业培训基地、创意创业空间、开放式办公场所、研发和检验测试室、技术交易中心等公共服务平台。同时，要具备“互联网+”网络电商平台（线上平台），利用现代信息技术和电子商务等服务平台，打造线上网络空间，构建完整的线上线下服务平台。

（四）具有一套完善的支撑保障机制

各设区市、县（市、区）科技局要加大对“星创天地”建设的指导和支持，并协调相关部门落实财税、金融、工商、知识产权、土地流转等方面的支持政策。鼓励探索投融资模式创新，吸引社会资本投资，孵化初创企业。

五、创建要求

（一）加强组织领导

各设区市、县（市、区）科技局要将“星创天地”创建工作作为加强基层科技工作、深入推进科技特派员制度的有效抓手。要建立“星创天地”专门创建机构，负责研究、指导、协调、服务“星创天地”创建工作。

（二）加大支持力度

农业“星创天地”享受“众创空间”的支持政策。省科技厅将纳入科技特派员创新创业基地、农业科技园区加大支持力度。各设区市、县（市、区）科技局要研究制定科技特派员创业、科技人员入驻企业、“创客”创新创业和产业发展壮大的激励政策和投融资措施，共同扶持“星创天地”不断发展壮大。

（三）做好组织备案

我省第一批“星创天地”创建工作，原则上依托省级以上农业科技园区和环首都现代农业科技示范带进行创建，并采取逐级备案制，省科技厅将优中选优，上报科技部认定为首批国家级“星创天地”。

申请省科技厅备案，原则上每个省级农业科技园区申请备案 1 家，每个国家级农业科技园区申请备案 2 家，环首都现代农业科技示范带内 14 个县（市、区），每个县可申请备案 2~3 家。

河北省科学技术厅

2016 年 6 月 22 日

河北省人民政府办公厅关于深入推行科技特派员制度促进农村创新创业的实施意见

冀政办发〔2016〕27号

各市（含定州、辛集市）人民政府，省政府各部门：

为贯彻落实《国务院办公厅关于深入推行科技特派员制度的若干意见》（国办发〔2016〕36号）精神，深入推行科技特派员制度，激发广大科技特派员创新创业热情，推进农村大众创业、万众创新，促进我省农村全面建成小康社会，经省政府同意，提出如下实施意见。

一、总体要求

（一）指导思想

全面贯彻党的十八大和十八届三中、四中、五中全会精神，以创新、协调、绿色、开放、共享的发展理念为引领，紧紧围绕落实省委、省政府推进农业供给侧结构性改革的战略部署和“统筹推进现代农业、美丽乡村建设、脱贫攻坚、山区综合开发和乡村旅游”的重点任务，以促进农业转型升级和农民增收致富为出发点和落脚点，深入推进科技特派员制度，不断壮大科技特派员队伍，健全新型社会化科技服务体系，培育新型农业经营和服务主体，围绕产业链配置创新链、围绕创新链配置人才链，推动现代农业全产业链增值和品牌化、高端化发展，促进农村一二三产业深度融合，为实现城乡一体化发展、全面建成小康社会打造新引擎，培育新动力。

（二）基本原则

1. 注重与现代农业结合。以产出高效、产品安全、资源节约、环境友好为目标，以发展精准农业、都市农业、生态农业、节水农业、高端装备农业等为重点，创办、领办、协办科技型企业，延伸和重构农业产业链，提升价值链，促进现代农业建设。

2. 注重与美丽乡村建设结合。以特色小镇为重点，支持科技特派员进村入户开展创业和技术服务，支撑美丽乡村建设。

3. 注重与精准脱贫结合。以燕山—太行山集中连片特困地区、黑龙港流域集中连片特困地区、环首都扶贫攻坚示范区为重点，开展科技特派员创业式扶贫，培育发展富民产业，助推精准脱贫。

4. 注重与京津优势科技资源结合。以环首都现代农业科技示范带为重点，统筹京津冀科技资源，吸引京津科技人员加入科技特派员队伍，积极探索开展京津冀农业科技协同创新试点，共同推进协同创新发展。

5. 注重与“互联网+”结合。选派一批信息技术科技特派员，加强互联网技术在农业生产、经营、管理、服务等环节的应用，进一步缩小城乡“数字鸿沟”，提升信息技术对农业农村发展的支撑能力。

（三）总体目标

1. 壮大一批优秀科技特派员队伍。长期服务于农村基层的科技特派员稳定在2万人，法人科技特派员达到200个，实现在农业科技型企业、特色产业基地、农业科技园区、现代农业园区等重点创新主体及平台的全覆盖。

2. 创建一批农业“星创天地”。以农业科技园区、特色产业基地等为载体，创建300个农业“星创天地”。依托“星创天地”等，领办、创办、协办农业科技型中小企业4 000家。

3. 培育壮大一批农业优势特色产业。依托农业科技园区、现代农业园区、特色产业基地和农业科技型企业，培育壮大100个区域优势特色产业。筛选形成系列化、标准化的农业技术成果包，转化推广2 000项新成果。

二、实施八大专项行动

（一）科技特派员精准选派行动

选派一批农口高等学校和科研院所的专业技术骨干科技特派员和专家服务团，进驻农业科技园区、现代农业园区、特色产业基地、科技型企业等，开展农业科技成果转移转化和技术服务；选派一批农、林、水等农技推广科技特派员，深入农村开展适用技术示范推广；选派一批农村流通科技特派员、农村青年科技特派员、巾帼科技特派员等，到农村带领农民创新创业；选派一批具备条件的事业单位、社团和企业等法人科技特派员，发挥其资金、技术、人才等优势，到农村创办、领办农业科技型企业。

（二）科技特派员创新创业能力提升行动

针对现代农业发展和美丽乡村建设需求，重点围绕科技特派员创业和服务过程中的关键环节和现实需要，大力实施农业科技创新专项，推进渤海粮仓、粮食丰产、绿山富民等科技示范工程实施和农业科技园区提档升级，加快环首都现代农业科技示范带、特色产业基地建设，在良种选育、新型药肥、农业物联网和装备智能化、节水节肥节药、主要农产品安全生产与质量控制、生态环境保育、农产品加工以及农村民生等方面取得一批新型实用技术成果，形成系列化、标准化的农业技术成果包，为科技特派员农村科技创业提供技术支撑。

（三）京津冀创新创业平台共建行动

以环首都现代农业科技示范带、农业科技园区和现代农业园区为主要载体，吸引京津科技人员来冀创新创业，共建一批农业科技成果承接转化基地、新型创业孵化基地、农业技术产权交易中心，促进京津农业科技成果向河北转移转化。组建京津冀科技特派员专家服务团，为农业各类创新主体提供专业服务和技术支撑，提升产业链科技含量。构建一批京津冀产业技术协同创新联盟，联合开展技术攻关、成果转化和示范推广等活动。

（四）农业“星创天地”创建行动

按照“政府引导、企业运营、市场运作、社会参与”的原则，选择有一定的产业基础和科技支撑、有稳定的专业服务团队、有完整的线上线下服务平台、有完善的支撑保障机制的企业、合作社等实体，创建一批融合科技示范、技术集成、成果转化、融资孵化、创新创业、平台服务为一体的农业“星创天地”，为科技特派员创新创业营造低成本、专业化、社会化、便捷化的服务环境。

（五）大学生村官“科技青春·创业富民”行动

以推进农业现代化、美丽乡村建设和惠农富农强农为目标，充分发挥大学生村官的技术和组织优势，大力开展“科技青春·创业富民”农村科技创业行动，支持大学生村官科技特派员创建科技型农业企业、专业合作社、农产品网店、农业科技超市、“万元示范田”、科技特派员工作站，带动现代生产要素向农村聚集，培育壮大农村科技型农业企业和新型农业经营主体，造就一支新型农业农村人才队伍，不断提高农民收入。

（六）“三区”人才精准扶贫行动

针对我省燕山太行山、黑龙港流域和环首都贫困地区产业发展需求，创新扶贫理念，选派一批科技特派员，开展创新创业和科技服务，推进创业式扶贫，建立科技特派员与农村致富带头人结对帮扶制度，培养一批本土科技人才，为“三区”经济社会发展提供有效的人才和智力支持，加快科技成果在贫困地区转移转化，增强贫困地区创新创业和自我发展能力，加快脱贫致富进程。

（七）互联网+科技特派员创新创业服务行动

围绕我省农业主导产业，建立一批互联网+科技特派员创新创业示范基地，促进互联网技术在农业生产、经营、管理、服务等环节的应用。丰富星火科技“12396”和农业“12316”综合信息服务平台功能，提升科技特派员利用互联网开展科技服务的能力。对接国家构建“河北省科技特派员管理服务平台”，实行科技特派员网上备案登记制，完善考核评价体系和统计报告制度，加强科技特派员创新创业过程管理和跟踪，并把科技特派员纳入组织部门人才工作。

（八）科技特派员社会化服务体系建设行动

坚持主体多元化、服务专业化、运行市场化的方向，以政府购买公益性农业技术服务为引导，加快构建公益性与经营性相结合、专项服务与综合服务相协调的新型农业社会化科技服务体系。积极培育扶持多元化服务组织，依托新农村发展研究院、科技特派员创业培训基地、供销合作社服务网点和各类产业技术创新联盟等载体，为科技特派员提供全方位创新创业服务。建立创业辅导培训制度，依托河北农业大学、河北科技师范学院等国家科技特派员培训基地，聘请知名专家、创业成功者、企业家和风险投资人等各行各业优秀人才，建立创业导师队伍，为科技特派员提供创业全过程服务。建立农业农村科技需求库、高校院所创新成果供给库、创新创业典型案例库，对科技特派员开放共享，提供一站式服务。

三、完善激励政策

（一）落实扶持政策

科技特派员在派出期间，保留原职级和岗位，工资、职务、职称晋升、岗位变动、保险等与派出单位在职人员同等对待，并把科技特派员的工作业绩，作为评聘和晋升专业技术职务（职称）的重要依据。科技特派员优先享有参加专家评选、职称评聘、岗位晋升等权利。期满后，可根据科技特派员本人意愿选择辞职创业或回原单位工作。引导大学生、城镇登记失业人员、新型职业农民、青年农场主、返乡农民工、退伍转业军人、农村青年、农村妇女等积极参与农村科技创业，按规定落实社会保险补贴、创业担保贷款等政策。

（二）加强金融支持

引导政策性银行和商业银行等金融机构在业务范围内加大信贷支持力度，开展对科技特派员的授信和小额贷款业务，支持科技特派员开展农村科技创业和服务。针对科技特派员创办的企业不同阶段融资需求，创新金融产品和服务，探索开展专利质押、应收账款质押、动产质押、股权质押、订单质押等抵质押贷款方式，开展农村承包土地经营权和林权抵押贷款业务。落实省政府关于支持企业上市的奖励政策，积极引导和鼓励科技特派员创业企业在中小板、创业板、新三板、区域股权交易市场等多层次资本市场上市、挂牌融资，对上市、挂牌成功的企业给予奖励，拓宽企业直接融资渠道。

（三）加大奖励力度

鼓励高等学校、科研院所等成果完成单位通过许可、转让等方式支持科技特派员带科技成果到农村创业，成果转化后，应将不低于70%的净收益或股权，用于成果完成团队和个人、科技特派员的奖励、报酬。鼓励科技特派员与企业、专业经营大户等合作，以资金、技术、专利入股等方式，建立利益共同体，允许科技特派员在创办、领办、协办的专业合作社、专业技术协会和涉农企业兼职取酬，探索对科技特派员实施期权、技术入股、股权奖励、分红权等多种形式奖励。

（四）便利工商登记

支持科技特派员依法办理农民专业合作社、涉农企业，积极落实注册资本登记改革、“先照后证”、简化住所（经营场所）登记手续、“多证合一”等改革措施，推行限时办结、绿色通道、一审一核、审核合一等制度，为科技特派员创办的经济实体提供高效便捷的注册登记服务。

（五）落实税收优惠

科技特派员创办的企业和农民专业合作组织等，依法享受企业研发费用税前加计扣除等税收优惠政策，按规定享受国家相关支农优惠政策。省外科技特派员来冀创办的企业或经济合作组织，同时享受招商引资和发展非公有制经济的有关优惠政策。

四、强化措施保障

（一）完善统筹推进机制

发挥省科技特派员科技创业行动协调指导小组作用，加强统筹协调和政策配套，形成部门协同、上下联动的组织体系和长效推动机制，为推行科技特派员制度提供组织保障。各市、县（市、区）要将推行科技特派员工作作为加强基层科技工作的重要抓手，建立健全多部门联合工作机制，结合实际制定本地推动科技特派员创业的政策措施。要切实关心科技特派员工作生活，推动科技特派员工作深入开展。

（二）拓宽科技特派员选派渠道

坚持自愿协商、双向选择、按需选派原则，重点针对农业农村创新发展短板，组织选派专业技术人员、大学生、新型职业农民、青年农场主、返乡农民工、退伍转业军人、农村青年、农村妇女等自然人和法人科技特派员，参与农村科技创新创业。凡承担市级以上农业领域应用示范推广类研究计划项目的科技人员．均纳入科技特派员管理序列。不断拓展科技特派员选派渠道，壮大科技特派员队伍。

（三）加大财政支持力度

从省级科技资金中统筹安排科技特派行动项目资金，优先支持科技特派员实施产学研合作项目。各市要加大对科技特派员创新创业的资金扶持力度。科技特派员创办领办的科技型中小企业，优先纳入省科技型中小企业成长计划、农业科技成果转化专项等科技计划给予支持。支持返乡创业园建设，优先安排科技特派员入园孵化，根据实际需求就近入驻，并落实好房租、物业、水电、宽带、公共软件等补贴政策。

（四）选树先进典型

省科技特派员科技创业行动协调指导小组每年选树 100 名成绩突出的科技特派员，表扬一批科技特派员工作组织管理先进单位，选树的科技特派员达到职称评聘条件的优先评聘，不受名额限制；国务院政府津贴的推荐、选拔、评审，优先考虑。

（五）营造良好氛围

各地各部门要广泛利用各种新闻媒体，加强宣传报道，宣传先进人物、典型事例和先进经验，形成全社会关心和支持科技特派员工作的良好舆论氛围，激励更多的科技人员投身于农村创新创业。

河北省人民政府办公厅
2016年9月21日

河北省人民政府关于发展众创空间推进大众创新创业的实施意见

冀政发〔2015〕15号

各设区市人民政府，各县（市、区）人民政府，省政府各部门：

为贯彻落实《国务院办公厅关于发展众创空间推进大众创新创业的指导意见》（国办发〔2015〕9号）精神，加快发展众创空间等新型创业服务平台，提升创新创业服务能力，形成创新创业新生态，激发大众创新创业活力，打造经济发展新引擎，结合我省实际，提出如下实施意见。

一、加快构建众创空间

（一）改造提升一批众创空间

重点依托高新技术产业开发区、经济（技术）开发区、科技企业孵化器、小企业创业基地、大学科技园和高等学校、科研院所等，形成一批创新创业、线上线下、孵化投资相结合的新型众创空间。盘活现有的闲置办公楼、商业设施、老旧厂房等，改造提升一批具有公益性、社会化、开放式运作的众创空间。

（二）引进共建一批众创空间

鼓励支持京津众创空间在我省设立分支机构，大力推进我省与京津合作共建，积极引进国内外品牌服务。对京津等地认定的众创空间落户我省的，直接纳入省级建设计划，优先支持。

（三）支持创建一批众创空间

鼓励行业领军企业、特色产业龙头企业，围绕自身创新需求和产业链上下游配套，创办各类特色鲜明、需求指向明确的众创空间。

二、激活壮大创新创业主体

（四）鼓励科技人员创新创业

省内高等学校、科研院所科技人员要求离岗创业的，3年内保留其原有身份和职称，档案工资正常晋升，符合条件的可正常申报晋升相应专业技术职务。高等学校、科研院所研发团队在我省实施各类科技成果转化、转让获得的收益，其所得不低于70%。

（五）鼓励大学生创新创业

高等学校要开设创新创业课程，加强创业培训。允许在校大学生休学从事创业活动，休学时间可视为其参加实践教育时间。扩大"青年创业引领计划"扶持范围，毕业5年内的高等学校毕业生，初次创业创办小微型科技企业的，给予3年的社会保险补贴。

（六）吸引高端人才来冀创新创业

对优秀创业人才、创业导师等来冀创办的科技型中小企业，直接纳入省级科技型中小企业扶持计划，按照初创期、成长期、壮大期、上市期四个梯度，优先享受省市科技型中小企业创新资金支持。对来冀创业的海外高层次人才和京津优秀人才，优先推荐列入河北省"百人计划"、省管优秀专家、青年拔尖人才、省政府特殊津贴专家、"三三三人才工程"。对带技术、带成果、带项目在冀实施成果转化的高层次人才、创新团队优先纳入河北科技英才"双百双千"推进工程。

三、构建多元化创业投融资体系

（七）壮大天使投资资金

整合设立1亿元省天使投资引导基金，发挥财政资金的杠杆效应和引导作用，通过引导基金鼓励天使投资机构对种子期、初创期的科技企业投资，提供高水平创业指导及配套服务。省级资金按一定比例参股，不分享基金收益，基金到期清算时如出现亏损，先行核销省级资金权益。设立创业投资风险补偿基金，用于金融机构向小微企业提供创业投资和贷款的风险补偿。

（八）支持多层次资本市场融资

积极引导和鼓励创业企业在中小板、创业板、新三板、区域股权交易市场等多层次资本市场上市、挂牌融资，对上市、挂牌成功的企业分别给予150万元、150万元、100万元、30万元省级奖励。鼓励商业银行设立科技支行，推进知识产权质押融资，开展科技小额贷款试点，积极开展互联网股权众筹融资试点。

（九）加大财税政策支持

省、市科技型中小企业资金要将众创空间和初创期科技型中小企业作为支持重点。通过中小企业发展专项资金，运用阶段参股、风险补助和投资保障等方式，引导社会资金投资于入驻众创空间的科技型中小企业。对新认定的省级众创空间，分类给予一定的财政补助，用于初期开办费用、服务平台建设、设备购置等。根据年度服务绩效，省、市对众创空间等新型孵化机构的房租、宽带接入费、公共软件、开发工具、创业培训、中介服务等给予适当补贴，省级补贴额度最高不超过20万元。各级财政扶持创业服务机构的各类财政补助、奖励等财政拨款，符合《财政部国家税务总局关于专项用途财政性资金企业所得税处理问题的通知》（财税〔2011〕70号）条件的不征收企业所得税。

四、营造创新创业环境

（十）降低创新创业门槛

深化商事制度改革，对众创空间创业主体办理注册登记手续，采取一站式窗口、网上申报、多证联办等措施，认真落实“三证合一”“先照后证”“一址多照”和“一照多址”改革措施，为创业企业工商注册提供便利。

（十一）提升公共服务能力

建立我省创新券制度，采取购买服务、后补助、业务奖励等方式，支持为创新创业提供知识产权、检验检测认证、技术转移、财务、法律、战略咨询、电子商务、数据分析等服务。加快构建京津冀“科技服务云”，推进京津冀科技资源开放共享，推动建立京津冀区域统筹使用的创新券制度。充分发挥河北省中小企业公共技术服务平台网络作用，依托各类中小企业公共技术服务平台，全面开展线上线下、创新创业服务。

（十二）建立健全创业辅导制度

培育一批专业创业导师，鼓励成功创业者、知名企业家、天使投资人和专家学者等担任创业导师，为众创空间、创业群体提供策划、咨询、辅导等服务。组建京津冀创业导师团，开展创业导师河北行、创业大讲堂、创业嘉年华、创客训练营等活动。对作出突出贡献的，纳入省级高层次创业人才管理序列，授予“河北省杰出创业导师”称号。

（十三）弘扬创业文化

组织各类创业大赛，继续办好河北创新创业大赛，支持我省大学生参与中国创新创业大赛、国际创新创业大赛等活动，并对获奖项目择优纳入省级科技计划。大力培育创新精神和创客文化，加强大众创新创业的宣传和引导，树立一批创新创业典型，营造大众创业、万众创新的浓厚氛围。

五、强化协调联动

（十四）加强组织领导

各级各部门要结合自身职责，积极落实和完善促进创新创业的各项措施，制定具体实施方案，明确工作部署，切实加大政策扶持、资金投入、条件保障力度。各级科技部门要及时研究解决存在的问题，加强对众创空间、创新创业的指导和扶持。

（十五）开展试点示范

依托高新技术产业开发区、经济（技术）开发区、大学科技园、特色产业集群和高新技术产业化基地等，开展创新创业试点示范，积极探索推进大众创新创业的新机制、新模式，不断完善创新创业服务体系。

河北省人民政府

2015年5月28日

山西省人民政府办公厅关于发展众创空间推进大众创新创业的实施意见

晋政办发〔2015〕83号

各市、县人民政府，省人民政府各委、办、厅、局：

为全面贯彻落实《国务院办公厅关于发展众创空间推进大众创新创业的指导意见》(国办发〔2015〕9号）和《中共山西省委山西省人民政府关于实施科技创新的若干意见》(晋发〔2015〕12号）精神，顺应网络时代大众创业、万众创新的新趋势，加快发展众创空间等新型创业服务平台，营造良好的创新创业生态环境，经省人民政府同意，现提出如下实施意见。

一、加快构建众创空间

鼓励企业、投资机构、行业组织、企业孵化器投资建设新型孵化载体，构建一批低成本、便利化、全要素、开放式的众创空间。高新区、大学科技园和省级中小企业创业基地等各类园区要充分利用老旧厂房、闲置房屋以及商业设施等资源，为众创空间免费或低价提供专门场所。

实施众创空间示范工程建设。到2017年，全省设区的市及太原、长治国家高新区至少各建成3个众创空间，普通本科高校、有条件的高职院校至少各建成1个众创空间，建成省级大学生创新创业园1个，全省众创空间达到100个。

二、支持建立众创服务平台

综合运用购买服务、资金补助、业务奖励等方式，鼓励支持研发设计、科技金融、创业孵化、成果交易、认证检测等众创服务平台建设，为创业者提供政策咨询、项目推介、创业指导、融资服务、补贴发放等“一站式”创业服务。建立免费宽带、低价工位、免费开发工具和公共软件使用的新模式，探索众创空间运行的新机制。促进科研设施、仪器设备和科技文献等资源向创客、企业开放，实现资源共享；对共享仪器设备的运行维护费用，由设备管理单位申请财政补贴。加大对知识产权创造、保护、运用的扶持力度。

三、深化商事制度改革

采取业务代办、“一站式”窗口、网上申报、多证联办、快捷登记取照等措施，为企业注册登记提供便利。针对众创空间内设立企业的，可凭孵化机构出具的证明，申请住所（经营场所）登记，允许“一址多照”，按工位注册企业。除法律另有规定和国务院决定保留的工商登记前置审批事项外，其他事项一律不得作为工商登记前置审批事项。

四、鼓励支持大学生创业

实施弹性学制，允许高校大学生保留学籍休学创业，学生休学年限按照相关规定执行。鼓励扶持毕业5年内高校毕业生以及毕业学年高校毕业生自主创业、合伙经营或者组织起来创业，具体措施按《山西省人民政府办公厅关于扶持高校毕业生创业的意见》（晋政办发〔2014〕40号）执行。加强大学生创业培训，鼓励大学生等各类青年创业者进入大学科技园、省级大学生创新创业园和科技企业孵化器等载体创业孵化，每年遴选和扶持一批省级优秀大学生创业项目，实现创业教育、创业培训、创业实践和创业实战的有机结合。

五、鼓励支持科技人员创业

支持高校、科研院所等事业单位专业技术人员创办、领办或合办科技型企业，对于离岗创业的，经原单位同意，3年内保留人事关系，与原单位其他在岗人员享有同等参加职称评聘、岗位等级晋升和社会保险等方面的权利。原单位应当根据专业技术人员创业的实际情况，与其签订或变更聘用合同，明确权利义务。允许和鼓励高校、科研院所科技人员在完成本职工作前提下在职创业，其收入归个人所有。

六、实施科技成果使用、处置和收益改革

省属高校、科研院所等事业单位享有科技成果使用和处置自主权，科技成果转化所得全部归所在单位，并按照不低于50%的比例奖励科技成果完成人和为科技成果转化作出贡献的人员。事业单位对职务发明完成人、科技成果转化重要贡献人员和团队的奖励，计入当年单位工资总额，不作为工资总额基数，不纳入绩效工资管理。

七、加大财政资金引导力度

省财政设立扶持众创空间发展专项资金，用于众创空间的开办、众创服务平台的建设、场地租赁、宽带接入、公共软件开发等经费补助和参股众创空间种子基金等。对经认定的众创空间，给予一次性财政补助；对众创空间运营商设立大额种子基金的，省财政专项资金按一定比例参股，不分享基金收益，基金到期清算时如出现亏损，先核销财政资金权益。众创空间补助及种子资金使用管理办法由省科技厅和省财政厅另

行制定。

八、完善创业投融资服务

支持天使投资、创业投资、股权投资以及互联网股权众筹融资等发展。加大创业信贷支持力度，鼓励小额担保贷款机构向科技型创业企业提供信贷服务。鼓励使用知识产权进行质押贷款、入股、转让。探索以众创空间运营商为担保主体，为众创空间内创客企业提供“统借统还”形式的贷款担保。

九、营造创新创业浓厚氛围

每年举办山西省创新创业大赛，鼓励风险投资支持创业团队的获奖项目。利用我省举办的国际低碳高峰论坛，为创新创业者搭建交流平台；定期举办创客经验交流活动。鼓励企业、高校、社会团体等举办创新创业论坛、科技创业产品展等活动。

十、加强工作组织推动

由省科技厅牵头，省教育厅、省财政厅、省人力资源社会保障厅、省国资委、省工商局、省中小企业局、省金融办等部门配合，负责全省大众创新创业工作的组织和协调，对各项工作进行督查考核。研究制定《山西省众创空间认定管理办法》，规范众创空间的认定和管理工作。各市、县和省人民政府有关部门按照职能分工，积极落实各项政策措施。

山西省人民政府办公厅

2015 年 9 月 1 日

内蒙古自治区人民政府关于大力推进大众创业万众创新若干政策措施的实施意见

内政发〔2015〕120号

各盟行政公署、市人民政府，自治区各委、办、厅、局，各大企业、事业单位：

为贯彻落实《国务院关于大力推进大众创业万众创新若干政策措施的意见》（国发〔2015〕32号）精神，加快构建有利于大众创业、万众创新蓬勃发展的政策环境、制度环境和公共服务体系，推动我区经济结构调整、打造发展新引擎、增强发展新动力、走创新驱动发展道路，现提出如下实施意见。

一、创新体制机制，实现创业创新便利化

（一）完善公平竞争市场环境

深化行政审批制度改革，在全区全面开展权力清单、责任清单编制公布工作。推进投资项目审批制度改革，落实企业投资项目网上并联核准制度，加快建设投资项目在线审批监管平台。清理规范涉企收费项目，再取消和降低一批行政事业性收费及标准，制定公布涉企收费目录清单，做到清单之外无收费。加快自治区公共信用信息平台建设，加强企业信用信息公示系统、金融业征信平台等信用信息平台与公共信用信息平台的资源整合和信息共享。建立完善“红、黑名单”制度，规范企业信用信息发布制度，把创业主体信用与市场准入、享受优惠政策挂钩，完善以信用管理为基础的创业创新监管模式。按照国家实行市场准入负面清单制度的统一要求，研究制定落实国家负面清单制度的具体措施，确保各类市场主体依法平等进入清单之外领域。

（二）加快推进商事制度改革

实施营业执照、组织机构代码证、税务登记证“三证合一”“一照一码”，进一步完善“一个窗口”制度和“先照后证”制度。积极推动企业设立、变更、注销等登记业务全程电子化，逐步实现“三证合一”网上办理。

（三）加强知识产权运用与保护

加强专利执法、商标执法和版权执法，集中查处一批侵犯知识产权的案件。推进

知识产权交易与运营，加快建立全区知识产权运营公共服务平台，推动基于互联网的研究开发、技术转移、检测认证、知识产权与标准、科技咨询等服务平台建设，培育一批知识产权运营机构。在创新企业中贯彻落实《企业知识产权管理规范》，引导企业建立知识产权管理体系，促进品牌、技术创新，提升企业核心竞争力。

（四）建立健全创业创新人才培养与流动机制

自治区财政通过整合现有专项资金，加大对人才引进与培养的支持力度，积极争取国家“千人计划”“万人计划”、中科院“百人计划”等人才计划支持，大力实施“人才强区”工程和“草原英才”工程，壮大创业创新群体。加快完善创业创新课程设置，自治区各高校要面向全体学生开发开设研究方法、学科前沿、创业基础、就业创业指导等方面的必修课和选修课，纳入学分管理。加强创业实训体系建设，各高校要积极开展大学生创业创新培训计划，探索创业培训、创业模拟训练、创业基地实训一体化的创业培训模式。加强创业导师队伍建设，组织实施自治区创业导师计划，建立健全创业辅导制度，聘请知名科学家、创业成功者、企业家、风险投资人担任专业课、创新创业课授课或指导教师，建设全区千名优秀创新创业导师人才库。推动人才自由顺畅流动，结合事业单位养老保险制度改革，制定出台科研人员在企业事业单位之间流动社保关系转移接续政策措施。

二、加大财税、金融扶持力度，优化创业创新融资环境

（五）加大财政资金支持和统筹力度

各级财政要根据创业创新需要，统筹安排各类支持小微企业和创业创新的资金，加大对创业创新的支持力度。支持有条件的盟市、开发区、孵化器和产业园区设立创业创新基金，扶持创业创新发展。鼓励各地区对创业基地、众创空间等孵化机构在办公用房、用水、用能、网络等软硬件设施给予优惠或补贴，减轻创业者负担。发挥政府采购支持作用，通过预留采购预算制度、给予评审优惠和信用担保贷款等方式，积极促进中小微企业发展，把政府采购与支持创业发展紧密结合起来。

（六）加快完善普惠性税收措施

认真研究中关村国家自主创新示范区税收试点政策，抓紧落实企业转增股本分期缴纳个人所得税、股权奖励分期缴纳个人所得税等已推广至全国的试点政策。对国家和自治区出台的扶持小微企业、科技企业孵化器、大学科技园、众创空间、创业投资企业以及促进高校毕业生、残疾人、退役军人、登记失业人员创业就业等税收优惠政策进行全面系统梳理，制定公布国家和自治区创业创新税收优惠政策目录，确保各项优惠政策落到实处。

（七）加强资本市场体系建设

组织实施自治区培育企业上市工程，加强对创业企业和创新型企业的上市辅导和政策扶持，鼓励和引导符合条件的创业企业通过改制上市、新三板挂牌、区域股权交

易中心挂牌、发行债券等方式募集资金。大力发展区域性股权市场，扩大内蒙古股权交易中心办事机构覆盖面，打造自治区培育企业上市工程的基础平台和创业创新的综合服务平台。扩大债券市场融资规模，支持符合条件的发行主体发行小微企业增信集合债、中小企业私募债、项目收益债、战略性新兴产业专项债券等企业债券。

（八）创新银行支持方式

鼓励各类银行机构在创业基地、科技企业孵化器、大学科技园、高新技术开发区和各类产业园区等创业创新集聚区开办科技银行和创业创新银行，创新组织架构、管理方式和金融产品，向创业创新企业提供结算、融资、理财、咨询等一站式系统化的金融服务。

（九）丰富创业融资新模式

大力支持互联网金融发展，鼓励银行、证券、保险、小额贷款公司和担保机构积极开展互联网金融领域的产品和服务创新，提升金融服务广度、深度，引导民间资本规范发展互联网金融业务，支持和引导众筹融资平台规范发展。落实创业担保贷款政策，扩大创业担保贷款规模，对符合条件的创业企业和创业人员给予创业担保贷款，财政部门按规定安排贷款贴息所需资金。积极推动知识产权质押融资、专利许可费收益权证券化、专利保险等服务常态化、规模化发展，支持知识产权金融发展。

三、大力培育发展创业投资，支持创业起步成长

（十）建立和完善创业投资引导机制

在自治区重点产业发展基金总量中安排5亿元组建自治区新兴产业创业投资引导基金，与国家新兴产业创业投资引导基金形成配套，引导社会资本支持大众创业、万众创新，快速扩大自治区创业投资基金规模。创新京蒙合作专项资金投资方式，研究设立京蒙合作基金。鼓励各盟市设立创业投资引导基金，各盟市发起设立的创业投资基金和天使投资基金，可申请自治区新兴产业创业投资引导基金参股。促进自治区新兴产业创业投资引导基金、重点产业发展基金、服务业发展基金、科技协同创新基金等协同联动，形成促进创业创新的合力。推动组建自治区创业投资行业协会，加强行业自律，促进创业投资企业规范健康发展。

（十一）加大创业投资政策扶持力度

制定出台培育促进创业投资加快发展的政策措施，在市场准入、注册登记、财政出资让利、基金管理公司和管理团队、人才引进等方面研究提出扶持政策，鼓励和引导国内外优秀基金管理公司和团队到我区开展创业投资业务。拓宽创业投资资金供给渠道，鼓励商业银行等金融机构与创业投资机构开展合作，推动发展投贷联动、投保联动、投债联动等新模式。引导和鼓励有条件的国有企业、政府投融资平台公司参与新兴产业创业投资基金，设立国有资本创业投资基金。探索建立自治区保险投资基金，引导保险资金参与创业投资基金。

四、发展创业服务，建设创业创新平台

（十二）加快发展创业孵化服务

加快创业孵化体系建设，重点打造包头稀土高新区科技创业服务中心、内蒙古软件园、留学人员创业园、内蒙古大学科技园、赤峰蒙东云计算科技企业孵化器等50个国家级和自治区级科技企业孵化器。鼓励和引导各地区盘活闲置的商业用房、工业厂房、企业库房、物流设施和家庭住所、租赁房等资源，大力发展创新工场、车库咖啡、创客空间等新型孵化器，推动建设100个众创空间，为创业者提供低成本办公场所和居住条件。整合各类创业创新载体，研究制定科学规范的创新创业孵化标准，对符合标准的创新创业载体集中给予政策扶持，提升创新创业孵化功能。鼓励和引导天使投资、创业投资机构在各类创业孵化器开展投资业务，完善投融资模式。支持社会力量开展创业培训等服务，对达到一定规模和标准的创业培训可享受自治区创业培训相关补贴政策。制定出台自治区促进科技服务业发展的政策措施，加快发展研究开发、技术转移、知识产权、检验检测认证、创业孵化、科技咨询、科技金融、科学技术普及等科技服务业以及企业管理、财务咨询、市场营销、人力资源、法律顾问、现代物流等第三方专业化服务。

（十三）积极发展“互联网+”创业创新服务

推动“互联网+”创新平台与众创空间孵化载体的有效对接，使创新资源配置更灵活、更精准，实现创新与创业相结合、创业与就业相结合、线上与线下相结合、孵化与投资相结合，为创业者提供低成本、便利化、全要素的工作空间、网络空间、社交空间和资源共享空间。加强政府数据开放共享，推动云计算数据中心、互联网企业和基础电信企业向创业者开放平台入口、数据信息、计算能力等资源，提高创业创新企业信息化应用水平。

（十四）积极探索创业券、创新券等公共服务新模式

鼓励有条件的盟市探索通过创业券、创新券等方式，为创业者和创新企业提供社会培训、管理咨询、检验检测、软件开发、研发设计等服务，降低企业创新投入成本，促进产学研合作，激发创新活力。自治区财政从支持创业就业和科技创新的资金中安排一部分资金，根据各盟市创业券、创新券兑现额度给予一定比例的补助。

（十五）加强创业创新平台建设

加强创业创新信息资源整合，建立创业政策集中发布平台。定期组织举办自治区创业创新大赛、大学生创业创新大赛和职业院校技能大赛，鼓励开展各类公益讲坛、创业论坛、创业培训等活动，支持举办各类科技创新、创意设计、创业计划、创新成果、创业项目展示推介等专题活动和竞赛，搭建创业者交流平台，培育创业文化。支持参与国内外创新创业大赛，为创业者与投资机构提供对接平台。制定完善国家和自治区重点实验室、工程（技术）研究中心、工程实验室等科研平台向社会开放机制，

将高校科技创新资源开放情况纳入评估考核标准，探索形成科技资源向全社会开放的长效机制，为大众创业、万众创新提供技术支撑。

五、激发创造活力，拓展创业渠道

（十六）发挥企业创新主体作用

坚持国有企业改革的市场化方向，探索混合所有制的多种实现形式，增强企业的创新活力和竞争力。研究制定国有企业对重要技术人员和经营管理人员实施股权激励和分红激励的实施办法。充分调动民营企业的创新积极性，支持民营企业牵头承担国家和自治区科技计划项目，构建以企业为主导、产学研合作的产业技术创新战略联盟。通过财政后补助、间接投入等方式，支持企业自主决策、先行投入，开展重大产业关键共性技术、装备和标准的研发攻关。鼓励有条件的企业设立院士专家工作站。推动完善自治区中小企业创新服务体系，建立中小企业公共技术服务联盟。

（十七）激发各类人才创业创新活力

把留住人才放在创业创新人才队伍建设的优先位置，完善人才激励机制，鼓励高校、科研院所和国有企业强化对科技、管理人才的激励，将自治区高校和科研院所成果转化所获收益用于奖励科研负责人、骨干技术人员等重要贡献人员和团队的比例，提高到不低于70%。深入实施大学生创业引领计划，自治区各高校要设置合理的创业创新学分，探索将学生开展创新实验、发表论文、获得专利和自主创业等情况折算为学分，建立创业创新档案和成绩单。实施弹性学制，放宽学生修业年限，允许在校大学生调整学业进程，保留学籍休学创业。鼓励高校设立创业创新奖学金，表彰优秀创业创新大学生。扩大高校毕业生创业发展资金规模，逐步提高高校毕业生创业补助标准。在国外接受高等教育的留学回国人员，凭教育部国外学历学位认证，比照国内高校毕业生享受就业创业优惠政策。

（十八）大力支持基层创业和草根创业

支持电子商务向农村牧区延伸，启动实施“宽带乡村”工程，大幅度提高行政村通宽带率。引导和鼓励电子商务交易平台依托现有农村牧区电商服务站、商业网点等实现渠道下沉，推动农村牧区依托互联网创业。全面落实支持农牧民工等返乡人员创业的政策措施，支持返乡农牧民工、大学生村官、农村牧区能人等创办家庭农牧场、农牧业合作社和小微企业等市场主体，围绕休闲农牧业、农畜产品深加工、农村牧区旅游、农村牧区服务业等开展创业，促进返乡创业集聚发展。完善基层创业支撑服务，鼓励各地区在十个全覆盖工程推进过程中，开展农牧民创业园和创业孵化项目建设，搭建农牧民创业创新平台，支持农牧民自主创业。

六、加强统筹协调，完善保障措施

（十九）加强组织领导和政策协同

自治区和各盟市建立由发展改革部门牵头的推进大众创业万众创新部门联席会议

制度，明确目标任务、责任分工和工作进度，完善工作协调机制，形成推进工作合力。各地区、各有关部门要系统梳理已出台的有关支持创业创新的各项政策措施，加强政策间的统筹衔接，制定公布创业创新政策目录，增强政策普惠性、连贯性和协同性。

（二十）开展创业创新改革试点

选择部分有条件的地区积极开展创业创新改革试点，努力在市场公平竞争、知识产权、科技成果转化、人才培养和激励、金融创新、开放创新、科技管理体制等方面取得重大改革突破，及时总结推广经验，发挥示范和带动作用。

（二十一）加强舆论宣传和政策落实情况督查

组织新闻媒体集中开展宣传报道活动，大力宣传创业创新相关政策、典型案例和经验、优秀创业者、创新人才和团队，努力营造勇于探索、鼓励创新、宽容失败的文化和社会氛围。定期组织开展推进大众创业万众创新政策措施落实情况监督检查，完善督查督导机制，建立和完善政策执行评估体系和通报制度，确保各项政策措施落地生根。

附件：任务分工和进度要求

内蒙古自治区人民政府
2015年10月26日

附件：

任务分工和进度要求

序号	政策措施	部门分工	进度要求
1	深化行政审批制度改革，在全区全面开展清理行政职权和权力清单、责任清单编制公布工作	自治区法制办、发展改革委（列首位的为牵头部门，下同）	2015年12月底前落实
2	推进投资项目审批制度改革，落实企业投资项目网上并联核准制度，加快建设投资项目在线审批监管平台	自治区发展改革委	2015年12月底前落实
3	清理规范涉企收费项目，再取消和降低一批行政事业性收费及标准，制定公布涉企收费目录清单，做到清单之外无收费	自治区发展改革委、财政厅	2015年12月底前落实
4	加快自治区公共信用信息平台建设，加强企业信用信息公示系统、金融业征信平台等信用信息平台与公共信用信息平台的资源整合和信息共享	自治区发展改革委、工商局，人民银行呼和浩特中心支行	2015年12月底前落实
5	建立完善“红、黑名单”制度，规范企业信用信息发布制度	自治区发展改革委、工商局，人民银行呼和浩特中心支行	2016年6月底前落实
6	按照国家实行市场准入负面清单制度的统一要求，研究制定落实国家负面清单制度的具体措施	自治区发展改革委、法制办	国家明确要求后抓紧落实
7	实施营业执照、组织机构代码证、税务登记证“三证合一”“一照一码”，进一步完善“一个窗口”制度和“先照后证”制度	自治区工商局、质检局、地税局，内蒙古国税局	2015年12月底前落实
8	积极推动企业设立、变更、注销等登记业务全程电子化，逐步实现“三证合一”网上办理	自治区工商局	2016年12月底前落实
9	加强专利执法、商标执法和版权执法，集中查处一批侵犯知识产权的案件	自治区科技厅（知识产权局）、工商局、版权局	持续落实
10	推进知识产权交易与运营，加快建立全区知识产权运营公共服务平台，推动基于互联网的研究开发、技术转移、检测认证、知识产权与标准、科技咨询等服务平台建设，培育一批知识产权运营机构	自治区科技厅（知识产权局）	持续落实
11	在创新企业中贯彻落实《企业知识产权管理规范》，引导企业建立知识产权管理体系	自治区科技厅（知识产权局）	持续落实
12	自治区财政通过整合现有专项资金，加大对人才引进与培养的支持力度，积极争取国家“千人计划”“万人计划”、中科院“百人计划”等人才计划支持，大力实施“人才强区”工程和“草原英才”工程，壮大创业创新群体	自治区财政厅、人力资源社会保障厅	持续落实

（续表）

序号	政策措施	部门分工	进度要求
13	加快完善创业创新课程设置，自治区各高校要面向全体学生开发开设研究方法、学科前沿、创业基础、就业创业指导等方面的必修课和选修课，纳入学分管理	自治区教育厅	持续落实
14	加强创业实训体系建设，各高校要积极开展大学生创业创新培训计划，探索创业培训、创业模拟训练、创业基地实训一体化的创业培训模式	自治区教育厅	持续落实
15	加强创业导师队伍建设，组织实施自治区创业导师计划，建立健全创业辅导制度，聘请知名科学家、创业成功者、企业家、风险投资人担任专业课、创新创业课授课或指导教师，建设全区千名优秀创新创业导师人才库	自治区人力资源社会保障厅、科技厅、教育厅	持续落实
16	推动人才自由顺畅流动，结合事业单位养老保险制度改革，制定出台科研人员在企业事业单位之间流动社保关系转移接续政策措施	自治区人力资源社会保障厅、科技厅	2015 年 12 月底前落实
17	各级财政要根据创业创新需要，统筹安排各类支持小微企业和创业创新的资金，加大对创业创新的支持力度	自治区财政厅等	持续落实
18	支持有条件的盟市、开发区、孵化器和产业园区设立创业创新基金，扶持创业创新发展	自治区发展改革委、人力资源社会保障厅、科技厅等	持续落实
19	鼓励各地区对创业基地、众创空间等孵化机构在办公用房、用水、用能、网络等软硬件设施给予优惠或补贴，减轻创业者负担	自治区科技厅等	持续落实
20	发挥政府采购支持作用，通过预留采购预算制度、给予评审优惠和信用担保贷款等方式，积极促进中小微企业发展，把政府采购与支持创业发展紧密结合起来	自治区财政厅	持续落实
21	认真研究中关村国家自主创新示范区税收试点政策，抓紧落实企业转增股本分期缴纳个人所得税、股权奖励分期缴纳个人所得税等已推广至全国的试点政策	自治区财政厅、地税局，内蒙古国税局	2015 年 12 月底前落实
22	对国家和自治区出台的扶持小微企业、科技企业孵化器、大学科技园、众创空间、创业投资企业以及促进高校毕业生、残疾人、退役军人、登记失业人员创业就业等税收优惠政策进行全面系统梳理，制定公布国家和自治区创业创新税收优惠政策目录	自治区地税局、内蒙古国税局	2015 年 11 月底前落实

（续表）

序号	政策措施	部门分工	进度要求
23	组织实施自治区培育企业上市工程，加强对创业企业和创新型企业的上市辅导和政策扶持，鼓励和引导符合条件的创业企业通过改制上市、新三板挂牌、区域股权交易中心挂牌、发行债券等方式募集资金	自治区金融办、内蒙古证监局	持续落实
24	大力发展区域性股权市场，扩大内蒙古股权交易中心办事机构覆盖面，打造自治区培育企业上市工程的基础平台和创业创新的综合服务平台	自治区金融办	持续落实
25	扩大债券市场融资规模，支持符合条件的发行主体发行小微企业增信集合债、中小企业私募债、项目收益债、战略性新兴产业专项债券等企业债券	自治区发展改革委	持续落实
26	鼓励各类银行机构在创业基地、科技企业孵化器、大学科技园、高新技术开发区和各类产业园区等创业创新集聚区开办科技银行和创业创新银行，创新组织架构、管理方式和金融产品，向创业创新企业提供结算、融资、理财、咨询等一站式系统化的金融服务	自治区金融办、发展改革委、科技厅，内蒙古银监局	持续落实
27	大力支持互联网金融发展，鼓励银行、证券、保险、小额贷款公司和担保机构积极开展互联网金融领域的产品和服务创新，提升金融服务广度、深度，引导民间资本规范发展互联网金融业务，支持和引导众筹融资平台规范发展	自治区金融办，内蒙古银监局、证监局	持续落实
28	落实创业担保贷款政策，扩大创业担保贷款规模，对符合条件的创业企业和创业人员给予创业担保贷款，财政部门按规定安排贷款贴息所需资金	自治区人力资源社会保障厅、财政厅	持续落实
29	积极推动知识产权质押融资、专利许可费收益权证券化、专利保险等服务常态化、规模化发展，支持知识产权金融发展	自治区金融办、科技厅、财政厅，内蒙古银监局、证监局、保监局	持续落实
30	在自治区重点产业发展基金总量中安排5亿元组建自治区新兴产业创业投资引导基金，与国家新兴产业创业投资引导基金形成配套，引导社会资本支持大众创业、万众创新，快速扩大自治区创业投资基金规模	自治区财政厅、发展改革委	2015年12月底前落实
31	创新京蒙合作专项资金投资方式，研究设立京蒙合作基金	自治区发展改革委	2016年6月底前落实
32	鼓励各盟市设立创业投资引导基金，各盟市发起设立的创业投资基金和天使投资基金，可申请自治区新兴产业创业投资引导基金参股	自治区发展改革委	持续落实

（续表）

序号	政策措施	部门分工	进度要求
33	促进自治区新兴产业创业投资引导基金、重点产业发展基金、服务业发展基金、科技协同创新基金等协同联动，形成促进创业创新的合力	自治区发展改革委、财政厅、科技厅	持续落实
34	推动组建自治区创业投资行业协会，加强行业自律，促进创业投资企业规范健康发展	自治区发展改革委、财政厅、科技厅	2015年12月底前落实
35	制定出台培育促进创业投资加快发展的政策措施	自治区发展改革委	2015年12月底前落实
36	拓宽创业投资资金供给渠道，鼓励商业银行等金融机构与创业投资机构开展合作，推动发展投贷联动、投保联动、投债联动等新模式	自治区发展改革委、财政厅、金融办	持续落实
37	引导和鼓励有条件的国有企业、政府投融资平台公司参与新兴产业创业投资基金，设立国有资本创业投资基金	自治区发展改革委、财政厅、国资委	持续落实
38	探索建立自治区保险投资基金，引导保险资金参与创业投资基金	自治区金融办、内蒙古保监局	2016年12月底前落实
39	加快创业孵化体系建设，重点打造包头稀土高新区科技创业服务中心、内蒙古软件园、留学人员创业园、内蒙古大学科技园、赤峰蒙东云计算科技企业孵化器等50个国家级和自治区级科技企业孵化器	自治区科技厅等	持续落实
40	鼓励和引导各地区盘活闲置的商业用房、工业厂房、企业库房、物流设施和家庭住所、租赁房等资源，大力发展创新工场、车库咖啡、创客空间等新型孵化器，推动建设100个众创空间	自治区科技厅等	持续落实
41	整合各类创业创新载体，研究制定科学规范的创新创业孵化标准，对符合标准的创新创业载体集中给予政策扶持，提升创新创业孵化功能	自治区人力资源社会保障厅、科技厅	持续落实
42	鼓励和引导天使投资、创业投资机构在各类创业孵化器开展投资业务，完善投融资模式	自治区发展改革委、财政厅、科技厅	持续落实
43	支持社会力量开展创业培训等服务，对达到一定规模和标准的创业培训可享受自治区创业培训相关补贴政策	自治区人力资源社会保障厅	持续落实
44	制定出台自治区促进科技服务业发展的政策措施	自治区科技厅	2015年12月底前落实
45	推动“互联网+”创新平台与众创空间孵化载体的有效对接	自治区经济和信息化委、发展改革委、科技厅	持续落实

（续表）

序号	政策措施	部门分工	进度要求
46	加强政府数据开放共享，推动云计算数据中心、互联网企业和基础电信企业向创业者开放平台入口、数据信息、计算能力等资源	自治区经济和信息化委、发展改革委	持续落实
47	鼓励有条件的盟市探索通过创业券、创新券等方式为创业者和创新企业提供社会培训、管理咨询、检验检测、软件开发、研发设计等服务，降低企业创新投入成本，促进产学研合作，激发创新活力	自治区发展改革委、科技厅、财政厅等	持续落实
48	自治区财政从支持创业就业和科技创新的资金中安排一部分资金，根据各盟市创业券、创新券兑现额度给予一定比例的补助	自治区财政厅	持续落实
49	加强创业创新信息资源整合，建立创业政策集中发布平台	自治区人力资源社会保障厅、科技厅	持续落实
50	定期组织举办自治区创业创新大赛、大学生创业创新大赛和职业院校技能大赛，鼓励开展各类公益讲坛、创业论坛、创业培训等活动，支持举办各类科技创新、创意设计、创业计划、创新成果、创业项目展示推介等专题活动和竞赛。支持参与国内外创新创业大赛，为创业者与投资机构提供对接平台	自治区人力资源社会保障厅、教育厅、科技厅	持续落实
51	制定完善国家和自治区重点实验室、工程（技术）研究中心、工程实验室等科研平台向社会开放机制，将高校科技创新资源开放情况纳入评估考核标准，探索形成科技资源向全社会开放的长效机制	自治区科技厅、发展改革委、教育厅	2016年12月底前落实
52	坚持国有企业改革的市场化方向，探索混合所有制的多种实现形式，增强企业的创新活力和竞争力	自治区国资委	持续落实
53	研究制定国有企业对重要技术人员和经营管理人员实施股权激励和分红激励的实施办法	自治区国资委	2016年12月底前落实
54	支持民营企业牵头承担国家和自治区科技计划项目，构建以企业为主导、产学研合作的产业技术创新战略联盟。通过财政后补助、间接投入等方式，支持企业自主决策、先行投入，开展重大产业关键共性技术、装备和标准的研发攻关	自治区科技厅、经济和信息化委、财政厅	持续落实
55	鼓励有条件的企业设立院士专家工作站	自治区科技厅、经济和信息化委	持续落实
56	推动完善自治区中小企业创新服务体系，建立中小企业公共技术服务联盟	自治区经济和信息化委	持续落实

（续表）

序号	政策措施	部门分工	进度要求
57	将自治区高校和科研院所成果转化所获收益用于奖励科研负责人、骨干技术人员等重要贡献人员和团队的比例，提高到不低于70%	自治区人力资源社会保障厅	2015年12月底前落实
58	深入实施大学生创业引领计划，自治区各高校要设置合理的创业创新学分，探索将学生开展创新实验、发表论文、获得专利和自主创业等情况折算为学分，建立创业创新档案和成绩单	自治区教育厅	2016年12月底前落实
59	实施弹性学制，放宽学生修业年限，允许在校大学生调整学业进程，保留学籍休学创业	自治区教育厅	2016年12月底前落实
60	鼓励高校设立创业创新奖学金，表彰优秀创业创新大学生	自治区教育厅	持续落实
61	扩大高校毕业生创业发展资金规模，逐步提高高校毕业生创业补助标准	自治区教育厅	持续落实
62	在国外接受高等教育的留学回国人员，凭教育部国外学历学位认证，比照国内高校毕业生享受就业创业优惠政策	自治区人力资源社会保障厅、教育厅	持续落实
63	支持电子商务向农村牧区延伸，启动实施“宽带乡村”工程，大幅度提高行政村通宽带率	自治区商务厅、发展改革委，内蒙古通信管理局	2015年12月底前落实
64	引导和鼓励电子商务交易平台依托现有农村牧区电商服务站、商业网点等实现渠道下沉，推动农村牧区依托互联网创业	自治区商务厅	持续落实
65	全面落实支持农牧民工等返乡人员创业的政策措施，支持返乡农牧民工、大学生村官、农村牧区能人等创办家庭农牧场、农牧业合作社和小微企业等市场主体，围绕休闲农牧业、农畜产品深加工、农村牧区旅游、农村牧区服务业等开展创业，促进返乡创业集聚发展	自治区人力资源社会保障厅、发展改革委	持续落实
66	完善基层创业支撑服务，鼓励各地区在十个全覆盖工程推进过程中，开展农牧民创业园和创业孵化项目建设，搭建农牧民创业创新平台，支持农牧民自主创业	自治区人力资源社会保障厅、农牧业厅、科技厅	持续落实
67	自治区和各盟市建立由发展改革部门牵头的推进大众创业万众创新部门联席会议制度，明确目标任务、责任分工和工作进度，完善工作协调机制，形成推进工作合力	自治区发展改革委等	2015年12月底前落实
68	各地区、各有关部门要系统梳理已出台的有关支持创业创新的各项政策措施，加强政策间的统筹衔接，制定公布创业创新政策目录，增强政策普惠性、连贯性和协同性	各盟行政公署、市人民政府，自治区各有关部门	2015年12月底前落实

（续表）

序号	政策措施	部门分工	进度要求
69	选择部分有条件的地区积极开展创业创新改革试点，努力在市场公平竞争、知识产权、科技成果转化、人才培养和激励、金融创新、开放创新、科技管理体制等方面取得重大改革突破，及时总结推广经验，发挥示范和带动作用	自治区发展改革委等	2016年6月底前落实
70	组织新闻媒体集中开展宣传报道活动，大力宣传创业创新相关政策、典型案例和经验、优秀创业者、创新人才和团队，努力营造勇于探索、鼓励创新、宽容失败的文化和社会氛围	自治区发展改革委	持续落实
71	定期组织开展推进大众创业万众创新政策措施落实情况监督检查，完善督查督导机制，建立和完善政策执行评估体系和通报制度，确保各项政策措施落地生根	自治区政府督查室	持续落实

内蒙古自治区人民政府办公厅关于加快发展众创空间的实施意见

内政办发〔2015〕124号

各盟行政公署、市人民政府，自治区各委、办、厅、局，各大企业、事业单位：

为深入贯彻落实《国务院办公厅关于发展众创空间推进大众创新创业的指导意见》(国办发〔2015〕9号) 精神，加快推进众创空间发展，营造有利于创新创业的生态环境，激发全社会创新创业活力，结合自治区实际，现提出如下意见。

一、众创空间是顺应网络时代创新创业特点和需求，通过市场化机制、专业化服务和资本化途径，构建低成本、便利化、全要素、开放式的新型创业服务平台。其基本构成要件包含：具备独立法人资格的运营主体；一定规模的固定办公场所和创新创业承载空间；与科技创新相配套的服务保障和管理团队；一定数量的创新创业者及相应的创新创业活动；专业化、特色化的众创主题。

二、各地区、各有关部门要大力发展众创空间，将众创空间建设发展作为本地区和本部门推进大众创业万众创新的重要举措，列入地区和行业发展规划。到2020年，全区围绕“五大基地”和科技创新重点领域，建成自治区示范性众创空间100家，基本覆盖全区优势特色发展领域和战略性新兴产业。各建设主体应本着“需求导向、特色发展”的理念，围绕不同类型创新创业的特点，充分依托高新技术产业开发区、科技企业孵化器、留学生创业园以及大学科技园、大学生创业见习基地、新型研发机构和社会资源，高效利用现有厂房、闲置房屋、商业楼盘等资源，进行适应性改造，建设一批创业者空间、创客咖啡、创新工场等各具特色的众创空间。

三、各地区、各有关部门应调整优化科技专项资金结构，安排众创空间发展资金，采取主导建设、联合建设、运行补贴、绩效奖励等形式，支持引导本区域和本行业的众创空间建设，并对众创空间基本公共服务和专业科技服务等加强引导和支持，保障众创空间建设健康有序发展。

四、依托内蒙古科技创新综合信息系统开设众创空间专栏，建立众创空间共享平台，汇集扶持政策和科技资源，发布创新创业信息。共享平台免费向众创空间与创新创业者、投融资机构开放，实现纵向贯通、横向联通。各众创空间要充分利用互联网，对创新创业活动提供线上与线下相结合的网络服务。

五、众创空间应为创新创业者提供必要的工作空间和良好的创新创业环境，场地租赁费用应低于一般商驻租金。对具备条件的众创空间，由众创空间发展资金给予房租、宽带接入费用补贴。

六、众创空间面向创新创业者服务建设的公共技术平台，可申请纳入自治区大型科研仪器及科研基础设施开放共享网络平台，对符合开放共享条件的，由自治区财政科技专项资金给予运行补贴。

七、众创空间聘任企业家、天使投资人、专家学者作为创业导师，其完成规定服务任务且驻地服务时间满一年的，经众创空间考核合格和科技主管部门核准后，可申请自治区科技特派员创业行动计划给予支持。

八、各地区、各有关部门安排科技金融风险补偿资金，建立知识产权质押融资等科技贷款风险补偿机制，鼓励银行、担保公司、保险等金融机构对众创空间实施的创新创业项目提供科技担保贷款、知识产权质押贷款、股权质押贷款、科技保险等方式的金融服务。

九、创新创业者在众创空间实施的创新创业项目，可依托众创空间申报各级各类科技计划项目，在同等条件下给予优先立项支持。建立众创空间与内蒙古股权交易中心的联动机制，为创新创业企业提供全方位、定制式的资本市场综合服务，形成与创新创业相匹配的，以投融资、上市孵化和要素流转为核心的资本市场支撑体系。

十、众创空间帮助创新创业项目成功获得天使投资、创业投资等社会资本投入，成效突出的，由众创空间发展资金对众创空间给予奖励。

十一、鼓励众创空间联合投融资机构和创新创业服务机构组建众创空间联盟，将其作为众创空间资源共享、交流合作、引进国内外优秀创新创业服务资源的平台。

十二、鼓励众创空间联盟和众创空间为创业者开展创新创业交流及培训活动，对其组织开展的区域性、全国性和国际性的创新大赛、创业大讲堂、创业训练营等公益性活动，由众创空间发展资金给予补贴。

内蒙古自治区人民政府办公厅

2015年11月16日

辽宁省科技厅关于开展星创天地建设的实施意见

辽科办发〔2017〕30号

各市科技局，省直有关部门、有关单位：

为贯彻落实科技部关于《发展“星创天地”工作指引的通知》（国科发农〔2016〕210号）、辽宁省人民政府办公厅《关于深入推行科技特派员制度促进农村创新创业的实施意见》（辽政办发〔2016〕134号）和《关于发展众创空间推进大众创新创业的实施意见》（辽政办发〔2015〕94号）等文件精神，深入推动我省农业农村“大众创业、万众创新”工作，现提出我省星创天地建设实施意见。

一、总体要求

（一）指导思想

全面贯彻党的十八大和十八届三中、四中、五中、六中全会精神和国家科技创新大会精神，深入落实国家创新驱动发展战略，充分发挥科技创新对辽宁振兴发展的支撑和引领作用，推动“大众创业、万众创新”工作，组织开展星创天地建设。我省星创天地建设，坚持“创新、协调、绿色、开放、共享”的发展理念，按照“政府引导、市场运作、社会参与”原则。以涉农高校、科研院所、农业科技园区、科技创新平台、农业科技型企业、农民专业合作社等为载体，整合科技、人才、信息和金融等资源，面向农村科技特派员、返乡农民工、退伍专业军人、大学生、职业农民、科研人员等创新创业主体，集中打造寓科技创新、技术示范、成果转化、创业孵化、人才培训为一体的创新创业天地。

（二）目标任务

到2020年，建设国家级星创天地80家，省级星创天地150家以上，孵化培育专业大户、家庭农场、农民专业合作社和其他各类农业社会化服务组织等创新创业主体200家以上，聚集各类科技创新创业人才2 000人以上。基本形成专业化、社会化、便捷化，低成本运行的农村科技创业服务环境，推进一二三产业融合发展，使我省农村科技创业之火形成燎原之势，建设具有辽宁特色的农业农村创新创业服务体系。

二、基本条件

组建星创天地的机构应具备以下基本条件：

（一）具有明确的实施主体

具有独立法人资格，具备一定运营管理和专业服务能力。如：农业科技园区、涉农高校、科研院所、农业科技型企业、农民专业合作社或其他社会组织等。

（二）具有产业基础和科技支撑

立足地方农业主导产业和区域特色产业，有一定的产业基础；具备产学研基础，有1个以上产学研合作单位；有一批适用的农业技术成果包，能够带动技术成果转移转化，促进农业产业链整合和价值链提升，带领农民脱贫致富；能够助推农村产业融合与新型城镇化的有机结合，促进农村一二三产业融合发展。

（三）具有较好的创新创业服务平台和基础设施

具备“互联网+”电商平台和运营团队，可通过线上交易、交流、宣传、协作等，促进农村创业的便利化和信息化，推进商业模式创新；有创新创业示范场地、种养殖试验示范基地、创业培训基地、创意创业空间、开放式办公场所、研发和检验测试、技术交易等公共服务平台，免费或低成本供创业者使用，场地总面积不低于500平方米，试验示范土地不少于100亩。

（四）具有多元化的人才服务队伍

拥有一支不少于10人，结构合理、熟悉产业、经验丰富、相对稳定的创业服务团队；拥有一支不少于5人，由涉农院校、科研院所、龙头企业中的专家学者和技术骨干，成功创业者、知名企业家、创业投资人等担任兼职的创业导师队伍，能够为创业者提供创业辅导与科学普及培训，解决涉及技术、金融、管理、法律、财务、市场营销、知识产权等方面实际问题。

（五）具有一定数量的创客聚集和创业企业入驻

在孵企业（农民专业合作社）3个以上或一定数量的创客入驻，运营良好，经济社会效益显著，有较好的发展前景。

三、服务功能

（一）协同科技创新

鼓励高校、科研院所及企业科技人员与企业建立长期的技术合作，开展农业技术联合攻关和集成创新，解决企业和地区存在的技术问题，发挥科技人员的技术专长，到农村开展技术服务。

（二）技术集成示范

星创天地依托单位面向现代农业和农村发展，结合我省农业产业特点，整合科技资源和要素，通过开展农业新品种展示、新技术推广、农机新装备应用，促进农业科技成果的转移转化和产业化，企业应为技术服务、示范和转化提供必要的条件及土地。

（三）孵化创业项目

鼓励科技特派员、大学生、返乡农民工、退伍转业军人、退休技术人员等深入农村创新创业，星创天地为创业者提供开放式办公场所、示范场地等多种形式的公共交流空间，能免费或低成本供创业者使用；发挥省农业科技创新团队、国家农业科技园区、省产业共性技术创新平台等组织和平台资源，为入驻者提供技术咨询、检验检测、技术转移、成果转化等专业化、社会化服务，帮助创业者解决在创业过程中遇到的问题。

（四）培训创业人才

充分利用星创天地人才、技术、信息、场地等条件优势，通过线上线下相结合的方式，不定期召开项目路演、案例示范、品牌推广等示范现场会和专题培训会，举办创新创业沙龙、创业大讲堂、创业训练营等创业培训活动，促进创业者与投资人交流，提升创业者能力。

（五）科技金融服务

充分利用互联网金融、股权众筹等融资方式，加强星创天地与天使投资人、创业投资机构的合作，畅通技术转移服务机构、投融资机构、高校、科研院所和企业交流交易途径。引导和动员社会金融资源加大对星创天地的支持。积极开展投资路演、宣传推介等活动，举办或组织参加各类创新创业赛事，为入驻者融资创造更多机会。

（六）集成创业政策

梳理各级政府部门出台的创新创业扶持政策，完善创新创业服务体系，协助政府相关部门落实商事制度改革、知识产权保护、财政资金支持、普惠性税收政策、人才引进与扶持、政府采购、创新券等政策措施，优化创业环境。

（七）助力创业扶贫

贯彻落实中央扶贫精神，以科技为引领，以增加全省扶贫开发工作重点县经济收入为目标，以贫困地区星创天地建设为抓手，针对贫困地区产业特点和优势，整合科技资源有针对性地开展科技创业扶贫工作，引领带动贫困地区特色产业发展，为全省科技扶贫工作提供借鉴。

四、申报与备案

（一）申报填写

星创天地申报主体填写《星创天地建设申报书》，报送所在地的县（市、区）科技主管部门审核，市科技主管部门经审定后报至省科技厅备案，省直有关部门和高校可直接推荐省科技厅备案。

（二）认定备案

省级星创天地的申报与认定备案工作，由省科技厅牵头负责。

（三）网上公示

省级星创天地常年受理，对拟备案的省级星创天地进行网上公示，公示无异议的由省科技厅发文公布。

（四）直接认定

已在省科技部门备案的农业领域的众创空间，直接认定为星创天地。

五、考评与管理

（一）接受统一管理

经认定的星创天地及其运营管理机构，应自觉接受市场监管、税务、人力社保、民政、教育、科技等相关部门的指导和监督。

（二）政府提供支持

各市、县政府部门应加强对辖区内星创天地的日常服务，建立政府部门延伸服务机制和办法，整合各类资源，对星创天地及区域内的创业企业、团队和创客给予支持和服务。

（三）建立星创天地绩效评价体系

组织开展星创天地年度绩效考评，重点考评星创天地建设和创客入住发展进度，把创业服务能力，服务创业者数量和创业者运营情况作为重要的评估指标，对绩效考评不达标的星创天地组织专家进行技术指导。对连续两年考核不合格的星创天地，给予退出备案库。

六、保障措施

（一）加强组织领导

做好顶层设计，统筹协调，为我省开展星创天地建设提供组织保障。省、市、县（市、区）三级科技主管部门负责全省星创天地发展的指导、服务和管理工作。各市科技部门应加强对属地星创天地的建设指导和日常管理，出台保障措施，先行先试，及时协调解决相关问题。

（二）强化政策与资金扶持

整合省级科技创新公共服务平台建设和科技特派员项目、农业科技成果转化等资源，重点支持星创天地建设。对进入星创天地的创客或企业优先推荐申报国家、省各类科技计划项目。各市县政府要积极引导和支持星创天地建设，出台专门的政策与资金保持措施，为星创天地发展营造良好的社会环境。

（三）加大宣传示范

通过电视、网络、报刊等媒体，广泛开展星创天地宣传活动，加强星创天地品牌建设，大力营造农业农村“大众创业万众创新”社会氛围，提高社会认知度。抓好典型示范工作，搭建星创天地交流平台，宣传创业事迹、分享创业经验、展示创业项目、传播创业商机。

辽宁省科学技术厅

2017年7月4日

辽宁省科技厅关于印发《辽宁省星创天地绩效评价暂行办法》的通知

辽科发〔2017〕27号

各市科技局，各有关单位：

现将《辽宁省星创天地绩效评价暂行办法》印发你们，请结合实际，认真抓好贯彻落实。

辽宁省科学技术厅

2017年8月24日

辽宁省星创天地绩效评价暂行办法

第一章　总则

第一条　根据科技部《关于发展“星创天地”工作指引的通知》(国科发农〔2016〕210号)、科技厅《关于开展星创天地建设的实施意见》(辽科办发〔2017〕30号)（以下简称《意见》）要求，为加强跟踪管理，引导星创天地规范发展，特制定本办法。

第二条　依据《意见》确定的星创天地应具备的基本条件和服务功能，按照导向性、针对性和可操作性原则，设置评价指标。

1. 通过设置科学合理的评价指标、开展评价、发布结果、动态管理，引导星创天地发挥示范和引领作用。

2. 针对性。聚焦星创天地在成果转化、平台建设、创客入驻、人才培训、金融服务、科技扶贫、管理运营等方面进行评价。

3. 可操作性。考虑评价数据的可获取性，尽量选用易采集、可量化、能对比的评价指标，客观反映实际情况。

第三条　本办法适用于省内国家级星创天地、省级星创天地。

第二章　评价指标

第四条　评价指标包括成果转化、平台建设、创客入驻、人才培训、金融服务、科技扶贫、管理运营7项一级指标，26项二级指标。

第五条　成果转化包括推广农业新品种、新技术、农机新装备，拥有新技术和成果数4个指标。

第六条 平台建设包括创客工位、科研仪器设备、场地面私、在线咨询、线上产品展示、交流群组数6个指标。

第七条 创客入驻包括入驻创业团队、创业企业、创新产品数3个指标。

第八条 人才培训包括创业导师、专业领域、培训场次和人次3个指标。

第九条 金融服务包括金融机构、融资数额、融资活动场次3个指标。

第十条 科技扶贫包括结对帮扶、帮扶农户、促进增收3个指标。

第十一条 管理运营包括运营模式、制度设立、平台员工、技术依托单位数4个指标。

第三章 组织实施

第十二条 星创天地实行年度绩效评价制度，每年2月进行评价；采用上年度相关数据，评价结果反映上年度工作绩效。

第十三条 评价工作主要程序：组织填报、数据收集、地方初审、备案提交、考核评价、结果发布。

第十四条 开展评价前，科技厅负责组织培训相关单位，提出工作要求，对有关数据资料的填报进行说明。

第十五条 各推荐单位负责指导星创天地开展数据资料的收集、汇总和自查工作，对评价材料的真实性、准确性和完整性进行审核和校验，然后报科技厅。

第十六条 科技厅组织专家对星创天地进行综合评价。评价结果分为优秀、合格、基本合格、不合格四类，并将评价结果向社会公布。

第四章 评价结果应用

第十七条 科技厅依据评价结果，对星创天地进行指导；针对存在问题，组织有关机构或专家进行辅导，推动发展。

第十八条 评价优秀的，科技厅将加大扶持力度，优先推荐国家级星创天地备案；评价不合格的，取消省级备案资格；评价基本合格的，要求其进行整改，整改期1年，到期仍无明显进展的，取消省级备案资格。

第十九条 国家级星创天地经评价为不合格的，或为基本合格经整改仍无明显进展的，建议科技部取消其备案资格。

第五章 附则

第二十条 科技厅可根据星创天地发展实际，对评价指标进行适当调整。

第二十一条 本办法由科技厅负责解释。

第二十二条 本办法自发布之日起实施。

附件：辽宁省星创天地绩效评价指标体系

附件：

辽宁省星创天地绩效评价指标体系

序号	一级指标（分值）	序号	二级指标	备注
1	成果转化	1	推广新品种（个）	定量
		2	推广新技术（项）	定量
		3	推广农机新装备（台）	定量
		4	拥有新技术、成果（个）	定量
2	平台建设（15）	5	创客工位（个）	定量
		6	科研仪器设备（台）	定量
		7	场地面积（平方米）	定量
		8	在线咨询（个）	定量
		9	线上产品展示（个）	定量
		10	交流群组数	定量
3	创客入驻（15）	11	入驻创业团队（个）	定量
		12	创业企业（个）	定量
		13	创新产品（个）	定量
4	人才培训（15）	14	创业导师（人）	定量
		15	专业领域（个）	定量
		16	培训场次、人次（次、人）	定量
5	金融服务（15）	17	金融机构（个）	定量
		18	融资金额（个）	定量
		19	融资活动场次（次）	定量
6	科技扶贫（15）	20	结对帮扶（个）	定量
		21	帮扶农户（户）	定量
		22	促进增收（万元）	定量
7	管理运营	23	运营模式	定量
		24	制度建立（项）	定量
		25	平台员工（台）	定量
		26	技术依托单位（个）	定量

辽宁省人民政府办公厅
关于发展众创空间推进大众创新创业的实施意见

辽政办发〔2015〕94号

各市人民政府，省政府各厅委、各直属机构：

为贯彻落实国务院《关于发展众创空间推进大众创新创业的指导意见》（国办发〔2015〕9号）和省委、省政府“四个驱动”发展战略，指导全省大力发展众创空间，营造良好的创新创业生态环境，进一步激励大众创业、万众创新，打造经济发展新引擎，经省政府同意，现提出以下意见。

一、总体要求

各地区、各部门要从推进辽宁老工业基地新一轮全面振兴的战略高度，抓好众创空间建设发展，推进大众创新创业。以实施创新驱动发展战略为统领，以持续优化创新创业生态环境为目标，进一步转变政府职能，简政放权，优化服务，用政府权力的“减法”换取创新创业活力的“乘法”，持续构建市场主导、政府支持的以众创空间为代表的创新创业服务体系。充分发挥市场配置资源的决定性作用，不断完善和落实创新创业政策，以开放共享促进创新资源的整合利用，为大众创新创业提供全链条增值服务。大力培育新技术、新产品、新业态和新商业模式，形成新的经济增长点，为全省经济提质增效升级作出贡献。

二、主要任务

（一）积极构建众创空间

支持行业领军企业、创业投资机构等社会力量，充分利用重点园区、科技企业孵化器（以下简称孵化器）、大学科技园、创业（孵化）基地、大学生创业基地，以及高等院校、科研院所的各类创新创业要素，采取创新与创业、孵化与投资相结合，突出低成本、便利化、全要素、开放式的特点，构建一批投资促进、培育辅导、媒体延伸、专业服务、创客孵化等不同类型的市场化众创空间。引导项目、资金和人才等创新创业资源向众创空间集聚。沈阳、大连国家高新区要以争创国家自主创新示范区为契机，打造一批全省产业创新最活跃、高端创业资源最丰富、孵化服务功能最完善的高新众创空间。（责任单位：各市政府、省科技厅、省经济和信息化委、省教育厅，列

在首位者为牵头单位，下同）

（二）提升创新创业孵化机构的服务功能

省级以上孵化器、大学科技园等创新创业孵化机构要按照众创空间要求，利用互联网和开源技术，突破物理空间，为创业企业或团队提供包括工作空间、网络空间、社交空间、资源共享空间在内的创业场所，开展市场化、专业化、集成化、网络化的创新创业服务。建立健全孵化服务团队激励机制和入驻企业流动机制，优化和完善服务业态和运营机制。集聚创新创业要素，形成全过程孵化链条，建立“创业苗圃+孵化器+加速器”的梯级孵化体系。（责任单位：各市政府、省科技厅、省教育厅、省人力资源社会保障厅、省中小企业局）

（三）鼓励创办创新型企业

引导和支持高等院校、科研院所的科技人员以及留学归国人员、大学生、企业离岗人员创办创新型企业。率先在高新区推广实施中关村6条先行先试创新政策。推进省属高校、科研院所科技成果使用、处置和收益权管理改革，完善科技人员创业股权激励和分红激励机制。利用中国（大连）海外学子创业周平台，吸引海外学子和优秀项目。实施大学生创业工程和大学生创业引领计划，支持大学生创业团队创新创业。（责任单位：省教育厅、省科技厅、省人力资源社会保障厅、省财政厅）

（四）强化科技资源开放共享

建立健全大型科研仪器设备、科学数据、科技文献等科技基础条件平台面向众创空间和创业企业开放的运行机制。依托高等院校和科研院所建立的省级以上工程技术（研究）中心、重点实验室等创新载体，要为大众创新创业开放共享科技资源。全省重点建设的产业共性、专业和综合服务三类创新平台，以及各类产业研发和检测平台，要采取新体制和新机制为众创空间发展和创业企业成长提供孵化服务，并将服务情况纳入绩效评价范围。省级以上产业技术创新战略联盟要吸纳众创空间加盟，为创业企业成长提供便利条件。（责任单位：省科技厅、省教育厅）

（五）完善创新创业服务模式

按照市场化机制、专业化服务和资本化途径的要求，为大众创新创业提供全链条增值服务。建立科技创新券制度，支持创业企业向高等院校、科研院所购买科技研发、科研成果等多元创新资源及服务。采取政府购买服务方式，支持中介机构为创业企业提供法律、知识产权、财务管理等服务，支持创业孵化机构打造“无费区”。深化商事制度改革，采取“一站式”窗口、认证集中办公区域等措施，为创业企业提供工商注册等市场主体准入的便利服务。建立众创空间创业辅导制度，组建由企业家、天使投资人、专家学者等组成的创业导师团队，建立创业导师数据库及相应的绩效评估和激励机制。（责任单位：省科技厅、省教育厅、省财政厅、省人力资源社会保障厅、省中小企业局、省工商局）

（六）建立创新创业投融资机制

积极争取国家股权众筹融资试点，支持辽宁股权交易中心开展互联网非公开股权融资业务，深化对科技创新和中小微等挂牌企业的服务。推动各市、重点园区设立股权投资引导基金，吸引社会资本参与发起设立专业化的创业（风险）投资基金，为创业（风险）投资机构创造良好投资环境。支持重点园区、孵化器设立、引进天使投资基金，培育和发展天使投资群体。鼓励金融机构在试点园区加快设立科技金融专营（分支）机构，贴近创业企业，创新金融产品、工具和服务方式，提升知识产权质押、股权质押和小额信用贷款、科技保险、科技担保等金融业务水平。开通“贷款绿色通道”，为创业企业提供无抵押贷款和倾斜性贷款帮扶。（责任单位：省政府金融办、省发展改革委、省科技厅）

（七）营造创新创业文化氛围

办好中国（大连）海外学子创业周、辽宁创新创业大赛、大学生创业大赛、科技活动周等活动。支持众创空间等创新创业服务机构举办创业沙龙、创业文化周、创业训练营等活动，实现系列化、常态化、持续化，打造一批具有辽宁特色的创业活动品牌。发挥高等院校教育引导作用，大力推进创新创业教育。利用传统媒体和新媒体，积极宣传成功创业者、青年创业者、天使投资人、创业导师、创业服务机构，塑造一批辽宁创业典型，发挥示范带动作用，推广先进的创业经验和创业模式，形成大众创业、万众创新的舆论导向。（责任单位：省科技厅、省发展改革委、省教育厅）

（八）加大财政资金引导和扶持力度

充分发挥辽宁省产业（创业）投资引导基金引导、撬动作用，吸引社会资本参与设立产业（创业）投资基金、天使基金，通过市场化运作，投资于新兴产业和高技术产业初期、早中期的创新型企业。支持重点园区、孵化器设立信贷担保基金（风险资金池）、过桥贷款基金等，综合运用股权投资、夹层资本、信贷风险分担补偿、投贷联动、投债联动以及绩效奖励等方式，引导创业投资机构、金融机构等金融资源投资新兴产业和高技术产业早中期的创新型企业，为创新创业企业获得首次融资创造条件。省科技专项、大学生创业资金等要重点支持众创空间内创业企业及团队。对众创空间的房租、宽带接入费用、用于创业服务购置的公共软件、开发工具，以及举办各类创业活动等支出费用，给予适当补贴。（责任单位：省发展改革委、省科技厅、省教育厅、省财政厅、省政府金融办）

三、有关要求

（一）加强组织领导

各级政府、各有关部门要加强互动、形成合力，将推进大众创新创业纳入重要议事日程，制定实施方案并抓好落实，在资金投入、政策扶持等方面加大保障力度。在重点园区实施一批创新创业示范工程，明确目标、任务、实施路径和保障措施，探索和积累新机制、新政策、新做法，在全省进行复制和推广。各有关部门要按照职责分工，搞好顶层设计，制定工作方案，形成联合推进大众创新创业的长效机制。加强政策集成，切实落实现有创新创业政策，研究制定新的政策措施。（责任单位：省科技厅、各市政府、省政府各有关部门）

（二）强化日常管理

建立由部分国家级孵化器、大学科技园、创业（孵化）基地等组成的全省众创空间联盟，对全省众创空间的创新创业服务提供指导和帮助。对发展众创空间推进大众创新创业在政策落实、创新举措、发展成效和存在问题等方面情况，各地区、各部门要认真总结，及时报告。（责任单位：省科技厅、各市政府、省政府各有关部门）

辽宁省人民政府办公厅

2015 年 11 月 11 日

关于印发《吉林省科技厅“星创天地”建设方案》的通知

吉科农发〔2016〕274号

各市（州）、长白山管委会、县（市、区）科技局，各相关大专院校、科研单位、涉农企业：

为贯彻落实国务院办公厅《关于深入推行科技特派员制度的若干意见》（国办发〔2016〕32号）、《科技部关于发布〈发展“星创天地”工作指引〉的通知》（国科发农〔2016〕210号）和吉林省人民政府办公厅《关于发展众创空间推进大众创新创业的实施意见》（吉政办发〔2015〕31号）、《吉林省深入推行科技特派员制度实施方案》（吉政办发〔2016〕75号）精神，动员和鼓励科技特派员、大学生、返乡农民工、复转军人等各类创新创业人才深入农村“大众创业、万众创新”，省科技厅制定了《吉林省科技厅“星创天地”建设方案》（见附件），现印发给你们，请遵照执行。

附件：吉林省科技厅“星创天地”建设方案

吉林省科学技术厅
2016年12月29日

附件：

吉林省科技厅“星创天地”建设方案

为加快推动我省农村“大众创业、万众创新”，着力打造适应农业农村创新创业需要的众创空间，根据国务院办公厅《关于深入推行科技特派员制度的若干意见》(国办发〔2016〕32号)、《科技部关于发布〈发展“星创天地”工作指引〉的通知》(国科发农〔2016〕210号）和吉林省人民政府办公厅《关于发展众创空间推进大众创新创业的实施意见》(吉政办发〔2015〕31号)、《吉林省深入推行科技特派员制度实施方案》(吉政办发〔2016〕75号）精神，结合我省农业农村实际，制定星创天地建设方案。

一、建设目的与意义

星创天地是发展现代农业的众创空间，是农村“大众创业、万众创新”的有效载体，是新型农业农村创新创业一站式开放性综合服务平台。通过市场化机制、专业化服务和资本化运作方式，聚集创新资源与创业要素，促进农村创新创业的低成本、高效益、专业化和信息化。

建设星创天地，有利于带动众多科技特派员、农村技术骨干、返乡农民工、大学生持久深入地在农业农村领域创新创业，培育壮大新型农业农村经营主体，培养创新创业的骨干队伍；有利于发挥创新创业资源的集聚效应，进一步激发我省农业农村创新创业活力，提高农业科技进步贡献率，加快农业科技成果转化；有利于延伸农业产业链，扩大内在需求，以创新带动发展，以创业带动就业，增强农业农村发展新动能，提升农村经济活力，引领县域经济转型升级，优化产业结构，加快一二三产业融合发展。

二、建设思路与目标

全面贯彻落实省委省政府创新驱动发展战略，牢固树立创新、协调、绿色、开放、共享五大发展理念，紧紧围绕我省率先实现农业现代化的目标任务，按照“政府引导、企业运营、市场运作、社会参与”的原则，集聚各类优势资源，深入推进科技特派员制度，推动星创天地建设工作。以农业科技园区、科技特派员创业基地、涉农企业、大专院校和科研院所、科技型农民合作社等为载体，面向科技特派员、大学生、复转军人、返乡农民工、农场主及小微涉农企业等创新创业主体，提供成果转化、融资孵化、技术开发、产业创意、产品创新、人才培训等综合服务平台为一体的星创天地，营造低成本、高效益、见效快、可持续、专业化、便捷化的农村科技创业环境，使创新创业之火形成燎原之势。

到2020年，重点建设省级星创天地50家以上，市（州）、县（市、区）级星创天地80家以上，孵化培育创新创业企业、新型农业农村经营主体300家以上，培养400人以上的创业导师团队，聚集各类创新创业人才800人以上。基本形成创业主体大众化、孵化企业多元化、创业服务专业化、组织体系网络化、建设运营市场化的农业农村创新创业体系，助推我省农村生产力水平和综合效益显著提升。

三、建设条件

（一）具有明确的实施主体

具有独立法人资格，具备一定运营管理和专业服务能力。如：农业科技园区、涉农高校和科研院所、涉农科技型企业、农业龙头企业、农民合作社及其他社会组织。

（二）具备相应的产业基础和科技支撑

立足地方涉农主导产业和区域特色产业，有明确的技术依托单位，有能形成产业延伸的技术成果并适合向农村转移转化；能促进区域产业链整合和价值提升，带动农民脱贫致富；能促进农村产业与新型城镇化的有机结合，推进一二三产业融合发展。

（三）具备良好的创业基础和服务设施

具备“互联网+”网络平台（线上平台），通过网上交易、交流、互动、协作等方式，实现农村创业方便快捷；具备较好的创新创业服务平台（线下平台），拥有创新创业示范、带动、孵化场地，种养殖试验基地、创业培训基地，办公场所、研发检测以及产品展示、洽谈和交易等服务平台和必要的固定场所，免费或低成本供创业者使用。

（四）具有多元化人才服务队伍

有一支水平领先、经验丰富、结构合理、相对稳定的创业服务团队或创业导师队伍，为创业者提供技术、工商、财税、金融、市场营销和其他创业必要条件等方面的创业辅导与培训。

（五）具有良好的政策保障

各级政府要加大对星创天地的指导和支持力度，建立健全集工商、财税、金融、土地流转等一体化的支持政策，吸引社会资本投资、孵化初创企业。

四、建设内容

（一）建设星创天地孵化平台

1. 打造创业工作室。吸引科技特派员、退休技术人员、大学生、复转军人、返乡农民工等入驻星创天地，分区域打造专业生产型、技术加工型和综合服务型等多种类型的创业工作室，为初创企业或创客免费提供办公场地；建设会客室、办公室、创客茶吧等，满足初创者的硬件需求，向初创企业提供共享服务，确保初创企业独立完成业务的需求。

2. 组建创业导师团队。引导和鼓励一批涉农院校、科研院所、龙头企业中的专家学者和技术骨干，成功创业者、知名企业家、创业投资人等担任兼职创业导师，培养一支创业理论扎实、实践经验丰富、结构合理、精干高效的创业服务团队和导师队伍，为创业者在初创过程中遇到的技术、管理、营销、政策等方面的问题提供有针对性的指导和帮扶，帮助创业者解决创业过程中遇到的各种问题。

（二）构建星创天地服务体系

1. 提升科技支撑能力。围绕我省国家商品粮基地优势和农业农村特色资源优势，引导和支持涉农高等院校、科研院所和龙头企业等各类创新创业主体，调动产学研协同创新的积极性，推进农村科技创新创业，不断提高区域农业科技创新水平和科技成果转化能力，为星创天地提供有效的技术支撑。推进农业供给侧改革，重点在粮食、畜牧、特产、农产品加工等领域取得一批新型技术成果，形成系列化、标准化的农业技术成果包，培育系列高端农产品品牌，提升我省农业和农产品市场竞争力。

2. 开展创业人才培训。利用星创天地人才、技术、信息、场地等条件，开展网络培训、授课培训、田间实训等，不定期召开示范现场会和专题培训会，举办创业大讲堂等创业培训活动，提升创业者能力。

3. 开展创业金融服务。探索利用互联网金融、股权众筹融资等盘活金融资源和农村存量资产，加大对星创天地的支持；强化以股权投资等方式与创业企业建立健全利益连接机制，打造星创天地与创业企业利益共同体；加强星创天地与投资人、创业投资机构的合作，吸引社会资本投资，拓展入驻者的融资渠道。

（三）打造星创天地示范基地

1. 展示新品种新技术。结合我省农村产业特点，分区域展示我省自主研发的种养殖品种、新引进的品种、地方传统品种及综合配套技术，充分展现各类品种及技术的优劣，提高良种良法的美誉度和市场影响力，加快新品种新技术推广应用，提升农业产业、产品竞争力。

2. 应用农机新装备。邀请农机专家、企业家和农业专家对新型农机具的功能、操作方法进行演示和评价，开阔创业者视野，强化创业者认知。结合区域农业主导产业特点，在农业生产各环节，免费提供农业机械供创业企业或创客使用，提升农业机械化应用水平，提高农业生产效率。

3. 打造美丽乡村样板。按照“生产、生活、生态”和谐发展，“宜居、宜业、宜游”协同共进的总体目标，结合区域的自然环境、资源特色、产业结构、经济发展水平、民风民俗文化等方面开展“美丽乡村”建设示范，推动形成农村产业结构、农民生产生活方式与农业资源环境融合发展的农村特色小镇发展模式。

五、建设保障

（一）加强组织领导

各级科技管理部门要积极引导和支持星创天地发展，出台务实管用的政策措施。省级科技管理部门负责省级星创天地工作的指导、协调和管理。市（州）科技部门负责属地星创天地工作的指导、协调和管理，明确工作职责，健全工作机构，出台保障措施，及时协调解决相关问题，为星创天地发展营造良好的政策环境。

（二）鼓励先行先试

支持各地先行先试、勇于创新和探索星创天地差异化的发展路径；鼓励各级农业科技园区、科技特派员创业基地、涉农企业、大专院校和科研院所把星创天地建设与科技特派员创新创业、脱贫攻坚工作有机结合起来，努力打造一批具有地域特点的创新创业星创天地，精准扶贫和精准脱贫星创天地，总结推广各地星创天地典型案例，不断在实践中积累成功经验。

（三）强化政策扶持

将省级星创天地纳入省科技发展计划地方引导计划之中，对首创的星创天地及创客企业优先给予支持；充分利用中央引导地方科技发展专项和国家科技成果转化引导基金等支持星创天地建设；对条件成熟、示范作用明显的省级星创天地，优先推荐申报国家级星创天地创建单位。推动各级科技管理部门整合涉农资金向星创天地聚集，以创投引导、贷款风险补偿等方式，形成多元化、多层次、多渠道的融资机制，加大对星创天地的支持力度。

（四）加强考核评价

星创天地实行创建、备案制度，对创建符合条件的，经登记备案后予以公布。已在省科技管理部门备案的农业领域众创空间，直接公布为星创天地。各级科技管理部门要以创业服务能力，服务创业者数量和创业者运营情况为重要考核指标，负责对本级星创天地建设内容、实施情况、创新创业实效等进行考核评估。

（五）注重宣传示范

通过电视、网络、报刊等媒体，广泛开展星创天地宣传活动，大力营造农业农村“大众创业、万众创新”社会氛围，提高社会认知度。抓好典型示范工作，在先行先试阶段，对运转良好的星创天地，大力宣传创业事迹、分享创业经验、展示创业项目、传播创业商机，推进我省星创天地健康发展。

本建设方案自 2017 年 1 月 1 日起施行。

吉林省人民政府办公厅
关于发展众创空间推进
大众创新创业的实施意见

吉政办发〔2015〕31号

各市（州）人民政府，长白山管委会，各县（市）人民政府，省政府各厅委办、各直属机构：

为深入贯彻落实党中央、国务院关于进一步激励大众创业、万众创新、打造中国经济发展新引擎的决策部署，加快推动我省众创空间健康发展，促进大众创新创业，根据《国务院办公厅关于发展众创空间推进大众创新创业的指导意见》（国办发〔2015〕9号）精神，经省政府同意，提出以下实施意见。

一、总体要求

（一）指导思想

以实施创新驱动发展战略为统领，按照国务院关于营造良好创新创业环境、激发全社会创新创业活力的部署和要求，主动适应经济发展新常态，深入推进体制机制改革，加大简政放权力度，加快政府职能转变，有效整合资源，集成落实政策，完善服务模式，培育创新文化，激发市场活力，引导和推动我省众创空间快速发展，加快形成“大众创业、万众创新”的生动局面，打造我省经济社会发展的新引擎。

（二）基本原则

打破行政壁垒。坚持改革，简政放权，破除一切制约大众创新创业的思想障碍和制度藩篱，消除行政管理横向、纵向限制，紧扣创新创业实际需求，不断完善并建立有利于创新创业的政策体系，优化市场环境，降低创新创业成本，保障创新创业者的合法权益，增强大众创新创业的吸引力。

遵循市场规律。充分发挥市场配置资源的决定性作用，以社会力量为主构建市场化的众创空间。坚持“事前”不干预，让市场优化众创空间资源配置、决定众创空间的运营模式和服务方向，促进创新创意与市场需求和社会资本有效对接。加强“事中”指导和“事后”扶持，助推众创空间成长壮大，助力大众创新创业。

创新孵化模式。充分运用互联网和开源技术，打破地域界限和体系内封闭循环，整合利用各方资源，构建“进入自愿、退出自由、互助互利、共同发展”的开放式创新创业孵化服务机构，为广大创新创业者提供开放式的工作空间、网络空间、交流空间、资源共享空间以及基本生存服务和深度特色服务，满足大众创新创业需求。

（三）发展目标

到2020年，形成完善的创新创业政策体系、服务体系和浓厚的社会创新创业文化氛围。培育一批天使投资人和创业投资机构；建成100家以上能有效满足大众创新创业需求、具有较强专业化服务能力的众创空间等新型创业服务平台；实现在孵企业达到5 000家以上、聚集创客1万人以上，累计毕业企业达到1 000家以上；努力孵化出一批具有高成长潜力的高新技术企业，培养出一批高水平的创业企业家，转化一批高水平的自主创新成果，使我省的众创空间等新型创业服务平台建设跻身全国中前列，在全省形成中小企业不断涌现、不断成长壮大的新局面，为创新型吉林建设奠定坚实基础。

二、重点任务

（一）加快构建众创空间

建立部门联动，发挥政策集成和协同效应，加快推进我省众创空间建设。加强传统孵化机构升级改造，建立健全孵化机构服务和评价指标体系，引导现有孵化机构完善以提高服务能力为核心的管理体制机制，加快引入现代企业运营模式，打破物理空间局限，释放创新创业优惠政策集聚和“硬件”设施完善的优势，吸引各类创新创业要素聚合，加快形成与众创空间要求相适应的服务能力。加强优势资源的利用，支持国家高新技术产业开发区充分发挥体制和政策优势，整合场地、人才、技术和产业资源，吸引区域骨干企业、投资机构等社会力量参与众创空间建设，在全新的起点上推动创新创业服务规模化、体系化发展，努力将国家高新技术产业开发区打造成创业链与科技链、资金链、产业链深度融合开放式的创新创业生态社区。加强新型孵化机构建设，借鉴创客空间、创业咖啡、创新工场等新型孵化模式和建设经验，结合省情，适时制定加快推进以众创空间为重点的孵化机构建设与发展意见，加大省级科技创新专项资金向孵化机构倾斜力度，催生一批具有新服务、新生态、新潮流、新概念、新模式、新文化“六新”特征的新型孵化机构，形成创新与创业相结合、线上与线下相结合、孵化与投资相结合的孵化培育体系。

（二）鼓励科技人员创新创业

结合事业单位分类改革，加快下放科技成果使用、处置和收益权，将财政资金支持形成的不涉及国防、国家安全、国家利益、重大社会公共利益的科技成果使用权、处置权和收益权，全部下放给符合条件的项目承担单位，单位主管部门和财政部门对科技成果在境内的使用、处置不再审批或备案，科技成果转移转化所得收入全部留归单位，纳入单位预算，实行统一管理，收入不上缴国库。提高科研人员成果转化收益比例，对用于奖励科研负责人、骨干技术人员等重要贡献人员和团队的收益比例，可以从现行不低于20%提高到不低于70%；国有企业事业单位对职务发明完成人、科技成果转化重要贡献人员和团队的奖励，计入当年单位工资总额，不作为工资总额基数；鼓励各类企业通过股权、期权、分红等奖励方式，激励科研人员创新。建立健全科研人员流动机制，科研院所中符合条件的科研人员经所在单位批准，可保留基本待遇，带着科研项目和成果到企业开展创新工作或创办企业，免除科研人员创新创业的后顾之忧。

（三）扶持大学生创新创业

继续推进大学生创业引领计划，进一步抓好创业培训、工商登记、融资服务、税收减免、社会保险等各项优惠政策落实。支持高校建立健全大学生创新创业培训机制，开设创新创业教育课程，并纳入学分管理；鼓励高校设立配备有必要工具和材料的“创新屋”，培养大学生勇于把“想法变成现实”的创客精神。支持大学生开展创业实践活动，允许在校学生休学创业、微商创业；对符合条件的大学生创办、领办企业项目中的初创企业，按国家和我省有关就业创业政策给予支持；对专门服务于大学生创业的“苗圃”孵化机构，在认定省级科技企业孵化器时给予倾斜；鼓励高校多渠道筹集资金，为大学生自主创业提供保障。

（四）推进全民创业

深入推进全民创业工程，培育更多的创业主体。开展创业培训，实施“万名创业者、万名小老板”培训计划，对有创业意愿的复转军人、归国劳务人员和个体经营者等社会各类人员进行创业启蒙基础教育。加强服务平台体系建设，进一步完善覆盖省、市、县三级的各类公共服务平台和平台网络，并搭建帮扶创业信息平台-创宝网，为创业者和创业企业提供政策指导、管理咨询、人才培训、创业辅导、技术支持、市场开拓、融资担保、法律维权、电子商务和事务代理等方面服务。统筹省级中小企业和民营经济发展引导资金使用，加强孵化机构建设，为全民创业提供良好条件。

（五）降低创新创业门槛

释放商事制度改革红利，允许初创企业和电子商务专营企业将住所（经营场所）登记为众创空间等孵化机构地址，实行“一址多照”；允许众创空间等孵化机构扩大经营范围，实行“非禁即入”；允许在创客空间、创业咖啡、创新工场等新型孵化机构内在孵企业使用新兴行业和新兴业态用语表述行业名称。创新工商服务机制，采取提前介入、现场指导、预约服务、网上申报、全程跟踪等举措，为创业企业提供便利高效的工商注册服务。减轻众创空间等孵化机构运营负担，相关部门对分管的孵化机构用于创业服务公共软件、开发工具的支出给予适当补贴。

（六）加强财政资金引导

转变财政投入方式，支持中小企业和民营经济发展引导资金、科技创新专项资金等各类资（基）金管理部门，综合运用以存引贷、竞争分配、以奖代补、风险补偿、贷款贴息、投资入股、委托贷款等多种方式，带动更多的社会资本投向大众创新创业活动。落实和完善政府采购相关措施，采用首购、订购等非招标采购方式，以及政府购买服务等方式，加大对中小企业创新产品和服务的采购力度，促进中小企业创新产品的研发和规模化应用。发挥税收政策作用，加强对重点环节和关键领域的支持，对孵化机构内在孵企业年应纳税所得额低于20万元（含20万元）的初创企业（小型微利企业），其所得减按50%计入应纳税所得额，按20%的税率缴纳企业所得税；支持天使投资、创业投资发展，培育天使投资群体，推动大众创新创业。

（七）完善创业投融资机制

发挥多层次资本市场作用，积极开展股权众筹融资试点，探索和规范发展服务创新的互联网金融，增强众筹对大众创新创业的服务能力。规范和发展服务小微企业的区域性股权市场，促进科技初创企业融资。鼓励商业银行对小微企业开展基于风险评估的续贷业务，对达到标准的企业直接进行滚动融资。对小微企业贷款实施差别化监管。支持符合条件的企业发行项目收益债，募集资金用于加大创新投入。加快发展科技保险，推进专利保险试点，降低投资风险。选择符合条件的银行业金融机构新设或改建有条件的分（支）行，作为从事科技初创企业金融服务的专业或特色分（支）行，提供科技融资担保、知识产权质押、股权质押等方式的金融服务。完善创业投资、天使投资退出和流转机制，推动民间资本健康发展。

（八）丰富创新创业活动

继续办好中国创新创业大赛，积极参与国际创新创业大赛；鼓励高校举办大学生创新创业大赛，吸引、聚集创新创业人才和创业投资机构，为双方搭建对接平台。建立健全创业辅导培训制度，组建由天使投资人、专家学者和有丰富经验及创业资源的企业家担任创业导师的辅导团队，不定期开展创业培训活动；探索建立创业实训基地、信息化创业实训平台，组织有创业愿望的社会人员参加创业培训（实训）；鼓励大企业、投资机构、孵化机构、行业协会等社会力量举办项目对接会、创业沙龙、创业大讲堂、创业训练营等，进一步丰富创业培训活动。同时，政府各组成部门按照职责分工，采取多种形式，开展市场信息咨询、风险预警、创业失败后的心理疏导等创业支援活动，让更多的人愿意创业、敢于创业。

（九）营造创新创业文化氛围

加强公益宣传，积极倡导敢为人先、宽容失败的创新文化，树立崇尚创新创业的价值导向，大力培育企业家精神和创客文化，为大众创新创业营造良好氛围。加强舆论引导，开设媒体专栏，广泛宣传大众创新创业的重大意义，全面报道国家和我省支持大众创新创业的新政策和新举措；举办多层次多形式的讲座和论坛，回应社会关切，集思广益，为我省大众创新创业事业献计献策；及时挖掘一批创新创业先进事迹和典型人物，充分展示大众创新创业的巨大能量，让大众创新创业深入人心，让大众创业、万众创新在我省蔚然成风。

三、组织实施

（一）加强组织领导

国务院提出的“大众创业、万众创新”重大战略举措，是全国新一轮改革的“风向标”和打造经济创新发展“新引擎”的新措施，各地、各部门要高度重视，借助有利契机，加大资金投入和政策保障力度，扶持大众创新创业。

（二）加强示范引导

各地、各部门要积极探索推进大众创新创业的新机制和新举措。要加强以众创空间为重点的孵化机构建设，长春、吉林、通化和延边地区要在国家高新技术产业开发区或高校聚集区打造“创业孵化一条街”；四平、辽源、白山、松原和白城地区要围绕本地特色产业构建“专业型”孵化园区，培育特色鲜明、具有引领作用的示范基地，引导和带动社会力量参与创业孵化机构建设，为我省众创空间建设发展，注入源泉动力。

（三）加强协调推进

各地政府要切实加强组织领导，督导职能部门按照要求进一步分解工作任务，明确工作时间表和路线图，确定责任单位和责任人。各地科技主管部门要加强与相关部门的工作协调，做好政策落实情况调研、发展情况统计汇总和报告等工作，切实把大众创新创业推进工作抓紧抓好抓实。

附件：发展众创空间推进大众创新创业重点任务分工

吉林省人民政府办公厅

2015年6月8日

附件：

发展众创空间推进大众创新创业重点任务分工

序号	工作任务	负责部门
1	加强传统孵化机构升级改造，建立健全孵化机构服务和评价指标体系	省科技厅 省工业信息化厅 省人力资源社会保障厅
2	加强优势资源的利用，支持国家高新技术产业开发区充分发挥体制和政策优势，整合场地、人才、技术和产业资源，吸引区域骨干企业、投资机构等社会力量参与众创空间建设	省科技厅
3	加强新型孵化机构建设，借鉴创客空间、创业咖啡、创新工场等新型孵化模式和建设经验，结合省情，适时制定加快推进以众创空间为重点的孵化机构建设与发展意见，催生一批新型孵化机构	省科技厅 省财政厅
4	结合事业单位分类改革，加快下放科技成果使用、处置和收益权	省财政厅 省科技厅
5	提高科研人员成果转化收益比例	省财政厅 省科技厅
6	鼓励各类企业通过股权、期权、分红等奖励方式，激励科研人员创新	省科技厅 省财政厅 省地税局 省金融办
7	建立健全科研人员流动机制，科研院所中符合条件的科研人员经所在单位批准，可保留基本待遇，带着科研项目和成果到企业开展创新工作或创办企业	省人力资源社会保障厅
8	继续推进大学生创业引领计划，进一步抓好创业培训、工商登记、融资服务、税收减免、社会保障等各项优惠政策落实	省人力资源社会保障厅 省教育厅 省财政厅 省科技厅 省工业信息化厅 省工商局 省地税局 省金融办
9	支持高校建立健全大学生创新创业培训机制，开设创新创业教育课程，并纳入学分管理；鼓励高校设立配备有必要工具和材料的“创新屋”	省教育厅
10	允许在校学生休学创业、微商创业	省教育厅
11	对符合条件的大学生创办、领办企业项目中的初创企业，按国家和我省有关就业创业政策给予支持	省人力资源社会保障厅 省科技厅 省财政厅
12	对专门服务于大学生创业的“苗圃”孵化机构，在认定省级科技企业孵化器时给予倾斜	省科技厅

（续表）

序号	工作任务	负责部门
13	鼓励高校多渠道筹集资金，为大学生自主创业提供保障	省教育厅 省人力资源社会保障厅 省财政厅 省科技厅 省工业信息化厅 省金融厅
14	实施“万名创业者、万名小老板”培训计划，对有创业意愿的复转军人、归国劳务人员和个体经营者等社会各类人员进行创业启蒙基础教育	省工业信息化厅
15	加强服务平台体系建设，进一步完善覆盖省、省、县三级的各类公共服务平台和平台网络，并搭建帮扶创业信息平台——创宝网	省工业信息化厅
16	统筹省级中小企业和民营经济发展引导资金使用，加强孵化机构建设，为全民创业提供良好条件	省工业信息化厅
17	允许初创企业和电子商务专营企业将住所（经营场所）登记为众创空间等孵化机构地址，实行“一址多照”；允许众创空间等孵化机构扩大经营范围，实行“非禁即入”；允许在创客空间、创业咖啡、创新工场等新型孵化机构内在孵企业使用新兴行业和新兴业态用语表述行业名称	省工商局
18	采取提前介入、现场指导、预约服务、网上申报、全程跟踪等举措，为创业企业提供高效的工商注册服务	省工商局
19	对孵化机构用于创业服务公共软件、开发工具的支出给予适当补贴	省科技厅 省工业信息化厅 省人工资源社会保障厅
20	支持中小企业和民营经济发展引导资金、科技创新专项资金等各类资（基）金管理部门，综合运用以存引贷、竞争分配、以奖代补、风险补偿、贷款贴息、股资入股、委托贷款等多种方式，带动更多的社会资本投向大众创新企业活动	省财政厅 省科技厅 省工业信息化厅
21	采用首购、订购等非招标采购方式，以及政府购买服务等方式，加大对中小企业创新产品和服务的采购力度，促进中小企业创新产品的研发和规模化应用	省财政厅
22	对孵化机构内在孵企业年应纳税所得额低于20万元（含20万元）的初创企业（小型微利企业），其所得减按50%计入应纳税所得额，按20%的税率缴纳企业所得税；支持天使投资、创业投资发展，培育天使投资群体，推动大众创新创业	省地税局
23	积极开展股权众筹融资试点，探索和规范发展服务创新的互联网金融	省金融办
24	规范和发展服务小微企业的区域性股权市场	省金融办
25	鼓励商业银行对小微企业开展基于风险评估的续贷业务，对达到标准的企业直接进行滚动融资	省金融办

（续表）

序号	工作任务	负责部门
26	对小微企业贷款实施差别化监管	省金融办
27	支持符合条件的企业发展项目收益债，募集资金用于加大创新投入	省金融办
28	加快发展科技保险，推进专利保险试点	省科技厅
29	选择符合条件的银行业金融机构新设或改建有条件的分（支）行，作为从事科技初创企业金融服务的专业或特色分（支）行，提供科技融资担保、知识产权质押、股权质押等方式的金融服务	省金融办
30	完善创业投资、天使投资退出和流转机制，推动民间资本健康发展	省金融办
31	继续办好中国创新创业大赛，积极参与国际创新创业大赛；鼓励高校举办大学生创新创业大赛	省科技厅 省教育厅
32	建立健全创业辅导培训制度，组建由天使投资人、专家学者和有丰富经验及创业资源的企业家担任创业导师的辅导团队，不定期开展创业培训活动	省科技厅
33	探索建立创业实训基地、信息化创业实训平台，组织有创业愿望的社会人员参加创业培训（实训）	省人力资源社会保障厅 省工业信息化厅
34	鼓励大企业、投资机构、孵化机构、行业协会等社会力量举办项目对接会、创业沙龙、创业大讲堂、创业训练营	省工业信息化厅 省科技厅 省人力资源社会保障厅 省工商局
35	加强公益宣传，积极倡导敢为人先、宽容失败的创新文化，树立崇尚创新、创业的价值导向，大力培育企业家精神和创客文化，为大众创新创业营造良好氛围	省委宣传部
36	加强舆论引导，开设媒体专栏，广泛宣传大众创新创业的重大意义，全面报道国家和我省支持大众创新创业的新政策和新举措	省委宣传部
37	举办多层次、多形式的讲座和论坛，以及挖掘一批创新创业先进事迹和典型人物，充分展示大众创新创业的巨大能量	省委宣传部 省工业信息化厅 省科技厅 省人力资源社会保障厅 省教育厅

吉林省人民政府办公厅关于印发吉林省深入推行科技特派员制度实施方案的通知

吉政办发〔2016〕75号

各市（州）人民政府，长白山管委会，各县（市）人民政府，省政府各厅委办、各直属机构：

《吉林省深入推行科技特派员制度实施方案》已经省政府同意，现印发给你们，请认真贯彻实施。

吉林省人民政府办公厅

2016年11月7日

吉林省深入推行科技特派员制度实施方案

为深入贯彻落实《国务院办公厅关于深入推行科技特派员制度的若干意见》（国办发〔2016〕32号），推动全省科技特派员工作持续深入开展，不断激发广大科技特派员创新创业热情，推进全省农村大众创业、万众创新，促进一二三产业融合发展，经省政府同意，现制定本实施方案。

一、工作原则

（一）坚持改革创新，突出农村创业

面对新形势、新任务、新要求，立足服务“三农”，围绕农村、农民实际需求，深化体制机制改革，加大政策扶持力度，构建创新创业服务平台，强化科技与金融结合，积极培育农村创新创业主体，形成大众创业、万众创新的良好局面。

（二）坚持市场导向，实现增效增收

发挥市场在科技资源配置中的决定作用，强化企业主体地位，发挥企业家在整合技术、资金、人才、管理的关键作用。着力培育科技特派员创业服务主体，提升创办、领办、协办农业产业化企业的能力，提高产品附加值和市场竞争力，加大致富带动效应。

（三）加强纵横联动，实施分类指导

加强省、市、县的上下联动，强化部门间的统筹协调、融合联动，探索符合地域特色的有效路径。对公益服务、农村创新创业等不同类型科技特派员实行分类指导，完善保障措施和激励政策，提升创业能力和服务水平。

（四）坚持政府引导，推动社会参与

推进政府放管结合、优化服务，强化政策制定、平台建设、人才培养、公共服务等职能。发挥各级财政资金引导作用，吸引金融、保险、社会闲散资金等共同参与，优化科技特派员制度的实施环境。

二、重点工作

（一）强化农村科技服务

1. 按照“政府引导、企业运营、市场运作、社会参与”的原则，重点围绕粮食作物、畜禽乳蛋、中药材和长白山绿色生态资源等吉林省农业特色资源，积极打造省、市、县三级“星创天地”（农业农村领域的众创空间），创新农业社会化科技服务新模式，共建新农村科技发展示范园区和农业综合服务示范基地，促进先进适用技术与农村创新创业相结合。到2020年，全省各县（市、区）新建具有县域特色的农村科技创新创业星创天地2~3个。

2. 大力支持法人科技特派员利用自身技术、资金、人才、管理、市场优势，发展具有地方特色的新技术、新产品、新产业、新业态，积极培育“产供销一体化”“龙头企业+基地+农户”的新型涉农企业模式，发挥示范引领作用，拓展农业社会化科技服务新功能。到2020年，全省各县（市、区）培育新型涉农企业3~5个。

3. 完善农村科技“12396”信息服务平台建设（以下简称12396）。在语音、短信服务的基础上，开展12396微信服务，在大型涉农企业、农村集贸市场和居民聚集区等场所建立12396触摸屏，开发“吉林12396”手机App（应用程序）客户端，拓宽农业社会化科技服务新领域。到2020年，实现全省农业科技信息服务全覆盖。

（二）推动农村创新创业

1. 支持科技特派员特别是法人科技特派员，重点围绕粮食产业、养殖产业、特色产业等领域，创办、领办、协办各类涉农企业，建设一批科技特派员创新创业示范区，打造一批具有区域资源特色的、从原料到餐桌的食品深加工企业，推动农村加工企业向产业集群发展，延伸产业链条，实现价值增值和全产业链健康发展。

2. 推动科技特派员的农业科技服务与农村创新创业、农民生产生活有机结合，培育规模化、集约化、现代化农产品流通经营新主体，形成区域特色，打造“互联网+”农民生产生活综合服务平台，拓展新兴物联网市场。

3. 鼓励科技特派员特别是法人科技特派员，重点围绕粮食、畜产品和长白山特色生态食品等领域，创新合作模式和利益机制，对全省农业资源开发、农产品生产加工、市场流通与服务等进行整合，发展产业链条完整、功能多样、业态丰富、利益联结紧密、产城融合的农业“生产—加工—流通”一体化经营模式，推动一二三产业融合发展。

（三）落实全省精准扶贫部署

1. 大力支持科技特派员深入贫困地区，与贫困村、贫困户结对帮扶。通过政策倾斜和优先支持，鼓励科技特派员带技术、资金进乡入村。以扶贫项目为纽带，实现引领、示范、推广、培训相结合，开展创业式扶贫和智力扶贫。

2. 积极推动法人科技特派员到贫困地区，有针对性地领办、创办、协办企业，与农民结成“风险共担、利益共享”的利益共同体，推动开发式扶贫和造血式扶贫，实现脱贫致富。

（四）提升科技支撑能力

1. 发挥各级政府引导基金的作用，加快科技、人才、管理、信息、资本等现代生产要素注入。强化企业在农业科技创新创业中的主体地位，整合社会各方力量，调动产学研协同创新的积极性。立足农业产业体系、生产体系、经营体系建设，推进农村科技创新创业，提高区域农业科技创新水平和科技成果转化能力，为科技特派员提供有效的条件支撑。

2. 围绕农业特色资源优势，引导和支持各类科技创新主体落实“一带一路”等重大发展战略，推进农业供给侧改革，优化产业结构升级，培育农业系列高端产品，实施农产品“走出去”战略。重点在粮食、畜牧、特产、农产品加工等领域，取得一批新型适用技术成果，形成系列化、标准化的农业技术成果包，为科技特派员提供有效的技术支撑。

到 2020 年，实现农业科技经费投入占本级科技经费支出比例达到 30%以上。

三、科技特派员的选派、管理与政策支持

（一）科技特派员来源

高等院校、科研院所、职业学校、省市县乡（镇）四级农技推广机构、科技型企业和物化技术企业、科技成果转化中介服务机构是科技特派员和法人科技特派员的主要来源。参与农村科技创业的大学毕业生、返乡农民工、复转军人、离退休技术人员、农村青年、农村妇女等是科技特派员的新生力量。各地要强化传帮带，把新型农业经营主体、农村经纪人、乡土人才、农良技术员培养和发展成为当地不走的科技特派员。到 2020 年，全省各级各类科技特派员要达到 2 万人，其中，省级科技特派员达到 1 万人，市、县两级科技特派员分别达到 5 000 人，实现全省各乡（镇）、村科技特派员全覆盖。

（二）科技特派员选派与登记

各级政府根据农村经济社会发展和农民生产生活的需要，选派本级科技特派员。各级科技管理部门与本级科技特派员签订《科技特派员工作协议》，明确工作目标、工作职责、工作任务及考核指标，统一进行调度、协调、考评。协议期限不超过 5 年，

期满根据实际需要确定是否续签。科技特派员的选派与登记同步进行，实行“谁选派、谁登记、谁管理、谁服务”。各级科技管理部门负责本级科技特派员的选派登记工作，并上报省科技厅备案。科技特派员登记的有效期为5年，有效期满，可以根据实际需要重新登记。

（三）科技特派员培训

各级科技管理部门负责本级科技特派员的培训工作。各地要强化科技特派员创新创业培训基地建设，提高科技特派员创新创业和服务能力。围绕农村农业需求，重点加强科技服务和创新创业相关政策、市场信息与物流、“互联网+”技术与应用、新技术新技能开发等培训。到2020年，各市（州）、县（市、区）新增科技特派员创业培训基地1~2个。

（四）科技特派员考评

各级科技管理部门负责对本级科技特派员的考核评价工作。要建立完善的考核评价制度，实行科技特派员奖励与退出机制。考评工作每两年一次，考评结果反馈科技特派员本人，并上报省科技厅备案。各级科技管理部门对本级科技特派员实行动态监测和考评，连续两次考评不合格将终止科技特派员工作，相应待遇和支持同时终止；对优秀科技特派员颁发《优秀科技特派员荣誉证书》，与本级政府其他奖励证书享受同等待遇。

（五）科技特派员政策支持

1. 发挥财政资金杠杆作用。推动各级政府涉农资金向农村创新创业聚集。以创投引导、贷款风险补偿等方式，推动形成多元化、多层次、多渠道的融资机制，加大对科技特派员创新创业的支持力度。各地区、各部门适用于科技特派员实施项目的各类计划，要向科技特派员倾斜。

2. 引导政策性银行和商业银行等金融机构在业务范围内加大信贷支持力度，开展对科技特派员的授信业务和小额贷款业务，完善担保机制，分担创业风险。鼓励创业投资机构与银行建立市场化、长期性合作机制，支持具有较强自主创新能力和高增长潜力的科技特派员企业进入资本市场融资。对农民专业合作社等农业经营主体，落实减税政策，积极开展创业培训、融资指导等服务。

3. 原属单位是事业单位且在农村从事科技创业的科技特派员，与原属单位签订《科技特派员派出协议》后，5年内保留其人事关系，与其他在岗人员同等享有参加职称评聘、岗位等级晋升和参加社会保险等方面的权益。工作期满后，可根据本人意愿选择与原单位解除聘用合同创业或回原单位工作。在农村开展科技公益服务的科技特派员，享受国家和我省相关政策待遇。鼓励高校、科研院所通过许可、转让、技术入股等方式支持科技特派员转化科技成果，保障科技特派员取得合法收益。

4. 各地、各相关部门要结合实施大学生创业引领计划、离校未就业高等院校毕业生就业促进计划，动员金融机构、社会组织、行业协会、就业人才服务机构和企事业单位，为大学生科技特派员创业提供支持，完善人事、劳动保障代理等服务，对符合规定的要及时纳入社会保险。

四、保障措施

（一）加强组织领导

各地要把实施科技特派员制度作为切实贯彻“创新、协调、绿色、开放、共享”发展理念、全面振兴老工业基地、推进农业供给侧改革、率先实现农业现代化、全面建成小康社会的一项重要任务，要把做好科技特派员农村科技服务和农村创新创业工作作为落实创新驱动发展战略、加强科技工作、推进农村大众创业万众创新、加快补齐农业农村短板的一项重要举措，切实增强实施科技特派员制度的自觉性和主动性。

（二）加强部门协同

各级政府要加强有关部门协同配合，注重形成推进实施科技特派员制度合力。要根据各有关部门职能，制定出切合实际的具体实施方案，加大资金投入和政策支持力度，推动解决科技特派员农村科技创业中遇到的人事、金融、分配等政策问题，确保支持科技特派员创新创业的政策落实到位，切实解除科技特派员的后顾之忧，在全省形成农村创新创业的良好局面，确保此项工作扎实有序开展。

（三）加强舆论宣传

各地要充分利用电视台、电台、报纸、网络等新闻媒体，宣传优秀科技特派员农村创新创业的先进事迹和奉献精神；要通过举办讲座、组织巡讲团、召开工作经验交流会、开展典型事迹新闻专访、开辟专刊专栏、鼓励社会力量进行表彰奖励等多种方式，宣传科技特派员创新创业的典型经验和典型事迹，营造推行科技特派员制度的良好氛围，让全社会都关心、支持科技特派员工作，激励更多人员、企业和机构踊跃参与科技特派员农村创新创业。

黑龙江省人民政府关于促进科技企业孵化器和众创空间发展的指导意见

黑政发〔2016〕33号

各市（地）、县（市）人民政府（行署），省政府各直属单位：

为实施创新驱动发展战略，加快推进“千户科技型企业三年行动计划”，推动科技企业孵化器和众创空间健康发展，指导民营孵化器和众创空间加快发展，形成大众创业、万众创新蓬勃发展局面，现提出如下指导意见。

一、鼓励多元发展

（一）鼓励高校、科研院所和高新技术产业开发区利用存量土地和存量房新建、扩建和改建孵化器和众创空间。

（二）鼓励国有企业充分利用淘汰落后产能、处置闲置厂房、空余仓库以及生产设施，改造建设孵化器和众创空间，通过集众智、汇众力等开放式创新，吸纳科技人员创业，创造就业岗位，实现转型发展。

（三）鼓励社会力量领办、协办或者以参股等方式建设孵化器和众创空间，积极投身大众创业、万众创新。

（四）鼓励国内外著名孵化机构通过承建、合作投资和服务外包等方式来我省自建或共建孵化器和众创空间。

二、促进体制创新

（一）孵化器和众创空间要转换运行机制，完善盈利模式，逐步提高增值服务在总收入中的比重。国有孵化器（包括国有、国有控股的孵化器）和众创空间主管部门应当积极支持和鼓励国有孵化器和众创空间进行规范的公司制改组，规范国有出资人权益，下放孵化器和众创空间财务、运营、人员聘用等各项经营自主权。

（二）国有孵化器和众创空间应当通过公开招投标等市场化方式选拔优秀运营团队及专业机构作为运营主体。对暂不具备招标条件的，可以聘请专业咨询机构管理和遴选入孵企业。鼓励以规范公司制运营的孵化器和众创空间通过股权多元化、引入战略合作者等方式做大做强。加强对运营管理团队的激励，鼓励以规范公司制运作的国有孵化器和众创空间开展管理人员年薪制、股权激励和持股孵化等试点工作。

三、完善规范管理

（一）国有孵化器和众创空间在孵企业应具备下列条件：

1. 在孵企业应当是符合新技术、新业态、新商业模式的企业；注册地在我省境内并依法在我省纳税；主要创新活动、办公场所在本孵化器和众创空间场地内。

2. 申请进入孵化器和众创空间的企业，成立时间一般不超过24个月。迁入的企业，其主导产品（服务）应当处于研发或试销阶段，上年营业收入不超过300万元人民币。

3. 一般企业在孵时限不超过3年。

4. 在孵企业开发的项目（产品），其知识产权界定清晰，无纠纷。

国有孵化器和众创空间应当依照以上条件制定本孵化器和众创空间企业入孵标准和程序，公开发布标准、程序，吸引入驻信息要公开发布，公开公平筛选入孵企业。国有孵化器和众创空间符合在孵企业标准的企业数量应当不低于入驻企业总数的75%。

（二）国有孵化器和众创空间在孵企业使用的场地（含公共服务场地）和孵化服务机构使用的场地应当占孵化器和众创空间总使用面积的85%以上。国有孵化器和众创空间要高效集约利用孵化空间，为在孵企业提供一定比例的公共服务空间，不必设立专门对本孵化空间进行汇报展示的空间，把有效面积多提供给孵化企业。

（三）鼓励孵化器和众创空间对于达到毕业条件的在孵企业履行毕业程序，腾出孵化空间和资源为符合入孵条件的初创企业和团队服务。各级政府对孵化器和众创空间的补贴和奖励应当以符合条件的在孵企业数量和毕业企业数量作为依据。

（四）国有孵化器和众创空间应当承担扶持科技人员、大学生和农民创客创业孵化的公益任务，为符合入孵条件的科技人员、大学生和农民创客提供免费或优惠价格的创业工位和孵化服务项目，减免的条件和标准要面向社会公开，让符合条件的科技人员、大学生和农民创客等创业者公平、公正地享受优惠政策。

四、提升服务能力

（一）孵化器和众创空间以在孵企业和创业团队为服务对象，为其提供创业培训、辅导、咨询，提供技术研发、试制服务，开展政策、法律、财务、投融资、企业管理、人力资源、市场推广等服务，帮助降低创业风险和创业成本，提高企业的成活率和成长性。

（二）提高孵化器和众创空间综合服务水平，培养和引进一批具有先进孵化理念、专业知识和管理水平的优秀孵化服务团队。加强创业导师队伍建设，开展持股孵化。加强孵化器和众创空间品牌建设，整合创业孵化资源，打造创业服务产业链，构筑孵化载体、技术平台、人才培育、融资担保一体化的孵化服务体系。

（三）引导孵化器和众创空间向专业化发展。围绕我省优势技术和产业领域，重点扶持建设机器人、生物技术、现代农业、高端装备制造等专业孵化器和众创空间。鼓励高校、科研院所发挥科研设施、专业团队、技术积累等优势，建设以科技成果转移转化为主要内容的专业孵化器和众创空间。鼓励龙头骨干企业建设专业孵化器和众创空间，优化配置技术、装备、资本等市场化创新资源，形成辐射带动中小微企业成长发展的开放式创新生态。

五、加大政策支持

（一）各级政府要大力支持孵化器和众创空间发展，建立孵化绩效与政府补贴联动机制，根据孵化器和众创空间孵化企业、解决就业等主要绩效指标增长，不断加大对孵化器和众创空间的后补助力度。重点支持通过国家级孵化器和众创空间认定和国家级专业众创空间备案的孵化器和众创空间。国资管理部门对国有孵化器和众创空间的考核办法应有别于一般国有经营性资产，应当把服务能力、孵化绩效和社会贡献作为考核评价的主要指标。审计部门对国有孵化器和众创空间按规范程序和条件为创业企业和团队提供的孵化费用减免予以认可。

（二）引导金融资本支持。引导和鼓励各类天使投资、创业投资、担保机构、小额贷款公司等与孵化器和众创空间相结合，完善投融资模式。鼓励天使投资群体、创业投资基金入驻孵化器和众创空间开展业务，通过风险补偿方式引导天使投资、创业投资与孵化器和众创空间联合设立种子基金。鼓励高新技术产业开发区设立天使投资基金，支持孵化器和众创空间发展。选择符合条件的银行业金融机构，在试点地区探索为孵化器和众创空间内企业创新活动提供股权和债权相结合的融资服务，与创业投资、股权投资机构试点投贷联动。支持在孵企业通过资本市场进行融资。

六、加强组织领导

（一）各级政府要加强对孵化器和众创空间的扶持和工作协调。各级科技管理部门要加强对孵化器和众创空间的业务指导与服务，研究制定和落实推进孵化器和众创空间发展的政策措施。鼓励各地、各类主体积极探索支持孵化器和众创空间发展的新政策、新机制和新模式，采取分类指导，重点突破，增强示范带动效应。

（二）国有孵化器和众创空间主管部门要加强监督检查，确保国有孵化器和众创空间规范发展。对于不符合上述有关规定的国有孵化器和众创空间，主管部门应当及时履行管理职责，及时责令其整改。对于运营不良的国有孵化器和众创空间，国有出资人和主管部门应当对孵化器和众创空间及时进行改组。

黑龙江省人民政府

2016 年 10 月 17 日

黑龙江省人民政府
关于深化体制机制改革加快实施创新驱动发展战略的实施意见

黑政发〔2015〕32号

各市（地）、县（市）人民政府（行署），省政府各直属单位：

为贯彻落实《中共中央、国务院关于深化体制机制改革加快实施创新驱动发展战略的若干意见》（中发〔2015〕8号）精神，加快推进我省“五大规划”实施和“十大重点产业”发展，全面提升我省核心竞争力，加快产业转型步伐，结合我省实际，现提出如下意见。

一、总体思路

立足我省科教优势和潜力，紧紧抓住中央加快实施创新驱动发展战略的有利时机，发挥市场优化配置资源的决定性作用，强化企业技术创新主体地位，加快构建产学研用相结合的技术创新体系。深化体制机制改革，统筹产业、财税、金融及人才等政策资源，加大引导和扶持力度，积极营造有利于要素聚集、创新创业和成果转化的政策环境和制度环境，有效激发调动全社会的创新激情，推动我省由要素驱动、投资驱动向创新驱动的根本性转变。发挥创新对拉动发展的乘数效应，促进我省产业加快转型升级和经济社会全面协调可持续发展。

到2020年，基本形成适应我省创新体系发展的制度环境和政策体系，创新要素自由流动，创新活力得到释放，创新成果得到保护，各类创新主体协同合作能力不断增强。全社会研发经费占国内生产总值比例达到22%，政府科技经费增长幅度持续高于地方公共财政收入增速，科技进步对经济增长的贡献率达到55%，创新型省份建设取得突破性进展。

二、营造激励创新的优良环境

（一）实行严格的知识产权保护制度

加强专利执法、商标执法和版权执法，加大对重点产业、关键核心技术、基础前沿领域知识产权保护力度，强化行政执法与司法衔接。建立知识产权侵权纠纷快速调解机制和跨部门、跨区域知识产权执法协作机制。积极推进综合行政执法改革，完善行政执法体制，提高行政执法能力。

完善知识产权信用体系，将知识产权保护纳入“诚信龙江”建设内容。健全知识产权维权援助体系，建立和完善知识产权特派员和专家顾问制度，及时提供知识产权侵权判定咨询意见。

加强知识产权审判组织机构建设，争取设立知识产权法院。对社会影响较大的侵权案件，通过采取前往事发地公开审理等措施，依法加大对重复侵权、恶意侵权的打击力度。加强知识产权审判工作的法制宣传。积极推进“三审合一”试点，将涉及知识产权的民事、刑事和行政案件集中到知识产权庭统一审理。（牵头单位：省知识产权局，配合单位：省法院、省政府法制办）

（二）打破制约创新的行业垄断和市场分割

积极推进垄断性行业改革，放开自然垄断行业竞争性业务，重点查处垄断性企业违背市场竞争原则指定设计单位、指定设备采购单位、指定安装单位的“三指定”行为，建立鼓励创新的统一透明、有序规范的市场环境。

加强反垄断执法，防止行业协会从事垄断行为，加大对公用企业或其他依法具有独占地位经营者的限制竞争行为的查处力度，严格查处电力、信息领域企业垄断行为，加强行政部门规范性文件合法性审查，及时发现和制止垄断协议和滥用市场支配地位等垄断行为。

打破地方保护，清理和废除妨碍统一市场的规定和做法。完善举报投诉查处机制，鼓励企业和公众举报地区封锁、行业垄断行为。纠正政府不当补贴或利用行政权力限制、排除竞争的行为，探索实施公平竞争审查制度。（牵头单位：省商务厅、工商局、物价监管局）

（三）改进新技术新产品新商业模式的准入管理

改革产业准入制度，制定和实施产业准入负面清单，对未纳入负面清单的行业和领域，各类市场主体皆可依法平等进入。严格执行企业“四证合一”登记制度，强化事中服务和事后监管。

破除限制新技术新产品新商业模式发展的不合理准入障碍。积极做好药品、医疗器械的新技术新产品进入国家审批的程序政策解读、省内初审等服务工作，为缩短评审周期和提高通过率创造条件。优化市场准入管理，对能够市场化配置资源的风力发电、光伏发电等项目通过公开招标方式确定投资主体。

围绕各行业产品、生产线、供应链及营销服务等环节，开展跨界融合创新，促进农业、旅游、医疗、食品、文化、教育等领域新业态、新商业模式发展，开辟新的市场空间。加快建设城乡商业双向流通网络和物流体系，发展点对点营销、私人定制营销、全生产过程展示营销、网上超市营销、远距离视频体验式营销等多种互联网营销新模式，促进内外贸易、流通与生产、线上线下市场的融合，提高市场对接效率，降低物流成本。（牵头单位：省发改委、工信委，配合单位：省商务厅）

（四）健全产业技术政策和管理制度

改革产业监管制度，发挥企业的产业发展自主权，减少前置审批，形成有利于转型升级、鼓励创新的产业政策导向。

强化产业技术政策的引导和监督作用，完善生产环节和市场准入的环境、节能、节地、节水、节材、质量和安全指标及地方标准，形成统一、权威、公开、透明的市场准入标准体系。加强中俄标准化平台建设，促进中俄商贸重点产品标准互认。推动中蒙俄认证认可机制、规则和结果的协调互认，促进互联互通。

加强产业技术政策、标准执行的过程监管。强化环保、质监、工商、安全监管等部门的行政执法联动机制。（牵头单位：省发改委、工信委，配合单位：省科技厅）

（五）形成要素价格倒逼创新机制

运用主要由市场决定要素价格的机制，促使企业从依靠过度消耗资源能源、低性能成本竞争向依靠创新、实施差别化竞争转变。

积极落实资源税改革，抓好资源税清费征税，推动从价计征改革。完善市场化的工业用地价格形成机制，通过招标拍卖挂牌的方式出让国有建设用地使用权。健全企业职工工资正常增长机制，实现劳动成本变化与经济提质增效相适应。（牵头单位：省地税局，配合单位：省国土资源厅）

（六）大力发展各类创业孵化平台

加快发展科技企业孵化器、大学科技园、众创空间等各类创业孵化平台。支持科技企业孵化器创新服务模式，提升服务水平。支持大学科技园积极依托高校技术、人才优势，推进高新技术成果转化及产业化。大力发展市场化、专业化、集成化、网络化的众创空间。鼓励和推广创业咖啡、创新工场、创业训练营、虚拟孵化器、创业社区等新型孵化模式，注重营造浓厚的创业创新氛围。支持不同形式、不同模式的创业服务平台协同建设发展，为创业者和创业企业提供低成本、便利化、全要素、开放式的综合创业服务。支持各级政府部门、高等院校、科研院所及行业领军企业、创业投资机构、社会组织等社会力量，利用自身条件或闲置资产，创办和联合建立一批科技企业孵化器、大学科技园、众创空间，做大全省创业孵化平台总体规模。

积极吸纳股权投资协会、天使基金联盟、孵化器协会、创业者联盟等市场主体和社会主体参与创业体系建设。利用市场机制，采取补贴、奖励、创业投资、购买服务等方式，支持各类创业孵化平台建设和发展，提升服务功能。（牵头单位：省科技厅，配合单位：省教育厅）

三、建立技术创新市场导向机制

（七）扩大企业在创新决策中的话语权

建立多层次、常态化企业技术创新对话、咨询制度。在产业政策措施制定、发展规划编制和重大项目论证过程中，注重发挥企业在技术领域和市场信息方面的优势，充分吸纳不同行业、不同规模企业界专家意见建议。（牵头单位：省工信委，配合单位：省发改委）

（八）完善企业为主体的产业技术创新机制

市场导向明确的科技项目由企业牵头、政府引导、联合高等学校和科研院所实施。鼓励构建以企业为主导、产学研合作的“互联网+”产业技术创新战略联盟。促进技术标准产业化，使企业成为技术标准的创新主体，逐步试行企业产品标准自我公开声明制度，增强企业标准备案自主责任。

实施省级重点新产品开发鼓励计划，通过研发费用补助、科技服务项目补助和间接投入等方式，支持企业自主决策、持续创新，开展重大产业关键共性技术、装备和标准的研发攻关。进一步加大对科技型中小企业支持力度。推动完善中小企业创新服务体系，建立中小企业公共技术服务联盟。

整合重点实验室、工程实验室、科研院所实验室、检测中心等技术能力和资源，建立有效服务创新活动的开放共享机制。推动建设一批企业技术中心和工程技术中心，围绕市场、面向社会开展技术服务。

围绕绿色食品、煤化石化、矿业经济、林业等传统优势产业和新材料、生物医药、高端装备制造、石墨和钼、商贸物流、文化、旅游、信息服务、金融服务等战略新兴产业，采取企业主导、院校协作、多元投资、军民融合、成果分享新模式，大力开展产业创新活动，不断提高产业竞争力。（牵头单位：省工信委，配合单位：省科技厅、财政厅）

（九）提高普惠性财税政策支持力度

按照国家统一部署，深入推进结构性减税政策，扩大“营改增”试点，将政府对企业技术创新的投入方式向以普惠性财税政策为主转变。

落实减轻小微企业负担税收优惠、企业研发费加计扣除和高新技术企业15%企业所得税税率等税收优惠政策，最大程度发挥税收政策对企业研发的鼓励作用。（牵头单位：省财政厅，配合单位：省国税局、地税局）

（十）健全优先使用创新产品的采购政策

落实和完善政府采购促进中小企业创新发展的相关措施，加大对创新产品和服务的采购力度。对于经认定的自主创新产品参与政府采购投标，在采购评审时给予价格10%~15%的价格扣除。考虑提高服务效率，降低运输成本，减少运输过程的能源消耗等因素，在政府采购评审时以营业执照注册地为准，依据供货地距离给予相应照顾。鼓励采用首购、订购等非招标采购方式，以及政府购买服务等方式予以支持，促进创新产品的研发和规模化应用。

积极争取国家科技计划支持我省开展“互联网+”融合创新关键技术研发及应用示范。通过对生产企业进行奖励等方式，支持企业研究开发首台（套）产品。抓好国家推行的首台（套）重大技术装备保险补偿机制试点工作，鼓励用户购买和使用首台（套）产品。（牵头单位：省财政厅，配合单位：省科技厅、工信委）

（十一）推动科技服务业发展

以市场需求为导向，优化科技服务生态环境，创新科技服务模式，促进科技服务业发展。鼓励政府采用购买服务等方式，培育和壮大科技服务市场主体，构建省、市、县三级科技共享服务平台，重点围绕研究开发、技术转移、检验检测、创业孵化、知识产权、科技金融、科技咨询等领域打造新兴服务业态，促进科技服务业专业化、网络化、规模化、市场化发展。以科技创新创业共享服务平台为支撑，培育壮大一批服务黑龙江、面向全国的开放式科技服务企业和机构，服务创新、服务创业。加快推进哈尔滨、大庆等科技服务业创新发展示范城市建设。(牵头单位：省科技厅)

四、强化金融对技术创新的支撑作用

(十二) 壮大创业投资规模

采取政府投入、金融机构投入和市场化募集的方式，进一步做大天使基金和创业投资基金，争取国家新兴产业创业投资引导基金参股支持。建立投资风险补偿机制，给予投资于我省企业的创业投资企业一定比例的风险补偿或补助。

引入竞争机制发展省内区域性股权交易市场，为创业投资企业进行项目对接、企业展示、投资融资、挂牌交易、转板上市及金融创新等提供服务。支持创业投资企业发行企业债券。鼓励通过债券融资方式支持“互联网+”发展，支持符合条件的“互联网+”企业发行企业债券。通过省政府网站及时向社会发布企业上市（挂牌）等信息。(牵头单位：省金融办，配合单位：省财政厅)

(十三) 强化资本市场对技术创新的支持

建立与全国中小企业股份转让系统的合作机制，为我省中小企业在“新三板”挂牌提供便利。对总部和主营业务均在我省的企业，在境内主板、中小板、创业板和境外主板、创业板首发上市（境外首发上市融资 2 亿元以上）的，省财政一次性补助 1 000 万元。在“新三板”挂牌的，省财政一次性补助 200 万元。引导上市公司通过并购重组等方式对创新创业项目实施产业整合、优化布局。支持上市公司通过配股、增发、发行公司债等方式再融资投资于创新创业项目。

引导证券公司及金融、中介机构创新金融产品和服务，以股权众筹、互联网金融、知识产权质押及证券化等方式，支持企业创业创新活动。(牵头单位：省金融办，配合单位：省财政厅)

(十四) 拓宽技术创新的间接融资渠道

引导金融机构加大对企业技术创新活动的信贷支持力度。搭建企业与金融机构合作平台，为企业提供贴息、担保、质押、增信、投资等服务。鼓励商业银行开展订单融资、应收账款质押融资、存货质押融资、专利权质押融资、保单融资、产业链授信等金融服务，支持企业创新活动。

对为科技型和常规型中小企业提供贷款担保的担保机构，实施差别化的财政补助。推动政府性融资担保机构为创新型中小企业提供融资担保，给予低担保费率待遇。引导再担保公司重点对创新型中小企业提供担保的融资担保机构开展再担保业务。修订

《中小企业担保机构贷款担保代偿风险省级财政补助办法》，完善科技型企业知识产权质押担保补偿机制。

发挥创业投资引导基金作用，引导和支持创业投资机构投资初创期科技型中小企业。探索利用财政资金与金融机构共同出资设立风险补偿基金，专项用于创新创业企业贷款风险补偿。继续做好企业助保金贷款风险补偿工作，加快设立工业企业贷款周转金，支持中小型创新创业工业企业按时还贷续贷。加快培育和规范专利保险市场，优化险种运营模式。（牵头单位：省金融办，配合单位：省财政厅）

五、完善成果转化激励政策

（十五）加快下放科技成果使用、处置和收益权

制定和完善我省科技成果处置和收益管理相关规定，全面落实高等院校、科研院所对科技成果的使用权、处置权和收益权。财政性资金资助取得的科技成果的使用权、处置权和收益权，除涉及重大国家和社会利益外的一律下放承担单位，在国内处置科技成果不再审批或备案，处置收入全部留归本单位，纳入单位预算，实行统一管理，不上缴国库，不冲抵财政拨款。（牵头单位：省科技厅、财政厅）

（十六）提高科研人员成果转化收益比例

建立国有企事业单位科技成果收益分配制度，对科技成果完成人以及为科技成果转化作出重要贡献人员给予奖励。事业单位以转让或许可科技成果等方式获得的收益，可提取不低于转让收益的50%用于奖励上述人员。科技成果所有单位一年以上未启动转化的，成果完成人在不变更职务科技成果权属的前提下，依据双方协议有权在省内自主处置实现转化，转化收益的70%~90%归其所有。国有及国有控股企业自主投资实施转化的，自开始盈利年度3~5年，每年应提取该成果净收益的30%用于奖励上述人员。建立健全职务科技成果权属及收益分配争议仲裁和法律救济制度，明确责任主体，完善相关程序和办法，保障成果所有人及完成人等相关人员的合法权益。（牵头单位：省科技厅，配合单位：省财政厅、国资委）

（十七）加大科研人员股权激励力度

鼓励企事业单位采取科技成果作价入股、股权期权激励、优先购买股份等方式奖励有突出贡献的科技人员。担任处级以下（含处级）领导职务的科技人员可以参与技术入股，具体事宜由科技人员所在单位自主决定。建立完善国有企业技术创新股权和分红权激励制度，对在创新中作出重要贡献的技术人员给予股权和分红权激励。国有企事业单位以技术作价入股方式合作转化职务科技成果的，所获股权或净收益的30%~90%可用于奖励有关科技人员。跟踪国家科技型中小企业认定工作，积极落实高新技术企业和科技型中小企业科技人员个人所得税分期缴纳政策。（牵头单位：省科技厅，配合单位：省工信委、国资委、财政厅）

六、构建高效的科研体系

（十八）优化对基础研究的支持方式

围绕我省产业发展需要，开展现代农业、环境保护、国土资源等领域基础和应用基础研究，提高重点基础研究项目支持强度，争取国家基础研究项目的支持。完善稳定支持和竞争性支持相协调的机制，鼓励高等院校、科研院所等研究机构围绕产业发展中关键、共性技术难题开展应用性基础研究，扩大高等院校、科研院所学术自主权和个人科研选题选择权，培养一批基础研究领域领军人才。在重点领域组织重点团队开展“非共识”创新项目研究。加强重点实验室等重大科研基础设施建设与投入，建立省级重点实验室考核与评估机制。支持哈尔滨工业大学积极承接空间环境地面模拟装置等国家重大科技基础设施，鼓励黑龙江省工业技术研究院探索支持创新创业发展的新模式。(牵头单位：省科技厅，配合单位：省财政厅、人社厅、教育厅)

（十九）构建高效的农业科技创新体系

推进种子加工企业并购重组和产业整合，引导种子企业与科研单位开展联合攻关，培育具有核心竞争力的“育繁推一体化”种子企业。加大新品种、优良品种引进和选育研究的支持力度，改革育种机制，构建商业化育种体制，重点支持优质种质资源收集，早熟耐密抗病玉米、优质超级稻、高产食用大豆、专用马铃薯、超强筋高产春小麦、奶牛性控繁育、和牛改良饲养、奶公犊直线育肥、全价饲料配方等领域技术研究。推动农业科技创新联盟建设，强化科技资源系统整合与协同创新，稳定支持农业和畜牧业基础性、公益性科技研究，加强前沿技术、关键共性技术、核心技术和系统集成技术攻关，重点支持节水、节肥、节药、节种、节地、节力、动物排泄物肥料化还田等资源高效利用技术以及农产品精深加工、动植物防疫、农产品质量安全等方面的科技攻关。加强农业、畜牧业科技领军人才培养，支持农技人员知识更新和新型职业农民培育。支持和鼓励建立推广教授、推广研究员制度和科技人员通过自主创业、技术入股等形式开展科技融资与创业。加强公益性和社会化服务相结合的现代农技推广体系建设。(牵头单位：省农委，配合单位：省科技厅、畜牧兽医局)

（二十）加大科研工作的绩效激励力度

完善事业单位绩效工资制度，赋予高等学校、科研院所等事业单位充分的用人自主权，落实全员聘用制，实行协议工资和绩效工资制，加大对科研人员的绩效考核和分配激励力度。完善科研项目间接费用管理制度，合理补偿项目承担单位间接成本和绩效支出。

改革高等学校和科研院所聘用制度，优化工资结构，保证科研人员合理工资待遇水平。完善内部分配机制，重点向关键岗位、业务骨干和作出突出成绩的人员倾斜。(牵头单位：省科技厅，配合单位：省教育厅、人社厅)

（二十一）改革高等学校和科研院所评价考核制度

积极推进高等学校评价考核制度改革，逐步建立以创新质量和实际贡献为导向的科技评价体系，在基础和前沿技术研究领域继续实行同行评价，针对科研人员、平台基地和科研项目等不同对象，按照基础研究、应用研究、技术转移、成果转化等不同工作的特点，突出中长期目标导向，建立涵盖科研诚信和学风、创新质量与贡献、科教结合支撑人才培养、科学传播与普及、机制创新与开放共享等的评价标准和评价方法。

建立和完善公益科研机构绩效考核评价制度，结合科研机构不同分类和所属行业特点，制定绩效考核指导意见和考核指标体系。定期组织或委托第三方机构对公益性研究机构开展绩效评价，重点考核其科技成果产出、人才团队建设、科技成果转化和创新服务情况，考核结果作为财政予以支持的重要依据，引导事业单位不断提高社会公益服务水平。（牵头单位：省教育厅、科技厅，配合单位：省财政厅）

（二十二）深化科研院所体制改革

科学划分科研单位类型，稳步推进省属科研单位改革。从事基础研究、应用基础研究的机构要坚持社会公益服务方向。从事开发应用科研的机构要继续坚持企业化转制方向，积极推进转企改制。坚持稳定支持一批公益类科研机构，整合重组做大做强一批行业工程技术研究院，支持一批条件成熟科研院所转制成企业，稳妥退出一批创新功能弱化科研院所。

根据我省产业发展需求，探索扶持有条件的转制院所通过整合创新资源、与产业资本联姻，组建产业技术研发集团。加大科技计划支持力度，保持政府公益科研任务对其开放，鼓励其承担行业共性科研任务，建设创新公共服务平台，依托产业技术创新联盟强化对行业技术辐射和成果转化，发挥产业创新与服务的龙头作用。建立健全现代科研院所制度，完善科研院所治理结构，全面落实人事管理、资产运营、收益分配等法人自主权，推进科研院所人事制度、分配制度、职称等方面的改革。探索实行理事会领导下的院（所）长负责制、学术委员会咨询制和职工代表大会监督制度。实施科研院所创新能力提升计划，提高科研院所创新团队建设和人才培养水平。（牵头单位：省科技厅，配合单位：省编办）

（二十三）建立高等学校和科研院所技术转移机制

理顺部分高等学校、科研院所事企关系，强化规范管理和运作。鼓励企事业单位建立健全科技成果转化规章制度、工作体系和管理机制，明确内部科技成果管理部门、转移转化机构、资产管理部门的各自职责，建立符合科技成果转化特点的岗位管理、考核评价和奖励制度，优化内部管理流程和权责机制。建立国有企事业单位科技成果转化报告制度，全面及时掌握国有企事业单位依法取得的科技成果数量、科技成果处置、收益及分配等情况。政府科技计划资助形成的科技成果，立项部门应当与项目承担单位约定转化期限，逾期两年未实施转化的，政府可以依法无偿或有偿许可他人实

施转化，成果完成人在同等条件下享有优先实施转化权。(牵头单位：省科技厅，配合单位：省教育厅、财政厅)

七、创新培养、用好和吸引人才机制

(二十四) 完善创新型人才教育体系

倡导敢于创新、勇于竞争和宽容失败的精神，按照“以人为本、因材施教”的原则和创新型人才成长的规律，构建以“个性化学习”为主导的创新人才培养模式，激发学生的创新热情和潜能。

以高层次、急需紧缺专业技术人才和创新型人才为重点，强化职业教育和技能培训，打造高素质专业技术人才队伍。大力实施优质高职院校建设计划，引领和带动高等职业教育整体水平提升。坚持校企合作、工学结合，积极推进学历证书和职业资格证书“双证书”制度，强化教学、实训相融合的教育理念，推广实践性教学模式，形成具有黑龙江特色的职业教育人才培养模式。鼓励校企、院企合作办学，推进“互联网+”专业技术人才培训。结合“十大重点产业”，建设高技能人才培训基地和技能大师工作室，培养高素质“龙江蓝领”队伍。

着力提高本科教育质量，合理确定人才培养服务面向和层次结构，重点加大信息技术、现代农业、食品工业、装备制造、能源化工、对俄经贸等领域人才培养力度，提升人才培养与区域发展的契合度。大力推进大学生创新创业教育工作，完善大学生创新创业课程体系和实训教学体系，发挥哈尔滨工业大学、哈尔滨理工大学、东北农业大学等高校大学生创业园、创业孵化园作用。以经济社会发展和学习者多样化需求为导向，以政府主导、企业主体、高校服务的“三方联动”为依托，积极探索继续教育人才培养新模式。继续实施卓越系列人才培养计划项目，启动现代学徒制试点工作，引导高校拓展校企合作育人的途径与方式，促进校企深度协作育人。加快我省高校分类发展，重点推进3~5所特色应用型本科院校建设，引导地方本科高校转型发展。深化研究生培养模式改革，促进教学科研与实践有机结合，创新产学研联合培养研究生机制，不断提高研究生学术水平、职业素养和创新能力。(牵头单位：省教育厅，配合单位：省科技厅)

(二十五) 培育企业经营管理人才队伍

适应我省产业结构转型升级需要，以提高经营管理水平和企业竞争力为核心，进一步完善现代企业制度，健全激励机制，改进政府服务，优化发展环境，畅通交流渠道，培育一批具有战略思维、创新能力、管理水平、开拓精神和社会责任感的优秀企业家和高素质企业经营管理人才队伍。

发挥中国—俄罗斯博览会、亚布力中国企业家论坛等平台作用，引导企业家参与国际交流合作，提高国际视野。加大企业家培养力度，鼓励包括非公有制企业在内的各类企业，积极选送优秀经营管理人才到国家有关培训机构、国内知名的企业和大学研修，优先安排科技型企业经营管理人才参加境内外培训。积极创造条件，促进央企和我省企业、省属企业与地方企业、公有制企业与非公有制企业间的人才交流，使企业经营管理人才在多岗位锻炼中提高管理水平和能力。（牵头单位：省工信委，配合单位：省国资委）

（二十六）建立健全科研人才双向流动机制

鼓励事业单位按照实际需要科学合理自主设置岗位，组织开展竞聘上岗。在引进急需、短缺高层次科研人员时，可突破核定的高等级岗位结构比例，开展特设岗位聘用，待核定岗位出现空额时，优先转聘。加快研究科研人员薪酬制度改革，适时出台相关政策。

允许和鼓励科研人员离岗创业，高等院校、科研院所的科研人员经所在单位同意，可领办创办企业，5 年内保留其原有身份和职称，档案工资正常晋升。5 年内要求返回原单位工作的，原单位负责接收并安排重新上岗。建立企业与高等院校、科研院所人才联合聘用机制，允许兼职兼薪。

允许职业学校、高等学校、科研院所设立一定比例的流动岗位，吸引有创新实践经验的企业家和企业科技人才兼职。引导高等院校将企业任职经历作为新聘用工程类教师的必要条件。

破除社保关系转移在人才自由流动中的障碍和壁垒，科研人员在机关事业单位与企业之间流动时，可以正常接续、转移养老、失业以及医疗等保险关系。（牵头单位：省人社厅，配合单位：省教育厅、科技厅、编办）

（二十七）实行更具竞争力的人才吸引制度

实行更加开放的人才政策，加大重点产业急需紧缺高端人才引进力度。对院士、“长江学者”“千人计划”专家、“万人计划”入选者、年薪超过 30 万元的高层次人才以及外籍专家，签订不少于 5 年劳动合同并切实履行合同义务，突破我省重点产业关键技术，或领办创办参办高新技术企业、实现新增年税收 500 万元以上的，可根据不同层次分别给予每人 50 万~100 万元的生活资助和项目启动资助资金。从海外直接引进并入选国家“千人计划”特聘专家，按照国家规定的 3 年服务期限，给予 50 万元资助。鼓励各单位依托产业项目，采取联合攻关、项目顾问、技术咨询等方式柔性引进高层次科技人才和团队，为企业发展和地方财税增收作出突出贡献的，由本级财政给予奖励。

对符合条件的外国人才给予工作许可便利，放宽就业许可证的年龄限制，对国内紧缺的外国高级管理人员和高级技术人员取消来华就业许可的年龄限制。对外籍高层次人才给予工作许可便利，对高端外国人才及其随行家属给予签证和居留便利。对在我省工作的外籍高层次人才（外国专家），在创办科技型企业和从事社会公益性服务业的，以及外国专家在华进行项目申报、专利研究等方面取得成就的，给予国民待遇。

建立完善引进国外人才智力服务体系，落实《黑龙江和内蒙古东北部地区沿边开发开放规划》和《“中蒙俄经济走廊”黑龙江陆海丝绸之路经济带建设规划》，加强与国外人才机构合作，建设海外引进国外人才基地，吸引国外科研机构和专家入驻我省。

鼓励引导具备一定条件的人力资源服务机构走出国门，到俄罗斯及远东地区设立分支机构，参与国际人才竞争与合作。支持哈尔滨市、大庆市开展人才引进改革试点工作。(牵头单位：省人社厅，配合单位：省外办)

八、推动形成深度融合的开放创新局面

(二十八) 鼓励创新要素跨境流动

对开展国际研发合作项目所需付汇，实行研发单位事先承诺，商务、科技、税务部门事后并联监管。支持有条件的科研单位和科技人员开展国际科技合作与交流，对执行国家和省科技计划等相关科研人员因公出国开展科技交流与合作进行分类管理，放宽因公临时出国批次限量管理。企业、高等学校、科学技术研究开发机构根据国家和省产业、技术政策，进口科学研究、技术开发用品，或者关键设备、原材料、零部件，按照国家有关规定享受税收优惠。改革检验管理，对研发所需设备、样本及样品进行分类管理，在保证安全前提下，采用重点审核、抽检、免检等方式，提高审核效率。推进“联合查验、一次放行”的“一站式作业”通关新模式，实现东北四省区检验检疫一体化。支持和鼓励具有竞争优势的互联网企业联合制造、金融、信息通信等领域企业率先“走出去”，推进国际产能合作，构建跨境产业链体系。推进哈尔滨、绥芬河开展跨境电子商务（出口），支持当地非金融机构开展第三方支付业务。推进国际知识产权执法合作，加强与俄罗斯远东海关局在巩固和发展双边知识产权领域交流。积极发挥中俄认证认可、动植物检验检疫、卫生检疫、宝玉石领域合作机制的作用。(牵头单位：省科技厅，配合单位：省外办、黑龙江检验检疫局)

(二十九) 推动军民领域协同创新

积极推进军民科技成果双向转化应用和重大科研生产装备、重要科研生产能力的开放共享，强化军民协同创新和联合科研攻关能力。加强服务平台建设，从单纯发布科技成果、提供资源信息向为成果转化提供项目筛选、成果评估、推介对接、风险投资等一揽子服务拓展；从多个专项服务平台各自为政向资源共享、服务互通发展。

积极帮助民口高校、科研院所和企业发挥在新材料、新工艺及装备制造等方面的优势，把大口径环焊、增材制造、机器人、海洋工程装备、石墨及石墨烯等先进适用技术和产品推广应用到军工领域，开拓高端应用市场；加强与军工集团战略合作，积极引进并推动军工航空航天、特种车、传感器等先进技术转民用，开发高技术特色产品，发展战略性新兴产业。对“军转民”“民参军”转化形成的新技术、研发的新产品、发展的新产业，积极提供政策支持和服务保障。(牵头单位：省工信委，配合单位：省科技厅、发改委)

(三十) 优化境外创新投资管理制度

建立健全境外投资协调机制，发挥我省在交通、电力、航空航天、装备制造、新材料、食品、医疗等行业的比较优势，积极开展互利共赢的国际经济合作，加快推动

“中蒙俄经济走廊”黑龙江陆海丝绸之路经济带建设。合力支持省内技术、产品、标准、品牌“走出去”，开拓国际市场。强化技术贸易措施评价和风险预警机制。

继续深化境外投资管理体制改革，不断提高境外投资便利化水平，努力创造更加有利于企业开展境外投资的政策环境。推进境外投资法制化管理，鼓励创新类企业海外上市。研究通过重点金融机构发起设立海外创新投资基金，推动我省投资创新类项目在海外上市。

建立投资信息公开制度，在相关部门确认不影响国家安全和经济安全前提下，按照中外企业投资合作实际，适时披露有关信息。（牵头单位：省商务厅，配合单位：省发改委）

（三十一）扩大科技计划对外开放

拓宽我省科技计划的国际合作渠道，按照对等开放、保障安全的原则，鼓励和引导外资研发机构参与承担省科技计划项目，对于符合国家发展战略，解决我省重大关键技术难题的项目，积极推荐申请国家科技计划项目。积极吸引我省急需的海外及省外人才和团队，参与我省各类科技计划实施，与省内研发机构、高等院校和科技型企业开展联合研究。支持省内研发机构、高等院校和企业等与境外企业、研发机构联合建立技术创新平台、研发机构、科技产业园区，鼓励境外、省外研发机构、高等院校和企业在省内设立具有法人资格的研发机构、分支机构或技术转移机构。（牵头单位：省科技厅，配合单位：省人社厅）

（三十二）积极落实“互联网+”行动计划

以“互联网+”促进我省创新创业和发展方式转变，促进互联网与我省经济社会各领域深度融合。应用物联网技术发展精准农业，支持农畜产品电子商务平台、质量追溯平台和农技推广服务云平台建设，推动农畜产品从种得好、养得好向卖得好转变。推动互联网与制造业融合，提升制造业数字化、网络化、智能化水平，加快传统产业智能化升级，开展智能工厂、数字车间建设，促进智能装备（产品）发展。建设完善旅游、商贸、物流等领域电子商务平台和公共服务平台，以改进服务促进产业发展。以互联网手段改进养老、医疗、教育、社保、政务、交通以及公共安全服务，建设智慧城市，促进惠民服务便捷化。推动我省互联网企业与金融机构开展产品、技术、服务创新，培养一批互联网金融骨干企业，满足我省重点领域融资需求。（牵头单位：省发改委、工信委、科技厅）

九、加强创新政策统筹实施

（三十三）加强创新政策的统筹

紧紧抓住国家鼓励创新发展的政策机遇，全面落实国家发展改革委、科技部、人力资源社会保障部、中国科学院《关于促进东北老工业基地创新创业发展打造竞争新优势的实施意见》（发改振兴〔2015〕1488号）。深化体制机制改革，实施创新驱动发展战略，统筹制定并落实全省科技、经济、社会等规划及政策，促进全省发展由要素驱动、投资驱动向创新驱动的根本转变。建立健全科技创新政策监测评估制度、科技报告制度和科技规划动态调整机制。建设黑龙江省创新驱动发展高端智库，为创新驱动发展战略的实施提供决策和管理支持。围绕产业链部署创新链，集成各类科技计划、专项、基金，超前部署一批基础性、战略性、前沿性科学研究和共性技术研究，提升源头创新能力。组织开展创新政策清理，及时废止有违创新规律、阻碍新兴产业和新兴业态发展的法规政策，建立专项审查机制，对新制定政策是否制约创新进行审查。建立创新政策调查和评价制度，广泛听取企业和社会公众意见，定期对政策落实情况进行跟踪分析，并及时调整完善。（牵头单位：省科技厅，配合单位：省发改委、工信委、省政府法制办）

（三十四）完善创新驱动导向评价体系

注重科技创新、知识产权与产业发展相融合，研究建立以创新投入、创新环境、创新产出、创新成效为主要指标，以促进“十大重点产业”发展为导向的创新评价指标体系，系统测算，科学论证，适时启动对地方、行业和企业的创新驱动评价。在企业负责人业绩考核指标体系中，探索建立将国有企业研发费用视同业绩利润的考核政策。规范国有企业科技投入口径、范围。强化对科技投入和产出的分类考核，健全国有企业技术创新经营业绩考核制度。完善科技考核指标体系，探索将科技成果应用与转化纳入企业负责人的业绩考核。（牵头单位：省发改委，配合单位：省科技厅、统计局）

（三十五）改革科技管理体制

转变政府科技管理职能，发挥高层次专家对科技发展战略、规划和政策制定以及科技计划布局等重大事项的决策咨询作用。深化科技计划（专项、基金等）管理改革，优化整合资源，建立目标明确和绩效导向的管理制度。建立健全科技计划管理联席会议制度，做好科技计划重大项目的布局、设置、立项等事项，加强对科技计划重大项目的综合评审。完善科技计划管理、监督检查和责任倒查机制。委托符合条件的专业机构参与科技计划项目管理，强化对专业机构的监督、评价和动态调整。优化科技计划布局，整合科技资源配置。修订科技计划项目管理办法，完善各项管理制度，建立责权统一的协同联动机制，进一步提高管理效能。不断健全各类创新主体的自我管理和自我约束机制，大力清理、纠正违背科研创新规律，对科研单位及科技人员创新活动过度管理和行政干预的行为，赋予创新主体充分的自主权。取消省级以下涉及企事业单位创新创业活动的各类评比、认定、考核、授牌等活动，取消科技主管部门对孵化器的认定，为科研人员集中精力开展创新活动打造良好环境。（牵头单位：省科技厅）

（三十六）推动全面创新改革试验

依托哈尔滨、大庆、齐齐哈尔三个国家级高新技术产业开发区建设国家自主创新示范区，开展重点领域创新改革试验。建立健全协调机制，积极承接国家在自主创新、企业发展、人才集聚、金融支持、成果转化等方面相关政策的“先行先试”。培养和集聚一批优秀创新人才，催生和转化一批有影响力的科技成果，培育和做大一批具有国际竞争优势的产业和企业，打造和做强一批特色知名品牌。在知识产权、人才流动、国际合作、金融创新、激励机制、市场准入、“互联网+”等方面开展创新改革试验，努力把哈大齐国家自主创新示范区建设成为全面深化改革试验区、创新创业生态标杆区、实施创新驱动发展战略示范区。依托哈尔滨国家级新区、“大齐绥”产业合作发展与转型升级示范区、城区老工业区搬迁改造承接地，建设创新创业发展示范区。支持哈尔滨开展小微企业创业创新基地城市示范工作，积极推进哈尔滨创新型试点城市和军民融合发展示范园区工作，带动区域创新驱动发展。(牵头单位：省科技厅)

各市（地）要依据本意见精神，紧密结合本地实际，制定具体实施办法，创造性地抓好落实。省直各有关部门要按照任务分工，制定时间表，明确责任人，进一步做好细化分解工作，确保各项政策措施落到实处。

黑龙江省人民政府

2015 年 10 月 23 日

关于印发《关于本市发展众创空间推进大众创新创业的指导意见》的通知

沪委办发〔2015〕37号

各区、县党委和人民政府，市委、市人民政府各部、委、办、局，各市级机关，各人民团体：

《关于本市发展众创空间推进大众创新创业的指导意见》已经市委、市人民政府同意，现印发给你们，请认真贯彻执行。

中共上海市委办公厅
上海市人民政府办公厅
2015年8月8日

关于本市发展众创空间推进大众创新创业的指导意见

为贯彻落实国务院印发的《关于大力推进大众创业万众创新若干政策措施的意见》《国务院办公厅关于发展众创空间推进大众创新创业的指导意见》及《中共上海市委、上海市人民政府关于加快建设具有全球影响力的科技创新中心的意见》，深入实施创新驱动发展战略，进一步营造良好的创新创业生态环境，加快建设具有全球影响力的科技创新中心，现就本市发展众创空间，推进大众创新创业提出如下指导意见。

一、加快发展众创空间

（一）大力发展市场化、专业化、集成化、网络化的众创空间

鼓励和支持创客空间、极客空间、创业咖啡、创业新媒体、创业训练营、虚拟孵化器、创业社区等新型孵化器及科技创业苗圃、科技企业孵化器、科技企业加速器、大学科技园、小企业创业基地等众多不同形式、不同模式的创业服务平台建设及协同发展。支持众创空间探索形成各具特色的可持续发展模式，通过线上线下联动发展，鼓励形成辐射能力强的品牌化众创空间，为创业者和创业企业提供低成本、便利化、全要素、开放式的综合创业服务。

（二）鼓励社会力量建设众创空间

鼓励行业领军企业、创业投资机构、投资人、社会组织等社会力量积极参与。建设一批服务创业者和创业企业的灵活集中办公区。推动有条件的企业建设一批产业驱动型孵化器。在孵化载体、服务机构、高校、科研院所集聚且生活配套健全的区域，打造一批创业社区，促进区内创业企业围绕产业链、创新链开展合作。以新兴产业为导向，完善“创业苗圃+孵化器+加速器”创业孵化载体。引导和鼓励与境外创业孵化机构合作设立新型创业孵化平台，不断提升孵化能力。

（三）盘活存量资源建立形式多样、主题鲜明的众创空间

鼓励各区县、各产业园区、各大企业利用已有的商业商务楼宇、工业厂房、仓储用房等存量房产，在不改变建筑结构、不影响建筑安全的前提下，改建为孵化器等众创空间，土地用途和使用权人不变更。

（四）促进众创空间行业组织健康发展

积极吸纳创投协会、天使联盟、众创空间联盟、孵化协会、创业者联盟等市场主体和社会主体参与创业体系建设。大力培育发展创业服务社会组织，政府退出市场自身能够实现或社会组织能够替代的服务功能，支持、委托协会、联盟等社会组织提供众创公共服务。鼓励创新创业服务类社会组织加强行业自律建设，支持创新创业服务组织与相关国际组织加强交流合作。

（五）积极开展小微企业创新创业基地示范城市创建工作

鼓励试点区县先行先试，强化对众创空间服务能力的支持，探索以众创空间等创新创业基地为载体支撑小微企业发展的有效模式，形成可复制、可推广的经验，放大政策效果。

二、提供创新创业便捷服务

（六）深化商事制度改革

允许各类众创空间注册登记名称中含有“众创空间”“创客空间”“创业孵化器”等字样，经营范围可表述为“众创空间（创客空间、创业孵化器）投资、管理”等。针对众创空间集中办公的特点，落实集中登记、一址多照等商事制度改革，采取单一窗口、网上申报、三证合一等措施，为创业企业工商注册提供便利。全面推广企业设立、变更网上办理，逐步实现单部门审批事项统一网上办理。根据新兴产业特点，完善企业行业归类规则及对经营范围的管理方式。

（七）降低创业成本

通过政府购买服务、奖励等方式，鼓励众创空间为创业企业提供优惠、低价的办公场地，鼓励为创业者提供一定期限的零成本集中办公场所及免费高带宽互联网接入服务。鼓励众创空间为创业者和创业企业提供免费创业辅导及财务、法务、人力资源等专业服务，帮助科技创业者完善科技成果（创意）、制订商业计划、搭建团队、获得融资等。

（八）推进创新创业资源共享

促进高校、科研院所资源开放共享，推进由财政投入的大型科学仪器设备、科技文献、科学数据等科技基础条件平台，以及重点实验室、工程实验室和工程（技术）研究中心、企业技术中心等研发基地向创业者和创业企业开放。鼓励大企业向创业者开放资源。继续完善研发公共服务平台共享奖励机制，利用“科技创新券”对创业者和创业企业使用加盟上海研发公共服务平台的仪器设备给予补贴，为创业者提供开放创新环境。

三、激励大众创新创业

（九）支持科研人员创业

允许高校、科研院所等事业单位科研人员在职或离岗创业。符合条件的高校、科研院所的科研人员可保留基本待遇离岗创业，在创业孵化期内（3~5 年）返回原单位的，工龄连续计算。鼓励部属高校、中央在沪科研院所参照执行。

（十）支持青年大学生创新创业

实施青年大学生创业引领计划，落实创业贷款担保贴息、房租补贴、初创期社会保险费补贴、创业培训见习补贴等鼓励创业政策措施。建立健全弹性学制管理办法，支持大学生保留学籍休学创业。鼓励高校开发开设创新创业教育课程，培育创业精神、创业意识和创新创业能力，提高创业素质。充分发挥上海市大学生科技创业基金的作用，对自主创业学生实行持续帮扶、全程指导、一站式服务。

（十一）支持大企业高级管理人员、连续创业者和归国留学人员等各类人员创新创业

对经由市场主体评价并获得市场认可的创业人才及其核心团队，直接赋予居住证积分标准分值。对经由市场主体评价且符合一定条件的创业人才及其核心团队，居住证转办户籍年限可由 7 年缩短为 3~5 年。对获得一定规模风险投资的创业人才及其核心团队，予以直接入户引进。建设好留学人员“创业首站”，服务留学人员来沪创业。

（十二）建设海外人才离岸创新创业基地

加强“双自联动”，依托中国（上海）自由贸易试验区和张江国家自主创新示范区，加大海外人才引进渠道和平台建设力度，建立多层次的离岸创业支持系统，探索可复制、可推广的离岸创业模式，为海外人才营造开放、便利的创业营商环境。

四、提升创新创业服务水平

（十三）鼓励全市孵化器服务发挥溢出效应

将特色化、专业化的创新创业服务体系延伸到街道乡镇层面，通过创新创业服务网络，促进服务资源与创业者和创业企业对接，更广泛地服务大众创新创业。

（十四）加强区县创新创业服务

深化区县创新创业服务体系建设，完善街道乡镇创新创业服务职能，为创业者和创业企业提供创新创业政策咨询、事务受理、需求采集与反馈等各类公共服务。

（十五）发展一批创业学院

搭建创业教育资源分享平台，支持引进一批国内外优秀的创业培训教材和课程，开发一批符合上海城市特征的创业课程。推动系统化创业教育和技能实训普及，显著提高拥有创业技能和创业经验的人口比例。支持具有创业经验和社会责任感的企业家、投资人等作为创业导师，为创业者和创业企业开展形式多样的创业辅导和创业咨询。

（十六）培育发展创新服务机构

鼓励发展市场化、专业化的研究开发、技术转移、检验检测认证、知识产权、科技咨询、科技金融、科学技术普及等创新服务，培育一批集团化、品牌化创新服务机构。打造由技术转移转化、知识产权运营管理、技术情报、研究开发等组成的创新服务链。引导和推动创业孵化与高校、科研院所等技术成果转移相结合，完善技术支撑服务。完善政府购买创新服务政策。

（十七）集聚创新创业服务人才

对经由市场主体评价并获得市场认可的创新创业中介服务人才及其核心团队，直接赋予居住证积分标准分值。对经由市场主体评价且符合一定条件的创新创业中介服务人才及其核心团队，居住证转办户籍年限可由 7 年缩短为 3~5 年。对在本市取得经过市场检验的显著业绩的创新创业中介服务人才及其核心团队，予以直接入户引进。

五、完善创新创业金融支持

（十八）促进天使投资发展

扩大天使投资引导基金规模，天使投资引导基金参股天使投资形成的股权，5 年内可原值向天使投资其他股东转让。对经由市场主体评价且符合一定条件的创业投资管理运营人才，居住证转办户籍年限可由 7 年缩短为 2~5 年。对在本市管理运营的风险投资资金达到一定规模且取得经过市场检验的显著业绩的创业投资管理运营人才及其核心团队，予以直接入户引进。开展互联网股权众筹融资试点，增强众筹对大众创新创业的服务能力。

（十九）创新科技信贷服务产品

鼓励发展商业银行科技支行，为轻资产、无抵押、高风险特征的创业企业提供金融服务。组建政策性融资担保机构或基金，为创业企业提供信用增进服务。继续完善科技企业信用贷、履约保、微贷通及个性化金融产品组成的信贷产品体系，开展“创投贷”信贷服务，扩大科技信贷的规模和惠及面。完善本市科技型中小企业和小型微型企业信贷风险补偿办法，引导商业银行加大对科技型中小企业和小型微型企业信贷支持力度。开发符合科技企业技术创新、产品创新规律的核心人员在职保证保险等科技保险产品，运用科技保险补贴等方式，降低科技企业创新风险，增强抗风险能力。

（二十）探索跨境投融资服务

在中国（上海）自由贸易试验区和张江国家自主创新示范区，试点境外创投企业和天使投资人投资境内非上市企业。依托有关机构设立科技企业境外融资专门服务窗口，支持本土科技企业开展境外人民币融资。试点开展设立境外股权投资企业，支持企业直接到境外设立基金开展创新投资。

（二十一）推广孵化器“投资+孵化”模式

鼓励具有投资功能的孵化器设立天使投资基金或机构，通过孵化器等众创空间更加精准地为创业者和创业企业提供种子资金和天使资金。推进国有孵化器改制，鼓励其引入专业团队运营管理。参照国有创业投资企业股权相关规定，优化孵化器投资项目的国有股权投入和退出机制。

六、加强财税扶持

（二十二）落实税收优惠政策

落实高新技术企业认定管理办法，支持创新创业服务。积极落实张江国家自主创新示范区有关高新技术企业相关技术人员股权奖励分期缴纳个人所得税优惠、5年以上（含5年）许可使用权转让企业所得税优惠、有限合伙制创业投资企业法人合伙人企业所得税优惠、企业转增股本个人所得税优惠。

（二十三）优化财政资金支持方式

调整市、区县两级财政资金支持创新创业的投入方式和范围。利用市场化机制，采取补助、创投引导、跟投、购买服务等方式，支持众创空间及创业项目、初创项目。鼓励各区县对众创空间建设中发生的孵化用房改造费、创业孵化基础服务设施购置费、贷款利息等给予一定补贴。

七、营造创新创业文化氛围

（二十四）大力弘扬创新创业文化

树立创新改变生活、创业实现价值的价值导向。充分发挥创客空间、社区创新屋、学校创新创业社团等的作用，培育社会大众的创新精神和创新能力。

（二十五）大力培育企业家精神

通过中国（上海）国际技术进出口交易会和创新创业大赛、创客大赛等形式，搭建创业者之间、创业者与投资人之间、创业者与服务者之间的交流平台，营造良好的创新创业氛围。

（二十六）广泛宣传创新创业

支持创业媒体建设和发展，构建线上、线下创业宣传传播体系，通过新媒体、自媒体等广泛宣传创业明星、创客、极客、优秀创业导师、天使投资人、孵化器管理者，传播创业理念，推广创业活动，让大众创业、万众创新在本市蔚然成风。

省委办公厅　省政府办公厅
关于印发《发展众创空间推进大众创新创业实施方案（2015—2020年）》的通知

苏办发〔2015〕34号

各市、县（市、区）委，各市、县（市、区）人民政府，省委各部委，省各委办公厅局，省各直属单位：

《发展众创空间推进大众创新创业实施方（2015—2020年）》已经省委、省政府同意，现印发给你们，请结合实际认真贯彻执行。

中共江苏省委办公厅
江苏省人民政府办公厅
2015年5月4日

发展众创空间推进大众创新创业实施方案（2015—2020年）

为认真贯彻党的十八大、十八届三中四中全会精神和习近平总书记对江苏工作的明确要求，深入实施创新驱动发展战略，加快发展众创空间，营造良好创新创业生态环境，激发全社会创新创业活力，以大众创业、万众创新打造江苏经济增长新引擎，根据《中共中央国务院关于深化体制机制改革加快实施创新驱动发展战略的若干意见》（中发〔2015〕8号）和《国务院办公厅关于发展众创空间推进大众创新创业的指导意见》（国办发〔2015〕9号），结合我省实际，制定本实施方案。

一、总体要求

（一）指导思想

贯彻落实党中央、国务院决策部署，以深化改革为动力，以激发全社会创新创业活力为主线，以构建众创空间为突破口，大力实施“创业江苏”行动，加强顶层设计，统筹协调联动，分工推进落实，集成政策支持，营造良好环境，使各类创业主体各显其能、各展其才，最大限度地激发全民创业潜力、释放创业活力；大力发展新技术、新产品、新业态、新模式，培育新的经济增长点，以创业促创新，以创业促就业，以创业促发展，为深入实施创新驱动发展战略提供新动能。

（二）实施原则

坚持市场导向，转变政府职能。充分发挥市场在资源配置中的决定性作用，以社会力量为主构建市场化的众创空间，以满足个性化、多样化消费需求和开放式、体验式创新为重点，促进创新创意与市场需求和社会资本有效对接。进一步加大简政放权力度，全民深化体制改革，优化市场竞争环境，加强协调联动和政策集成，在体制和机制上为创业者提供保障。

创新服务模式，促进开放共享。通过市场化机制、专业化服务和资本化途径，有效集成创业服务资源，提供低成本、便利化、全要素的增值服务。充分运用互联网和开源技术构建开放创新创业平台，加强技术转移，整合利用全球创新资源，加强产学研合作，促进科技资源开放共享。

强化科技支撑，激活市场主体。充分发挥科技创新支撑作用，运用互联网、大数据、云计算等现代信息技术，促进创新创业要素在更大范围内高效组合、优化配置，降低创业成本，整合各类社会资源和科技资源协同支持创新创业，依靠大众创新创业推动转型升级，加快发展动力机制转换。

（三）主要目标

到2020年年底，初步形成开放、高效、富有活力的创新创业生态系统，呈现出创新资源丰富、创新要素集聚、孵化主体多元、创业服务专业、创业活动活跃、各类创新创业主体协同发展的大众创新创业新格局，江苏成为具有国际影响力的产业科技创新中心和创业高地。

——创业服务载体加快发展。建设国内知名、特色鲜明的众创空间等新型创业服务平台500家以上，小企业创业基地、大学生创业园、留学人员创业园、大学生创业示范基地等创业载体超1 000家。

——创业人才队伍不断壮大。全省集聚大学生等各类青年创业者、企业高管及连续创业者、科技人员、海归创业者为代表的创业人才超过30万人；扶持60万名城乡劳动者自主创业，带动就业300万人以上。

——创业企业快速发展。新登记注册的初创企业户数、吸纳从业人员数平均每年增长10%以上；采用新技术和新模式的创业企业不断涌现。

——创业服务资源高度集聚。建立一支超过3 000人的创业导师队伍；聚集一批天使投资机构和天使投资人，创业投资机构管理资金规模超过2 500亿元；建设120家科技支行、科技小额贷款公司、科技保险支公司等新型科技金融组织，科技贷款增幅高于全部贷款增幅。

——创业文化氛围更加浓厚。支持大众创业、万众创新的长效机制基本建立，鼓励创新、宽容失败的创业文化在江苏大地繁荣发展，“创业江苏”品牌在国内外具有较大影响。

二、重点任务

充分发挥市场配置资源的决定性作用和政府提供公共服务的职能作用，实施众创空间建设、创业主体培育、创业企业孵育、投融资体系建设、创业服务提升、创业文化营造六大行动，激发全民创造活力，加快形成大众创业、万众创新的生动局面。

（一）众创空间建设行动

培育一批基于互联网的新型众创孵化平台。借鉴苏州工业园区发展云彩创新孵化器的经验做法，发挥行业领军企业、创业投资机构、社会组织等的主力军作用，支持其整合人才、技术、资本、市场等各种要素，在苏南国家自主创新示范区、高新园区、经济开发区、农业科技园、农业产业园以及高效院所，建设一批低成本、便利化、全要素、开放式的创客孵化型、专业服务型、投资促进型、培训辅导型、媒体延伸型众创空间，实现创新与创业、线上与线下、孵化与投资相结合，为创新创业者提供良好的工作空间、网络空间、社交空间和资源共享空间。实施“创新之家”培育计划，支持发展一批创客空间模式的智能硬件孵化器和加速器，为创客活动聚集提供项目孵化空间，促进创意加快转化为商业化产品。到2020年，高新区、经济开发区实现众创空间等创业孵化载体全覆盖。

推动孵化器体制机制转换和模式创新。支持外资和民营资本参股创办孵化器，建设一批混合所有制孵化器。鼓励有条件的国有孵化器要加快组织创新和机制创新，吸引民营孵化器、民营企业、风险资本等积极参股，采取“创投+孵化”的发展模式，形成涵盖项目发现、团队构建、投资对接、商业加速、后续支撑的全过程孵化服务。深化与新型创业服务机构合作，联合建立“创业苗圃—孵化器—加速器”孵化链条，为创业者提供全流程服务。鼓励创业孵化载体“走出去”，在海外设立创业孵化平台。支持国外知名孵化机构在我省设立分支机构。

加快推进创业公寓建设。鼓励民营资本对现有孵化载体、闲置厂房等进行改造，建设创业公寓，聚集相关产业联盟、创业服务机构，为创业者提供集公共办公区、会议室、活动区和住宿区为一体的价廉宜居的创业空间。

（二）创业主体培育行动

推进大学生等青年创新创业。实施大学生创业引领计划，鼓励高校院所开设创业教育课程、开办创业讲坛、创办创新创业学院，建设高素质创业教育和创业培训师资队伍，建立健全大学生创业指导服务专门机构，完善大学生创新创业训练计划平台，强化大学生创业教育和培训，提高大学生的创业意识和能力；支持大学生组建创业社团；鼓励大学生等青年创业者进入大学科技园、大学生创业园、大学生创业示范基地等载体创业孵化，每年扶持一批省级优秀大学生创业项目，努力实现创业教育、创业培训、创业实践和创业实战的有机结合。

支持企业高管及连续创业者再创业。推进创新型领军企业和行业龙头骨干企业借助技术、管理等优势和产业整合能力，向企业内部员工和外部创业者提供资金、技术和平台，开展产业孵化和新业态创生，裂变出更多具有前沿技术和全新商业模式的创业企业。

吸引科技人员和留学归国人员创新创业。加快推进科技成果使用权、处置权和收益权管理改革，完善科技人员创业股权激励机制，激励科技人员创新创业。实施科技特派员创业计划，支持科技人员深入农村、基层、园区及高新技术产业化基地、高新技术产业基地创业。深入实施省高层次创新创业人才引进计划和留学回国人员创业计划，着力发挥留学人员创业园等创业载体的作用，建立健全海外高层次人才居住证制度，面向全球大力吸引高层次人才到江苏创新创业。

支持农民创新创业。实施农村创业富民计划，鼓励和支持大学生返乡创业、农民工返乡创业、农村劳动力就地创业、农村就业困难人员家庭创业，培育一批新型职业农民，使其成为农业创新创业的主体、推动现代农业产业发展的生力军。

（三）创业企业孵育行动

打造创业企业群。在战略性新兴产业及以高效农业、生态农业为特征的现代农业等重点领域，大力推进专业孵化器建设，加快培育中小微企业；深入实施科技企业“小升高”计划，办好一批科技企业加速器，在发展空间、资本运作、市场开拓等方面为中小微企业提供个性化服务，帮助有条件的中小企业加速成长为行业有影响力的高新技术企业。着力实施企业“小巨人”培育计划，打造一批创新能力强、成长速度快、产品市场占有率高的“小而强”“小而优”的“隐形冠军”企业。加快提升企业家素质，培育一批具有全球视野、现代管理理念及创新意识的企业家。

培育创新型产业和新兴业态。围绕国家“互联网+”行动计划，依托我省产业发展优势，支持创业企业开展跨界融合新技术、新材料、新工艺、新产品的研发和集成应用，提升在提供产业互联网应用解决方案等方面的能力。鼓励创业企业实施知识产权战略，强化知识产权布局，推进知识产权创造和运用，努力获取一批引领产业发展的自主知识产权，推动知识产权密集型产业发展壮大。以互联网跨界融合促进产业创新，催生先进制造业与现代服务业融合新业态。支持各类创业主体依托第三方平台开展电子商务应用，利用 App、微博、微信、社交网络等创新电子商务服务模式，催生基于电子商务的商业模式新业态。

加强知识产权保护。鼓励支持创业企业建立健全知识产权管理制度，积极运用专利、商标、著作权、商业秘密、集成电路布图设计、植物新品种等方面的知识产权制度保护创新成果。严厉打击侵权假冒违法行为，推进行政执法与司法保护的衔接，健全多元化实施产权纠纷解决机制，切实解决知识产权侵权易、维权难问题，为创业企业发展保驾护航。

（四）创业投融资促进行动

加速发展以“首投”为重点的创业投资。聚焦种子期、初创期小微企业的融资需求，发挥省天使投资引导资金的带动作用，引导社会资金开展天使投资；支持省级以上科技企业孵化器普遍建立天使投资（种子）资金，建立和完善省市联动的天使投资风险补偿机制；鼓励创业投资集聚发展，推动创业投资集聚区成为省内创投资本与创新创业无缝对接的新高地。

大力发展以“首贷”为重点的科技信贷。发挥财政资金的杠杆作用，落实好科技贷款、科技担保风险补偿等政策，引导银行业金融机构加大对科技型中小企业的“首贷”和早期贷款力度。认真落实省市县共建科技贷款风险补偿资金池政策，不断扩大资金池规模，力争实现市县资金池全覆盖。支持苏南国家自主创新示范区先行先试，省、苏南五市及高新区进一步增加科技金融风险补偿资金投入，并加强工作联动，建立统一的科技企业库，完善风险快速补偿机制，提高财政资金风险容忍度，引导社会资本和金融资本支持科技型中小企业创新发展。加快发展科技支行、科技小额贷款公司等新型科技金融组织；创新科技金融服务和产品，推广“苏科贷”“科贷通”等产品，强化中小企业集合债券、小微企业增信集合债券和创投债券等创新融资工具对创业企业的支持。鼓励发展股权众筹、互联网金融、普惠金融、小微银行等，增强对大众创新创业的融资服务能力。建立知识产权质押融资市场化风险补偿机制，简化知识产权质押融资流程。着力发展科技保险，支持小额贷款履约保证保险加快发展，推进专利保险试点工作。

加快发展多层次资本市场。发挥技术产权交易场所作用，大力建设区域性股权交易市场，积极开展互联网股权众筹融资试点，引导支持创业企业在区域股权市场、互联网股权众筹平台展示挂牌，进行融资。加快科技企业上市步伐，集成各类科技计划和地方上市补贴资金，加强上市培育辅导，推动科技企业股份制改造，在中小板、创业板、“新三板”上市或在区域性股权交易市场挂牌交易。

（五）创新创业服务提升行动

发展创业服务新业态。培育专业化骨干创业服务机构，推进创业孵化、知识产权服务、第三方检验检测认证等机构的专业化市场化改革，发展壮大技术交易市场，支持投资者以股权、商标专用权、专利权等作价出资设立科技中介机构，建设创业服务业集聚区，完善中小企业创新服务体系。支持我省高校院所普遍建立技术转移服务机构，吸引国内知名高校院所来江苏建立技术转移服务机构，推进国际技术转移服务机构建设。完善知识产权价值评估、转让交易、运营等知识产权服务机制，鼓励支持知识产权服务机构为小微企业开展知识产权托管服务；建设江苏（国际）知识产权交易中心。推动企业开展国际技术交流活动，促进全球科技资源与企业创新需求的有效对接。

建设创业云服务平台。运用现代信息技术，建设具有区域性和行业特色的创业云服务平台，打破物理空间限制，为创客提供在线、实时和精确的数据计算等服务；建设面向全省的互联网融合创新服务平台，为创业者和初创企业提供技术、资金、人才、孵化等服务；建设公共技术服务平台，为中小企业开展工业设计、检验检测等提供技术支撑；建设中小企业信息化服务平台，为企业提供信息化培训、咨询、体验，软件产品购买和租用，工业设计、虚拟仿真、样品分析等软件支持和在线服务；建设产品众筹平台，创新营销模式，推广创新品牌。

构建开放共享的创新网络。按功能分类整合重点实验室、工程实验室、工程（技术）研究中心，以及地方与高校院所共建的新型研发机构，建立面向创业企业的有效开放机制。鼓励高校、科研院所和大中型企业的国家重大科研基础设施、大型科研仪器、工程文献信息、农业种质资源和专利信息等资源向社会开放。建立用户后补助机制，鼓励创新创业者利用公共科技资源开展研发创新。

开展形式多样的创业培训。支持各类创业服务平台聘请成功创业者、天使投资人、知名专家等担任创业导师，为有创业意愿的高校毕业生、返乡农民工以及处于创业初期的创业者提供创业指导和培训。推进创业培训进社区、进乡村、进校园。围绕地方支柱产业和特色经济，举办“大学生村官班”“新型职业农民班”等特色培训班，并积极开发品牌创业培训项目。

（六）创业文化营造行动

搭建大众创新创业交流平台。办好江苏科技创业大赛、江苏省大学生创业大赛、中国江苏海外人才创新创业大赛暨人才项目对接交流大会、江苏中小企业创新创业大赛等赛事活动，支持参加“挑战杯”全国大学生系列科技学术竞赛和各类国际创新创业大赛。支持创业服务机构举办创业沙龙、项目路演、导师分享会、创业训练营等活动，为创业者提供交流、对接和辅导平台。

繁荣创新创业文化。大力弘扬“三创三先”新时期江苏精神，积极倡导尊重知识、崇尚创新、诚信守法，着力形成敢为人先，敢冒风险、敢于竞争、鼓励创新、宽容失败的鲜明导向。鼓励社会力量围绕大众创业、万众创新组织开展各类公益活动，大力培育企业家精神和创客文化，共同打造“创业江苏”品牌。积极开展省级创业型城市创建活动。

三、政策措施

（一）降低市场准入门槛

深化商事制度改革。进一步优化工商注册流程，实行网上办理名称核准、网上预审登记、网上核准登记，推进全程电子化登记管理，努力实现以电子营业执照为支撑的网上申请、网上受理、网上审核、网上发照和网上公示，并推行商务秘书公司、银行网点代理登记模式。在省、市、县（市、区）三级政务服务中心，全面推进工商营业执照、组织机构代码证和税务登记证“三证合一”登记工作，在试点基础上推进“一证一号”改革。针对众创空间等新型孵化机构集中办公等特点，放宽住所登记条件，鼓励各地结合实际实行“一址多照”“一照多址”登记。对集中办公于高新区、经济开发区，并由高新区和经济开发区管委会、招商部门或各类孵化机构统一代办登记手续的企业，登记时可提交住所的信息材料作为住所的使用证明。加强对创业者的工商注册登记政策、流程宣传和辅导工作。

完善科技企业孵化器建设用地政策。各地要按照节约用地的要求，结合城镇低效用地再开发，大力盘活现有存量建设用地，鼓励科技企业孵化器租赁使用高标准厂房（四层及四层以上配工业电梯的标准厂房）。在符合土地利用总体规划、城乡规划和产业发展规划的前提下，对符合单独供地条件且确需单独供地的，优先安排供应土地，优先安排供应土地，并可按照工业用地长期租赁、先租后让、租让结合和弹性出让等方式办理供地手续。创业苗圃、孵化器、加速器用地按照工业用地供地政策管理。在不改变土地用途和土地有偿使用合同约定投入产出等条件的前提下，科技企业孵化器使用的厂房可按幢、层等固有界限的部分为基本单元分割登记、转让。利用现有存量建设用地或现有建筑物改造建设科技创业人才载体，需要变更土地或者建筑物用途的，依法依规办理相关手续。

（二）降低创业成本

发挥财政资金的扶持和引导作用，加强省地联动，采取科技创业补助、创新券等方式，对初创企业和符合条件的科技服务机构给予重点支持，广泛吸引海内外创客到江苏创新创业。调整优化省级科技计划资金、省战略性新兴产业专项资金、省城乡创业扶持引导资金、省中小企业发展基金等各类资金的使用方向，优先加大对创业者和创业企业的扶持。发挥省级创业投资引导基金、科技型中小企业创业投资引导资金作用，引导社会资本支持战略性新兴产业和高新技术产业初创期小微企业发展。

培育天使投资人，鼓励各地对在科技企业孵化器内开展早期创业投资的天使投资人提供场租补贴及资金奖励，引导更多的天使投资人投资早期创业活动。鼓励各地区、各部门加大对众创空间的支持力度，对众创空间等新型孵化机构的房租、宽带接入费用和用于创业服务的公共软件、开发工具给予适当财政补贴。鼓励采用首购、订购等非招标采购方式，以及政府购买服务等方式，加大对中小企业创新产品和服务的采购力度，促进创新产品的研发和规模化应用。

认真贯彻执行现有国家和省针对小微企业的各项税收优惠政策，特别是企业研究开发费用税前加计扣除、技术转让减免所得税、固定资产加速折旧，以及对小微企业减半征收企业所得税、月销售额或营业额不超过 3 万元（含 3 万元）的免征增值税或营业税、暂免管理类、登记类和证照类行政事业性收费等政策，打通税收政策落实“最后一公里”。

全面落实国家级科技企业孵化器和大学科技园的房产税、城镇土地使用税和营业税优惠政策。加快落实中关村向全国和国家自主创新示范区推广的政策。高新技术企业和科技型中小企业科研人员通过科技成果转化取得股权奖励收入时，原则上在 5 年内分期缴纳个人所得税。进一步加大税收优惠政策宣传力度，编印小微企业税收优惠政策宣传手册，采取更加便捷的方式为小微企业办理享受税收优惠。

（三）完善创业激励机制

完善科研人员薪酬和岗位管理制度，破除人才流动的体制机制障碍，促进科研人员在事业单位和企业间合理流动。符合条件的科研院所的科研人员经所在单位批准，可带着科研项目和成果、保留基本待遇到企业开展创新工作或创办企业。完善科研人员在企业与事业单位之间流动时社保关系转移接续政策。允许和鼓励高校、科研院所科技人员在完成本单位布置的各项工作任务前提下在职创业，其收入归个人所有。

赋予高校、科研机构科技成果自主处置权，除涉及国家安全、国家利益和重大社会公共利益外，可自主决定科技成果的实施、转让、对外投资和实施许可等科技成果转化事项。高校、科研机构科技成果转化所获收益全部留归单位自主分配，纳入单位预算，实行统一管理，处置收入不上缴国库。高校、科研机构和国有事业、企业单位职务发明成果的所得收益，可按不低于50%的比例划归参与研发的科技人员及其团队拥有。科技成果转化所获收益用于人员激励的支出部分，按国家和省有关规定，暂不纳入绩效工资管理。高校、科研机构转化职务科技成果以股份或出资比例等股权形式给予个人奖励时，获奖人可暂不缴纳个人所得税。高校、科研机构转化科技成果以股份或出资比例等股权形式给予个人奖励约定，可以进行股权确认。

四、组织实施

（一）强化统筹协调

省政府建立发展众创空间推进大众创新创业联席会议，加强组织领导和统筹协调，研究解决重大问题，更好地凝聚各方面的智慧和力量，合力推进大众创新创业工作。省科技厅承担联席会议办公室职责。各级党委、政府要把推进大众创新创业作为全局性工作摆上重要位置，建立工作责任制，制定落实具体实施方案和措施，切实加大资金投入、政策支持和保障力度，加强考核评价和督促检查，确保各项政策措施落地生效。省有关部门也要根据职能分工，研究制定具体推进方案。

（二）开展先行先试

支持苏南国家自主创新示范区抓住“创业中国”苏南创新创业示范工程被列为“创业中国”行动首个区域性示范工程的机遇，集聚人才、技术、资本等创新资源，强化体制机制创新，开展创新创业政策先行先试，构建良好的创新创业生态系统，努力打造在全国有影响的创新创业示范工程，并示范带动全省大众创新创业工作深入开展。

（三）营造良好氛围

强化宣传和舆论引导，加强对发展众创空间推进大众创新创业的重大意义、典型创新创业人才和科技创业企业的宣传，加大对创新创业者的表彰奖励力度。及时总结好的做法，提炼形成可复制的经验，逐步向全省推广。加强科学普及，深入实施全民科学素质行动计划，广泛开展群众性创新创业活动，激发全社会创新创业热情，尽快掀起大众创新创业热潮。

省政府办公厅
关于印发加快推进产业科技创新中心和创新型省份建设若干政策措施重点任务分工的通知

苏政办发〔2016〕101号

各市、县（市、区）人民政府，省各委办厅局，省各直属单位：

《加快推进产业科技创新中心和创新型省份建设若干政策措施重点任务分工》已经省人民政府同意，现印发给你们，请认真组织实施。

江苏省人民政府办公厅

2016年9月14日

加快推进产业科技创新中心和创新型省份建设若干政策措施重点任务分工

为贯彻落实《省政府印发关于加快推进产业科技创新中心和创新型省份建设的若干政策措施的通知》（苏政发〔2016〕107号）要求，对各项重点任务作如下分工。

一、完善创新型企业培育机制

（一）加大高新技术企业培育扶持力度

实施高新技术企业培育“小升高”计划，省建立高新技术企业培育库，对纳入培育库的企业，根据其销售、成本、利润等因素，由省、市、县财政给予培育奖励，原则上不超过3年，支持开展新产品、新技术、新工艺、新业态创新。（责任部门：省科技厅、财政厅）

集聚资源、集中力量，加快培育和打造一批占据主导地位、具备先发优势的创新型领军企业。（责任部门：省科技厅、发展改革委、经济和信息化委）

（二）支持企业增强自主研发能力

深入实施企业研发机构建设“百企示范、千企试点、万企行动”计划，支持企业加快建设高水平研发机构，布局建设省级企业重点实验室，提高技术自给率。（责任部门：省科技厅、发展改革委、经济和信息化委）

支持承担国家重点实验室、国家技术创新中心、国家工程（技术）研究中心、国家企业技术中心、国家工程实验室、国家制造业创新中心、国家企业重点实验室等平台建设任务，可在省级相关专项中给予不超过 3 000 万元支持。（责任部门：省科技厅、发展改革委、经济和信息化委、财政厅）

支持骨干企业、民营企业或新型研发机构牵头组建产业技术创新战略联盟，牵头承担各类科技计划和工程建设项目，符合条件的可以登记为独立法人。（责任部门：省科技厅、发展改革委、经济和信息化委、工商局）

支持企业大力推进技术创新与商业模式创新、品牌创新的融合，创造更多新产品、新服务、新业态。（责任部门：省发展改革委、科技厅、经济和信息化委）

（三）强化国有企业的创新导向

落实国有企业技术开发投入视同利润的鼓励政策，将其从管理费中单列，不受管理费总额限制。对建立重点实验室、工程技术（研究）中心、企业技术中心、博士后工作站、并购境外研发中心和营销网络、研究开发费用和引进高端人才费用，考核时视同实现利润。允许国有企业按规定以协议方式转让技术类无形资产。鼓励通过入股或并购方式购买中小企业创新成果并实现产业化。（责任部门：省国资委）

（四）建立鼓励企业创新的普惠机制

加快建立覆盖企业初创、成长、发展等不同阶段的政策支持体系，提高对企业技术创新的支撑服务能力。（责任部门：省科技厅、发展改革委、经济和信息化委、财政厅）

落实国家新修订的研发费用加计扣除政策，探索鼓励和促进研究开发、科研成果转化的便利化措施，科技创新奖励支出和学科带头人、核心研发人员、科研协作辅助人员薪酬可在企业研发预算中予以单列。（责任部门：省财政厅、国税局、地税局、科技厅）

引导激励企业加大研发投入，省财政根据税务部门提供的企业研发投入情况，给予 5%～10%的普惠性财政奖励。（责任部门：省财政厅、国税局、地税局、科技厅）

（五）鼓励企业开放创新

对国有企事业单位技术和管理人员参与国际创新合作交流活动，根据实际需要，适当放宽因公出境的批次、公示、时限等限制。（责任部门：省外办、商务厅）

拓展省产业专项资金的使用范围，允许用于支持企业以获取新技术、知识产权、研发机构、高端人才和团队为目标的境外投资并购活动。（责任部门：省财政厅）

鼓励企业在海外设立研发机构，支持雇佣外籍专家和研究人员。（责任部门：省商务厅、科技厅、发展改革委、经济和信息化委）

简化企业研发用途设备和样本样品进出口、研发及管理人员出入境等手续，优化非贸付汇的办理流程。（责任部门：南京海关、省公安厅、人民银行南京分行）

鼓励外资企业在苏建立研发机构或研发中心，探索支持参与承担各类科技计划和平台建设。（责任部门：省商务厅、发展改革委、经济和信息化委、科技厅）

二、大力推进简政放权

（六）扩大科研院所、高等院校自主权

推进科研院所、高等院校取消行政级别。（责任部门：省编办、省委组织部、省人力资源社会保障厅）

科研院所、高等院校所属院系所及内设机构坚持从事科研工作的领导人员，根据工作需要和实际情况，经批准可以科技人员身份参与创新活动，享受相应的政策待遇。（责任部门：省委组织部、省教育厅、省人力资源社会保障厅）

探索建立科研院所理事会管理制度，推行绩效拨款试点，建立以绩效为导向的财政支持制度。（责任部门：省人力资源社会保障厅、编办、财政厅）

扩大高等教育办学自主权。（责任部门：省教育厅）

推广省属和部属高等院校综合预算管理制度试点，由高等院校自主统筹经费使用和分配。（责任部门：省财政厅、教育厅）

合理扩大科研院所、高等院校基建项目自主权，简化用地、环评、能评等手续，缩短审批周期，将利用自有资金、不申请政府投资的项目由审批改为备案。（责任部门：省发展改革委、国土资源厅、环保厅）

完善和落实股权激励政策，建立科研财务助理等制度，精简各类检查评审。（责任部门：省财政厅、科技厅）

鼓励科技人员自主选择科研方向、组建科研团队，开展原创性基础研究和面向需求的应用研发。（责任部门：省教育厅、科技厅）

（七）保障和落实用人主体自主权

有序下放专业技术岗位设置自主权，科研院所、高等院校在核定的岗位总量内自主确定岗位结构比例和岗位标准，自主聘用人员，聘用结果报上级主管部门和人社部门备案。（责任部门：省人力资源社会保障厅）

建立政府人才管理服务权力清单和责任清单，清理和规范人才招聘、评价、流动等环节中的行政审批和收费事项。（责任部门：省人力资源社会保障厅、财政厅、物价局）

创新事业单位编制管理方式，对符合条件的公益二类事业单位实行备案制管理。（责任部门：省编办）

改进事业单位岗位管理模式，建立动态调整机制。（责任部门：省人力资源社会保障厅）

积极培育各类专业社会组织和人才中介服务机构，有序承接政府转移的人才培养、评价、流动、激励等职能。（责任部门：省人力资源社会保障厅、科协）

发挥科研院所、高等院校、企业在博士后研究人员招收培养中的主体作用，有条件的博士后科研工作站可独立招收博士后研究人员。（责任部门：省人力资源社会保障厅、教育厅）

放宽人才服务业准入限制，大力发展专业性、行业性人才市场，鼓励发展高端人才猎头等专业化服务机构。（责任部门：省人力资源社会保障厅）

（八）改革科研项目经费管理机制

减少对创新项目实施的直接干预，赋予创新人才和团队更大人财物支配权、技术路线决策权。（责任部门：省科技厅）

简化各级财政科研项目预算编制，在项目总预算不变的情况下，将直接费用中多数科目预算调剂权下放给项目承担单位。间接费用核定比例可以提高到不超过直接费用扣除设备购置费的一定比例：500 万元以下的部分为 20%，500 万 ~ 1 000 万元的部分为 15%，1 000万元以上的部分为 13%，且间接费用的绩效支出纳入项目承担单位绩效工资总量管理，不计入项目承担单位绩效工资总额基数。（责任部门：省财政厅、科技厅）

加大对科研人员的激励力度，取消绩效支出比例限制，科研院所、高等院校在内部绩效工资分配时重点向一线科研人员倾斜，突出工作实绩，体现人才价值。（责任部门：省人力资源社会保障厅）

对劳务费不设比例限制，参与项目的研究生、博士后、访问学者及聘用的研究人员、科研辅助人员等均可参照当地科学研究和技术服务业从业人员平均工资水平，根据其在项目研究中承担的工作任务确定劳务费，其社会保险补助纳入劳务费科目列支。（责任部门：省财政厅、人力资源社会保障厅）

项目实施期间，年度剩余资金可结转下一年度使用。项目完成任务目标并通过验收后，结余资金按规定留归项目承担单位使用，在 2 年内由项目承担单位统筹安排用于科研活动的直接支出，2 年后未使用完的按规定收回。完善差旅会议管理，科研院所、高等院校可根据工作需要，合理研究制定差旅费管理办法，确定业务性会议规模和开支标准等。（责任部门：省财政厅、科技厅）

简化科研仪器设备采购管理，科研院所、高等院校对集中采购目录内的项目可自行采购和选择评审专家。（责任部门：省财政厅、科技厅、教育厅）

对进口仪器设备实行备案制。（责任部门：省财政厅、南京海关）

科研院所、高等院校以市场委托方式取得的横向经费，纳入单位财务统一管理，由项目承担单位按照委托方要求或合同约定管理使用。（责任部门：省财政厅）

（九）着力清除创新创业障碍

继续深化行政审批改革，最大限度降低大众创业万众创新市场准入门槛，所有行政审批事项严格按法定时限做到“零超时”。（责任部门：省发展改革委、经济和信息化委、公安厅、国土资源厅、工商局、食品药品监管局）

建立职业资格目录清单管理制度，清理减少准入类职业资格并严格管理。（责任部门：省人力资源社会保障厅、编办）

持续推进商事制度改革，在全面实施企业“三证合一”基础上，再整合社会保险登记证和统计登记证，实现“五证合一、一照一码”，降低创业准入的制度成本。（责

任部门：省工商局、国税局、地税局、人力资源社会保障厅）

在苏南国家自主创新示范区争取开展“证照分离”改革。（责任部门：省工商局、国税局、地税局、人力资源社会保障厅）

建设“双创”综合服务平台和示范基地，探索组建省科技创新服务联盟，大力发展技术转移转化、检验检测、科技咨询、知识产权服务等高技术服务业，提供点对点、全方位服务。（责任部门：省发展改革委、科技厅、知识产权局、科协）

按照精简、合并、取消、下放要求，深入推进项目评审、人才评价、机构评估改革。（责任部门：省发展改革委、经济和信息化委、科技厅、编办、人力资源社会保障厅、农委、卫生计生委、财政厅、教育厅）

（十）改进新技术新产品新商业模式的准入管理

完善行业归类规则和经营范围的管理方式，调整不适应“互联网+”等新兴产业特点的市场准入要求。（责任部门：省工商局、发展改革委、经济和信息化委）

贯彻落实国家药品审评审批制度改革要求，简化和改进药物研究及药品临床试验核查程序，强化申请人、临床试验机构及伦理委员会保护受试者的责任。开展药品上市许可持有人制度改革试点，允许药品研发机构和科研人员取得药品批准文号，并对药品质量承担责任。开展药用辅料、药品包装材料与药品关联审评审批改革。（责任部门：省食品药品监管局）

推进仿制药质量和疗效一致性评价，简化研究用药品一次性进口审核。（责任部门：省食品药品监管局、南京海关）

（十一）实行严格的知识产权保护制度

支持高新技术企业贯彻知识产权管理规范。（责任部门：省知识产权局）

加强知识产权专业审判庭建设，探索建立知识产权法院。（责任部门：省法院、知识产权局）

完善知识产权审理和审判工作机制。（责任部门：省法院）

推动知识产权信用监管体系建设，将知识产权侵权案件信息录入公共信用信息系统，并对重大和严重知识产权侵权案件予以公布。健全知识产权维权援助体系，建设苏南国家自主创新示范区知识产权快速维权中心，支持企业开展知识产权维权。建立海外知识产权风险预警和快速应对机制。（责任部门：省知识产权局）

支持企业申请注册国（境）外知识产权。（责任部门：省知识产权局、发展改革委、经济和信息化委）

三、打通科技成果转移转化通道

（十二）下放科研院所和高等院校科技成果的使用权、处置权和收益权

由科研院所、高等院校自主实施科技成果转移转化，主管部门和财政部门不再审批或备案，成果转化收益全部留归单位，不再上缴国库。（责任部门：省教育厅、财

政厅）

对科研院所、高等院校由财政资金支持形成的、不涉及国家安全的科技成果，明确转化责任和时限，选择转化主体实施转化，在合理期限内未能转化的，依法强制许可实施。（责任部门：省财政厅）

（十三）提高科技人员科技成果转化收益

在利用财政资金设立的科研院所和高等院校中，职务发明成果转让收益用于奖励研发团队的比例提高到不低于50%，计入当年本单位工资总额，但不受当年本单位工资总额限制，不纳入本单位工资总额基数，不计入绩效工资。（责任部门：省人力资源社会保障厅、财政厅）

高等院校、科研院所可与研发团队以合同形式明确各方收益分配比例，并授权研发团队全权处理科技成果转化事宜，具体方式由成果完成人或研发团队按照公开透明的原则自行确定。（责任部门：省财政厅、教育厅）

建立覆盖科技人员的政府购买法律服务机制，对因参与科技成果转化而产生纠纷的科技工作者提供法律服务。（责任部门：省财政厅、司法厅）

（十四）完善股权激励相关制度

允许转制科研院所、高新技术企业、科技服务型企业的管理层和核心骨干持股，且持股比例上限放宽至30%。（责任部门：省金融办、江苏证监局）

支持国有企业提高研发团队及重要贡献人员分享科技成果转化或转让收益比例，具体由双方事先协商确定，骨干团队和主要发明人的收益比例不低于成果转化奖励金额的50%。（责任部门：省国资委、财政厅）

（十五）改革高校院所领导干部科技成果转化收益管理办法

科研院所、高等院校正职和所属单位中担任法人代表的正职领导，是科技成果的主要完成人或者对科技成果转化作出重要贡献的，可以按照促进科技成果转化法的规定获得现金奖励，原则上不得获取股权激励；领导班子其他成员、所属院系所和内设机构领导人员的科技成果转化，可以获得现金奖励或股权激励，但获得股权激励的领导人员不得利用职权为所持股权的企业谋取利益。科研院所、高等院校正职和所属单位中担任法人代表的正职领导，在担任现职前因科技成果转化获得的股权，可在任现职后及时予以转让，转让股权的完成时间原则上不超过3个月；股权非特殊原因逾期未转让的，应在任现职期间限制交易；限制股权交易的，不得利用职权为所持股权的企业谋取利益，在本人不担任上述职务1年后解除限制。（责任部门：省委组织部）

试点开展科研院所、高等院校领导干部科技成果转化尽职免责制度。（责任部门：省委组织部、省监察厅）

（十六）完善高校院所科技成果转化个人奖励约定政策

对符合条件科研院所、高等院校等事业单位以科技成果作价入股的企业，依规实施股权和分红激励政策。（责任部门：省财政厅）

对以股份或出资比例等股权形式给予个人奖励约定，可进行股权确认。财政、国有资产管理、知识产权、版权、工商等部门对上述约定的股权奖励和确认应当予以承认，根据职责权限落实国有资产确权和变更、知识产权、注册登记等相关事项。（责任部门：省财政厅、国资委、知识产权局、工商局）

鼓励符合条件的转制科研院所、高新技术企业和科技服务机构等按照国有科技型企业股权和分红激励相关规定，采取股权出售、股权奖励、股权期权、项目收益分红和岗位分红等多种方式开展股权和分红激励。（责任部门：省财政厅、科技厅、国资委）

（十七）健全促进科技成果转移转化的激励机制

实施股权激励递延纳税试点政策，对高新技术企业和科技型中小企业转化科技成果给予个人的股权奖励，递延至取得股权分红或转让股权时纳税。（责任部门：省国税局、地税局）

对注册为独立法人并经省级备案的技术转移机构，自备案之日起，省财政连续3年给予开办经费及办公经费补助，每年分类资助30万~50万元；3年后纳入省级技术转移机构绩效考评管理序列。（责任部门：省财政厅、科技厅）

（十八）完善科技成果转移转化市场体系

建立科技成果项目库和信息发布系统，及时动态发布符合产业升级方向、投资规模与产业带动作用大的科技成果包。建立网上技术需求及技术创新供给市场服务平台。充分发挥市场配置创新资源的决定性作用，加快建设省技术交易中心，通过集聚技术资源、建立市场化定价机制，打造辐射长三角的技术资源交易平台。（责任部门：省科技厅）

加快建设江苏（国际）知识产权交易中心、中国高校知识产权运营交易平台、苏南国家技术转移中心、国家知识产权服务业集聚发展实验区、国家版权贸易基地等一批综合性平台，探索建设网上技术交易平台，促进科技成果规范有序交易流转。（责任部门：省知识产权局、科技厅）

四、造就适应创新发展要求的人才队伍

（十九）建立具有国际竞争力的人才引进制度

整合外国专家来华工作许可和外国人入境就业许可，实行外国人人才分类管理，提供不同层次的管理和服务。（责任部门：省人力资源社会保障厅）

实行外籍高层次人才绩效激励政策，各级人民政府按照个人贡献程度给予奖励。（责任部门：省委组织部）

推进外籍高层次人才永久居留政策与子女入学、社会保障等有效衔接，探索建立国际医疗保险境内使用机制，扩大国际医疗保险定点结算医院范围。（责任部门：省人力资源社会保障厅、江苏保监局）

积极推动苏南国家自主创新示范区内的县级公安机关出入境管理机构外国人签证证件审批权下放，缩短审批期限；对在苏南国家自主创新示范区开展创新活动、符合条件的外籍高层次人才及其随迁外籍配偶和未满18周岁未婚子女，可直接申请办理《外国人永久居留证》，对尚未获得《外国人永久居留证》、需多次临时出入境的，为其办理2~5年有效期的外国人居留许可或多次往返签证；对符合条件的外籍人才提供办理口岸签证、工作许可和长期居留许可的便利。（责任部门：省公安厅）

积极争取江苏外国留学生毕业后直接留苏就业试点。（责任部门：省人力资源社会保障厅）

支持企业加大高层次人才引进力度，放宽年龄限制，允许符合条件的外籍人士担任国有企业部分高层管理职务。（责任部门：省委组织部）

探索外籍科学家参与承担政府科技计划项目。（责任部门：省科技厅）

（二十）畅通人才双向流动通道

探索科研院所、高等院校等聘用外籍人才的方法和认定标准，研究制定事业单位招聘外籍人才的认定标准。科研院所、高等院校聘用高层次人才和具有创新实践成果的科研人员，可自主公开招聘，探索建立协议工资、项目工资等符合人才特点和市场规律、有竞争优势的薪酬制度。落实科研人员兼职兼薪管理政策。（责任部门：省人力资源社会保障厅）

支持部分高等院校推进“长聘教职制度”，实施“非升即走”“非升即转”或“任满即走”的用人机制。（责任部门：省人力资源社会保障厅、教育厅）

建立完善岗位流动制度，公益一、二类事业单位科研人员可按规定交流。（责任部门：省人力资源社会保障厅）

允许科研院所、高等院校设立一定比例的流动岗位，吸引具有创新实践经验的企业家、科技人才兼职。（责任部门：省教育厅、人力资源社会保障厅）

（二十一）完善人才分类评价和支持机制

完善职称评价办法，向具备条件的地区和用人单位下放职称评审权，进一步畅通非公有制经济组织和社会组织人才申报参加职称评审渠道。（责任部门：省人力资源社会保障厅）

完善符合高校教师和科研人员岗位特点的分类评价机制，增加技术创新、专利发明、成果转化、技术推广、标准制定等评价指标的权重，将科研成果转化取得的经济效益和社会效益作为职称评审的重要条件。（责任部门：省人力资源社会保障厅、教育厅）

探索实行高层次人才、急需紧缺人才职称直聘办法。（责任部门：省人力资源社会保障厅）

按照市场化、社会化的要求，将水平评价类职业资格的具体认定工作转由符合条件的协会、学会等社会组织承接。（责任部门：省人力资源社会保障厅、科协）

对科研院所、高等院校从事基础研究和前沿技术研究的科研人员，弱化中短期目

标考核，建立持续稳定的财政支持机制。(责任部门：省财政厅、教育厅)

实施管理、技术“双通道”的国企晋升制度，鼓励设立首席研究员、首席科学家等高级技术岗位，给予其与同级别管理岗位相一致的地位和薪酬待遇。(责任部门：省国资委)

充分发挥企业家在把握创新方向、凝聚创新人才、筹措创新投入、创造新组织等方面的重要作用，依法保护其财产权益和创新收益，进一步激发企业家创新动力。(责任部门：省经济和信息化委、发展改革委、科技厅)

(二十二) 鼓励专业技术人员离岗创业

科研院所、高等院校专业技术人员经批准可离岗创业，离岗期不超过3年。(责任部门：省教育厅、人力资源社会保障厅)

离岗期间，保留人事关系、职称，人事档案由原单位管理，原单位在离岗创业人员离岗期内应停发各项工资福利待遇，按规定参加社会保险。离岗创业人员等同为在岗人员参加专业技术职务评聘和岗位等级晋升，离岗创业期间取得的科技开发和转化成果，作为其职称评聘的重要依据。(责任部门：省人力资源社会保障厅)

强化青年人才创业支持，探索建立弹性学制，允许在校学生休学创业。(责任部门：省教育厅)

五、加强科技创新载体平台建设

(二十三) 推动各类开发区特别是高新区创新发展争先进位

推进开发区组织领导机构建设，出台、落实《江苏省省级以上开发区机构编制管理暂行办法》，加强和规范开发区党工委、管委会及其职能机构设置和人员编制、领导职数配备。(责任部门：省编办)

赋予国家级开发区与设区市同等的经济、社会等行政管理权限，赋予通过主管部门考核的省级开发区与县（市、区）同等的行政管理权限。(责任部门：省编办、商务厅、科技厅)

支持开发区依法依规调整区域范围，优先保障开发区重大创新项目用地需求，加大创新力度，提高创新效率。(责任部门：省国土资源厅)

进一步明确高新区发展定位，鼓励地方政府将各类高端创新资源优先在高新区内布局集聚，省级各类科技计划优先支持高新区创新发展。(责任部门：省科技厅)

发挥苏南国家自主创新示范区辐射带动作用，扩大苏南国家自主创新示范区建设专项高新区奖励资金规模。(责任部门：省科技厅、财政厅)

建立高新区创新驱动发展综合评价指标体系和统计制度，实施创新绩效综合评价和奖励，定期通报重要创新指标并加强动态管理。(责任部门：省科技厅、统计局、财政厅)

(二十四) 完善创业载体建设推进机制

扩大省科技型创业企业孵育计划资金规模，探索建立科技企业孵化器绩效奖励制度，强化对中小型科技企业的孵育，对运行成效突出且地方财政给予资金安排的科技企业孵化器，省财政按因素法给予一定比例奖励。省各类政府投资引导基金，允许采取参股方式，引导众创空间、科技企业孵化器、民间投资机构等共同组建孵化投资基金，通过“孵化+创投”的服务模式，对在孵创业项目进行天使投资，完善双创载体投融资功能。(责任部门：省财政厅、科技厅)

对符合土地利用总体规划和产业规划的孵化器新建及扩建项目，在土地利用计划指标中优先安排建设用地。创业苗圃、孵化器、加速器项目用地按照工业用地供地政策管理。在不改变土地用途和土地有偿使用合同约定投入产出等条件的前提下，科技企业孵化器使用的高标准厂房可以按幢、层等有固定界限的部分为基本单元分割登记、转让。(责任部门：省国土资源厅)

创新孵化机制，推动国有科技企业孵化器股份制改造或委托专业团队管理运行。(责任部门：省国资委)

(二十五) 加快省产业技术研究院改革发展

进一步创新体制机制，研究制定江苏省产业技术研究院管理暂行办法，建立完善以理事会及其领导下的院长负责制为主要架构的法人治理结构，在经费使用、成果处置、人员聘用、薪酬分配等方面赋予产研院更大的自主权。（责任部门：省科技厅、编办）

支持产研院开展跨领域、跨学科的产业重大关键技术集成攻关，鼓励技术成果到产研院进行二次开发、转移转化，省各类科技计划项目、专项资金建立专门渠道给予优先支持。(责任部门：省科技厅、发展改革委、经济和信息化委、财政厅)

企业用于研发活动而购买的产研院技术成果或委托产研院进行技术研发所发生的支出，纳入企业研发费用加计扣除政策支持范围。(责任部门：省国税局、地税局、科技厅)

支持产研院建立完善首席科学家制度，自主聘任专业技术职务。对产研院引进人才和团队开辟特事特办直通车。(责任部门：省委组织部、省人力资源社会保障厅、科技厅)

(二十六) 支持新型研发机构发展

新型研发机构在政府项目承担、职称评审、人才引进、建设用地、投融资等方面可享受国有科研机构待遇。(责任部门：省科技厅、省委组织部、省国土资源厅、省金融办、省人力资源社会保障厅)

省级重点建设和扶持发展的科研项目，缴纳房产税、城镇土地使用税确有困难的，可分别向当地政府、主管地税机关申请给予减税或免税。(责任部门：省地税局)

对符合条件的新型研发机构进口科研用品免征进口关税和进口环节增值税、消费税；从事科技研发的社会服务机构，允许发展国有资本和民间资本共同参与的非营利性新型产业技术研发组织。(责任部门：南京海关、省科技厅)

支持新型研发机构开展研发创新活动，具备独立法人条件的，对其上年度非财政经费支持的研发经费支出额度给予不超过20%的奖励（单个机构奖励不超过1 000万元），已享受其他各级财政研发费用补助的机构不重复奖励。（责任部门：省科技厅、财政厅、国税局、地税局）

六、强化对科技型中小企业的金融支持

（二十七）加大多层次资本市场对科技型中小企业的支持力度

支持科技创新企业通过发行债券融资，支持担保机构为中小科技创新企业发债提供担保，支持地方财政提供贴息。（责任部门：省财政厅、省经济和信息化委、省金融办、人民银行南京分行、江苏银监局、江苏证监局、省科技厅）

在江苏股权交易中心设立科技创新专门板块，在符合国家规定的前提下，探索创新相关制度，为挂牌企业提供股权融资、股份转让、债券融资等科技创新服务。（责任部门：省金融办、江苏银监局、江苏证监局）

（二十八）创新和完善科技型中小微企业融资服务体系

落实省科技成果转化风险补偿政策，支持各市、县（市、区）、国家级和省级高新区建立科技金融风险补偿资金池，实现市、县（市、区）全覆盖。（责任部门：省科技厅、财政厅）

鼓励银行业金融机构设立科技金融专营机构，支持银行业金融机构在苏南国家自主创新示范区设立分支机构。（责任部门：省金融办、省财政厅、江苏银监局）

鼓励银行业金融机构加强差异化信贷管理，适当提高对科技型小微企业不良贷款比率的容忍度。（责任部门：人民银行南京分行、江苏银监局）

建设区域性科技金融服务中心，完善科技金融“一站式”公共服务平台。（责任部门：省科技厅、金融办、财政厅）

（二十九）推进投贷联动试点

按照国家部署和试点要求，积极开展投贷联动试点，鼓励符合条件的银行业金融机构在依法合规、风险可控前提下，与创业投资、股权投资机构等实现投贷联动，大力支持科技创新型企业发展。（责任部门：省金融办、江苏银监局、江苏证监局、人民银行南京分行）

（三十）完善信用担保机制

鼓励设立信用担保基金，通过融资担保、再担保和股权投资等形式，与现有政府性融资担保机构、商业性融资担保机构合作，为科技型中小企业提供信用增进服务。（责任部门：省财政厅、经济和信息化委、金融办）

完善相关考核机制，不进行盈利性指标考核，并设置一定代偿损失容忍度。（责任部门：江苏保监局）

（三十一）加快发展科技保险

鼓励保险业金融机构完善科技保险产品和服务，试点科技保险奖补机制，推动科

技型中小微企业利用科技保险融资增信和分担创新风险，加快推进各类知识产权保险。（责任部门：江苏保监局、省知识产权局）

积极争取在苏南国家自主创新示范区开展全国专利保险试点，推动常态化实施专利执行保险、侵犯专利权责任保险，探索知识产权综合责任保险、知识产权海外侵权责任保险和专利代理人执业保险等专利保险新险种。（责任部门：省知识产权局、江苏保监局）

（三十二）完善创业投资引导机制

落实省天使投资引导资金政策，对出现投资损失的项目，省及地方财政按照实际发生损失额的一定比例分别给予支持。（责任部门：省财政厅、科技厅）

整合和完善各类创业投资引导基金，健全向社会资本适度让利的基金收益分配机制。（责任部门：省财政厅）

对符合条件的创投企业采取股权投资方式投资未上市的中小高新技术企业，按照国家有关规定落实税收优惠政策。（责任部门：省国税局、地税局）

（三十三）加快创业企业上市步伐

对接国家股票发行制度改革，研究特殊股权结构类创业企业到创业板上市的制度设计，推动符合条件的互联网企业和科技型企业到创业板发行上市。支持科技型中小企业到新三板挂牌。（责任部门：省金融办、江苏证监局）

（三十四）简化境内外创新投资管理

争取在苏南国家自主创新示范区开展合格境内有限合伙人、“限额内可兑换”外汇改革、境外并购外汇管理等试点。对开展国际研发合作项目所需付汇，探索实行研发单位事先承诺、事后并联监管制度。（责任部门：人民银行南京分行、省商务厅）

探索设立境外股权投资企业试点工作，支持省内重点金融机构、资本运营公司、企业直接到境外设立基金，或与境外知名投资机构合作组建国际科技创新基金、并购基金，开展创新投资。（责任部门：省商务厅、发展改革委、经济和信息化委、科技厅）

七、加大政府引导和支持力度

（三十五）实行积极的财税政策

省财政从 2016 年起 3 年内统筹安排省级各类资金和基金超过 1 000 亿元，支持“一中心、一基地”建设。（责任部门：省财政厅）

强化战略导向，实施省前瞻性产业技术创新专项和科技成果转化专项。（责任部门：省科技厅）

加大绩效评价力度，提高政策和资金的效益。（责任部门：省财政厅）

鼓励知名科学家、海外高层次人才创新创业团队、国际著名科研机构和高等院校、国家重点科研院所和高等院校在苏发起设立专业性、公益性、开放性的新型研发机构，

最高可给予1亿元的财政支持。(责任部门：省财政厅、科技厅、教育厅)

中央直属企业、国内行业龙头企业、知名跨国公司在苏设立独立法人资格、符合江苏产业发展方向的研发机构和研发总部，引入核心技术并配置核心研发团队的，最高可给予3 000万元的财政支持。(责任部门：省财政厅、科技厅)

对基础性、公益性的科技基础条件平台、工程技术研究中心等，省、市财政根据情况给予经费支持。(责任部门：省财政厅、科技厅)

鼓励和引导社会力量通过捐资捐助支持省属高等院校发展。（责任部门：省教育厅)

进一步加大生命健康、资源环境、公共安全等社会事业领域科技创新投入力度，优化完善农业科技创新的财税支持方式，启动建设江苏现代农业产业技术创新园区，增加民生科技供给，提高科技惠民水平。(责任部门：省财政厅、国税局、地税局、科技厅、环保厅)

(三十六) 完善基础研究长期稳定支持机制

加大对基础前沿类科学研究持续稳定的财政支持力度，关注影响长远发展和产业变革的重大原创性科学问题，强化对非共识、变革性、颠覆性创新研究的扶持，抢占科学制高点。(责任部门：省财政厅、科技厅、教育厅)

改革创新基础研究经费使用和管理方式，省自然科学基金继续加大对青年科技人员的支持力度，更多资助处于起步阶段、35岁以下未承担过省级课题、在科研院所、高等院校、企业工作的博士，支持其自主选题、自由申报、自由探索，发挥科研“第一桶金”作用；优化完善优秀青年科学基金、杰出青年科学基金评审和管理机制，为重要科技领域实现跨越发展奠定坚实基础。(责任部门：省科技厅、财政厅)

(三十七) 建立创新产品推广使用机制

改革以单向支持为主的政府专项资金支持方式，建立健全符合国际规则、支持采购创新产品和服务的政策体系，加强对创新产品研制企业和用户方的双向支持，通过实施新技术新产品示范应用工程，促进产业、技术与应用协同发展。通过预留份额、评审优惠和合同分包等方式提高中小企业政府采购比例。探索建立面向全国的新技术新产品（服务）采购平台，深化首台（套）重大技术装备试验和示范项目、推广应用以及远期采购合约等采购机制，委托第三方机构向社会发布远期购买需求。(责任部门：省经济和信息化委、财政厅)

探索建立“首购首用”风险补偿机制，对经认定的首台（套）重大技术装备产业化示范应用项目进行奖补，对参与省重大装备保险试点的产品，在生产企业投保“首台套综合保险”时给予奖励。(责任部门：省经济和信息化委、江苏保监局)

(三十八) 健全创新政策审查和评议制度

对新制订政策是否制约创新进行审查。及时废止或修改有违创新规律、阻碍新兴产业和新兴业态发展的政策条款。（责任部门：省发展改革委、经济和信息化委、科

技厅）

建立省重大经济科技活动知识产权评议制度，对政府重大投资活动、公共财政支持的科研项目开展知识产权评议。（责任部门：省知识产权局）

（三十九）强化创新驱动发展鲜明导向

聚焦具有全球影响力的产业科技创新中心和创新型省份建设，建立创新驱动发展考核指标体系，重点考核创新投入、创新能力、创新产出、创新绩效、创新环境、知识产权保护、高新技术产业投资增速等内容，系统评价创新驱动发展水平，定期公布评价结果，并纳入市县党政领导干部工作考核范围。（责任部门：省科技厅、省统计局、省委组织部）

在国有企业领导人员任期考核中加大科技创新指标权重，将研发投入、成果产出等指标纳入国有企业业绩考核。对竞争类国有企业，实施以创新体系和重点项目建设为主要内容的任期创新转型专项评价，评价结果与任期激励挂钩。（责任部门：省国资委）

（四十）构建科技创新社会化评价机制

探索发布江苏产业科技创新指数。从科技创新资源、科技创新环境、科技创新投入、前瞻性产业培育、产业国际竞争力等方面，综合评价实施创新驱动发展战略的总体情况，引导各地牢固树立和践行新发展理念，加快培育发展新动能，努力塑造更多依靠创新驱动的引领性发展。（责任部门：省科技厅、省统计局、省经济和信息化委、省发展改革委、省委组织部）

浙江省

浙江省科学技术厅印发《关于建设“星创天地”的实施意见》的通知

浙科发农〔2016〕167号

各市、县（市、区）科技局（委），有关单位：

现将《关于建设“星创天地”的实施意见》印发给你们，请认真遵照执行。

浙江省科学技术厅

2016年9月28日

浙江省科学技术厅关于建设“星创天地”的实施意见

为加快推动我省农业农村“大众创业、万众创新”，着力打造适应于农业农村创新创业需要的众创空间，根据《关于深入推行科技特派员制度的若干意见》（国办发〔2016〕32号）、《科技部关于发布〈发展“星创天地”工作指引〉的通知》（国科发农〔2016〕210号）、《关于加快发展众创空间促进创业创新的实施意见》（浙政办发〔2015〕79号）、《浙江省科技创新“十三五”规划》（浙政办发〔2016〕83号）精神，现就我省在农业农村领域建设“星创天地”提出如下意见。

一、重要意义

“星创天地”是农业农村创新创业一站式开放性综合服务平台，通过市场化运行、专业化服务和资本化运作方式，聚集创新资源和创业要素，促进农业创新创业的低成本化、便利化和信息化，以星火燎原之势推动农业农村“大众创业、万众创新”。

建设“星创天地”，有利于带动众多科技特派员、农民工、大学生持久深入地在农业农村领域创新创业，培养创新创业的骨干队伍。有利于发挥创新创业资源的集聚效应，提高农业科技进步贡献率，加快农业科技成果转化。有利于拉长农业产业链，扩大内在需求，以创业带动就业，在新农村建设和新型城镇化进程中寻找拉动经济发展机会。

二、总体思路与建设目标

以农业科技园区、科技特派员创业基地、科技型农民专业合作社等为载体，面向农业科技特派员、返乡农民工、大学生、科研人员、家庭农场主及中小微农业企业、专业合作社等创新创业主体，提供成果转化、产业创意、产品创新、人才培训等综合服务，打造集科技示范、创业孵化、平台服务为一体的新型平台。

到 2020 年，重点建设省级“星创天地”30 家以上、市级农业“星创天地”100 家以上，孵化培育创新创业企业、新型农业经营主体 800 家以上，聚集各类科技创新创业人才 8 000 人以上，基本形成创业主体大众化、孵化对象多元化、创业服务专业化、组织体系网络化、建设运营市场化的农业众创体系，实现农业生产力水平和综合效益显著提升，助推现代农业发展。

三、建设条件

（一）具有明确的实施主体

实施主体应具有独立的法人资格，具备一定运营管理和专业服务能力，包括农业科技园区、涉农高校科研院所、科技型企业、农民专业合作社、科技中介服务机构等各类主体。

（二）具有相应的产业背景和科技支撑

立足地方农业主导产业和区域特色产业，建有相对集中连片不少于 500 亩的成果转化示范基地，有较明确的技术支撑单位，促进科技成果向农村转移转化，推进一二三产融合发展。

（三）具有基本的服务设施

有创新创业示范场地、创业培训基地、开放式办公场所、研发和检验测试等公共服务平台。至少拥有建筑面积 500 平方米以上的固定场所，提供创业工位 50 个以上。

（四）具有多元化的人才服务队伍

有一支不少于 10 人，结构合理、经验丰富、相对稳定的创业服务团队和创业导师队伍。团队应包括企业高管、涉农高校院所专家，以及工商、财税、金融等专业服务人员。

四、建设内容

（一）建设星创孵化平台

1. 打造创业工作室。吸引科技特派员、大学毕业生、返乡农民工入驻星创天地，分区域打造“专业生产型”“技术加工型”和“综合服务型”等多种类型的创业工作室，为初创企业或创客免费提供办公工位；建设公共的大型会议室、会客室、行政办公室、档案室等，充分满足初创企业的硬件需求；建设网络、通信、文印等基础设施、设备，并向初创企业提供共享服务，确保满足初创企业独立完成业务的需求。

2. 构筑创业茶吧。建设创新创业示范场地、创业培训基地、创意创业空间、开放式办公场所等多种形式的公共交流空间，能免费或低成本供创业者使用，定期举行项目路演、案例示范、品牌推广等各类示范现场会和专题培训会，定期举办创新创业沙龙、创新大比武、创业大讲堂、创业训练营等创业培训活动，将草根创业者与投资人互相连接，促成科技与资本结合，打造成为农业创业孵化器的心脏地带。

3. 建立创业导师库。引导和鼓励一批涉农院校、科研院所和龙头企业的专业人才和技术骨干以及成功创业者、知名企业家、天使和创业投资人、专家学者担任兼职创业导师，培养一支创业理论知识扎实、实践经验丰富、结构合理、精干高效的常态化创业服务团队和创业导师队伍，为创业者在创业过程中遇到的管理、法律、财务、营销、技术、知识产权等问题，提供有针对性的指导和帮扶，帮助创业者解决在创业过程中遇到的各种问题。

（二）构建星创服务体系

1. 完善技术创新服务。着力加强与涉农高校院所的对接，充分发挥“十三五”农业专家协作组、各级各类科技特派员队伍等农业科技工作者组织的作用，集聚各类科技中介服务机构，主动利用农业科技园区、浙江省科技创新云服务平台、浙江省大型仪器设备公共服务平台等公共创新平台的资源，为入驻者提供技术咨询、检验检测、研发设计、小试中试、技术转移、成果转化等专业化、社会化服务。

2. 开展创业融资服务。建立新型孵化服务模式，弱化一般性增值服务盈利模式，强化“以股权投资等方式与创业企业建立股权关系、实现星创天地与创业企业共同成长”的盈利模式。充分利用互联网金融、股权众筹融资等方式，加强星创天地与天使投资人、创业投资机构的合作，吸引社会资本投资初创企业，拓展入驻者的融资渠道。积极开展投资路演、宣传推介等活动，举办或组织参加各类创新创业赛事，为入驻者融资创造更多机会。

3. 优化日常管理服务。围绕新业态、新潮流、新概念、新模式、新文化等要求，按需为入驻者提供个性化、定制化新服务。针对初创者，提供政策咨询、工商注册、信息对接、产品展示等一站式服务。针对参股企业，提供行政、文秘、财务、后勤等服务，让创业者集中精力做主业。针对所有入驻者，提供商事、商务、生活、社交平台等日常服务。

（三）打造星创示范基地

1. 展示农业新品种。结合地方农业产业特点，对我省育成的适宜主栽（养）品种、新引进的品种、地方传统品种进行展示，充分表现各类品种的优劣，并在不同生产阶段，组织专家、部门主管、经销商、媒体记者等进行现场观摩，提高良种的美誉度和市场影响力，加快新品种的推广应用，从源头提升农业产业的竞争力。

2. 推广农业新技术。围绕高效生态农业发展，推广优质农作物生产及配套技术；围绕效益农业和资源利用，推广肥药双减、高效肥水管理技术；围绕特色农业发展，推广地方名特优农产品产业化技术，等等。通过示范推广，进一步扩大新技术的应用范围，提高良种和良技配套，增加农业生产效益。

3. 应用农机新装备。以召开现场会的形式，邀请农机专家，对农业机械的功能、操作方法进行演示，开阔种养大户、专业合作社、返乡农民工等的视野，提高他们对先进农机具的操作技能。结合地方农业主导产业特点，采取与农业机械生产厂家或供应商合作的方式，在整个生产环节，免费提供农业机械供入驻企业或创客使用，提升农业机械化的应用水平，提高农业生产效率。

（四）培育星创特色小镇

1. 塑造产业文化品牌。促进产业、文化、旅游的“三态”有机融合，因地制宜发展一二三产融合的本土优势特色产业，寻找国际知名的文化创意、商标代理、知识产权保护等企业开展品牌孵化、品牌研究、品牌提升和品牌交易的系列化服务，重点挖掘提升特色农产品创意设计水平和文化内涵，形成品牌拉力，实现产品服务增值，为“星创天地”增添文化魅力。

2. 打造美丽乡村样板。按照“生产、生活、生态”和谐发展，“宜居、宜业、宜游”的总体目标，根据各地的自然条件、资源禀赋、经济发展水平、民俗文化差异，针对农村生态规划、区域功能、产业结构以及环境整治等方面开展美丽乡村建设示范，推动形成农业产业结构、农民生产生活方式与农业资源环境相互协调的农业特色小镇发展模式。

3. 构建数字服务模式。建有特色小镇公共服务 App，提供创业服务、商务商贸、文化展示等综合功能的小镇客厅。应用现代信息传输技术、网络技术和信息集成技术，实现公共 WIFI 和数字化管理全覆盖，构建适应农村生活特点和大众创新创业需求、低成本、便利化、全要素的星创社区，现代化、信息化的田园城镇。

五、保障措施

（一）建立工作构架

省级科技部门负责全省“星创天地”发展的指导、服务和管理工作。各市科技部门应加强对属地“星创天地”的指导，建立工作机构，出台保障措施，先行先试，及时协调解决相关问题，为“星创天地”发展营造良好的政策环境。鼓励地方与涉农高校、科研院所、企业合作共建，成立专家咨询组，协同推进。

（二）强化政策扶持

将省级“星创天地”纳入技术创新引导计划，符合科技成果转化引导要求的，予以优先支持。对进入“星创天地”的创客或单位优先推荐申报国家、省各类科技计划项目。整合省级科技创新公共服务平台建设和科技特派员项目、农业科技成果转化以及创新券等资源，重点支持“星创天地”建设。

（三）加强考核评价

“星创天地”实行创建、备案制度，对创建符合条件的，经登记备案后予以公布。

已在省科技部门备案的农业领域的众创空间，直接公布为“星创天地”。加强对“星创天地”建设内容、发展目标及组织实施情况的督查考核，重点抓好“星创天地”建设和创客入驻发展进度，把创业服务能力，服务创业者数量和创业者运营情况作为重要的评估指标。

（四）注重宣传示范

通过电视、网络、报刊等媒体，广泛开展“星创天地”宣传活动，大力营造农业农村“大众创业万众创新”社会氛围，提高社会认知度。抓好典型示范工作，在先行先试阶段，对运转良好的“星创天地”，充分利用 QQ、微信等移动互联社交平台搭建星创交流平台，宣传创业事迹、分享创业经验、展示创业项目、传播创业商机。

本意见自 2016 年 10 月 29 日起施行。

浙江省人民政府办公厅
关于加快发展众创空间
促进创业创新的实施意见

浙政办发〔2015〕79号

各市、县（市、区）人民政府，省政府直属各单位：

近年来，各地、各有关部门深入实施创新驱动发展战略，适应和引领经济发展新常态，顺应网络时代大众创业、万众创新的新趋势，培育发展众创空间等新型创业服务平台，呈现出良好的发展势头。为贯彻落实《国务院办公厅关于发展众创空间推进大众创新创业的指导意见》(国办发〔2015〕9号）精神，进一步打造更有活力的创业创新生态系统，经省政府同意，现就加快发展众创空间、促进创业创新提出如下意见。

一、总体要求和主要目标

（一）总体要求

深入实施“八八战略”和创新驱动发展战略，以营造良好创业创新生态环境为目标，以激发全社会创业创新活力为主线，以构建众创空间等新型创业服务平台为载体，深化体制机制改革，坚持市场导向，有效整合资源，加强政策集成，强化开放共享，创新服务模式，大力培育新技术、新产品和新服务，进一步形成大众创业、万众创新的生动局面。

（二）主要目标

到2020年，基本形成开放、高效、富有活力的创业创新生态系统，呈现出创新资源丰富、创新要素汇集、孵化主体多元、创业创新服务专业、创业创新活动活跃、各类创业创新主体协同发展的良好局面。培育1 000家以上有效满足大众创业创新需求、具有较强专业化服务能力的众创空间等新型创业服务平台；培育一批天使投资人，聚集创业投资机构300家以上，管理资金规模3 000亿元以上，投融资渠道更加畅通；创业创新人才队伍不断壮大，吸引科技创业创新人才50万人以上；孵化培育具有较强市场竞争力的科技型小微企业30 000家以上、高新技术企业10 000家以上，并从中成长出能够引领未来经济发展的骨干企业，形成新的产业业态和经济增长点；培养创业导师5 000人以上；创业创新政策体系更加健全，服务体系更加完善，全社会创业创新文化氛围更加浓厚，努力打造创业天堂、创新高地。

二、发展方向

在创客空间、创业咖啡、创新工场等孵化模式的基础上，大力发展市场化、专业化、集成化、网络化的众创空间。

（一）市场化

充分发挥市场配置资源的决定性作用，以社会力量为主构建市场化的众创空间，以满足个性化多样化消费需求和用户体验为出发点，促进创新创意与市场需求和社会资本有效对接。

（二）专业化

围绕我省经济社会发展的战略需求，在重点培育的大数据、云计算、移动互联网、物联网等网络信息技术产业，持续培育的支撑引领传统产业升级的高端微型服务器、新型专用芯片、多功能传感器、新型控制器、高端显示器、业务软件等专用电子及软件产业，着力培育的新材料、生物医药、新能源及节能、资源与环境、高端装备、健康、海洋开发等领域的新兴产业，加快培育的研究开发、工业设计、技术转移、检验检测认证、知识产权、科技成果交易、数字内容、电子商务以及信息技术、生物技术等高技术服务业中，加快构建产业特色鲜明、相关服务资源集聚、创业主体优势互补的众创空间。

（三）集成化

加强政策集成，完善创业创新政策体系，加大政策落实力度；完善股权激励和利益分配机制，保障创业创新者的合法权益。加强服务集成，通过市场化机制、专业化服务和资本化途径，提供研发测试、投资路演、交流推介、人才引进与培训、技术转移、市场推广等全链条服务；强化创业辅导，培育企业家精神，发挥资本推力作用，提高创业创新效率。

（四）网络化

充分运用互联网和开源技术，构建开放的创业创新平台，促进更多创业者加入和集聚。依托网络，加强跨区域、跨国技术转移，整合利用全球创新资源。推动产学研协同创新，促进科技资源开放共享。

三、加快构建众创空间

充分利用国家和省级高新区、特色小镇、科技企业孵化器、小微企业创业基地、大学科技园和高校、科研院所的有利条件，发挥行业领军企业、创业投资机构、社会组织等社会力量的主力军作用，构建一批低成本、便利化、全要素、开放式的新型创业服务平台，为广大创业创新者提供良好的工作空间、网络空间、社交空间和资源共享空间。

（一）支持各类众创空间发展

针对初创企业急需解决的资金问题，以资本为核心和纽带，聚集天使投资人、创业投资机构，依托其平台吸引汇集优质的创业项目，为创业企业提供融资服务，并帮助企业对接配套资源，发展投资促进类众创空间。以提升创业者的综合能力为目标，充分利用丰富的人脉资源，邀请知名企业家、创业投资专家、行业专家等担任创业导师，为创业者开展有针对性的创业教育和培训辅导，发展培训辅导类众创空间。依托行业龙头骨干企业，以服务移动互联网企业为主，提供行业社交网络、专业技术服务平台及产业链资源支持，协助优质创业项目与资本对接，帮助互联网行业创业者成长，发展专业服务类众创空间。在互联网技术、开发和制造工具的基础上，以服务创客群体和满足个性化需求为目标，为创客提供互联网开源硬件平台、开放实验室、加工车间、产品设计辅导、供应链管理服务和创意思想碰撞交流的空间，发展创客孵化类众创空间。鼓励行业协会、新闻媒体等机构利用自身优势，面向创业企业提供线上线下相结合，包括宣传、信息、投资等各种资源在内的综合性创业服务，发展其他各具特色的众创空间。

（二）降低运营成本

当地政府可对众创空间等新型孵化机构的房租、宽带接入费用和用于创业服务的公共软件、开发工具给予适当财政补贴；对依托符合条件的大学科技园和科技企业孵化器建设的众创空间，可按照相关规定享受企业所得税、房产税和城镇土地使用税优惠政策；对纳入众创空间管理的符合条件的小微企业，可享受相关税收优惠政策。

四、培育各类创业主体

（一）引进海内外高层次人才来我省创业

以更大力度实施“千人计划”、领军型创新创业团队引进培育计划，带动引进海内外高层次人才和团队，整合各类重大人才工程，实施国内高层次人才特殊支持计划，激发人才创业创新活力。对入选的领军型创新创业团队首个资助周期为3年，资助期限内对每个团队投入经费不低于2 000万元，其中省级财政投入不低于500万元，团队所在地政府按照不低于省级财政投入额度进行配套资助，团队所在企业按照不低于各级财政资助资金总额对团队进行配套投入。

（二）鼓励大学生创业

实施大学生创业引领计划，鼓励高校开设创业课程，建立健全大学生创业指导服务专门机构，推进高校创业教育学院和大学生创业园建设，加强大学生创业培训，为大学生创业提供场所、公共服务和资金支持。在校大学生利用弹性学制休学创业的，可视为参加实践教育，并计入实践学分。对众创空间内小微企业招用高校毕业生，按规定给予社保补贴。对自主创业的高校毕业生，按规定落实创业担保贷款及贴息、创业补助和带动就业补助等扶持政策。符合条件的在浙创业的高校毕业生，根据本人意愿，可将户口迁入就业地，也可申领《浙江省引进人才居住证》。众创空间等新型孵化机构可根据需要申请设立集体户。

（三）调动科研人员创业积极性

支持省内高校、科研院所科研人员在完成本职工作和不损害本单位利益的前提下，征得单位同意后在职创业，其收入在照章纳税后归个人所有。高校、科研院所科研人员离岗创业的，经原单位同意，可在3年内保留人事关系，与原单位其他在岗人员同等享有参加职称评聘、岗位等级晋升和社会保险等方面的权利。赋予省属高校、科研院所等事业单位职务科技成果使用和处置自主权，应用职务发明成果转化所得收益，除合同另有约定外，可按60%~95%的比率，划归参与研发的科技人员及其团队拥有。高校、科研院所转化职务科技成果以股份或出资比例等股权形式给予个人奖励的，暂不征收个人所得税，待其转让该股权时按照有关规定计征。

（四）鼓励知名企业推动员工创业

鼓励创新型领军企业和行业龙头骨干企业面向企业员工和产业链相关创业者提供资金、技术和平台，形成开放的产业生态圈，培育和孵化具有前沿技术和全新商业模式的创业企业。

五、健全创业创新服务体系

（一）加强财政资金引导

发挥省、市、县三级及高新园区设立的科技型中小微企业扶持专项资金、创业投资种子资金和引导基金的作用，引导创业投资机构投资初创期科技型中小微企业。发挥省转型升级产业基金和信息经济创业投资基金杠杆作用，推动市、县（市、区）政府加快建立政府产业基金，吸引社会资金、金融资本增加投入，设立种子基金、天使基金、创投基金等子基金支持创业创新活动。对于政府产业基金投资初创期、中早期创业创新项目，可以采取一定期限收益让渡、约定退出期限和回报率、按同期银行贷款基准利率收取一定的收益等方式给予适当让利。每年对全省众创空间评价结果排名前20位的，每家给予一次性奖励50万元，在省级科技型中小企业扶持专项资金中调剂安排。鼓励采用政府首购、订购等方式，加大对中小微企业创新产品和服务的支持力度，促进创新产品和服务的研发和规模化应用。利用政府发放“创新券”鼓励和推动各类创新平台和载体为创客提供服务，对各市、县（市、区）在“创新券”省奖补政策支持范围内服务创客的支出，由省财政结合科技成果转化实绩作为绩效因素给予奖励。省财政对培育、扶持科技型中小微企业措施得力、成效显著的市、县（市、区）进行绩效奖励。

（二）完善创业投融资机制

培育发展创业投资机构和天使投资人，引导民间资本、风险投资、天使投资等各种资本投向创客企业。支持高新区、有条件的市、县（市、区）和社会组织开展天使投资人培训、天使投资项目与金融机构交流对接、天使投资案例研究等天使投资公共服务活动。加快基金小镇等私募基金机构集聚区发展，在有条件的地区设立小微券商、小微证券服务机构，鼓励发展政策性担保机构，为中小微企业提供融资担保服务。建立完善政府、投资基金、银行、保险、担保公司等多方参与、科学合理的风险分担机制，进一步加大对创业企业的信贷支持，将创业创新企业纳入小微企业贷款风险补偿政策范围。鼓励市、县（市、区）探索建立创客企业库、天使投资风险补偿机制和风险资金池，对合作金融机构向列入创客企业库的企业发放的贷款首次出现不良情况，由风险资金池对坏账损失给予一定补偿。省财政在省级科技型中小企业扶持专项资金安排中作为一个因素对设立风险资金池，且运作有成效的市、县（市、区）给予奖励。鼓励设立科技金融专营机构，推进差别化信贷准入和风险控制，鼓励各级财政部门通过贷款风险补偿、担保基金等方式给予财政扶持，分担科技贷款风险，发展个人创业小额信贷、商标专用权和专利权质押融资、中小企业集合债、科技保险等新型金融产品，创新动产、创单、保单、股权、排污权和应收账款等抵质押方式，开发灵活多样的小微企业贷款保证保险和信用保险产品。开展互联网股权众筹融资试点，增强众筹对大众创业创新的服务能力。加快推进企业股改，引导企业到新三板、浙江股权交易中心等多层次资本市场挂牌上市，合理利用境内外资本市场进行多渠道融资。

（三）支持创业创新公共服务

全面深化商事制度改革，落实先照后证改革举措，全面实行营业执照、组织机构代码证、税务登记证、社会保险登记证和统计登记证“五证合一”登记制度，实现“一照一码”。优化登记方式，放松经营范围登记管制，放宽新注册企业场所登记条件限制，推动“一址多照”、商务秘书公司代理注册等住所登记改革，分行业、分业态释放住所资源。综合运用政府购买服务、无偿资助、业务奖励等方式，支持中小企业公共服务平台和服务机构建设，并发挥浙江政务服务网及各级政务服务平台的作用，为初创企业提供法律、知识产权、财务、咨询、检验检测认证和技术转移等服务。

（四）完善技术支撑体系

省科技厅要将浙江网上技术市场延伸到众创空间，为创业者提供相关行业技术成果信息及交易服务。建立健全科研设施、仪器设备和科技文献等资源向众创空间创业企业开放的运行机制，省级科技创新服务平台、省级以上重点实验室和工程中心、省部属科研院所、省级重点企业研究院和省级企业研究院等各类创新载体要向创业者开放共享科技资源，并将提供服务情况作为年度绩效考评的重要依据。鼓励有条件的企业和其他创新载体向创客开放设备和研发工具，为创客群体提供工业设计、3D 打印、检测仪器等电子和数字加工设备。

六、营造创业创新文化

（一）支持创业创新活动

支持众创空间等各类创业服务机构承办区域性、全国性和国际性的创业创新大赛，有条件的地方可根据活动的影响力、规模、效果及实际支出等情况，给予一定比例的资金支持。支持有条件的高校、科研院所和企业创办“创客学院”。建立健全创业辅导制度，培育专业创业辅导师，鼓励拥有丰富经验和创业资源的企业家、天使投资人和专家学者担任创业导师或组成辅导团队。支持社会力量举办创业沙龙、创业大讲堂、创业训练营等创业培训活动。

（二）营造创新创业文化氛围

各地、各有关部门要全面解读和广泛宣传国家、省和各地促进创业创新的政策，激发劳动者创业热情，培育企业家精神和创客文化，营造鼓励创新、支持创业、褒扬成功、宽容失败的氛围。加强各类媒体对大众创业创新的新闻宣传和舆论引导，报道一批创业创新先进事迹，发挥创业成功者的示范带动作用，让大众创业、万众创新在全社会蔚然成风。

七、加强组织领导

（一）加强协调推进

各地要高度重视推进大众创业、万众创新工作，建立科技部门牵头，经信、财政、人力社保、教育、工商、金融、税务等部门参加的工作推进机制，制订具体实施方案和政策措施，明确工作部署，切实加大资金投入、政策支持和条件保障力度。各有关部门要按照职能分工，积极落实促进创业创新的各项政策措施，实施精准服务。

（二）实施动态考评

把发展众创空间、促进创业创新工作纳入党政领导科技进步目标责任制考核。建立和完善大众创业创新统计及定期发布制度，研究制订众创空间发展评价办法，每年组织开展评价，并将评价结果向社会公布。

（三）加强示范引导

及时总结好的做法和有效模式，提炼形成可复制的经验，逐步向全省推广。有条件的地方可建设众创空间展示体验中心，展示创客产品，强化示范带动作用。

浙江省人民政府办公厅

2015年6月26日

安徽省人民政府办公厅
关于发展众创空间推进
大众创新创业的实施意见

皖政办〔2015〕41 号

各市、县人民政府，省政府各部门、各直属机构：

为贯彻落实《国务院办公厅关于发展众创空间推进大众创新创业的指导意见》（国办发〔2015〕9 号）精神，推动我省众创空间等新型创业服务平台建设，优化创新创业生态环境，促进大众创业、万众创新，支撑经济转型升级，经省政府同意，提出以下实施意见。

一、推进众创空间和孵化器建设

（一）加快构建众创空间

充分利用合芜蚌自主创新综合试验区、国家高新技术产业开发区、科技企业孵化器、小微企业创业基地、大学科技园和高校、科研院所的有利条件，推广创业苗圃、创业社区、创客空间、创业咖啡、创新工场等新型孵化模式，发挥行业领军企业、创业投资机构、社会组织等社会力量的主力军作用，构建一批市场化、专业化、集成化、网络化的众创空间，实现创新与创业相结合、线上与线下相结合、孵化与投资相结合，为小微企业成长和个人创业提供低成本、便利化、全要素、开放式的综合服务平台，形成“苗圃—孵化器—加速器”孵化链条。全面探索开展“众创空间”认定和备案登记工作。（省科技厅牵头，省教育厅、省人力资源社会保障厅、省经济和信息化委配合）

（二）积极支持孵化器建设

对符合条件的孵化器自用以及无偿或通过出租等方式提供给孵化企业使用的房产、土地，免征房产税和城镇土地使用税；对其向孵化企业出租场地、房屋以及提供孵化服务的收入，免征营业税。在符合土地利用总体规划的前提下，统筹各类用地总量、结构，优先安排新建孵化器用地计划指标。对利用原有工业用地建设孵化器、提高容积率的，在符合规划、不改变用途的前提下，不再增收土地出让金。（省国土资源厅、省地税局、省财政厅负责）

二、优化创新创业环境

（三）降低创新创业门槛

深化商事制度改革，全面推行“先照后证”“三证合一”“一证一号”“一址多照”改革，有序推进企业名称、经营范围、住所（经营场所）登记改革，加快推进企业电子营业执照和企业注册全程电子化。针对众创空间等新型孵化机构集中办公等特点，为各类众创孵化平台、孵化器和在孵企业开通工商注册、住所登记和税收、立项、用地、报建等业务绿色通道，简化审批手续，缩短审批时间。有条件的市、县可对众创空间等新型孵化器机构的房租、宽带接入费用和用于创业服务的公共软件、开发工具给予适当财政补贴，鼓励众创空间为创业者提供免费高带宽互联网接入服务。（省工商局、省财政厅、省国税局、省地税局、省国土资源厅、省经济和信息化委负责）

（四）支持创新创业公共服务

综合运用政府购买服务、无偿资助、业务奖励等方式，支持中小企业公共服务平台和服务机构建设，为中小企业提供全方位专业化优质服务，支持服务机构为初创企业提供法律、知识产权、财务、咨询、检验检测认证和技术转移等服务，促进科技基础条件平台开放共享。推动实施以大学生为重点的青年创业计划，建立健全创业指导服务机构，为大学生等各类创业者提供场所、资金支持，以创业带动就业。支持孵化器、社会力量自建或合作共建科技创新平台、中小企业公共服务平台和服务机构。鼓励高校科研院所科研基础设施和大型科研仪器向社会开放，推动各类创新创业服务载体以合作研究、开放课题、学术交流、委托试验、人才培训等多种形式开展良性互动，实现资源共享。（省科技厅、省经济和信息化委、省财政厅、省质监局、省教育厅负责）

（五）营造创新创业氛围

鼓励社会力量围绕大众创业、万众创新组织开展各类公益活动，积极倡导敢为人先、宽容失败的创新文化，大力培育企业家精神和创客文化。鼓励大企业建立服务大众创业的开放创新平台，支持社会力量举办创业沙龙、创业大讲堂、创业训练营等创业培训活动。对具备创业条件、创业意愿且有培训愿望的科技人员、大学生等各类创业者，免费提供多层次、全过程、阶梯式的创业培训。对定点培训机构开展创业意识培训、创办企业培训（改善企业培训）、创业模拟实训的，分别按照100元/人、1 000元/人、1 300元/人的标准给予补贴。创业服务机构、行业协会有意开展创业培训的，可按规定申请认定为定点创业培训机构，开展创业培训后享受创业培训补贴。（省人力资源社会保障厅、省财政厅、省科技厅、省教育厅负责）

三、落实创新创业扶持政策

（六）加大初创企业扶持力度

对入驻科技企业孵化器的初创企业给予场地租金优惠减免政策，具体由各地结合实际确定。对入驻大学生创业孵化基地、青年创业孵化基地、留学人员创业园的实体和企业按规定落实扶持政策。高校毕业生、留学回国人员初始创办科技型、现代服务型小微企业的，符合条件的给予一次性创业扶持补助。普通高等学校、职业学校、技工院校学生和留学回国人员、复员转业退役军人、登记失业人员、就业困难人员等各类创业者可按照规定享受税费减免、小额担保贷款及贴息政策。(省财政厅、省人力资源社会保障厅、省地税局、省经济和信息化委、省科技厅、省工商局、省教育厅负责)

（七）落实仪器设备购置和科技成果转化财政补贴政策

对省备案科技企业孵化器及在孵企业购置用于研发的关键仪器设备（原值10万元以上）的，省、市（县）分别按其年度实际支出额的15%予以补助，单台仪器设备补助分别不超过200万元，单个企业补助分别不超过500万元。鼓励科技成果在本省转移转化，企业和高校院所以技术入股、转让、授权使用等形式在省内转移转化科技成果的，省按其技术合同成交并实际到账额，给予技术输出方10%的补助，单项成果最高补助不超过100万元。(省科技厅、省财政厅负责)

（八）扩大小型微利企业所得税优惠相关政策

符合规定条件的小型微利企业，无论采取查账征收还是核定征收方式，均可享受所得税优惠政策；在季度、月份预缴企业所得税时，可以自行享受小型微利企业所得税优惠政策，无须税务机关审核批准。对年应纳税所得额低于20万元（含20万元）的小型微利企业，其所得减按50%计入应纳税所得额，按20%的税率缴纳企业所得税。(省国税局、省地税局、省财政厅负责)

四、拓宽创业投融资渠道

（九）加强财政资金引导

发挥创业风险投资引导基金、中小企业发展专项资金、高新技术产业基金等财政资金的杠杆作用，通过市场机制引导社会资本和金融资本支持科技型中小企业发展。发挥财税政策作用支持天使投资、创业投资发展，培育发展天使投资群体，推动大众创新创业。(省财政厅、省经济和信息化委、省科技厅、省商务厅、省工商局负责)

（十）完善创业投融资机制

发挥多层次资本市场作用，引导创业企业对接资本市场在主板、中小板、创业板及港交所上市，鼓励创业企业在全国中小企业股份转让系统、区域性股权市场挂牌融资，通过中小企业集合债券、集合票据等方式进行债券融资，大力发展创业投资引导基金。鼓励银行业金融机构新设或改造部分分（支）行，作为从事科技型中小企业金融服务的专业或特色分（支）行，提供科技融资担保、知识产权质押、股权质押等方式的金融服务。省高新技术产业投资公司要切出一定比例投资众创空间和小微企业，支持有条件的地区建设新型孵化器、加速器。（省政府金融办、人行合肥中心支行、安徽银监局、省科技厅、省知识产权局、省投资集团负责）

安徽省人民政府办公厅

2015 年 7 月 19 日

福建省人民政府关于大力推进大众创业万众创新十条措施的通知

闽政〔2015〕37号

各市、县（区）人民政府，平潭综合实验区管委会，省人民政府各部门、各直属机构，各大企业、各高等院校：

为大力推进大众创业、万众创新，打造福建经济增长新引擎、增强发展新动力，特提出以下措施。

一、广泛宣传创业创新扶持政策

国务院《关于大力推进大众创业万众创新若干政策措施的意见》（国发〔2015〕32号）等一系列重要文件，从创新体制机制、发展众创空间、优化财税政策、扩大创业投资等多方面出台了具体扶持政策，各级各部门要通过各种新闻媒体，特别是互联网新兴媒体，广泛宣传，营造浓厚的创业创新氛围；要强化政策解读，提供咨询服务，汇编扶持指南、创业指引等小册子，确保广大创业企业、创新群体都知晓、能理解、会运用；要开展多层次的创业创新交流活动，借鉴先进经验，形成可复制可推广的工作机制；要弘扬创新精神，树立创业典型，使创业创新成为全社会共同的价值追求和行为习惯。（责任单位：各设区市人民政府、平潭综合实验区管委会，省直有关单位、高校、科研院所）

二、加快构建各具特色的众创空间

积极推进重点突出、资源集聚、服务专业、特色鲜明的创业创新载体建设，2017年年底前建成100家以上、2020年前建成200家以上众创空间，不断满足大众创业创新需求。

培育一批创业示范基地。各设区市和平潭综合实验区要积极争取国家小微企业创业创新基地城市示范，要发挥战略性新兴产业集聚区、高新技术产业化基地、高技能人才培养示范基地和创新型龙头企业等优势，依托现有管理机构或引进国内外高层次创业运营团队，各打造1家运行模式先进、配套设施完善、服务环境优质、影响力和带动力强的示范创业创新中心。省财政厅安排专项资金给予每家不少于500万元的奖

励。(责任单位：省发改委、财政厅、科技厅、经信委、人社厅，各设区市人民政府、平潭综合实验区管委会)

创建一批创业大本营。全省各普通高等学校要利用现有教育教学资源、大学科技园、产学研合作基地、创业孵化基地等，设立不少于2 000平方米的公益性大学生创业创新场所。符合条件的创业大本营，吸纳创业主体超过20户以上的，省就业专项资金给予每个不超过100万元的资金补助。(责任单位：省教育厅、人社厅、财政厅)

改造一批创客天地。各地要充分利用老厂房、旧仓库、存量商务楼宇以及传统文化街区等资源改造成为新型众创空间。鼓励设立劳模、国家级技能大师工作室、农村创新驿站等。符合条件的众创空间，省科技厅给予新建每平方米100元、上限100万元，改扩建每平方米50元、上限50万元孵化用房补助；使用原属划拨国有土地，改变用途后符合规划但不符合《划拨用地目录》的，除经营性商品住宅外，可经评估后补交土地出让金，补办出让手续；利用工业用地建设的作为创业创新场所房屋，在不改变用途的前提下，可按幢、层、套、间等有固定界限的部分为基本单元进行登记，并依法出租或转让。(责任单位：各设区市人民政府、平潭综合实验区管委会，省科技厅、财政厅、经信委、国土厅、住建厅、人社厅、农业厅、总工会)

提升一批传统孵化器。依托国家级和省级高新技术产业开发（园）区、其他各类产业园区等，对现有孵化器进行升级改造，拓展孵化功能，鼓励与上市公司、创投机构和专业团队合作，形成创业创新、孵化投资相结合的新型孵化器。符合条件的国家级和省级孵化器，省科技厅分别给予一次性100万元、50万元奖励。鼓励各级小微企业创业基地完善服务功能、提高服务质量、提升孵化水平，对符合条件的国家级、省级小微企业创业基地，省经信委分别给予一次性50万元、30万元补助。（责任单位：省科技厅、经信委，各设区市人民政府、平潭综合实验区管委会)

三、降低创业创新门槛

简政放权。全面清理、调整与创业创新相关的审批、认证、收费、评奖事项，将保留事项向社会公布。深化商事制度改革，实行“三证合一、一照一码”，加快推行电子营业执照和全过程电子化登记管理，企业设立推行“一表申报”，允许“一址多照”“一照多址”，按工位注册企业。允许科技人员、大学生等创业群体借助“商务秘书公司”地址托管等方式申办营业执照。（责任单位：省工商局、审改办、发改委、国税局、地税局)

减免规费。对初创企业免收登记类、证照类、管理类行政事业性收费。事业单位开展各类行政审批前置性、强制性评估、检测、论证等服务并收费的，对初创企业均按不高于政府价格主管部门核定标准的50%收取。（责任单位：省财政厅、物价局，各设区市人民政府、平潭综合实验区管委会)

提供便利。所在地政府应为创业创新提供便利条件。支持完善网络宽带设施，对众创空间投资建设、供创业企业使用、带宽达到100M以上的，可按照其年宽带资费的50%标准给予补贴；符合条件的众创空间，属政府投资建设的，可给予入驻创业企业2~5年的房租减免，非政府投资建设的，可给予每平方米每月不超过30元的房租补贴；对创投机构投资的初创期、成长期科技企业，可给予3年全额房租补贴。(责任单位：各设区市人民政府、平潭综合实验区管委会)

四、完善众创公共服务功能

发展“互联网+”创业创新服务。符合条件的众创空间，省新增互联网经济引导资金按每年实际发生的数据中心租用费的30%予以补助，年补助额度最高不超过30万元；符合条件的互联网孵化器由省科技厅从省新增互联网经济引导资金给予一次性补助30万元。推进政府和社会信息资源共享，以特许经营等方式优先支持省内企业和创业创新团队开发运营政务信息资源。发挥科技云服务平台作用，推动创客与投资机构交流对接。(责任单位：省数字办、科技厅、财政厅)

提升“6·18”创业创新服务功能。完善“6·18”网络平台专业化服务体系，集中发布创业创新信息；强化“6·18”虚拟研究院协同创新功能，突出日常对接服务，办好“6·18”展会，推介展示创业创新成果；“6·18”创业投资基金重点支持创业创新项目；举办“6·18”创业创新系列大赛，吸引全省创新型企业、中小微企业、高校创业团队及其他创客群体参赛，为创投机构和创业创新人员搭建对接平台。省级“6·18”专项资金每年安排500万元奖励竞赛优胜者。(责任单位：省发改委、经信委、科技厅、教育厅、人社厅、总工会、团省委、妇联)

发挥各类科技创新平台作用。各级政府建设的重点（工程）实验室、工程（技术）研究中心等科技基础设施，以及利用财政资金购置的重大科学仪器设备按照成本价向创业创新企业开放。支持企业、高等院校和科研机构向创业创新企业开放其自有科研设施。运用政府资助、业务奖励或购买企业服务等方式，支持中小企业公共服务平台建设，鼓励企业设立院士工作站、博士后工作站等，引进、培养创业创新青年高端人才。培育一批创业创新服务实体，为创业企业提供企业管理、财务咨询、市场营销、人力资源、法律顾问、知识产权、检验检测、现代物流等第三方专业化服务。推动省级行业技术开发基地承担行业共性技术开发和推广应用的功能作用，加快技术转移和产业化实施。(责任单位：省科技厅、教育厅、发改委、经信委、人社厅)

健全知识产权保护和运用机制。建立面向创业创新的专利申请绿色通道，对亟需授权的核心专利申请，报请国家知识产权局优先审查；对在融资、合作等过程中需要出具专利法律状态证明的，优先办理专利登记簿副本。创新知识产权投融资方式，提高知识产权抵质押贷款评估值，建立知识产权质物处置机制。对以专利权质押获得贷款并按期偿还本息的创业企业，省知识产权局按同期银行贷款基准利率的30%~50%予以贴息，总额最高不超过50万元。鼓励企业购买专利技术，在省内注册的具有法人资格的企业购买专利技术交易额单项达20万元以上200万元以下，属非关联交易并实施转化的，省科技厅、知识产权局按10%给予补助。建立专利快速维权与维权援助机

制，缩短侵权处理周期，加大对反复侵权、恶意侵权等行为的查处力度。(责任单位：省知识产权局、科技厅、财政厅、金融办)

五、支持科技人员创业创新

激发科技人员创业积极性。高等学校、科研院所职务科技成果转化收益可由重要贡献人员、所属单位约定分配，未约定的，从转让收益中提取不低于50%比例用于奖励对完成、转化职务科技成果作出重要贡献的人员和团队；从事创业创新活动的业绩作为职称评定、岗位聘用、绩效考核的重要依据；吸引各类海内外人才来闽创办科技型企业，简化外籍高端人才来闽开办企业审批流程，探索改事前审批为事后备案。实施“工程技术人才回归创业工程”，鼓励闽籍在外工程技术人才回乡创业创新。对“回归”的工程技术人才，在研发项目立项、职称评定等方面给予倾斜支持；进一步完善人才社会服务与保障机制。(责任单位：省科技厅、教育厅、商务厅、人社厅、总工会)

建立科研人员双向流动机制。加快落实国有企事业单位科研人员离岗创业政策，经同意离岗的可在3年内保留人事关系，并与原单位其他在岗人员同等享有参加职称评定、社会保险等方面的待遇，3年内要求返回原单位的，按原职级待遇安排工作；支持高校科研院所高级科研人员带领团队参与企业协同创新，并给予生活津贴补助。(责任单位：省人社厅、教育厅、国资委、科技厅)

六、支持青年创业

鼓励大学生创业。建立健全弹性学制管理办法，将我省高校毕业生自主创业扶持政策范围延伸至普通高校在校大学生。大学生自主创业可申请最高30万元创业担保贷款，担保基金和贴息资金从就业专项资金中列支。高校毕业生创业者享受所在地经营场所、公共租赁住房政策，有条件的地方给予2年期免费，电信运营商应给予宽带资费的优惠。鼓励我国台湾青年大学生、科技创新人才、台湾资深创业导师及专业服务机构来闽创业，有条件的地方要积极创建面向台湾、各具特色的创业基地。(责任单位：省财政厅、人社厅、教育厅、住建厅、通信管理局、台办、团省委、妇联，人行福州中心支行，各设区市人民政府、平潭综合实验区管委会)

支持返乡创业。各地要结合实际，深入实施农村青年创业富民行动、大学生返乡创业计划，出台支持返乡人员创业的扶持政策。鼓励设立各类返乡创业园，以土地租赁方式进行返乡创业园建设的，形成的固定资产归建设方所有；鼓励电子商务第三方交易平台渠道下沉，带动基层创业人员依托其平台和经营网络开展创业。对通过自营或第三方平台销售我省农产品，年销售额超过5 000万元的B2C企业、超过1亿元的B2B企业，省商务厅给予最高不超过100万元奖励。支持有条件的县、乡建设一批农村互联网创业园，为我省农村电商提供网站建设、仓储配送、网络技术等服务，对从业人员达100人以上的，省人社厅给予20万元一次性奖励；做好返乡人员社保关系转移接续等工作，及时将电子商务等新兴业态创业人员纳入社保覆盖范围，探索完善返乡创业人员社会兜底保障机制，降低创业风险；支持妇女围绕传承民族文化从事手工业创业，开发民族、民间手工艺新作品。（责任单位：各设区市人民政府、平潭综合实验区管委会，省农业厅、国土厅、住建厅、商务厅、卫计委、人社厅、总工会、团省委、妇联）

七、构建多元化金融服务体系

创新股权融资方式。省产业股权投资基金首期出资1亿元发起设立福建省创业创新天使基金，投资众创空间大学生等创业创新项目，参股社会资本发起设立的天使基金；允许各类股权投资企业和管理企业使用“投资基金”和“投资基金管理”字样作为企业名称中行业特征；各设区市和平潭综合实验区都要设立创业创新天使基金，支持创业创新企业发展壮大；政府引导基金退出时，优先转让给基金其他合伙人，转让价格可由政府引导基金与受让方协商；基金到期清算时如出现亏损，先行核销政府资金权益。（责任单位：省金融办、财政厅、教育厅，福建证监局，各设区市人民政府、平潭综合实验区管委会）

增强资本市场融资能力。鼓励互联网和高新技术创业创新企业到资本市场上市。支持创业创新企业在“新三板”和海峡股权交易中心挂牌交易，省经信委对挂牌交易企业一次性给予不超过30万元的奖励；加快建立海峡股权交易中心与“新三板”的转板机制；海峡股权交易中心设立创柜板，引导成长性较好的企业在创柜板挂牌；建立大众创新众筹平台，进行股权众筹融资试点，鼓励众创空间组织创新产品开展网络众筹，为大众创业创新提供融资服务。发挥海峡股权交易中心、省级小微企业“发债增信资金池”作用，对在海峡股权交易中心发债的创业创新企业提供增信支持。（责任单位：福建证监局，省金融办、经信委）

加大信贷支持力度。各地政府主导的融资担保公司可对创投机构投资的初创期、成长期科技企业，按投资额的50%、最高不超过500万元的标准给予担保，担保费由企业所在地财政补贴。各银行业金融机构要创新金融产品，满足创业创新企业融资需求。（责任单位：省财政厅、金融办，人行福州中心支行、福建银监局，各设区市人民政府、平潭综合实验区管委会）

八、加大财税政策扶持

加大资金扶持。各设区市、平潭综合实验区要设立创业创新专项扶持资金，重点支持创业示范基地、创业大本营、创客天地、新型孵化器等众创空间。推行创新券制度，省财政每年安排2 000万元，通过购买服务、后补助、绩效奖励等方式，为创业者和创新企业提供仪器设备使用、检验检测、知识产权、数据分析、法律咨询、创业培训等服务。（责任单位：省科技厅、经信委、财政厅、教育厅、人社厅、质监局、检验检疫局、金融办，各设区市人民政府、平潭综合实验区管委会）

落实税收采购政策。抓紧在全省推广企业转增股本分期缴纳个人所得税、股权奖励分期缴纳个人所得税政策；推行小微企业按季度申报纳税。发挥政府采购支持作用，不得以注册资本金、资产总额、营业收入、从业人员人数、利润、纳税额等规模条件设置政府采购准入条件。推行补贴申领的“告知承诺制”和“失信惩戒制”。（责任单位：省国税局、地税局、财政厅、科技厅、经信委）

九、加强创业培训辅导

推进创业教育培训。在普通高等学校、职业学校、技工院校开设创业创新类课程，并融入专业课程和就业指导课程体系。紧密结合创业特点、紧缺人才需求和地域经济特色，发挥青年创业训练营等作用，采取培训机构面授、远程网络互动等方式有效开展创业培训。组织开展形式多样的农村青年、返乡人员创业技能培训。到2020年，参加创业培训的大学生人数不低于我省应届高校毕业生总人数5%。省教育厅每年安排3 000万元专项经费，用于大学生创业创新教育与指导。（责任单位：省教育厅、人社厅、农业厅、财政厅、科协，各设区市人民政府、平潭综合实验区管委会）

加强创业导师队伍建设。吸纳有实践经验的创业者、职业经理人等加入创业师资队伍，组建一批由优秀企业家、专家学者、各类名师大师等组成的创业导师志愿团队，完善创业导师（专家）库，对创业者分类、分阶段进行指导。建立创业导师绩效评估和激励机制。（责任单位：省人社厅、财政厅、教育厅、经信委、科技厅、总工会、团省委、妇联、工商联）

十、强化组织保障

建立由省发改委、科技厅牵头，省经信委、教育厅、财政厅、人社厅、国土厅、住建厅、农业厅、商务厅、工商局、金融办、知识产权局、总工会、团省委、妇联等共同参与的大众创业、万众创新厅际联席会议制度，及时研究解决有关重大事项，开展创业创新政策的调查与评估，建立相关督查机制，共同推进大众创业、万众创新蓬勃发展。各地、各部门要结合实际制定具体的政策措施，明确目标任务，落实工作分工，加强协调联动，形成推进合力，确保政策措施取得实效。（责任单位：各设区市人民政府、平潭综合实验区管委会，省直有关单位、高校、科研院所）

福建省人民政府
2015年7月12日

福建省人民政府关于深入推行科技特派员制度的实施意见

闽政〔2017〕5号

各市、县（区）人民政府，平潭综合实验区管委会，省人民政府各部门、各直属机构，各大企业，各高等院校：

科技特派员制度源于我省南平市，是一项基层探索、群众需要、实践创新的制度安排。为深入贯彻国务院办公厅《关于深入推行科技特派员制度的若干意见》（国办发〔2016〕32号）和省委、省政府《关于实施创新驱动发展战略建设创新型省份的决定》，建立科技特派员工作长效机制，推动农村科技创新创业和精准扶贫，特提出以下意见。

一、创新选派机制，确保精准对接

（一）明确主要任务

推行科技特派员制度要面向新形势下农村农业发展需求，引导科技、人才、资金、信息、管理等要素向农村聚集，切实提升农业科技创新支撑水平，完善新型农业社会化科技服务体系，推动农村科技创业和精准扶贫，加快推进现代农业发展，促进农村一二三产业深度融合。

（二）拓宽选派渠道

按照省市县三级联动、供需精准对接的原则，鼓励和支持科技人员发挥职业专长，到农村开展创业服务。鼓励和支持高校、科研院所、企业等单位向科技行政主管部门推荐科技特派员选派人选。科技特派员原则上需具有中级（含中级）以上专业技术职称（或硕士以上学历），并有相关农业科技成果和科技服务经验的人员。

（三）改进选认方式

对为农户提供技术公益服务，创办、领办经济实体和星创天地，或与经济实体开展实质性技术合作的个人和团队，经县级科技行政主管部门选拔推荐，设区市科技特派员联席会议办公室审定，报省科技特派员联席会议办公室备案，认定为省级科技特派员。省级科技特派员或团队每年认定一次，可连选连任。市、县可参照此做法，选派认定市、县级科技特派员。

（四）突出精准扶贫

继续实施“省级扶贫开发工作重点县人才支持计划科技人员专项计划”，选派的科技人员作为省级科技特派员，到23个省级扶贫开发工作重点县开展科技扶贫、精准扶贫工作。至2020年，在重点县组织实施100项以上科技特派员项目，支持每个县建成1个以上星创天地等创业服务平台。

二、实行分类扶持，规范项目管理

（五）采取分类扶持方式

科技特派员专项资金采用以奖代补的方式，对科技特派员工作、项目和建设的省级星创天地予以支持。

根据省级科技特派员的工作业绩，每人每年给予一定数量的工作经费，主要用于支付科技特派员在受援地的工作补助、交通差旅费用、保险和培训费用等。工作经费可拨付给所在单位或服务区域县级科技行政主管部门。每年安排2 000万元，补助人数1 000人。

对科技特派员创办、领办经济实体，或与经济实体开展实质性技术合作的项目，按取得成效给予一次性资金奖励。每年安排2 000万元，奖励项目200项。

对科技特派员创办的为大学生、返乡农民工、农村青年致富带头人、乡土人才等开展农村科技创业提供创业服务，并取得成效的省级星创天地给予一次性资金奖励。每年安排800万元，奖励数量20个。

对影响和成效特别重大的科技特派员项目和平台建设项目，可向省科技特派员工作联席会议办公室提出申请，采取“一事一议”的方式，给予经费支持。

上述经费，从2017年开始，省发改委、科技厅、财政厅每年调整安排1 600万元，共同设立4 800万元的科技特派员专项资金。专项资金管理办法由省科技厅、发改委和财政厅等部门另行制定。设区市、县政府应切实保障市、县级科技特派员所需资金。

（六）规范项目管理

科技特派员项目和星创天地纳入省科技计划体系。根据省科技厅关于申报科技特派员计划项目和星创天地的年度通知，经县级科技行政主管部门推荐，设区市科技特派员联席会议办公室审核汇总，设区市科技局统一向省科技厅申报。

三、落实双创政策，加强宣传表彰

（七）落实创新创业政策

将科技特派员工作全面纳入省政府《大力推进大众创业万众创新十条措施》（闽政〔2015〕37号）范畴，享受相关优惠政策。全面落实国家和省促进科技成果转化有关政策，鼓励科技特派员以科技成果和知识产权入股企业，取得合法收益。发挥财政资金的杠杆作用，通过引进创投、贷款风险补偿等方式，推动形成多元化、多层次、多渠道的融资机制，吸引社会资金参与科技特派员创新创业。

（八）加强宣传表彰

在福建日报和福建省电视台等主流媒体设立“科技特派员风采”等栏目，定期宣传科技特派员的先进事迹和奉献精神，总结推广典型经验，形成全社会关注、支持科技特派员的良好氛围。

在劳动模范、三八红旗手、先进工作者等各级各类评优评先工作中，对作出突出贡献的科技特派员予以优先推荐。鼓励社会力量设奖对科技特派员进行表彰奖励。

四、完善保障措施，强化组织管理

（九）完善保障政策

对到农村开展技术公益服务的科技特派员，在5年时间内保留其人事关系、职务等，工资、奖金、福利等待遇从优，由原单位发放，其工作业绩纳入科技人员考核体系，作为其评聘和晋升专业技术职务（职称）的重要依据。对深入农村开展科技创业的科技特派员，在5年时间内保留其人事关系，保留原聘专业技术职务，工龄连续计算，并与原单位其他在岗人员同等享有参加职称评定、岗位等级晋升和社会保险等方面的权利，期满后可以根据本人意愿选择辞职创业或回原单位工作。

（十）健全科技信息服务系统

以星火科技12396为依托，开发覆盖全省的科技特派员综合科技信息服务平台，将各级科技特派员纳入平台统一管理。建立科技特派员服务、创业成果数据库，开展科技特派员创业成果展示交流。提供技术供需信息，定期公布高校、科研院所的科技人员专业技术特长和基层需求等情况。

启动科技特派员登记制，经选派认定的省、市、县级科技特派员须登录“国家科技特派员网”进行登记。高校、科研院所、科技成果转化中介服务机构以及龙头企业等企事业法人以及个人，实际从事科技特派员工作的，也可登录“国家科技特派员网”进行登记。

（十一）强化服务管理

成立由省政府分管领导为召集人，省科技厅、人才办、发改委、教育厅、财政厅、人社厅、农业厅等为成员单位的福建省科技特派员工作联席会议，安排部署年度工作。联席会议办公室设在省科技厅，负责联络协调督促落实。各设区市也要建立科技特派员工作联席会议制度，统筹推进本地区科技特派员工作。

各地要认真调查基层的技术需求，加强与高校、科研院所、科技成果转化中介服务机构以及龙头企业的沟通联系，及时做好供需对接和推进工作落实。派出单位要为科技特派员提供技术、人才、信息等方面支持。

各设区市、县（市、区）人民政府要根据本意见，结合本地实际情况，制定具体实施办法。

福建省人民政府

2017年2月8日

江西省人民政府关于大力推进大众创业万众创新若干政策措施的实施意见

赣府发〔2015〕36号

各市、县（区）政府，省政府各部门：

为进一步优化创业创新环境，激发全社会创业创新活力，以创业带动就业、以创新促进进展，根据《国务院关于大力推进大众创业万众创新若干政策措施的意见》（国发〔2015〕32号）精神，结合江西实际，现提出以下实施意见。

一、降低准入门槛

（一）营造宽松便利的准入环境

加大简政放权、放管结合、优化服务等改革力度，排除对市场主体不合理的束缚和羁绊。落实注册资本登记制度改革，放宽新注册企业场所登记条件限制，试行电子商务秘书企业登记注册。推动“一址多照”“集群注册”等住所登记改革，分行业、分业态释放住所资源。加快实施工商营业执照、组织机构代码证和税务登记证“三证合一”“一照一码”，简化工作流程。答应创业者依法将家庭住所、租借房、临时商业用房等作为创业经营场所。建设“创业咨询一点通”服务平台。依靠企业信用信息公示系统建立小微企业名录，增强创业企业信息透明度。（省工商局牵头，省发改委、省人社厅、省审改办、省国税局、省地税局等有关部门配合）

（二）保护公平竞争市场秩序

进一步转变政府职能，增加公共产品和服务供给，为创业者提供更多机会。逐步清理并废除阻碍创业进展的制度和规定，打破地方保护主义。建立统一透明、有序规范的市场环境。依法反垄断和反不正当竞争，排除不利于创业创新进展的垄断协议和滥用市场支配地位以及其他不正当竞争行为。把创业主体信用与市场准入、享受优惠政策挂钩。（省工商局、省发改委牵头，人行南昌中心支行、省国税局、省地税局等有关部门配合）

（三）推动个体工商户转型为企业

对个体工商户转型为企业的，在不违反法律法规的前提下，简化有关办理手续。

对转型后企业参加失业保险符合条件的，按规定给予稳岗补贴。对转型后企业在政策性担保贷款上给予倾斜支持。加强创业培训辅导，提高初创企业活跃度。（省工商局牵头，省地税局、省人社厅、省财政厅、省政府金融办等有关部门配合）

（四）减免有关行政事业性收费、服务性收费

进一步规范全省涉企行政事业性收费项目并制定目录，不在目录内的行政事业性收费项目一律不得收取。落实创业负担举报反馈机制。对初创企业免收登记类、证照类、治理类行政事业性收费。事业单位服务性收费，以及依法开展的各类行政审批前置性、强制性评估、检测、论证等专业服务性收费，对初创企业可按不高于物价主管部门核定标准的50%收取。（省财政厅牵头，省发改委等有关部门配合）

二、激发主体活力

（五）提高科研技术人员创业创新积极性

完善高校、科研院所等事业单位专业技术人员在职创业、离岗创业有关政策。对离岗创业的，经原单位同意，可在3年内保留人事关系，与原单位其他在岗人员同等享有参加职称评聘、岗位等级晋升和社会保险等方面的权利。原单位应当根据专业技术人员创业实际情况，与其签订或变更聘用合同，明确权利义务。（省人社厅牵头，省教育厅、省科技厅配合）

（六）答应国有企事业单位职工停职创业

国有企业和事业单位（参照公务员法治理的事业单位除外）职工经单位批准，可停职领办创办企业。3年内不再领办创办企业的职工答应回原单位工作，3年期满后连续领办创办企业的职工按辞职规定办理。经单位批准辞职的职工，按规定参加社会保险，缴纳社会保险费，享受社会保险待遇。加快推进社会保证制度改革，破除人才自由流动制度障碍，实现党政机关、企事业单位、社会各方面人才顺畅流动。（省人社厅牵头）

（七）建立科学的职业资格体系

再取消一批职业资格许可和认定事项，落实国家职业资格目录清单制度，完善职业资格监管措施，让广大劳动者更好施展才能，推动形成创业创新蓬勃局面。（省人社厅牵头，省卫生计生委、省教育厅、省财政厅、省住房城乡建设厅等有关部门配合）

（八）引领大学生为主的青年创业创新

实施大学生创业引领计划，力争每年引领万名大学生创业。将求职补贴调整为求职创业补贴，对象范畴扩展到已获得国家助学贷款的毕业年度高校毕业生，一次性求职补贴标准由每人800元提高到1 000元。对符合条件的大学生（在校及毕业5年内）给予一次性创业补贴，补贴标准由2 000元提高到5 000元。对已进行就业创业登记并参加社会保险的自主创业大学生，可按灵活就业人员待遇给予社会保险补贴。建立健全弹性学制治理办法，支持大学生保留学籍休学创业。（省人社厅、省教育厅牵头，省

财政厅、团省委、省妇联配合)

(九)鼓励农村劳动力创业创新

支持农民工返乡创业，进展农民合作社、家庭农场等新型农业经营主体，落实税收减免和一般免费政策。支持各地依靠现有各类园区，整合创建100个农民工返乡创业园，强化财政扶持和金融服务。支持各地进展农产品加工、休闲农业、乡村旅游、农村服务业等劳动密集型产业项目，促进农村产业融合。支持农民网上创业，积极组织创新创业农民与企业、小康村、市场和园区对接，创建农村科技致富示范基地，推进农村青年创业富民行动。开发家庭服务、手工制品、来料加工等适合妇女创业就业特点的项目，激发妇女创业创新积极性。(省农业厅牵头，省人社厅、省科技厅、团省委、省妇联配合)

(十)吸引海外高层次人才和赣商回乡创业创新

实施高端外国专家项目，吸引高端海外人才来赣创业创新，有计划、有重点地引进100名能够突破关键技术、进展高新产业、带动新兴学科的战略科学家和领军人才、杰出人才、青年拔尖人才，推动我省创新升级。启动海外医疗科研人才引进计划，支持各级医疗卫生单位及科研机构引进海外医疗科研人才并予以资助。开展引才引智创业创新基地建设试点。实施赣商回乡创业工程，加大对赣商回乡创业的财政、税收、融资服务、用地保证、科技创新、人才支撑等政策扶持力度。(省人社厅牵头，省工信委、省教育厅、省卫生计生委、省商务厅等有关部门配合)

(十一)鼓励电子商务创业就业

经工商登记注册的网络商户从业人员，同等享受各项就业创业扶持政策；未进行工商登记注册的网络商户从业人员，可认定为灵活就业人员，享受灵活就业人员扶持政策，其中通过网上交易平台实名制认证、稳固经营三个月以上且信誉优良的网络商户从业人员，可按规定享受创业担保贷款及贴息政策。(省人社厅牵头，省财政厅、省商务厅、省教育厅配合)

三、加大资金扶持

(十二)加大财政资金支持和统筹力度

各级财政要根据创业创新需要，统筹安排各类支持小微企业和创业创新的资金，加大对创业创新支持力度，强化资金预算执行和监管，加强资金使用绩效评判。支持有条件的地方政府设立创业基金，扶持创业创新进展。在确保公平竞争前提下，鼓励对众创空间等孵化机构的办公用房、用水、用能、网络等软硬件设施给予适当优惠，减轻创业者负担。(省财政厅牵头，省发改委、省工信委、省科技厅、省人社厅配合)

(十三)发挥政府采购支持作用

落实促进中小企业进展的政府采购政策，加强对采购单位的政策指导和监督检查，督促采购单位改进计划编制和项目预留治理，增强政策对小微企业进展的支持效果。

加大创新产品和服务的采购力度，把政府采购与支持创业进展紧密结合起来。（省财政厅牵头）

（十四）创新融资模式

实施新兴产业“双创”三年行动计划，建立一批新兴产业“双创”示范基地，引导社会资金支持大众创业。建立国有创业投资机构鼓励约束机制、监督治理机制。按照“政府引导、市场化运作、专业化治理”原则，统筹安排省中小企业进展专项资金和战略性新兴产业投资引导资金，加快设立工业创业投资引导基金，促进风险投资、创业投资、天使投资等投资创业创新企业进展，加大对初创企业支持力度。充分发挥资本市场作用，引导和鼓励创业创新企业在主板、中小板、创业板、“新三板”和江西联合股权交易中心上市（挂牌）融资。加大宣传推广和辅导力度，帮助具有连续盈利能力、主营业务突出、规范运作、成长性好的创业创新企业在境内外资本市场首发上市、在“新三板”挂牌；推动创业创新企业通过发行各类债券、资产支持证券（票据）、汲取私募投资基金等方式融资。（省发改委、省政府金融办牵头，省财政厅、省工信委、省国资委、人行南昌中心支行等有关部门配合）

（十五）完善融资政策

强化财政资金杠杆作用，运用“财园信贷通”“财政惠农信贷通”等融资模式，强化对创业创新企业、新型农业经营主体的信贷扶持。通过省级小微企业创业园创业风险补偿引导基金，择优筛选部分小微创业园启动小微企业创业风险补偿金试点，引导金融机构为入园小微企业、科技创新型企业提供流动资金贷款。建立完善金融机构、企业和担保公司等多方参与、科学合理的风险分担机制。（省财政厅牵头，省政府金融办、省工信委、省科技厅、人行南昌中心支行等有关部门配合）

（十六）加强创业担保贷款扶持

将小额担保贷款调整为创业担保贷款，个体创业担保贷款最高额度为10万元；对符合二次扶持条件的个人，贷款最高限额30万元；对合伙经营和组织起来创业的，贷款最高限额50万元；对劳动密集型小企业（促进就业基地）等，贷款最高限额400万元。各市、县（区）财政要按规定落实对劳动密集型小企业25%、对促进就业基地75%的地方配套贴息资金。降低创业担保贷款反担保门槛，对创业项目前景好，但自筹资金不足且不能提供反担保的，通过诚信度评估后，可采取信用担保或互联互保方式进行反担保，给予创业担保贷款扶持。（省人社厅牵头，人行南昌中心支行、省财政厅配合）

（十七）落实促进就业创业税收优惠政策

将企业吸纳就业税收优惠的人员范畴由失业一年以上人员调整为失业半年以上人员。高校毕业生、登记失业人员等重点群体创办个体工商户、个人独资企业的，可按国家规定享受税收最高上浮限额减免等政策。落实国家有关推广中关村国家自主创新示范区税收试点政策，包括职工教育经费税前扣除政策、企业转增股本分期缴纳个人所得税政策、股权奖励分期缴纳个人所得税政策。对符合条件的创业投资企业采取股权投资方式投资未上市的中小高新技术企业2年以上的，可以按照其投资额的70%在股权持有满2年的当年抵扣该创业投资企业的应纳税所得额，当年不足抵扣的，可在以后纳税年度结转抵扣。对企业为开发新技术、新产品、新工艺发生的研究开发费，未形成无形资产计入当期损益的，在按照规定据实扣除的基础上，按照研究开发费用的50%加计扣除；形成无形资产的，按照无形资产成本的150%摊销。（省财政厅牵头，省国税局、省地税局、省人社厅、省科技厅等有关部门配合）

（十八）提高创业费用补贴标准

对入驻创业孵化基地的企业、个人，在创业孵化基地3年内发生的物管费、卫生费、房租费、水电费等给予补贴，补贴标准由原先不超过50%提高到60%，所需资金由就业资金统筹安排。（省人社厅牵头，省教育厅、省财政厅配合）

（十九）资助优秀创业项目

鼓励举办各种类型创业创新大赛，主办单位可对获奖项目给予一定的资助。各地可推举评选一批优秀创业项目，建立项目库，并给予重点扶持，所需资金由就业资金统筹安排。对获得国家和省有关部门、单位联合组织的创业大赛奖项并在江西登记注册经营的创业项目，给予一定额度的资助，其中获得国家级大赛奖项的，每个项目给予10万~20万元；获得省级大赛前三名的，每个项目给予5万~10万元。对创业大赛评选出的优秀创业项目，给予创业担保贷款重点支持，鼓励各种创投基金给予扶持。（省人社厅、省教育厅牵头，省财政厅、省科技厅、团省委配合）

四、提升服务水平

（二十）培育众创空间

以行业领军企业、创业投资机构、社会组织等为主力，以开发区、大学科技园、科技企业孵化器、高新技术产业化基地、高校、科研院所和知名电商为载体，培育一批众创空间。鼓励各类创新主体在高新技术和战略性新兴产业等领域，集成人才、技术、资本、市场等各种要素，兴办创新与创业相结合、线上与线下相结合、孵化与投资相结合的孵化机构。打造60个以高校为主的包括“创业咖啡”“创新工场”“创新创业实验室”在内的各种形式众创空间，鼓励所在高校提供不少于100平方米工作场所。对省级科技企业孵化器等优秀众创空间给予100万元支持，所需资金从省企业技术创新基地（平台和载体）建设工程专项资金中统筹安排。（省科技厅、省教育厅牵头，省财政厅、省工信委配合）

（二十一）创新服务模式

加快进展“互联网+”创业网络体系，建设一批小微企业创业创新基地。加强政府数据开放共享，鼓励和引导大型互联网企业和基础电信企业向创业者开放运算、存储和数据资源。积极推广众包、用户参与设计、云设计等新型研发组织模式和创业创新模式。大力进展企业治理、财务咨询、人力资源、法律顾问、现代物流等第三方专业服务。(省发改委牵头，省工信委、省科技厅等有关部门配合)

(二十二) 整合众创资源

鼓励省级以上科技创新服务平台、高校科研机构、省级以上重点实验室、工程技术研究中心、分析测试中心、省部属科研院所、省级企业研究院等各类创新平台和载体向创客开放，共享科技资源，使用资源费用可减半收取。支持社会资金购买的大型科学仪器设备以合理收费方式，向创客企业提供服务。认定培育一批省级小微企业创业园和公共服务示范平台，不断提升服务能力和水平。(省科技厅、省工信委牵头，省教育厅、省人社厅等有关部门配合)

(二十三) 促进技术成果转移转化

完善成果公布机制，建设成果转化项目库，积极推动网上成果对接常态化，培育扶持一批科技成果转移示范机构，推动高校、科研院所科技成果向创客企业转移转化。加大对创新型企业专利申请扶持力度，在申请费用减免、专利资助方面给予倾斜，开创绿色通道，简化办理程序。专利技术成果转化根据《江西省战略性新兴产业专利技术研发引导与产业化示范专项资金项目和资金治理暂行办法》给予资助。加快知识产权（专利）孵化平台建设，力争3年内基本覆盖所有设区市。加强创新型企业集合区维权援助能力建设。(省科技厅、省教育厅牵头，省财政厅等有关部门配合)

(二十四) 推进创业创新教育

在一般高等学校、职业学校、技工院校全面推进创业创新教育，把创业创新课程纳入国民教育体系和学分制治理。优化教育师资结构，吸纳有实践体会的创业者、职业经理人和其他专业人员加入师资队伍。推进创业创新教育示范学校建设，鼓励有条件的学校充分依靠现有资源建设创业型学院。(省教育厅牵头，省人社厅配合)

(二十五) 加大创业培训力度

对具有创业要求和培训愿望、具备一定创业条件的城乡各类劳动者，参加创业培训可按规定申请创业培训补贴，补贴标准为每人1 000元至1 600元。组建创业导师理想团队，建立创业导师（专家）库，对创业者分类、分阶段进行指导；开展创业创新系列宣讲、咨询服务活动。培训一批农民创业创新辅导员。省里每年评选100名有进展潜力和带头示范作用的初创企业经营者，并按每人1万元的标准资助其参加高层次进修学习或交流考察，所需资金由就业资金统筹安排。(省人社厅牵头，省农业厅、省教育厅、省财政厅、省工信委、省科技厅、团省委、省妇联等有关部门配合)

(二十六) 加快创业孵化基地建设

鼓励各地、各部门和社会力量新建或利用各种场地资源改造建设创业孵化基地，搭建促进创业的公共服务平台，有条件的地方可探究采取政府和社会资本合作（PPP）模式共同投资建设。全面推动高校建立大学生创业孵化基地，对符合条件的大学生项目享受创业优惠政策。省直有关单位每年评估10个左右省级创业创新带动就业示范基地，每个给予100万元的一次性奖补；对达到国家级示范性基地建设标准的，每个给予200万元的一次性奖补，所需资金由就业资金统筹安排。（省人社厅、省教育厅牵头，省财政厅、省科技厅、省农业厅、团省委配合）

（二十七）夯实公共就业创业服务基础

健全公共就业创业服务经费保证机制，将县级以上公共就业创业服务机构和基层公共就业创业服务平台经费纳入同级财政预算。将职业介绍补贴和扶持公共就业服务补助合并调整为就业创业服务补贴。创新服务供给模式，向社会力量购买基本就业创业服务成果，形成多元参与、公平竞争格局，提高服务质量和效率。公布创业政策，集中办理创业事项，为创业者提供“一站式”创业服务。（省人社厅牵头，省科技厅、省财政厅等有关部门配合）

（二十八）营造创业创新优良氛围

支持举办创业训练营、创业创新大赛、创新成果和创业项目展现推介等活动，搭建创业者交流平台，培育创业文化，营造鼓励创业、宽容失败的优良社会氛围。发挥广播、电视、报刊、网络、微信、微博等各类媒介作用，采取多形式、多渠道，加大对大众创业、万众创新的新闻宣传和舆论引导，树立一批创业创新典型人物，让大众创业、万众创新蔚然成风。积极开展创业型城市创建活动，对政策落实好、创业环境优、工作成效显著的，按规定予以奖励。（省人社厅牵头，省教育厅、省科技厅、省财政厅等有关部门配合）

各地、各有关部门要加强组织领导，建立健全经济进展、创业创新与扩大就业的联动协调机制，结合本地区、本部门实际，抓紧制定具体操作办法，明确任务分工、落实工作责任、强化督促检查、加强舆论引导，推动本实施意见确定的各项政策措施落实到位，不断拓展大众创业、万众创新的空间，汇聚经济社会进展新动能，促进全省经济加快进展、转型升级。省政府对贯彻落实情况将开展督查，对工作不力的追究有关人员责任。

江西省人民政府

2015年7月18日

山东省人民政府办公厅转发省科技厅关于加快推进大众创新创业的实施意见的通知

鲁政办发〔2015〕36号

各市人民政府，各县（市、区）人民政府，省政府各部门、各直属机构，各大企业，各高等院校：

省科技厅《关于加快推进大众创新创业的实施意见》已经省政府同意，现转发给你们，请认真贯彻执行。

山东省人民政府办公厅
2015年8月22日

关于加快推进大众创新创业的实施意见

为贯彻落实《国务院办公厅关于发展众创空间推进大众创新创业的指导意见》（国办发〔2015〕9号）精神，推动形成大众创业、万众创新的新局面，打造助力我省经济中高速增长、向中高端水平迈进的新引擎，现就推进大众创新创业制定以下实施意见。

一、明确推进创新创业的总体要求

1. 明确总体思路和目标。以激发创新创业活力、满足创新创业需求为导向，以建立和完善创新创业体系、提升创新创业服务能力为重点任务，加强资源整合和政策集成，打通科技型小微企业快速成长的通道，打造有利于创新创业的生态系统，在全省形成以创新引领创业、以创业促进创新的创新创业新格局。到2020年，基本形成创业要素集聚化、创业载体多元化、创业服务专业化、创业活动持续化、创业资源开放化的生态体系，全省创新创业科技服务机构超过2 000家，各类科技企业孵化器超过200家，孵化具有较强创新能力的科技企业6 000家以上。

2. 统筹资源推进创新创业。坚持人才、平台、项目一体化模式，以人才为核心，以平台为载体，以项目为纽带，统筹各类创新资源，实现科技项目实施与推动创新创业的有效衔接。将小微企业创新人才建设纳入科技人才发展规划。实施山东省科技人才推进计划，建立科技项目对创新创业人才团队成长的持续支持机制，切实把科技项目实施的过程变成人才培育的过程。加强政策集成和衔接，推进国家、省支持创新创业政策的深入落实，强化对创新企业的支持和服务。

3. 加强对创新创业的示范引领。将推进创新创业作为创建山东半岛国家自主创新示范区的重要内容和方向，加强体制机制创新，围绕成果转化、科技金融、人才引进等方面先行先试，积极探索推进大众创新创业、促进创业企业快速成长的新路径、新模式。结合高新技术产业开发区（以下简称高新区）转型升级，在有条件的高新区开展创新创业区域试点，不断完善创新创业服务体系。强化典型示范，培育一批创业孵化示范载体、科技服务示范机构、创新创业明星企业和企业家。将服务绩效显著的科技服务机构纳入省级科技企业孵化器、工程技术研究中心等平台扶持范围，按规定享受相应扶持政策。

二、打造创新创业孵化载体

4. 推进科技企业孵化器提质升级。坚持孵化器专业化发展方向，鼓励各市、各高新区围绕产业特点和孵化链条需求，按一器多区、分类集群模式布局培育一批专业孵化器。到2020年，全省专业孵化器占全省孵化器总数的比例达到60%以上。省科技计划对孵化器搭建的专业技术公共服务平台给予重点支持。进一步完善“苗圃—孵化器—加速器”的科技创业孵化链条，加速创业企业成长。加强孵化器高水平管理人才团队的引进、培育和使用，定期组织全省科技企业孵化器管理人员培训，提升孵化服务水平。鼓励孵化机构以市场化手段联合金融、投资、技术转移、知识产权等各类科技服务机构组建孵化器联盟等行业组织，促进创新创业服务资源向孵化器聚集，为创新创业提供全方位、多层次和多元化的一站式服务。支持孵化器引进发展高端人力资源服务机构，为科技企业加速成长提供专业化的人力资源服务。实施省创新公共服务平台计划，从现有科技条件建设专项中安排资金，重点支持服务体系完善、服务绩效显著、孵化特色突出的专业孵化器和孵化器联盟建设。其中，对新升级为国家级的孵化器，择优一次性给予不超过500万元的资金奖励。

5. 加快构建新型孵化载体。以高新区、大学科技园和高校院所为依托，构建一批低成本、便利化、全要素、开放式的众创空间，开展创新创业服务和示范。按照互联网+创新创业模式，通过政府购买服务、提供创业支持的方式，重点培育以创客空间、创业咖啡、网上创新工厂等为代表的创业孵化新业态，满足不同群体创业需要。对发挥作用好、创业培育能力强、孵化企业创新活跃的新型孵化载体，不唯孵化面积、在孵企业数量等指标，根据其孵化和服务绩效，择优纳入省级科技企业孵化器支持范围，并支持其申报国家级孵化器，享受相关优惠和扶持政策。

6. 鼓励多途径创建孵化器。鼓励领军企业建设专业孵化器，加速孵化进程，吸引创新创业人才，培育产业后备力量，营造大企业与小微企业共同发展的生态环境。支持高等院校在大学科技园内建立大学生见习基地、大学生创业苗圃，扶持大学生创新创业。支持孵化器与高等院校合作，通过异地孵化、网络孵化、虚拟孵化等线下与线上相结合的方式，由孵化器提供企业注册、财务管理、创业辅导、融资等创新创业服务，联建单位提供物理空间和物业服务。

三、激发创新创业主体活力

7. 支持科技人员创新创业。认真落实鼓励高等院校、科研院所科研人员离岗创业、促进科研成果转化的激励政策。高等院校、科研院所的专业技术人员经所在单位批准离岗创业的，可在3年内保留人事关系，与原单位其他在岗人员同等享有参加职称评聘、岗位等级晋升等方面的权利。鼓励科技人员在企业与高等院校、科研院所之间双向兼职。科技人员在兼职中进行的科技成果研发和转化工作，作为其职称评定的依据之一。

8. 支持大学生创新创业。支持大学生积极参与创新创业大赛等活动。允许创业大学生在孵化器虚拟注册企业，并享受孵化器提供的各项服务。支持组建大学生创业者联盟，定期开展联谊活动，交流创业经验，加强与政府创业政策和创业服务的信息互通，共享创新创业服务资源。发挥留学人员创业园的载体和服务功能，创造有利条件，吸引国外留学人员或团队携带项目回国转移转化。省市两级科技计划将大学生创办企业的研发项目和留学人员主持的创业研发项目纳入支持范围。高等院校应通过多种形式、多种途径加强对在校学生的创新创业教育和培训，引导、扶持具备创新创业潜质的在校生创办企业。

9. 以政府购买服务的方式支持孵化企业发展。对进入孵化器提供专业服务的企业管理、信息咨询、研发设计、人力资源服务、专利代理、专利运营、专利分析评议等科技服务机构，通过政府购买服务的方式根据其服务绩效给予支持。对孵化机构的房租和用于创业服务的公共软件、开发工具给予适当补贴，支持孵化机构为创业者提供免费高带宽互联网接入服务，降低创业企业创业成本。在省科技重大专项和重点研发计划中，按不高于市级财政支持总额50%的比例予以补贴，补贴总额每个孵化器每年最高不超过100万元。

10. 培植一批小微企业成长为高新技术企业。通过现有省级财政科技资金，实施小微企业“小升高”助推计划，按照国家高新技术企业认定管理的有关标准，加大对小微企业的辅导和培养，规范管理，提升创新能力，支持创业企业健康发展、快速成长。小微企业申报高新技术企业被省高新技术企业认定管理机构受理的，对其申报过程中实际发生的专项审计、咨询等费用给予资金补助。首次申报的小微企业按40%补助；首次申报未通过的，再次申报时按20%补助；单个企业累计最高补助不超过10万元。力争到2020年培育小微高新技术企业1 000家。

四、加强创新创业公共服务

11. 加强对创新创业企业的综合服务。鼓励高新区建立健全“小微企业综合服务中心”“小微企业综合服务窗口”，不断完善服务功能，为小微企业提供科技、融资、法律、财税、知识产权、人力资源、创业辅导等方面的政策咨询、行政审批、综合协调等服务，实现资源共享、协同服务。

12. 提供创业辅导。把创业导师工作绩效作为重要指标，纳入对科技企业孵化器的绩效评价。支持创业投资机构高管、企业家、职业经理人担当创业导师。充分利用各类专家库资源，有针对性地筛选技术、财务、法律、金融等各方面专业人才，不断壮大和完善我省创业导师队伍。对成绩突出的创业导师，纳入省高层次人才库管理，受聘参与省级重点人才工程考察、评估等工作，符合条件的，泰山产业领军人才工程等给予优先支持。积极整合创业导师资源和小微企业创业需求，搭建网络化的创业辅导平台，面向全省科技企业孵化器开放，坚持线上线下辅导相结合，促进创业企业与创业导师的有效对接。

13. 发挥专利支持创新创业的作用。完善专利审查快速通道，对小微企业亟须获得授权的核心专利申请予以优先审查，并按照《发明专利申请优先审查办法》规定的程序办理。加快推进建立专利侵权纠纷快速调解机制，帮助小微企业及时获得有效保护。大力推动以专利技术吸储、许可、转让、融资、产业化、作价入股、专利池集成运作等知识产权运营服务，推动专利技术的产业化。建立专利导航产业发展和知识产权分析评议工作机制，实现创新驱动创业发展。

14. 加强科技资源共享服务。认真贯彻执行《国务院关于国家重点科技基础设施和大型科研仪器向社会开放的意见》（国发〔2014〕70号），进一步落实《山东省小微企业创新券管理使用办法》，扩大“创新券”优惠政策实施范围，提高“创新券”补贴比例，对西部隆起带小微企业补助比例由30%提高到60%，其他地区(不含青岛)由20%提高到40%。鼓励支持国家和省级重点实验室、工程（技术）研究中心等各类创新平台向社会开放，实现科技服务资源开放共享，为科技型小微企业提供研发服务。

15. 突出技术转移服务的市场导向。发挥省科技成果转化服务平台的作用，促进创新创业与市场需求的对接，鼓励通过技术开发、技术转让、技术服务、技术咨询、技术入股等技术交易活动开展创新创业。创业企业提供技术转让、技术开发和与之相关的技术咨询、技术服务，经省级科技行政主管部门认定，可按规定申请免征增值税。对在一个纳税年度内，符合条件的技术转让所得，不超过500万元的部分，免征企业所得税；超过500万元的部分，减半征收企业所得税；企业委托或合作开发先进技术的相关费用，符合研究开发费用加计扣除条件的，可按规定享受加计扣除的税收优惠政策。技术市场交易的技术成果，经登记进入省科技成果转化引导基金项目库，向省天使投资基金、科技成果转化基金优先推荐。

五、加大创新创业投融资支持

16. 强化政府财政资金引导。组织实施好省科技成果转化引导基金和省天使投资引导基金，发挥财政资金杠杆作用，鼓励创投机构、大型骨干企业成立子基金，扶持创新创业人才团队，促进成果转化。对省引导基金子基金支持的科技型小微企业，省科技计划优先立项，跟进支持。

17. 完善创新创业投融资机制。通过现有省级财政科技资金，探索建立科技投贷风险补偿机制，充分调动银行、融资性担保公司、创业投资机构支持创新创业的积极性。鼓励金融机构不断创新金融服务产品，开展知识产权质押和股权质押等金融服务工作，支持设立专业性科技融资担保公司和再担保机构，积极拓宽创业投资机构退出渠道。

18. 整合优化知识产权专项资金使用方向。鼓励开展知识产权质押融资，为中小微企业知识产权质押融资提供担保、贴息或科技计划支持，减轻企业融资成本负担，引导和支持金融、保险等机构为企业知识产权质押融资提供服务。加快培育和规范专利保险市场，探索推动知识产权证券化。

六、营造鼓励创新创业的社会氛围

19. 开展创新创业竞赛展示。定期组织创新创业大赛、高端创业论坛、银企对接等活动，吸引创投机构、金融机构全过程参与，为创业者和小微企业提供专业的创业辅导、管理咨询和投融资服务。将大赛获奖企业及团队的技术研发项目纳入省级科技计划立项支持，优先推荐申请国家中小企业发展专项资金。

20. 加强政策宣讲和培训。围绕国家和省市出台的鼓励创新创业的政策措施，组织对高校院所、科技型小微企业、科技服务机构进行宣讲培训，发放科技政策明白纸、一览表，切实将各项扶持政策落实到位。

21. 培育创新创业文化。积极倡导崇尚创新、宽容失败的创新文化，大力弘扬创新创业精神，加强各类媒体对大众创新创业的新闻宣传和舆论引导，对创新创业范例和典型人物进行全方位的宣传报道，让大众创业、万众创新在全社会蔚然成风。

22. 上述政策中，凡涉及科技计划、资金奖励、补贴、补偿等内容的，除另有办法规定，均自2016年1月1日起开始执行。

关于印发《培育科技创新品牌　深入开展“双创”活动的实施意见》的通知

鲁科字〔2016〕50号

各市科技局，各有关单位：

现将《培育科技创新品牌　深入开展“双创”活动的实施意见》印发给你们，请按照有关要求，认真做好相关工作。

山东省科学技术厅

2016年3月30日

培育科技创新品牌　深入开展“双创”活动的实施意见

为推进科技创新供给侧结构性改革，培育形成一批科技创新品牌，发挥科技在创新驱动发展中的引领带动作用，推进大众创业、万众创新“双创”活动深入开展，制定如下实施意见。

一、总体目标

深入贯彻创新、协调、绿色、开放、共享发展理念，突出科技创新在创新中的核心地位，将在创新驱动中走在前列的创新主体和服务载体培育打造成“双创”品牌，带动科技创新全面深入开展。“十三五”期间，实施科技创新品牌培育工程（简称“十个一百”工程），着力培育百个技术创新研发平台、百个科技创新公共服务平台、百个（国际）科技合作示范基地，为全省创新能力提升提供平台支撑；培育百个专业化科技企业孵化器和众创空间，选拔百名优秀创业导师，为培育发展新动能提供特色服务；培养百名科技创新创业领军人才（团队），构建百个产业技术创新战略联盟，协同突破百项具有自主知识产权的重点领域关键核心技术，打造创新驱动发展先发优势；培育百家明星科技型小微企业和百个创新型产业集群（基地），发挥科技对经济社会发展的支撑引领作用。通过上述科技创新品牌的培育，在全省构建起多层次、高水平的科技创新品牌体系，形成推动我省经济持续增长的重要动力。

二、重点任务

（一）培育百个技术创新研发平台

围绕我省重点领域和重点产业，依托省级以上重点实验室、工程技术研究中心和新型研发组织等科研机构，推动形成一批管理运行机制完善、创新资源配置合理、创新人才凝聚力高、创新能力强、产学研合作深化的高水平研发平台，为全省科技创新能力提升和产业转型升级提供有效支撑。到“十三五”末，重点培育百个定位明确、特色鲜明、开放服务和重大创新产出成效显著的技术创新研发平台，带动全省形成产业链、创新链覆盖完整，基础研究、前沿技术开发、工程化和产业化一体贯通，较为完善的创新研发支撑体系，大幅提高我省基础性、引领性、标志性、颠覆性技术研究开发能力，为“双创”活动深入开展提供创新源泉。

（二）培育百个科技创新公共服务平台

围绕打通从科学研究到产业化之间的通道，加速科技成果的转移转化和产业化，培育形成一批具有较强科技成果吸纳、转移、推广和中间试验服务能力的科技成果转化、技术转移、中试服务平台；围绕提高知识产权的创造、保护和运用能力，培育形成一批具有较强知识产权分析评议、运营实施、评估交易、保护维权、专利导航、投融资能力的知识产权代理、法律、信息、咨询、培训服务平台；围绕为“双创”提供高质量服务，培育形成一批服务模式新颖、服务手段和方式丰富的检验检测认证、科技咨询、科技金融等公共服务平台。到“十三五”末，重点培育百个市场化水平高、自我发展能力强、创新公共服务成效显著的科技创新公共服务平台，带动全省形成布局合理、开放协同、创新创业全链条覆盖的科技创新公共服务体系，提升全省科技创新公共服务供给能力。

（三）培育百个（国际）科技合作示范基地

围绕区域发展的重点产业和技术领域，以科技园区、企业、科研单位和高校建设的（国际）科技合作基地为重点，培育形成一批与国内外高水平大学、科研机构和大型企业在技术研发合作、人员交流、研发机构建设、技术转移和科技企业孵化等方面开展持续实质性合作的载体平台，推动我省重点领域关键技术的加速突破。到“十三五”末，重点培育百个合作渠道畅通、合作机制完善、合作内涵深化、合作成效显著的（国际）科技合作示范基地，带动全省构建形成与“一带一路”沿线国家等重点国家和地区以及国内重点地区和高水平科研院所、大型企业之间完善的科技合作平台网络，为我省整合和利用国内外科技创新资源和参与“一带一路”倡议实施提供重要保障。

（四）打造百个专业化科技企业孵化器和众创空间

围绕我省重点领域新动能培育，以科技园区、科研院所、高校、龙头骨干企业以及其他社会组织建设的科技企业孵化器、众创空间和星创天地等为重点，培育形成一批服务功能完善、服务模式创新的专业化创新创业服务载体，推动龙头企业、中小微企业、科研院所、高校、创客等的多方协同，促进人才、技术、资本、服务等各类创新创业要素的高效配置和有效集成，打造有利于科技型小微企业和创新创业者快速成长的生态环境。到“十三五”末，重点打造百个配套支撑全程化、创新服务个性化、创业辅导专业化的科技企业孵化器和众创空间，形成我省创新创业的重要策源地，带动全省形成投资主体多元化、运行机制多样化、组织体系网络化、创新创业服务专业化、资源共享国际化的创新创业服务体系，为全省经济发展新动能培育提供重要载体支撑。

（五）选拔百名优秀创业导师

围绕提高创新创业辅导能力，以成功创业者、知名企业家、天使和创业投资人、管理咨询专家、高校和科研院所专家学者、科技特派员等不同经历的创业导师为重点，选拔一批能够发挥自身特长，通过巡回讲堂、专题讲座、导师巡诊、创业沙龙等活动，为创新创业者提供经验分享、一对一指导、专业咨询等多种形式的创业辅导。发挥创业导师优势，为科技型小微企业和创新创业者搭建技术、产业和融资对接的桥梁，为创新创业者提供持续性、导向性、专业性、实践性强的辅导服务。到“十三五”末，重点选拔百名具备创新创业精神、创业经验丰富、辅导质量高的优秀创业导师，带动全省形成联动的创业导师网络，推动全省大众创业、万众创新蓬勃发展。

（六）培育百名科技创新创业领军人才（团队）

围绕全省产业转型升级和高端发展，以电子信息、装备制造、现代海洋、现代农业、新医药、新材料、节能环保等重点领域高层次人才为重点，推动形成一批能够推动项目、人才、平台一体化发展，加快重点领域重大关键技术突破，促进重点产业知识产权创造和产业化运用的科技创新创业领军人才（团队），为确立和巩固我省在相关科技和产业领域先发优势提供人才支撑。到“十三五”末，重点培育百名在省内外具有重要影响、创新创业意识和能力强、创新支撑作用显著的科技创新创业领军人才（团队），带动全省形成一批具备重大关键技术突破能力、引领我省学科建设和产业发展的一流科技创新领军人才（团队）和具有创新创业精神、能够运用核心技术或自主知识产权创办具有国际竞争力创新型企业的一流科技创业领军人才（团队）。

（七）构建百个产业技术创新战略联盟

围绕提升全省重点领域产业协同创新能力，以省级以上产业技术创新联盟为重点，推动形成一批成员单位之间优势互补、成果共享和风险共担的产学研用合作机制完善的创新联盟，发挥在重点领域技术预测、前瞻性产业重大关键技术联合攻关、产业关键共性技术研发和推广应用等方面的重要作用，提升产业创新支撑能力。到“十三五”末，重点构建百个由行业龙头企业、科技型中小微企业、高校、科研院所、科技服务机构等广泛参与的产业技术创新战略联盟，推动相关重点产业领域形成创新链与产业链双向融合、大企业带动中小微企业集群发展的产业创新发展格局。

（八）掌握百项重点领域关键核心技术知识产权

围绕我省重点领域和重点产业，面向产业转型升级和迈向高端水平，瞄准高端目标和关键节点，加强重点产业前瞻性技术研发和跨界融合创新，加快重点领域关键核心技术突破。以此为基础，通过强化重点领域知识产权运营，构建产业化导向的专利组合和布局，积极抢占未来产业发展制高点。到“十三五”末，重点实现百项事关我省产业核心竞争力和自主创新能力的重点领域关键核心技术突破，掌握一批技术水平先进、权利状态稳定、市场预期收益高的关键核心技术知识产权，为打造我省重点产业领域优势地位提供有效支撑。

（九）培育百家明星科技型小微企业

围绕培育发展新动能，培育一批管理规范，研发机构健全，知识产权保护、人才培养引进、创新激励等运作机制完善，技术、产品、业态和商业模式创新能力强，具有较强融资能力的科技型小微企业。到“十三五”末，重点培育百家成长性好、掌握有自主知识产权核心技术、具有较强国内外行业竞争力、形成一定经济规模、成为行业细分领域“单项冠军”的明星科技型小微企业，带动全省科技型小微企业群体发展壮大。

（十）培育百个创新型产业集群（基地）

围绕战略性新兴产业发展和传统产业转型升级，按照“两区一圈一带”区域发展规划要求，推动形成一批科技人才、创新平台、创新联盟、科技服务机构和创业资本聚集，产业链和创新链完整，产业关键共性技术突破和重大技术集成与应用能力强的创新型产业集聚区。到“十三五”末，重点培育百个符合区域规划布局和资源特点、骨干企业带动性强、科技型小微企业与骨干企业分工协作、技术和产品上中下游紧密衔接、产业竞争力和可持续发展能力强的创新型产业集群（基地），部分集群（基地）实现在创新成果研发及转化、专利授权量和规模效应等方面达到国内领军水平，成为全省产业转型升级的重要支撑力量。

三、组织实施

（一）加强领导，协同推进

省科技厅根据各项工程实施目标要求，加强分类指导，科学编制实施细则。各级科技部门要把推进“十个一百”工程作为落实创新驱动发展战略的重要抓手，结合各地实际，加强组织领导，强化责任措施。山东半岛自主创新示范区、黄河三角洲农业高新技术产业示范区以及国家级高新技术产业开发区要在实施“十个一百”工程上率先行动起来，积极开展先行先试，发挥示范效应。

（二）严格遴选，动态管理

建立健全公开遴选机制，发挥专家智库在培育对象遴选和工程实施中的决策咨询作用，提高培育对象遴选的科学性和公正性。建立工程实施动态管理和调整机制，委托第三方机构加强对工程实施进展情况的动态监测和评估，及时发现和改进存在的问题，对不符合工程实施要求的培育对象进行动态调整。

（三）强化激励，提高绩效

“十个一百”工程涉及培育主体要积极探索发展的新机制、新模式，建立以市场为导向的长效发展机制，不断增强自我发展能力，实现更高层次的发展。各级科技部门将创新成效显著、示范带动作用发挥好、“双创”服务能力强的创新主体和服务载体作为今后各类科技扶持政策重点支持的对象，在人才、项目、平台等方面给予重点倾斜，鼓励其更好发挥品牌示范带动作用。

（四）加强宣传，树立品牌

及时总结科技创新品牌培育工程实施的经验和做法，对涌现出的创新创业典型进行大力宣传和推广，充分发挥品牌带动效应，激发全社会创新创业热情，促进大众创业万众创新深入开展。

本《意见》自 2016 年 3 月 31 日起施行，有效期至 2021 年 3 月 30 日。

河南省人民政府关于发展众创空间推进大众创新创业的实施意见

豫政〔2015〕31号

各市、县人民政府，省人民政府各部门：

为贯彻党中央、国务院关于进一步激励大众创业、万众创新的精神，落实《党中央国务院关于深化体制机制改革加快实施创新驱动发展战略的若干意见》《国务院办公厅关于发展众创空间推进大众创新创业的指导意见》（国办发〔2015〕9号）和《河南省全面建成小康社会加快现代化建设战略纲要》要求，加快发展我省众创空间等新型创业服务平台，激发全社会创新创业活力，营造良好的创新创业生态环境，打造经济发展新引擎，特提出以下意见，请认真贯彻落实。

一、加快构建众创空间

依托郑州航空港经济综合实验区、高新技术产业开发区、经济技术开发区、产业聚集区、高校、科技企业孵化器、大学科技园、小企业创业基地等各类创新创业载体，加快建设市场化、专业化、集成化、网络化的众创空间，为小微企业成长和个人创业提供低成本、便利化、全要素的开放式综合服务平台。（省科技厅、发展改革委、教育厅、工业和信息化委负责）

支持高校、科研机构、大企业等各类投资主体，充分利用闲置厂房或楼宇构建众创空间。鼓励依托创业投资机构，打造孵化与投资相结合的众创空间，为小微企业和创业人员提供融资支持。（省科技厅、教育厅、工业和信息化委、河南证监局负责）

充分运用互联网和开源技术，打造“互联网+”创新平台，建设“互联网+”创业社区，促进互联网与各产业融合创新发展，提升众创空间服务能力。（省科技厅、发展改革委、工业和信息化委负责）

有条件的地方对众创空间的房租、宽带网络、公共软件、法律财务服务等要给予支持。科技、教育、人力资源社会保障等部门要加强对众创空间的分类指导，引导众创空间快速健康发展。［省科技厅、教育厅、人力资源社会保障厅和各省辖市、县（市、区）政府负责］

二、大力发展科技企业孵化器

鼓励和支持多元化主体投资建设科技企业孵化器、大学科技园等创业服务载体，在土地、资金、基础设施建设等方面积极支持。鼓励高校举办科技企业孵化器、大学科技园，各地工商部门要为科技企业孵化器、大学科技园等法人主体注册提供便利，及时快捷予以登记。鼓励行业骨干企业建立专业孵化机构，完善创新链，加快壮大小微企业群体。（省科技厅、教育厅、工业和信息化委、财政厅、国土资源厅、住房城乡建设厅、工商局负责）

鼓励各类孵化载体通过招投标程序确定专门的孵化运营团队（运营管理机构），实行市场化运营。完善“苗圃+孵化+加速”孵化服务链条，建设一批产业整合、金融协作、资源共享的创业孵化示范区，探索创业孵化新机制、新模式。（省科技厅、教育厅、工业和信息化委、人力资源社会保障厅负责）

鼓励孵化器设立孵化资金，支持利用孵化资金对在孵企业进行投资和资助。对新认定的省级以上科技企业孵化器、大学科技园，省财政给予一次性奖补，并根据其运行情况给予一定补贴。（省科技厅、教育厅、财政厅负责）

三、降低创新创业门槛

深化商事制度改革工作，积极推进“三证”（工商营业执照、组织机构代码证、税务登记证）合一，认真实施“先证后照”改革，优化工作流程，强化服务效能，进一步推进工商登记便利化，为各类创业主体准入营造宽松便捷的环境。（省工商局负责）

众创空间、科技企业孵化器、大学科技园、小企业创业基地、大学生创业孵化基地等孵化载体要为创业者提供房租优惠、技术共享、创业辅导、免费高带宽互联网接入等服务。（省科技厅、教育厅、工业和信息化委、财政厅、人力资源社会保障厅负责）

四、鼓励大学生创新创业

推进实施大学生创业引领计划，鼓励各高校开设创新创业教育课程，开展大学生创业培训，重点建设一批大学生创业教育示范学校。整合国家和省级高校毕业生就业创业基金，为大学生创业提供场所、公共服务和资金支持，以创业带动就业。鼓励高校加强与金融部门、小额担保贷款管理部门合作，探索设立校内大学生创业小额担保贷款指导服务站，提升贷款审批效率。（省教育厅、工业和信息化委、财政厅、省政府金融办负责）

建立创新创业导师团队，在各专业管理部门设立专项培训课程，定期由行业导师授课，指导大学生熟知国家技术政策及导向。（省教育厅、科技厅负责）

加快建设河南省大学生创业实践示范基地，充分发挥大学科技园、科技企业孵化器、高校创业实践示范基地等孵化载体作用，为大学生创业者提供创业空间、创业培训、营销代理、工商注册、法律服务、创业交流、融资对接等服务，解决大学生创业初期资金和经验不足等难题。（省教育厅、科技厅、人力资源社会保障厅负责）

在校大学生（研究生）到各类孵化载体休学创办小微企业，可向学校申请保留学籍2年，并可根据创业绩效给予一定学分奖励。（省教育厅负责）

五、健全科技人员创业激励机制

鼓励高校、科研院所科研人员创办科技型中小企业，对省属高校和科研院所科技人员创办科技型中小企业的，省财政给予一次性创业补助。（省科技厅、财政厅负责）

省属高校和科研院所职务发明成果转让收益中用于奖励科研负责人、骨干技术人员等重要贡献人员和团队的比例不低于50%。科技成果转移转化所得收入全部留归单位，纳入单位预算，实行统一管理，处置收入不上缴国库。（省科技厅、财政厅负责）

允许省属高校和科研院所等事业单位科技人员在不影响本职工作和单位权益的条件下到企业兼职或在职创办企业进行成果转化。（省科技厅、教育厅、人力资源社会保障厅负责）

高新技术企业和科技型中小企业科研人员通过科技成果转化取得股权奖励收入时，原则上在5年内分期缴纳个人所得税。个人以股权、不动产、技术发明成果等非货币性资产进行投资的实际收益，可分期纳税。（省科技厅、财政厅、国税局、地税局负责）

六、提升科技型中小企业创新能力

实施科技“小巨人”培育计划，遴选一批创新能力强、成长速度快、发展潜力大的科技“小巨人（培育）”企业进行重点扶持，帮助其发展成为年营业收入超亿元的科技“小巨人”企业。实施省科技型中小企业培育专项，引导科技“小巨人（培育）”企业开展创新活动，提升创新能力。（省科技厅、财政厅负责）

加强全省科技型中小企业培育和备案工作，鼓励其建立企业实验室、企业技术中心、工程（技术）研究中心等研发机构。鼓励和引导科技型中小企业加强技术改造与升级，支持其采用新技术、新工艺、新设备，调整优化产业和产品结构。（省科技厅、发展改革委、工业和信息化委负责）

加大对小微企业技术创新产品和服务的政府采购力度，鼓励小微企业组成联合体共同参加政府采购与首台（套）示范项目。（省财政厅、发展改革委、科技厅、工业和信息化委负责）

七、完善创新创业公共服务平台

支持小微企业公共服务平台和服务机构建设，鼓励科技企业孵化器与省级以上各类协同创新中心对接合作，建设专业技术服务平台。优化国家实验室、重点实验室、工程实验室、工程（技术）研究中心布局，按功能定位分类整合，构建开放、共享、互动的创新网络，建立向企业特别是小微企业有效开放的机制。加大国家重大科研基础设施、大型科研仪器和专利基础信息资源等向社会开放力度。（省科技厅、发展改革委、教育厅、工业和信息化委、知识产权局负责）

以国家技术转移郑州中心、国家知识产权专利审查河南中心、河南技术产权交易所等国家级科技服务机构为依托，加快建立覆盖全省、服务企业的技术转移网络。（省科技厅、财政厅、知识产权局负责）

加强电子商务基础建设，为创新创业搭建高效便利的服务平台，提高小微企业市场竞争力。（省商务厅、工业和信息化委负责）

优化创新创业项目资源库。建立创新创业信息发布机制，广泛征集创新创业项目，使项目与创业者有效对接，促进项目成功转化。（省科技厅、教育厅、工业和信息化委、人力资源社会保障厅负责）

八、加强财政资金引导

发挥省科技创新创业投资引导基金作用，引导社会资本投入，通过股权投资的方式，推动科技成果转化和种子期、初创期小微企业发展。鼓励有条件的省辖市、国家高新技术产业开发区通过设立创业投资引导基金和创业券等多种方式支持创新创业。[省财政厅、科技厅和各省辖市、县（市、区）政府负责]

通过科技型企业培育、自主创新产品、科技金融结合等专项，采取以奖代补、后补助、风险补偿等方式，发挥财政资金的杠杆作用，激励小微企业加大研发投入，引导金融资本支持创新创业。（省科技厅、财政厅负责）

加快技术转移转化，对经技术转移机构促成在我省转化的项目，省财政科技资金按成交额的一定比例给予技术承接单位转化补助，并给予技术转移机构转化奖励。（省科技厅、财政厅负责）

九、构建创业投融资体系

围绕创新创业企业不同发展阶段的融资需求，积极引导社会力量，构建多层次的创业投融资服务体系。鼓励优秀企业家、创业导师等对创业团队和种子期、初创期的小微企业提供天使投资。省财政对向小微企业提供创业投资和贷款的金融机构给予风险补偿。（省发展改革委、省政府金融办、省科技厅、工业和信息化委、财政厅、人行郑州中心支行、河南银监局、证监局、保监局负责）

加大对小微企业改制和上市辅导等工作环节的支持力度，积极引导和鼓励创业企业在中小板、创业板、新三板、区域股权交易市场等多层次资本市场上市、挂牌融资。对小微企业发行中小企业集合债券、中小企业私募债等债务融资工具成功实现融资的，省财政给予一定比例的发行费补贴。（省政府金融办、省科技厅、教育厅、工业和信息化委、财政厅、河南证监局负责）

鼓励金融机构设立科技支行，大力发展金融服务。鼓励开展互联网股权众筹融资、债券市场融资、知识产权质押、科技融资担保等多种金融服务。（省政府金融办、省财政厅、人行郑州中心支行、河南银监局、证监局负责）

十、丰富创新创业活动

开展“创新创业引领中原”活动，支持科技企业孵化器、大学科技园、众创空间、小企业创业基地、高校、大企业等举办各种创业大赛、投资路演、创业沙龙、创业讲堂、创业训练营等活动，营造人人支持创业、人人推动创新的创业文化氛围。（省科技厅、教育厅、工业和信息化委、人力资源社会保障厅负责）

做好河南省科技创业雏鹰大赛举办工作，为投资机构与创新创业者搭建对接平台。对新创办小微企业的获奖创业团队，省财政给予一次性创业资助。（省科技厅、教育厅、财政厅负责）

完善孵化器从业人员培训体系，加强创业导师队伍建设，建立创业导师辅导机制，开展创业导师服务绩效考评，并给予奖补。（省科技厅、财政厅负责）

发展创业服务业，引进、培育一批高水平、专业化创业服务企业。加强职业技能和创业培训。完善政府购买培训成果机制，积极开展高校毕业生、登记失业人员、退役军人、就业困难人员和农村转移劳动力就业技能培训及企业岗位技能提升培训，加强失业人员职业指导培训。（省人力资源社会保障厅、教育厅、科技厅、财政厅负责）

十一、强化组织领导和政策落实

加强省、省辖市、县（市、区）联动，明确责任，统筹协调，整合集成创业创新资源。完善区域创新创业考核督促机制，引导和督促各省辖市、高新技术产业开发区、经济技术开发区、产业聚集区加强创新创业基础能力建设。[省科技厅和各省辖市、县（市、区）政府负责]

省科技部门要加强与其他相关部门的工作协调，研究完善推进大众创新创业的政策措施。（省科技厅负责）各地、各部门要高度重视推进大众创新创业工作，尽快制定出台本地、本部门支持措施，进一步加大简政放权力度，优化市场竞争环境，加大国家鼓励创新创业的政策落实力度。[各省辖市、县（市、区）政府和各有关省直部门负责]

河南省人民政府

2015 年 5 月 15 日

河南省人民政府关于大力推进大众创业万众创新的实施意见

豫政〔2016〕31号

各省辖市、省直管县（市）人民政府，省人民政府各部门：

为激发全社会创新潜能和创业活力，打造发展新引擎，增强发展新动力，根据《国务院关于大力推进大众创业万众创新若干政策措施的意见》（国发〔2015〕32号），结合我省实际，现提出以下实施意见，请认真贯彻落实。

一、总体要求

（一）指导思想

深入贯彻落实党的十八大和十八届三中、四中、五中全会精神，牢固树立和贯彻落实创新、协调、绿色、开放、共享发展理念，全面落实大众创业、万众创新决策部署，以深化改革为动力，以服务需求为导向，着力搭建新型载体，着力优化公共服务，着力激发主体活力，着力创新体制机制，打造有利于创新创业的政策环境、制度环境和公共服务体系，在全省形成大众创业、万众创新的生动局面，以创新引领发展、以创业带动就业，汇聚经济社会发展的巨大动能，为中原崛起、河南振兴、富民强省提供有力支撑。

（二）基本原则

——坚持深化改革、营造环境。大力推进结构性改革，增强创新创业制度供给，进一步简政放权、放管结合、优化服务，降低创新创业门槛，优化扶持政策和激励措施，让千千万万创新创业者活跃起来，形成有利于创新创业的良好环境。

——坚持需求导向、优化服务。尊重创新创业规律，着力破解新技术、新业态、新模式、新产业发展遇到的难点问题，切实解决创业者面临的资金需求、市场信息、政策扶持、技术支撑、公共服务等瓶颈问题，补齐公共服务短板，提高创新创业效率。

——坚持政策协同、上下联动。统筹创业、创新、就业等各类政策，强化部门与部门、部门与地方政策联动，鼓励有条件的地方先行先试，形成可复制、可推广的经验，放大政策效应，确保创新创业扶持政策可操作、能落地、见实效。

——坚持开放共享、强化支撑。加强创新创业公共服务资源开放共享，强化新型载体服务支撑能力建设，积极发展众创、众包、众扶、众筹支撑平台，依托“互联网+”、大数据等建立协作创新创业模式，形成线上线下、省内省外、政府市场开放合作机制。

——坚持突出重点、发挥优势。聚焦产业转型升级和社会民生发展重点领域，明确区域创新创业重点方向，增强与当地经济社会发展契合度，因地制宜打造一批新型载体和重点平台，吸引各类企业、创新创业者集聚，形成创新创业集合效应。

（三）主要目标

通过完善政策、搭建平台、培育人才、强化服务，创新创业生态环境不断优化，创新创业活跃程度明显提升，就业、创业、创新主要指标位次前移，努力使我省成为创新创业先进省份。

到 2018 年，创新创业体系建设取得突破性进展，建成一批服务完善、发展成效明显的众创空间，会聚一批以企业家、高端人才、科技人员、大学生、农民工为主体的创新创业实践者，培育一批以新兴业态、商业模式为代表的创新型企业，打造一批特色鲜明、集聚度高、辐射能力强的科技企业孵化器、创业园区、电子商务示范基地和小微企业创新创业基地示范城市，基本形成政策清晰、载体多元、机制创新、服务高效、充满活力的创新创业发展格局。

到 2020 年，覆盖全省的创新创业政策体系更加完善，多层次、多元化的创新创业载体基本建成，创新创业主体活力得到充分释放，创新创业服务能力明显提升，创新创业促进经济社会转型发展的支撑作用更加显著，成为全国重要的创新创业新高地。

二、重点任务

坚持发挥市场在资源配置中的决定性作用和更好发挥政府作用，突出抓好载体、主体、平台、服务和机制五个关键环节，实施创新创业五项重大工程，构建创新创业体系。

（一）建设创新创业载体体系

加快郑洛新国家自主创新示范区建设，努力将示范区打造成具有国际竞争力的中原创新创业中心。加快建设中国（郑州）跨境电子商务综合试验区，打造“互联网+”创新创业新载体。推动郑州、洛阳、南阳等创新型城市建设，鼓励各地争取开展国家创新型城市试点和小型微型企业创业基地城市示范。强化制造业、服务业创新创业，建设一批区域产业创新中心，推动产业集聚区、服务业“两区”（商务中心区和特色商业区）围绕主导产业，积极应用互联网技术，建设专业、开放、集成的创新创业平台，提升综合承载能力，培育一批国内有影响力的制造业、服务业创新策源地。建设一批创客空间、创业咖啡、创新工场、星创天地等新型孵化器，创建一批“双创”示范基地，促进创新创业要素集聚、服务专业、资源开放共享。

（二）壮大创新创业群体队伍

推动有梦想、有意愿、有能力的科技人员、大中专毕业生、农民工、退役军人等各类创新创业主体不断创办新企业、开发新产品。引导大中型企业建设“大工匠”工作室等创新创业平台，壮大一批创新型企业家、首席技术专家、“大工匠”和工人创客团队，鼓励企业二次创业。制定各类激励政策，培育一批创客和极客。强化创新创业教育培训，完善创新人才和产业技能人才二元支撑的人才培养体系。扩大高校和科研院所自主权，赋予科技人才更大创新创业空间。深化开放合作，积极引进一批具有国际视野和拥有国际领先成果的高层次领军人才来豫孵化和创办企业。大力支持豫籍企业家返乡创业。

（三）构建创新创业支撑平台

抢抓互联网快速发展带来的新机遇，大力发展众创、众包、众扶、众筹。加快推动各类众创空间与互联网融合创新，鼓励大型网络平台开放创新创业资源，全面推进众创。鼓励企业通过网络平台将部分研发、设计等外包，大力发展交通出行、旅游、医疗等领域的众包新模式，积极推广众包。推动高校和科研院所开放科研和信息资源，鼓励大中型企业开展生产协作、开放标准，带动上下游小微企业和创业者发展，立体实施众扶。支持智能家居、数字创意等创新产品开展实物众筹，鼓励小微企业和创业者开展股权众筹，稳健发展众筹。

（四）发展创新创业服务

大力发展科技信贷、创业投资、天使投资、科技保险等，加快完善创新创业金融服务体系。培育壮大一批创新创业第三方服务企业，引导各类孵化器与服务企业相结合，为创业者提供开办场所、政策咨询、财务税务、法律顾问、金融支持、知识产权等全方位专业服务。支持各类技术转移机构加快发展，促进科技成果转化落地。加快创新创业人才重点集聚区域的住房、教育、医疗等公共服务设施建设，完善创新创业人才公共服务体系。

（五）促进体制机制创新

深化科技体制改革，创新完善评价导向机制，加快政府职能从研发管理向创新服务转变，激励更多科技人员投身创新创业。积极探索交通出行、快递、金融、医疗、教育等领域的准入制度创新，为众包、众筹等新模式、新业态发展营造政策环境。创新监管方式，建立以信用为核心的新型市场监管机制，利用大数据、信用评价等手段加大对违法违规行为的处置力度。促进政府数据资源开放，强化创新创业要素支撑。

（六）实施创新创业重大工程

实施“互联网+”创新创业工程，充分运用互联网和开源技术，推进开放式创新。实施载体升级工程，强化创新创业载体建设，提升承载能力。实施资源开放共享工程，整合科研基础设施和科技信息资源，建立面向社会开放的长效机制，促进科技数据、科技服务、科技管理等信息资源互联互通和开放共享。实施环境提质优化工程，加快转变政府职能，落实各项优惠政策，优化公平竞争市场环境。实施服务提升工程，加强创新创业教育培训，开展专家咨询指导服务，常态化举办各种创业大赛、创业沙龙等活动。

三、政策措施

（一）推进创新创业便利化

1. 深化商事制度改革。全面实施工商营业执照、组织机构代码证、税务登记证“三证合一”，实行“一照一码”登记模式。推进“先照后证”改革，加快推进电子营业执照和全程电子化登记管理工作。推动“一址多照”、集群注册等住所登记改革，允许创业者依法将家庭住所、租借房、临时商业用房等作为创业经营场所。依托企业信用信息公示系统，集中公开各类扶持政策及企业享受扶持政策的信息，建立小微企业名录，增强创业企业信息透明度。（省工商局牵头，省工业和信息化委、国税局、地税局、质监局等有关部门配合）

2. 减免有关行政事业性收费、服务性收费。制定全省涉企行政事业性收费项目目录，不在目录内的行政事业性收费项目一律不得收取。对初创企业免收登记类、证照类、管理类行政事业性收费。事业单位服务性收费，以及依法开展的各类行政审批前置性、强制性评估、检测、论证等专业服务性收费，对初创企业可按不高于物价主管部门核定标准的50%收取。暂停征收企业注册登记费、个体工商户注册登记费，取消企业年检费和个体工商户验照费，降低市场主体设立成本。（省财政厅牵头，省发展改革委等有关部门配合）

3. 建立科学的职业资格体系。按照国家统一部署，继续取消一批职业资格许可和认定，对没有法律、法规依据的准入类职业资格，以及行业部门和行业协会、学会自行设置的水平评价类职业资格一律取消，释放创新创业活力。落实国家职业资格目录清单制度，在目录之外不得开展职业资格许可和认定工作。对经培训考核合格、取得职业资格证书（专项职业能力证书）的非在岗人员，均可按规定申领培训补贴。（省人力资源社会保障厅牵头，省卫生计生委、财政厅、住房城乡建设厅等有关部门配合）

4. 鼓励新模式创新创业。加快发展新模式、新业态创新创业。经工商登记注册的网络商户从业人员，同等享受各项就业创业扶持政策；未进行工商登记注册的网络商户从业人员，可认定为灵活就业人员，享受灵活就业人员扶持政策，其中通过网上交易平台实名制认证、稳定经营3个月以上且信誉良好的网络商户从业人员，符合条件的，可按规定享受创业担保贷款及贴息政策。（省人力资源社会保障厅牵头，省财政厅、商务厅、教育厅、人行郑州中心支行配合）

（二）激发创新创业主体活力

1. 支持科研人员创新创业。鼓励高校、科研院所支持科研人员离岗创业，在创业孵化期3年内返回原单位的，工龄连续计算，保留原聘专业技术职务。鼓励高校、科研院所支持科研人员转化成果创业，职务发明成果转让收益用于奖励科研负责人、骨干技术人员等重要贡献人员和团队的收益比例不低于50%，最高可至100%。对科技人员创办的科技型中小企业、河南省创新创业大赛获奖团队创办企业给予10万元的创业资助。高新技术企业转化科技成果，给予该企业相关技术人员的股权奖励，个人一次缴纳税款有困难的，可根据实际情况自行制定分期缴税计划，在不超过5个公历年度内分期缴纳个人所得税。（省科技厅、教育厅、人力资源社会保障厅、财政厅、地税局分别负责）

2. 支持大中专学生创业。实施大学生创业引领计划，落实大学生创业担保贷款、开业补贴和孵化补贴政策。推动我省高中等职业院校毕业生就业创业综合服务基地面向全省大中专学生开展实践培训、项目孵化、市场信息等创业服务。深化高校创新创业教育改革，全面修订和完善人才培养方案，建立健全创新创业教育课程体系，积极引入社会创业培训项目，加强大学生创业教育，鼓励高校落实大学生创业指导服务机构、人员、场地、经费等，为大学生创业提供指导、服务和资金支持。对大学生初创企业，正常经营3个月以上的，可申请5 000元的一次性开业补贴。大学生到各类孵化载体休学创办小微企业，可向学校申请保留学籍2年，并可根据创业绩效给予一定学分奖励。探索将高校毕业生创业情况列为高校生均拨款核定因素。（省人力资源社会保障厅、教育厅牵头，省财政厅配合）

3. 支持高层次人才来豫创业。实施高层次科技人才引进工程，对引进的高层次科技人才，符合相关规定的，省财政统筹相关专项资金给予其100万元科研资助。对省外高层次创新团队带技术、成果、项目在我省落地实施的给予支持。实施“国际人才合作项目资助计划”“海智计划”，积极引进海外科技人才。对外籍高端人才来豫创业，开辟签证办理、永久居留等绿色通道。简化外籍高端人才来豫开办企业审批流程，探索将事前审批改为事后备案。对持有外国人永久居留证的外籍高层次人才创办科技型企业等创新创业活动，除政治权利和法律、法规规定不可享有的特定权利和义务外，原则上和中国公民享有相同权利，承担相同义务。（省科技厅牵头，省教育厅、财政厅、人力资源社会保障厅、公安厅、商务厅、科协等有关部门配合）

4. 支持其他各类人员创业。支持企业家群体再创业。支持企业家围绕扩大生产、拉长链条、转型升级，开展二次创业，对新创办的实体可享受招商引资优惠政策。支持农民工及其他各类人员返乡创业。落实税收减免和普遍免费政策，支持返乡创办农民合作社、农村专业技术协会、专业大户、家庭农场、农业产业化龙头企业和社会化服务组织等新型农业经营主体。对创办的新型农业经营主体，符合农业补贴政策支持条件的，按规定享受相应的政策。扩大抵押物范围，鼓励银行业金融机构开发符合农民工创业需求特点的金融产品和金融服务。大力开展电子商务进农村综合示范创建工作，构建特色农产品交易平台，推动新型农村经营主体和特色农产品对接电商平台，支持农民网上创业。支持发展特色农产品加工、休闲农业、乡村旅游等产业。支持退役军人、化解过剩产能企业职工、失业人员等创办实体。对大中专学生、退役军人、失业人员、返乡创业农民工创办的实体在创业孵化基地内发生的物业管理、卫生、房租、水电等费用，3年内给予不超过当月实际费用50%的补贴，年补贴最高限额10 000元。开发家庭服务、手工制品、来料加工等适合妇女创业就业特点的项目，激发妇女创新创业积极性。（省人力资源社会保障厅牵头，

省科技厅、工业和信息化委、农业厅、商务厅、省政府金融办、省科协配合）

（三）加大财税支持力度

1. 加强财政资金支持。鼓励各地设立创业投资引导基金和创业券等支持创新创业。发挥省小型微型企业信贷风险补偿资金作用，对省内银行业金融机构小微企业贷款增速不低于各项贷款平均增速、增量不低于上年同期、申贷获得率不低于上年同期的，对其小微企业贷款增量部分按不高于0.5%的比例给予补偿奖励；对设立小微企业信贷风险补偿资金的省辖市、县（市、区），按到位资金规模总量不高于30%给予一次性奖励。对企业利用专利权质押融资发生的贷款利息、评估费、担保费等相关费用给予一定比例补贴。对发行债务融资工具实现融资的企业，按照实际发行金额给予一定比例的发行费补贴。完善政府采购促进中小企业创新发展的政策措施，将小微企业技术先进、节能环保、创新性产品和服务纳入政府采购范围，鼓励采用首购、订购和购买服务等方式，促进创新产品研发和规模化应用。（省财政厅牵头，省发展改革委、工业和信息化委、科技厅、人行郑州中心支行配合）

2. 落实普惠性税收政策。认真落实国家支持创新创业的各项税收优惠政策。对符合条件的月销售额不超过3万元（季销售额不超过9万元）的增值税小规模纳税人免征增值税。对符合条件的小型微利企业减按20%的税率征收企业所得税；自2015年10月1日起至2017年12月31日，对年应纳税所得额低于30万元（含30万元）的小型微利企业，其所得减按50%计入应纳税所得额，按20%的税率缴纳企业所得税，并将享受范围扩大到核定征收企业。高校毕业生、登记失业人员等重点群体创办个体工商户、个人独资企业的，可按国家规定享受税收最高上浮限额减免等政策。对一般纳税人销售自行开发生产的软件产品，依照规定实行增值税超税负即征即退；对营改增试点纳税人提供技术转让、技术开发和与之相关的技术咨询、技术服务，符合条件的免征增值税。（省国税局、地税局牵头）

3. 建立健全创新创业投资引导机制。围绕创新创业企业不同发展阶段的融资需求，积极引导社会力量，构建多层次的创新创业投资引导机制。充分发挥河南省科技创新风险投资基金和河南省中小企业发展基金作用，以股权投资等形式支持符合条件的科技型小微企业及初创期科技型企业。围绕我省战略性新兴产业发展，鼓励社会资本申报国家新兴产业创投计划参股创业投资基金和科技型中小企业创业投资引导基金，鼓励有行业背景和专业特长的天使投资人、法人机构及专业投资管理机构发起设立天使投资基金，投资处于种子期、初创期、早中期的创新型企业。（省财政厅牵头，省发展改革委、人力资源社会保障厅、科技厅、工业和信息化委配合）

4. 加大创业担保贷款扶持力度。将小额担保贷款调整为创业担保贷款，个体创业担保贷款最高额度为10万元；对合伙经营和组织起来创业的，贷款最高限额50万元；对劳动密集型小企业，贷款最高限额200万元。对创业项目前景好，但自筹资金不足且不能提供反担保的，通过诚信度评估后，可采用联保或担保机构认可的其他反担保方式，符合条件的，可按规定给予创业担保贷款扶持。完善失业保险基金补充创业贷款担保基金操作办法，不断扩大创业贷款担保基金规模。在坚持财政筹集创业贷款担保基金主渠道、保证失业保险待遇正常支付的前提下，统筹地方每年可按需借用部分失业保险基金补充创业贷款担保基金。对符合条件的城镇登记失业人员、就业困难人员、复员转业退役军人、高校毕业生、返乡农民工、农村网商、刑释解教人员以及劳动密集型小微企业使用的创业担保贷款给予一定贴息补贴。（省人力资源社会保障厅牵头，人行郑州中心支行、省财政厅配合）

（四）强化金融服务

1. 充分发挥资本市场作用。加大对中小企业改制和上市辅导等工作的支持力度，积极引导和鼓励企业在中小板、创业板发行上市。推动更多创新型、创业型、成长型中小微企业到“新三板”市场挂牌上市。支持符合条件的创业企业在银行间债券市场发行短期融资券、中期票据、非公开定向债务融资工具、集合票据等债务融资工具，拓宽资金来源。推动与工商登记部门建立股权登记对接机制，支持股权质押融资，引导区域性股权交易市场规范发展。支持符合条件的发行主体发行小微企业增信集合债等企业债券创新品种。（省政府金融办牵头，省发展改革委、工业和信息化委、人行郑州中心支行、河南证监局、银监局配合）

2. 创新银行支持方式。通过运用再贷款、再贴现等货币政策工具和信贷政策引导，鼓励各金融机构不断创新金融产品和服务方式，加大对创新创业企业的金融支持力度。支持符合条件的地方法人金融机构发行“三农”、小微企业专项金融债，加大对创业企业的信贷投放力度。推动应收账款融资服务平台应用，支持创业企业和农户融资。搭建银科对接平台，推进银行业机构科技支行建设，推进知识产权质押融资工作，推广“专利贷”金融产品，开展科技小额贷款试点。推进银会合作，鼓励金融机构为农村专业技术协会提供小额贷款、新型农业经营主体贷款等产品。（人行郑州中心支行牵头，省政府金融办、河南银监局、省知识产权局、科协、中国邮政储蓄银行河南省分行配合）

3. 积极发展融资新模式。积极开展股权众筹试点，在条件成熟时逐步扩大股权众筹试点范围，合理引导大众投资者进行股权投资。鼓励互联网企业依法合规设立借贷型众筹平台，为投融资双方提供借贷信息交互、撮合、资信评估等服务，降低创新创业成本。创新科技保险产品和服务模式，培育并规范发展专利保险等知识产权保险市场，探索发展大型设备首台套保险，促进创新创业和金融资源深度融合。积极发挥保险融资增信作用，发展贷款保证保险、信用保险等。积极引进保险资金在我省参与或投资设立创业投资基金。（省政府金融办、人行郑州中心支行、河南银监局、证监局、保监局分别负责）

（五）大力支持创新创业载体平台建设

1. 大力发展众创空间等新型孵化器。支持各省辖市、国家高新技术产业开发区集中各类创新创业资源，打造创新创业综合服务平台；鼓励行业龙头企业建立专业化众创空间。依托郑州航空港经济综合实验区、高新技术产业开发区、经济技术开发区、产业聚集区等各类创新创业载体，加快建设市场化、专业化、集成化、网络化的众创空间，为创新创业提供低成本、便利化、全要素的开放式综合服务平台。以国家农业科技园区、涉农高校院所、农业企业等为载体，开展星创天地建设行动，鼓励市、县级政府对星创天地建设给予奖励，打造适应农村创新创业需要的众创空间。对各类主体利用闲置楼宇构建众创空间，按其改造费用50%比例（最高不超过200万元）给予补贴。采用政府购买服务方式，对“众创空间”提供的宽带网络、公共软件服务费用，按照50%比例给予补贴。对新认定的国家级科技企业孵化器、省级以上大学科技园，省财政给予一次性300万元奖补；对新认定的省级科技企业孵化器，给予一次性100万元奖补。鼓励孵化器设立孵化资金，支持利用孵化资金对在孵企业进行投资和资助。对省级科技企业孵化器投入的种子基金按不高于20%的比例给予配套支持。落实支持新产业新业态发展、促进大众创业万众创新的用地政策。积极盘活闲置的商业用房、工业厂房、企业库房、物流设施和家庭住所、租赁房等资源，为创业者提供低成本办公场所和居住条件。（省科技厅牵头，省财政厅、教育厅、工业和信息化委、国土资源厅、科协配合）

2. 整合众创资源。引导高校、科研院所、企业或个人发起开源项目，鼓励企业自主研发和政府资金支持形成的成果向社会开源。建设重大科研基础设施和大型科研仪器等科技资源网络服务平台，并向创业者开放。出台促进重大科研基础设施和大型科研仪器向社会开放的实施意见，建立科研设施与仪器向社会开放的激励机制。鼓励高校、科研院所、科技场馆向全社会开放科技资源，为全社会提供科技服务。建立国家级实验室科研设施、仪器开放共享激励机制，采用财政后补助、间接投入等方式，合理补偿国家级实验室向社会开放所产生的费用支出。（省科技厅牵头，省教育厅、工业和信息化委、科协等有关部门配合）

3. 搭建开放式创新平台。以国家技术转移郑州中心、国家知识产权局专利局专利审查协作河南中心、河南技术产权交易所等科技服务机构为依托，加快建立覆盖全省、服务企业的技术转移网络，积极创建国家技术转移集聚区。建设海外人才离岸创新创业基地，搭建集聚海外人才的创新创业平台。建设国家知识产权服务业集聚发展试验区，构建开放式知识产权创新创业基地。积极吸引国内外一流大学、科研院所和世界500强研发中心等设立分支机构，建设科技园、实验室、孵化器。鼓励企业通过技术特许、委托研究、技术合伙、战略联盟等商业模式，建设一批高水平的国际科技合作研究基地，支持大型企业和研究机构建立海外研发中心，主动融入全球创新网络。（省科技厅牵头，省科协等有关部门配合）

（六）强化创新创业服务支撑

1. 发展创业服务业。充分发挥社团组织、行业协会和社会创业服务机构作用，制定政府购买社会创业服务项目清单，通过公开招标等方式购买创业服务。各类创业孵化平台、创业服务机构为创业人员提供创业辅导服务、融资服务的，可由当地政府根据实际效果给予一定辅导服务和融资服务补贴。加快发展“互联网+”创新创业网络服务，支持开源社区、开发者社群等各类互助平台发展，鼓励通过网络平台、线下社区、公益组织等途径扶助大众创业就业。(省科技厅、人力资源社会保障厅牵头，省发展改革委、科协等有关部门配合)

2. 强化创业教育培训。深入实施全民科学素质行动计划，提升公民创新创业能力。在产业集聚区、创客空间、孵化基地等推进创新创业培训；在普通高校、职业院校、技工院校等全面推进创新创业教育，把创新创业课程纳入国民教育体系和学分制管理范围；学生在校期间参加创业培训的，给予相应的培训补贴。对具有创业要求和培养愿望的各类劳动者，参加创业培训可按规定申请创业培训补贴，其中创业意识培训补贴每人200元、创业实训补贴每人300元、创办（改善）企业培训补贴每人1 000元。组建创业导师志愿团队，建立创业导师（专家）库，培训一批农民创新创业辅导员。（省人力资源社会保障厅、教育厅、科技厅牵头，省财政厅、工业和信息化委、科协等有关部门配合）

（七）营造创新创业良好环境

1. 维护公平竞争市场环境。进一步转变政府职能，增加公共产品和服务供给，为创业者提供更多机会。禁止通过政府立法形式设定行政许可，杜绝以备案、登记、年检、监制等形式变相设定行政许可。加强事中、事后监管，按照《企业公示信息抽查暂行办法》(工商总局令第67号)、《企业经营异常名录管理暂行办法》(工商总局令第68号）和《严重违法失信企业名单管理暂行办法》(工商总局令第83号）的有关规定，对被列入经营异常名录或严重违法企业名单的企业进行限制。把创业主体信用与市场准入、享受优惠政策挂钩。依托河南省企业信用信息公示平台，建设河南省企业信用信息公示监管警示系统，构建对企业进行信息公示、分类警示、联动监管、联合激励与惩戒的信息平台。健全知识产权侵权查处、快速维权与维权援助机制，缩短确权审查、侵权处理周期，加大对反复侵权、恶意侵权等行为的处罚力度，将侵权行为信息纳入社会信用记录。(省工商局、发展改革委牵头，有关部门配合)

2. 促进技术成果转移转化。在不涉及国防、国家安全、国家利益、重大社会公共利益的情况下，省管高校和科研院所等事业单位可以自主决定对其持有的科技成果采取转让、许可、作价入股等方式开展转移转化活动，单位主管部门和财政部门对其科技成果在境内的使用、处置不再审批或备案，科技成果转移转化所得收入全部留归单位，纳入单位预算，实行统一管理，处置收入不上缴国库。对经技术转移机构促成在我省转化的项目，财政科技资金按实际成交额的一定比例给予技术转移机构奖励。(省科技厅牵头，有关部门配合)

3. 强化创新创业支撑保障。完善科研人员薪酬和岗位管理制度，破除人才流动的体制机制障碍，促进科研人员在事业单位与企业间合理流动。加快社会保障制度改革，完善科研人员在事业单位与企业之间流动社保关系转移接续政策。加强创业人员社保、住房、教育、医疗等公共服务体系建设，完善跨区域创业转移接续制度。完善高层次人才社会服务机制，落实引进人才社会保障、配偶就业、子女入学等保障措施。(省人

力资源社会保障厅牵头，有关部门配合）

4. 加大宣传力度。支持举办大众创业万众创新活动周、创新创业大赛、创新创业论坛、创新成果和创业项目展示推介等活动，加强政策宣传，展示创新创业成果，繁荣创新创业文化，营造鼓励创业、宽容失败的良好社会氛围。把创新创业作为科普宣传的重要内容。发挥各类新闻媒体和网络社交平台等的作用，加大对大众创业、万众创新的新闻宣传和舆论引导力度，大力弘扬创新创业的进取精神、勤劳品质、坚韧毅力。开展“双创”人物评选宣传活动，树立一批创新创业典型人物，大力培育创业精神和创客文化，将创新创意转化为实实在在的创业活动，让大众创业、万众创新蔚然成风。(省发展改革委、科技厅、新闻出版广电局、科协分别负责)

四、组织实施

（一）加强统筹协调

建立由省发展改革委牵头，省科技厅、人力资源社会保障厅、财政厅、工业和信息化委、教育厅、公安厅、国土资源厅、住房城乡建设厅、农业厅、商务厅、人行郑州中心支行、省政府国资委、省国税局、地税局、工商局、统计局、知识产权局、省政府法制办、金融办、河南银监局、证监局、保监局、国家外汇管理局河南省分局、省科协等单位参加的大众创业万众创新联席会议制度，加强顶层设计和统筹协调，研究和协调解决本意见落实过程中的重大问题，推动大众创业、万众创新蓬勃发展。有关工作进展情况及时向省政府报告。

（二）狠抓责任落实

各地、各部门要高度重视推进大众创业、万众创新工作，尽快细化落实本意见，省辖市要结合实际制定具体方案，有关部门要结合职能分工研究提出具体政策，明确工作任务、时间节点、责任人和保障措施，加强协调联动，形成推进合力，确保各项工作取得实效。

（三）强化督促检查

各地、各部门要建立信息定期报送制度，完善考核评价机制，每年对创新创业工作进展情况进行总结。省政府组织对各地、各部门政策措施落实情况进行督导评估，对政策措施落实不力、目标任务落实不到位、工作成效差的，在全省予以通报批评。

河南省人民政府

2016 年 5 月 18 日

河南省人民政府办公厅关于深入推行科技特派员制度的实施意见

豫政办〔2016〕188号

各省辖市、省直管县（市）人民政府，省人民政府各部门：

为贯彻落实《国务院办公厅关于深入推行科技特派员制度的若干意见》（国办发〔2016〕32号）精神，进一步激发广大科技特派员创新创业热情，推进农村大众创业、万众创新，促进一二三产业融合发展，经省政府同意，现提出如下意见。

一、总体要求

（一）指导思想

以党的十八大和十八届三中、四中、五中全会精神和“四个全面”战略布局为指引，深入贯彻落实《国家创新驱动发展战略纲要》精神，围绕《河南省国民经济和社会发展第十三个五年规划纲要》和《河南省全面建成小康社会加快现代化建设战略纲要》实施，按照五大发展理念要求深入实施创新驱动发展战略，不断壮大科技特派员队伍，完善科技特派员制度，培育新型农业经营和服务主体，健全农业社会化科技服务体系，推动现代农业全产业链增值和品牌化发展，促进农村一二三产业深度融合，为补齐农业农村短板、促进城乡一体化发展、全面建成小康社会、建设创新型河南作出贡献。

（二）实施原则

——坚持“双向选择、注重实效”。面向全省现代农业和农村发展科技需求，鼓励高校、科研院所、农业企业等科技人员深入农村一线开展创新创业服务。合作双方自愿选择、注重实效。

——突出农村创业、激发活力。立足服务“三农”，不断深化改革，加强体制机制创新，总结经验，与时俱进，围绕农村实际需求，加大创业政策扶持力度，培育农村创业主体，构建创业服务平台，强化科技、金融结合，营造农村创业环境，激发全社会创新活力和创造潜能。

——坚持因地制宜、分类指导。发挥各级政府以及农民协会等社会组织作用，对公益服务、农村创业等不同类型科技特派员实行分类指导，完善保障措施和激励政策，提升创业能力和服务水平。同时，要根据不同地方的环境、条件、社会经济发展需求引进、开发先进适用技术，探讨不同科技服务的途径和方式，制定适合自身特点的政策措施，发展地方特色产业和经济。

——坚持统筹协调、互相联动。推行科技特派员制度一是要与全民创业行动特别是与农业科技体制改革相结合，鼓励科技特派员以资金、技术、专利、管理等生产要素投入创业服务，支持建立利益共同体，发展科技产业，取得合理报酬和收益。二是要与加强县、市级科技工作相结合，围绕乡镇主导产业提升产业创新能力。三是要与科技扶贫工作相结合，围绕扶贫开发工作，发挥科技特派员优势，促进贫困地区经济和科技发展。

（三）总体目标

到2020年，新选派200个法人科技特派员、1 000个团队科技特派员、10 000名个人科技特派员，建设300家农业农村领域的众创空间—星创天地，培育1 000个新型农业经营实体，壮大500个农业特色产业，带动贫困群众尽快实现脱贫致富，使全省所有乡镇和农业主导产业实现科技特派员全覆盖，全省一二三产业融合步伐明显加快，农业主导产业科技支撑能力和创新水平得到明显提升。

二、主要任务

（一）提升农业科技支撑服务水平

针对全省现代农业和农村发展需求，围绕科技特派员创业和服务过程中的关键环节，引导各级政府和社会力量加大投入力度，积极推进农业科技创新，在良种培育、新型肥药、加工贮存、疫病防控、设施农业、农业物联网和装备智能化、土壤改良、节粮减损、食品安全、农业高效节水、农村小型水利工程、农村水生态文明建设、水土保持、移民扶持以及农村民生等方面取得一批新型实用技术成果，形成系列化、标准化的农业技术成果包，加快科技成果转化推广和产业化，为科技特派员开展科技服务和基层创业提供技术支撑。

（二）提高科技特派员创业能力

围绕全省产业发展需求，支持科技特派员开展农村科技信息和技术服务，应用现代信息技术推动农业转型升级，大力推进“互联网+”现代农业发展，培育新的经济增长点。支持科技特派员基层创业，加强科技特派员创业基地建设，打造星创天地，完善创业服务平台，降低创业门槛和风险，为科技特派员和大学生、返乡农民工、农村青年致富带头人、乡土人才等开展农村科技创业营造专业化、便捷化的创业环境。落实“一带一路”等重大发展战略，促进我省特色农产品、医药、食品、传统手工业、民族产业等“走出去”，培育创新品牌，提升品牌竞争力。加强科技特派员创业培训基地建设，通过提供科技资料、创业辅导、技能培训等形式，提升科技特派员创业能力。

（三）完善新型农业社会化科技服务体系

以政府购买公益性农业技术服务为引导，加快构建公益性与经营性相结合、专项服务与综合服务相协调的新型农业社会化科技服务体系，推动解决农技服务“最后一公里”问题。加强基层农技推广体系改革和建设，支持高校、科研院所与地方共建新农村发展研究院、农业综合服务示范基地，面向农村开展农业技术服务。支持科技特派员创办、领办、协办专业合作社、专业技术协会和涉农企业等，围绕农业全产业链开展服务。推进农业科技园区建设，发挥各类创新战略联盟作用，加强创新品牌培育，实现技术、信息、金融和产业联动发展。

（四）加快精准脱贫进程

围绕全省扶贫攻坚任务和“三山一滩”重点扶贫工作规划的落实，实施精准扶贫战略，瞄准贫困地区存在的科技和人才短板，创新扶贫理念，开展创业式扶贫和智力扶贫，加快科技、人才、管理、信息、资本等现代生产要素注入，推动解决产业发展关键技术难题，增强贫困地区创新创业和自我发展能力，加快脱贫致富步伐，实现精准扶贫、精准脱贫。

三、保障措施

（一）壮大科技特派员队伍

为满足基层农业生产和产业发展对科技的需求，鼓励并支持高校、科研院所、职业院校和企业的科技人员发挥职业专长，到基层开展服务和创业。引导大学生、返乡农民工、退伍转业军人、退休技术人员、农村青年、农村妇女等参与农村科技创业。鼓励普通高校、科研院所、科技成果转化中介服务机构以及农业科技型企业等各类农业生产经营主体，作为法人科技特派员带动农民创新创业，服务产业和区域发展。结合各类人才计划实施，加强科技特派员选派和培训，继续实施各类科技特派员创业行动，支持相关行业人才深入农村基层开展创新创业和服务。

（二）完善科技特派员创新创业政策

1. 完善科技特派员选派政策。一是高校、科研院所、职业院校、政府机关等单位开展农村科技公益服务的科技特派员，根据工作需要，可担任县（市、区）政府及部门、乡镇（街道、开发区、园区）副职，在5年时间内实行保留原单位工资福利、岗位、编制、政治待遇和优先晋升职务职称的政策，其工作业绩纳入科技人员考核体系，并将其视为具备基层经历。对因成绩优异受到政府主管部门表彰，且符合我省高层次专业技术人才职称评聘“绿色”通道要求的科技特派员，在职称评审时指标单列，不受所在单位评审职数限制；对符合离岗创业条件且深入农村开展科技创业的，在5年时间内保留其人事关系，与原单位其他在岗人员同等享有参加职称评聘、岗位等级晋升和社会保险等方面的权利，期满后可以根据本人意愿选择辞职创业或回原单位工作。二是结合实施大学生创业引领计划、离校未就业高校毕业生就业促进计划，动员金融机构、社会组织、行业协会、就业人才服务机构和企事业单位为大学生科技特派员创业提供支持，完善人事、劳动保障代理等服务，对符合规定的要及时纳入社会保险。

三是鼓励专业技术人员离岗创业。省属及各地所属高校、科研院所中符合国家和我省离岗创业有关政策的在编在岗专业技术人员，离岗创业申请期限一般为3年，离岗创业期满确需延期且提出申请的，经批准可延长2年。

2. 推行有偿服务政策。本着双方自愿的原则，科技特派员在开展工作时，鼓励双方达成技术合作协议，签订技术服务合同，提供有偿服务。鼓励科技特派员以资金、技术等生产要素投入创业服务，支持建立利益共同体，发展科技产业，取得合理报酬和收益。对承包或独立创办示范基地、示范企业的，原单位应予支持。

3. 推行优先服务政策。科技特派员投资创业者享受相关产业扶持政策和招商引资优惠政策，在场地、水电、道路、融资、保险等方面享受优先服务，对新品种、新技术引进、试验示范和推广者优先给予项目支持。

（三）健全科技特派员支持机制

1. 各级财政要安排科技特派员计划经费，保障科技特派员工作的顺利开展。省级通过河南省中原科创风险投资基金等政府投资基金，以市场化方式，对省科技特派员创业项目、星创天地在孵企业给予股权投资支持。各地、各部门适用于科技特派员实施项目的各类计划和基金，要向科技特派员进行倾斜。

2. 引导政策性银行和商业银行等金融机构在业务范围内加大信贷支持力度，开展对科技特派员的授信业务和小额贷款业务，完善担保机制，分担创业风险。

3. 吸引社会资本参与农村科技创业，鼓励创业投资机构与银行建立市场化、长期性合作机制，支持具有较强自主创新能力和高增长潜力的科技特派员企业进入资本市场融资。

4. 鼓励高校、科研院所通过许可、转让、技术入股等方式支持科技特派员转化科技成果，开展农村科技创业，保障科技特派员取得合法收益。转让科技成果取得收益比例不低于70%。

5. 支持建设星创天地，对经认定的省级星创天地纳入省级科技企业孵化器管理和服务体系。对达到国家级星创天地条件的，积极向国家科技行政主管部门推荐。

6. 积极开展创业培训，提升科技特派员创业能力；对其创办的经营主体，依法落实税收优惠政策，提供创业担保贷款、创业辅导、融资指导等服务。

四、组织实施

（一）加强组织领导

发挥科技特派员行动计划工作领导小组的作用，加强顶层设计、统筹协调和政策配套，形成部门协同、上下联动的组织体系和长效机制，为推行科技特派员制度提供组织保障。各省辖市要将科技特派员工作作为加强县（市、区）科技工作的重要抓手，建立健全多部门联合工作机制，结合实际制定本地推动科技特派员创业的政策措施，抓好督查落实，推动科技特派员工作深入开展。

（二）强化管理服务

实行科技特派员选派制，启动科技特派员登记制。支持成立科技特派员协会，并鼓励科技特派员协会等社会组织为科技特派员提供电子商务、金融、法律、合作交流等服务。建立完善科技特派员考核评价和退出机制，实行动态管理。各级科技主管部门负责日常的管理服务工作，加强对科技特派员工作的动态监测，建立科技特派员统计报告制度。

（三）加强表彰宣传

大力宣传科技特派员的典型事例和奉献精神，弘扬科学精神和创业精神，营造良好的社会氛围，激励更多的人员、企业和机构踊跃参与科技特派员农村科技创业。对作出突出贡献的优秀科技特派员及团队、科技特派员派出单位以及相关组织管理机构等，按照有关规定予以表彰。鼓励社会力量设奖对科技特派员进行表彰奖励。

河南省人民政府办公厅

2016 年 10 月 31 日

省人民政府关于加快构建大众创业万众创新支撑平台的实施意见

鄂政发〔2016〕45号

各市、州、县人民政府，省政府各部门：

为贯彻落实《国务院关于加快构建大众创业万众创新支撑平台的指导意见》（国发〔2015〕53号）精神，加快众创、众包、众扶、众筹（以下简称四众）支撑平台建设，有效促进各类创业创新要素集聚，鼓励开发新产品、新技术、新业态、新模式，大力推进大众创业万众创新（以下简称双创），提出以下实施意见。

一、总体要求

全面贯彻党中央、国务院实施创新驱动发展战略和推进双创的重大决策部署，牢固树立创新、协调、绿色、开放、共享发展理念，坚持以深化改革为动力，以激发创业创新活力、满足创业创新需求为导向，以建立和完善创业创新生态体系为重点，以我省科教资源和人才优势为支撑，充分发挥互联网应用创新的综合优势，加快构建有利于创业创新的政策环境、制度环境和公共服务平台，着力加强四众平台的专业服务能力建设，以创业带动就业、创新促进发展，推动双创迈向更高水平，打造新引擎，培育新动能，壮大新经济。

二、重点任务

（一）汇众智促创新，全面推进众创平台建设

1. 建设高端化、专业化、特色化的众创空间。以国家自主创新示范区、国家级高新区和经济开发区为重点，围绕光电子信息、生物制药、医疗健康、高端装备、新材料、新能源、大数据、3D打印、现代农业、数字创意和现代服务业等领域，推动创业创新向生产领域纵深发展，针对产业共同需求和行业共性技术难点，在细分领域建设高端化、专业化、特色化的众创空间。

2. 加快建设网络众创服务平台。依托行业领军企业和大型互联网企业，聚焦创业创新服务需求，发展一批市场化、专业化互联网众创服务平台，向各类创业创新主体开放技术、开发、营销、推广等资源，构建“共赢、协同、共享、开放”的创业创新

服务体系。鼓励各类互联网众创服务平台发展大数据分析和服务，不断优化自身服务体系和商业模式。支持阿里巴巴、腾讯、百度、小米等平台型互联网企业在我省设立各类众创空间和开放平台，促进企业、大学、科研院所与平台型互联网企业的协作互补，加强创新资源共享和科技成果转化。

3. 鼓励企业积极打造内部众创平台。推进我省大中型企业开展内部创新，鼓励采用股权、期权、合伙人制度等形式，优化管理体系，激发员工创造力，鼓励企业内部科技人员创业创新，构建资源开放型、协同创新型、具有企业特色和示范引领效果明显的众创服务平台，为企业发展壮大不断培育新的增长点。支持烽火通信、长飞光纤、东风汽车、华为（武汉）、摩托罗拉（武汉）等大企业利用自有土地、厂房开展创业创新，积极打造企业内部众创服务平台，形成企业可持续发展的原动力。

4. 打造行业领先平台。加强众创空间的跨领域协作，鼓励龙头骨干企业、高校、科研院所与国内外先进创业孵化机构开展对接合作，共同建立高水平的众创空间。依托光谷青桐汇、双创活动周、创业湖北、创立方等平台，打造创业创新活动新品牌。支持武汉留学生创业园、华中科技大学企业孵化器、武汉大学科技园、华中科技大学科技园、光谷创业咖啡等做大做强，打造具有全国知名度和影响力的创业创新服务支撑平台。推动创业创新服务延伸，打造“创业苗圃+孵化器+加速器”创业创新孵化链条，构建“起于创意、源于创新、始于创业、显于瞪羚”的企业成长新路径。

5. 发展创业创新集聚区。结合我省产业布局和新型城镇化建设，以及各类创业群体的特点和需求，集中优势资源，积极发展创业创新园、创业特色小镇、乡村创业园、创业苗圃、大学生创业基地等众创空间集聚区，构建创业创新生态圈。支持建设光谷创客街区，打造创业创新集聚带。鼓励各地发挥高校院所人才、资源优势，建设高校众创圈、研发机构众创圈。鼓励有条件的区域提升产业层次，集聚创业创新资源，引进创业创新企业，促进创业创新发展，建设创业创新特色小镇。

6. 壮大众创平台规模和优化空间布局。支持各市（州）立足当地资源创建各具特色的众创空间，支持老工业基地城市利用老厂区、老厂房、闲置厂房打造创客空间。大力发展各类特色产业孵化平台，加快服务模式和服务体系的创新，实现传统孵化模式的提档升级。探索各类众创空间建设运营模式，鼓励社会力量参与投资建设、管理运营各类创业园区、创业集市、创新工场、创客咖啡等众创空间。支持武汉“创谷”计划，将武汉打造成全省乃至中部地区创客空间的引领区；支持襄阳、宜昌建设全省创客空间的发展区，孵化和培育一批有竞争力的初创企业。鼓励各类众创空间加强分工合作、实现协同发展。

（二）汇众力增就业，积极推广众包生产方式

1. 大力推进科研众包。积极推进科研资源共享开放，加快促进协同创新。加快建设网上技术转移与成果转化公共服务平台，整合科技成果、研发需求、专家库等创业创新资源，进一步促进高校院所、重点实验室、工程实验室、工程技术（研究）中心等机构的科学仪器设备及信息等创新资源开放共享。充分发挥我省高校院所众多、人才智力密集的优势，加快推动科研协作、创新协同，促进创新成果加快转化。

2. 鼓励龙头企业众包。依托“互联网+”的技术创新和商业模式，支持大型骨干企业、国有企业、上市公司等有能力的企业，开放大规模标准化产品的项目开发目标和资源，以众包的方式加强龙头企业与中小企业之间的科技分工和创新协作。鼓励龙头企业依托互联网平台，借助大众科研实施科技攻关项目，解决关键和共性技术问题，不断深化产、学、研合作。

3. 积极推动生活服务众包。鼓励各类市场主体进入交通出行、短程无车配送、旅游、在线教育、医疗等领域，充分利用互联网众包服务的便捷性、多选性及透明化特点，优化传统生活服务行业的组织运营模式，通过任务式、悬赏式供需对接，激发民众参与活力，增加大众就业机会。

4. 加快推广知识内容众包。鼓励原创知识内容众包，支持微电影、动漫、科学知识、百科问答等原创内容开放式互联网平台的发展，充分发挥民众和小微企业的创造活力，汇聚大众网络智慧，共同构筑开放式共享知识库。加快发展云制造、生物医药、AR（增强现实）及 VR（虚拟现实）、智能硬件等领域的众包模式。

（三）汇众能助创业，开拓众扶创业新路径

1. 加强线上公共服务平台建设。积极开放政府资源，支持建设区域性、行业性创业创新公共云服务平台，汇聚政策发布、众创空间、创业投资、金融机构、创业项目、中介服务等一大批优质创业创新资源和渠道，搭建线上线下对接平台，为创业创新企业提供优质便利服务。坚持政府引导和市场主导相结合，积极探索混合所有制平台运营模式，支持诚信、高效的平台做大做强。

2. 推动企业分享众扶。鼓励大中型企业通过生产协作、开放平台、共享资源、开放标准等形式，带动上下游小微企业和创业者发展。支持开源社区、开发者社群、资源共享平台、捐赠平台、创业沙龙等各类互助平台发展。积极打造外部合作创新要素，发挥大中型企业“领创”效应。鼓励领军企业围绕打造产业链，建立“大手拉小手”对接平台，帮扶小企业与领军企业实现产业协作对接。

3. 借力资本效应众扶。聚焦省内优势行业及战略性新兴产业，支持行业领军企业、专业投资机构、金融机构等共同发起设立创业投资基金；支持民营资本、专业化投资机构共同组建天使投资基金；鼓励成功企业家开展个人天使投资，通过参股、并购、嫁接行业资源等方式，助力小微创业企业的快速成长。

4. 鼓励建设公益创业导师团。支持各类创业服务机构、行业协会等组建创业导师队伍，汇聚有公益情怀、帮扶意愿的成功企业家、天使投资人、技术专家、创业服务专家等群体，通过众创空间、科技企业孵化器、路演活动、线上平台、线下社区、公益组织等载体开展创业创新帮扶活动，为创业者提供指导建议，共同营造深入人心、氛围浓厚的众扶文化。

5. 支持行业组织开展众扶。鼓励行业协会、产业联盟等社会团体整合、协调业内资源，探索内部的共享、共赢和互助机制，帮扶会员企业快速成长。鼓励不同行业组织之间的跨界合作，共同发掘产业发展新机遇。提升各类公益事业机构、创新平台和基地的服务能力，鼓励行业协会、产业联盟等对小微企业和创业者加强服务。

（四）汇众资促发展，创建专业众筹服务平台

1. 鼓励发展实物产品众筹。针对我省产业特色，聚焦消费电子、智能硬件、特色农产品、文化创意等领域，鼓励发展以预售、推广、展示为目的的实物产品众筹模式。加强对实物产品众筹所涉及的资金筹集、产品质量、后续服务等相关环节以及艺术、出版、影视等创意项目内容的监管和规范体系建设。

2. 探索开展互联网股权众筹和网络借贷。认真贯彻落实《国务院办公厅关于印发互联网金融风险专项整治工作实施方案的通知》（国办发〔2016〕21 号）和中国人民银行等十部委《关于促进互联网金融健康发展的指导意见》（银发〔2015〕221 号）精神，在依法合规前提下，探索开展小额股权众筹试点，为创业企业提供融资支持。鼓励创投机构参与股权众筹平台的建设及运营，积极探索建立股权众筹平台运营中的“领投”及“跟投”机制；引导和支持创业服务机构合作建设、运营股权众筹平台，充分发挥其在项目发掘、项目辅导、创业服务及投后管理等方面的资源和专业优势。规范网络借贷平台建设，进一步加强对股权众筹和网络借贷等平台在准入管理、投资门槛、资金管理、收益分配等方面的监管，加强规范管理和风险控制，切实保护投资者合法权益。

（五）抓示范建基地，打造创业创新样板

1. 全力创建国家双创示范基地。支持东湖新技术开发区国家首批区域双创示范基地建设，聚焦光电子信息、生物与健康、智能制造、数字创意四大优势特色领域，实施一批重大工程和重点项目，形成一批双创集聚区，建成若干具有影响力的“创谷”基地，建立与双创发展需求相适应的政策扶持体系，形成若干可复制、可推广的双创模式和经验，成为我国探索双创发展新模式和新机制的试验田，为中西部地区双创发展提供示范。

2. 大力推进省级双创示范基地建设。充分发挥重点区域创业创新要素集聚优势，鼓励各地大力开展形式多样的双创活动和平台建设，打造一批具有龙头引领作用的众创空间，加大政策支持和资源整合力度，积极营造创业创新氛围，从“创意—研发—技术—知识—资本—创客—企业—市场—产业”等各个创业创新要素环节，着力提升双创和四众平台服务实体制造业的能力，完善创业创新生态体系，加快形成创业创新的集聚效应和产业链效应，打造独具特色的创业创新样板，创建行业性、区域性的双创示范基地。

三、组织实施

（一）优化政策扶持

1. 创新财政支持方式。运用省预算内投资和财政专项资金支持省级以上双创示范基地建设，创新财政支持方式，采取以奖代补等政策，加大对孵化成果好、科技水平高、培育企业多、服务能力强的众创空间、众包平台、众扶机构和众筹组织的奖励力度。落实创业成本费用补贴、一次性创业补贴、创业带动就业补贴等优惠政策，推动财政支持从“补建设”向“补运营”转变。发挥财政资金杠杆作用和长江经济带产业基金、省级股权投资引导基金、省级创业投资引导基金的作用，引导社会资本和金融资本参与创业创新活动，支持四众平台建设与发展。(省财政厅、省发展改革委、省经信委、省科技厅、省人社厅、省商务厅、省质监局、省政府金融办等负责)

2. 落实鼓励性税收政策。全面落实创业创新税收减免、科技成果转化税收优惠等政策。积极争取国家支持，对高新技术企业和科技型中小企业科研人员成果转化股权激励的个人所得税试行递延纳税，探索创客空间适用科技企业孵化器的税收政策。(省财政厅、省国税局、省地税局、省科技厅、省发展改革委、省经信委、省人社厅等负责)

3. 创新金融服务模式。引导天使投资、创业投资基金等支持四众平台企业发展，支持符合条件的企业在创业板上市和“新三板”、武汉股权托管交易中心挂牌，构建灵活高效的创业融资体系。促进融资担保机构和银行业金融机构为符合条件的创业企业和四众平台企业提供快捷、低成本的融资服务。积极发展知识产权质押融资，鼓励企业、高校和科研机构对知识产权进行分等定级，加快知识产权的价值评估、产品化和市场化；积极打造线上服务平台，为专利权人提供优质便捷的金融服务。支持各类担保机构为知识产权质押融资提供第三方担保服务，全面推广小额贷款保证保险，搭建政银担保合作平台，有效降低银行贷款风险。(人行武汉分行、湖北银监局、湖北证监局、湖北保监局、省政府金融办、省知识产权局等负责)

（二）营造宽松发展空间

1. 放宽市场准入条件。破除限制四众新模式、新业态发展的不合理政策和制度瓶颈，倡导“负面清单”制度，在设计、包装、研发、推广等众包热点领域，放宽市场准入条件，降低行业门槛，允许小微创业创新者参与众包平台。探索在科技、金融、医疗、物流、教育等领域的准入制度创新。放宽众创平台企业类型、规模限制。放宽对众扶平台的限制，惠及众多创业创新者。创新与四众平台发展相适应的支付、征信和外汇服务，促进四众平台快速发展。(省教育厅、省交通运输厅、省卫生计生委、人行武汉分行、湖北银监局、湖北证监局等负责)

2. 创新行业监管机制。建立以信用为核心的新型社会监管机制，充分发挥国家企业信用信息公示系统（湖北）的信息交换、共享、公示作用，利用大数据、云计算等手段实施监管监察，提高监管的有效性和准确性。实施跨地域、跨部门协同监管，对违规的四众平台和相关行业依法予以处理。(省发展改革委、人行武汉分行、省工商局等负责)

（三）提升公共服务水平

1. 优化提升各项公共服务。深化商事制度改革，简化企业登记手续，推进全程电子化注册登记方式改革，进一步简化审批程序，为企业发展提供便利。利用湖北省市场主体信用信息共享交换平台，加强与四众平台公共数据资源共享，推广互联网电子签名、电子认证，推动电子签名国际互认，为四众平台发展提供支撑。（省工商局、省发展改革委、省科技厅、省经信委等负责）

2. 推进公共资源开放共享。进一步开放政府公共服务平台，加快推进政府公共数据开放共享。综合运用政府购买、无偿资助、业务奖励等方式，积极推进高校及科研院所建设创新资源共享平台，降低成果转化及中小微企业创业创新成本。鼓励大型互联网企业开放技术、推广等资源，降低创新创业成本。推动国家级质检中心和具备条件的省级质检中心实验室对外开放，与四众平台企业和中小企业共享大型检测设备、试验场地等，提供技术专家咨询，分享检验检测技术和研究成果。（省发展改革委、省经信委、省教育厅、省科技厅、省财政厅、省人社厅、省质监局等负责）

（四）完善市场环境

1. 加快信用体系建设。引导四众平台企业建立互联网条件下的实名认证制度和信用评价、认证机制，健全相关主体信用记录，公开评价结果。发展第三方信用评价服务，加快信用体系建设，推动全社会应用全国企业信用信息公示系统开展企业信用评价，做好企业信用信息发布和管理工作。（省发展改革委、省工商局牵头负责）

2. 加强知识产权保护。加大网络知识产权保护力度，促进在线创意和研发成果申请知识产权保护，研究制定四众领域的知识产权保护政策。加快推广知识产权保险，切实维护创业创新者权益。建立版权管理长效机制，深入开展打击侵权盗版行动。加强对专利侵权的查处力度，严格保护专利权人合法权益，为创业创新消除后顾之忧。（省知识产权局、省新闻出版广电局牵头负责）

（五）强化组织实施

1. 加强组织领导。进一步发挥省推进大众创业万众创新联席会议制度的统筹协调作用，联席会议办公室（设在省发展改革委）牵头做好相关具体工作，定期召开会议，加强沟通衔接，协调解决重点难点问题，形成上下联动工作机制，合力推动全省四众平台建设。（省发展改革委牵头负责）

2. 强化主体责任。各市（州）、县（市、区）人民政府对本区域四众平台建设负主体责任，要结合实际制定具体实施方案，加强统筹协调，科学组织实施，鼓励先行先试，探索适应新模式、新业态发展特点的管理模式，强化对创业创新公共服务平台的扶持，充分发挥四众发展的示范带动作用。（各市、州、县人民政府负责）

3. 加强督促检查。联席会议办公室要建立督促检查机制，对各地、各部门推进四众平台建设定期开展检查评估。各地、各有关部门要加强信息沟通交流，及时向联席会议办公室报送工作进展情况，重大情况及时报告省人民政府。（省发展改革委牵头负责）

湖北省人民政府

2016 年 9 月 7 日

省人民政府办公厅关于深入推行科技特派员制度的实施意见

鄂政办发〔2017〕46号

各市、州、县人民政府，省政府各部门：

为贯彻落实《国务院办公厅关于深入推行科技特派员制度的若干意见》（国办发〔2016〕32号）精神，深入实施创新驱动发展战略，激发全省广大科技特派员创新创业热情，推进农村大众创业、万众创新，促进一二三产业融合发展，经省人民政府同意，现提出如下实施意见。

一、总体要求

（一）指导思想

全面贯彻党的十八大和十八届三中、四中、五中、六中全会精神，牢固树立创新、协调、绿色、开放、共享的发展理念，深入实施创新驱动发展战略，遵循“坚持改革创新、突出农村创业、加强分类指导、尊重基层首创”的原则，加强科技特派员队伍建设，完善科技特派员运行机制，培育新型农业经营和服务主体，健全农业社会化科技服务体系，推动现代农业全产业链增值和品牌化发展，为补齐“三农”短板、促进城乡一体化发展、打赢脱贫攻坚战、全面建成小康社会作出贡献。

（二）任务目标

力争用5年时间，使科技特派员农村科技创业和服务覆盖全部17个市（州）及现代农业、新农村建设全领域，发展省、市、县三级法人科技特派员300家，个人科技特派员5 000人，建设星创天地50个，科技特派员领办、创办农业企业、合作社500个，引进推广优良品种、各类先进适用技术、新机具、新产品1 000项，直接服务、带动农户20万户。在全省范围内形成服务体系基本建成、运行机制较为完善、科技成果不断涌现的科技特派员农村科技创业和服务新局面。

二、主要任务

（一）壮大科技特派员队伍

支持高等院校、科研院所的科技人员，具有专业技术特长的职业学校和企业人员，农村乡土人才、农民致富带头人、基层农技推广人员等自然人，以及涉农高校院所、企业、合作社、家庭农场、社会组织等法人，通过注册或选派成为科技特派员，按照市场机制，将科技要素带到农村基层一线开展科技创业和服务。引导大学生、返乡农民工、退伍转业军人、退休技术人员、农村青年、农村妇女等群体积极参与农村科技创业。

（二）创新科技特派员选派方式

支持法人科技特派员以团队形式集聚整合力量，持续服务和引领农业产业和区域经济发展。支持科技人员兼职或以基层挂职、驻点帮扶、离岗创业等专职方式进行创业和服务。对接国家层面安排，推进实施林业科技特派员、农村流通科技特派员、农村青年科技特派员、粮食科技特派员、巾帼科技特派员专项行动和健康行业科技创业者行动。结合市场机制，探索发展创业型科技特派员。鼓励我省科技特派员“走出去”，到中亚、东南亚、非洲等地开展工作；支持国际人才和外省人才到我省农村开展科技创业和服务。

（三）加强科技特派员教育培训

利用新农村发展研究院、科技特派员创业培训基地等培训资源，结合高校院所以及社会力量，通过提供科技资料、创业辅导、技能培训等形式，提高科技特派员创业和服务能力。充分利用农村信息化网络平台，开展方便、快捷、高效的在线学习与培训工作。发挥优秀科技特派员传、帮、带的作用，推动科技特派员群体整体能力的提升。

（四）推进星创天地建设

在省内一二三产业融合发展较好的区域，立足农业主导产业和区域特色产业，发展农业农村领域的众创空间—星创天地。利用线下孵化载体和线上网络平台，聚集创新资源和创业要素，促进农村创新创业的低成本、专业化、便利化和信息化。探索建立建设、运营与激励机制，鼓励投融资模式创新，吸引社会资本投资、孵化初创企业。

（五）提升农业科技服务能力

支持科技特派员围绕我省农业生产中的突出共性问题和典型科技需求，积极推进农业科技创新，在良种培育、新型肥药、加工贮存、疾病防控、质量检验、设施农业、农业物联网和装备智能化、土壤改良、旱作节水、节粮减损、食品安全、市场信息以及农村民生等方面取得一批新型实用技术成果，形成系列化、标准化的农业技术成果包，加大科技服务和成果转化的推进力度。深化基层农技推广体系改革和建设，构建以国家农技推广机构为主导，科研教学单位和社会化服务组织广泛参与的“一主多元”的农技推广体系。发挥各类创新战略联盟的作用，支持高校、科研院所与地方共建新农村发展研究院、农业综合服务示范基地，提升农业科技园区的建设水平。深入实施省内供销合作社系统综合改革，打造农民生产生活综合服务平台。建立农村粮食产后科技服务新模式，提高农民粮食收储和加工水平，减少损失浪费。探索科技特派员“田间讲堂”“网上农校”、远程诊断、口袋农技书等新型服务形式，推动实现技术、信息、金融和产业联动发展。

（六）加快推动农村科技创业

支持科技特派员围绕我省农业产业化主导产业、区域优势特色产业，创办家庭农场、专业大户、农民合作社、农业企业、专业技术协会等新型农业经营主体和农业社会化服务主体。鼓励科技特派员依托“互联网+”现代农业、食品安全、农村电子商务、放心粮油工程、农业生态环境治理与可持续发展等当前重点工作开展创业活动，培育新的经济增长点。高校院所科研人员在履行岗位职责、完成本职工作的前提下，经所在单位同意，可兼职或离岗开展科技创业和成果转化活动。对接“中国农业科技创新创业大赛”，组织开展省内科技特派员创业项目路演和创业成果展示。

（七）助推打赢脱贫攻坚战

扎实推进科技扶贫行动，围绕贫困村产业发展规划，引导农业龙头企业、涉农高校院所等法人科技特派员对口帮扶贫困村，鼓励科技特派员与贫困村建立长期合作关系。充分发挥县级科技特派员熟悉情况、服务便捷的优势，支持各县（市、区）就近就便向当地贫困村选派县级科技特派员，开展创业式扶贫，提升贫困村内生发展动力和持续发展潜力。结合“三区”人才支持计划、科技人员专项计划，引导高校院所科研人员到边远山区、少数民族聚居区、革命老区等农村贫困地区，实施创业扶贫和科技服务，推动当地产业发展。

三、政策措施

（一）完善科技特派员选派政策

科技特派员在基层开展创业和服务视为在岗工作，并计入派出单位的工作量，在省级工程技术研究中心和校企共建研发中心绩效考评中，纳入对外服务的重要考核指标。普通高校、科研院所、职业学校等事业单位对开展农村科技公益服务的科技特派员，在5年时间内实行保留原单位工资福利、岗位、编制和可以晋升职务职称的政策，其工作业绩纳入科技人员考核体系。创新科技人才评价机制，鼓励科研教学单位设置推广教授、推广研究员岗位，形成科技人员想下基层、能下基层、服务基层的良好机制。对深入农村开展科技创业的，在5年内保留其人事关系，与原单位其他在岗人员同等享有参加职称评聘、岗位等级晋升和社会保险等方面的权利，期满后可以根据本人意愿选择辞职创业或回原单位工作。

（二）健全科技特派员服务创业保障机制

在职专业技术人员被聘为省级以上科技特派员的，其职级、编制、工资（含津贴）待遇在原单位实行“三不变”；其职称评定、岗位晋升、评优评奖与在服务单位的工作绩效“三挂钩”。适当提高科技特派员补贴水平。科技特派员在选派工作期间，开展创业和服务满一个派出期并考核为优秀的，在职称评聘和职务（岗位）晋升时，同等条件下优先考虑。鼓励科技特派员通过自主创业、技术入股分红、成果转让、科技服务等多种方式取得收入。高等院校、科研机构的科研人员选派为科技特派员，兼职取得的报酬原则上归个人；科技特派员离岗开展创业和服务取得的收入，全部归其所有。担任领导职务的科研人员兼职及取酬，按中央有关规定执行；兼职或离岗收入不受本单位绩效工资总量限制。建立和完善兼职获得股权及红利等收入的报告制度，个人须如实将兼职收入报单位备案，按有关规定缴纳个人所得税。

（三）加大科技特派员财税支持力度

加大财政资金投入，省级财政统筹资金保障省科技特派员补贴等支出；各市、州、县财政应统筹资金保障科技特派员补助、项目支持以及服务体系建设等。创新资金使用方式，通过直接资助、专项补助、保费补贴、贷款贴息、风险补偿等多种形式进行支持。省创业投资引导基金将科技特派员农村科技创业和服务纳入支持范围。鼓励金融、保险等机构面向科技特派员开展服务创新，支持各类基金、投资机构及个人为科技特派员创业项目提供资金支持。科技特派员以技术成果投资入股到境内居民企业，被投资企业支付的对价全部为股票（权）的，个人选择技术成果投资入股递延纳税政策的，经向主管税务机关备案，投资入股当期可暂不纳税，允许递延至转让股权时，按股权转让收入减去技术成果原值和合理税费后的差额计算缴纳所得税。

（四）扩展科技特派员项目支持渠道

每年安排专项资金用于支持科技特派员创业和服务项目。湖北省中央引导地方科技发展专项每年安排一定比例资金支持科技特派员工作站建设。科技特派员创办（领办）或入股（参股）的企业、科技特派员团队在申报各类省级创业和服务项目时，在同等条件下给予优先支持，申报省级科技计划项目和省级科学技术奖励时优先推荐；对先行投入资金开展研发活动，解决我省农村经济发展和产业技术问题重大需求的，给予奖励性后补助和产学研后补助。

四、组织实施

（一）强化组织机构领导

充分发挥好省科技特派员农村科技创业行动协调小组（以下简称协调小组）的作用，加强顶层设计、统筹协调和政策配套，形成部门协同、上下联动的组织体系和长效机制。各市、州、县要建立健全多部门联合工作机制，制定推动科技特派员创新创业的政策措施，不断创新科技特派员工作方法和模式。

（二）建立目标责任考核制

把科技特派员工作作为加强市、州、县基层科技工作的重要抓手，纳入市、州、县科技创新综合考评。每年 1 月 31 日前，各市（州）科技特派员工作领导机构要向协调小组报告本地上年度科技特派员工作情况，协调小组进行综合考核并通报考核结果。

（三）发挥奖惩激励约束作用

建立完善科技特派员考核评价指标体系，加强对科技特派员创业和服务的动态监测，及时通报目标责任考核结果，对作出突出贡献的优秀科技特派员及团队，在深入推进科技特派员制度中表现优异的派出单位及市、州、县科技行政管理部门及相关人员等给予表扬，对考评不合格（不称职）的科技特派员，取消其科技特派员资格和相关待遇。

（四）积极开展舆论宣传

加强对科技特派员工作的舆论宣传，做好相关组织协调工作。省内各级新闻媒体要大力宣传科技特派员在农村科技创新创业中取得的显著成效和先进典型。组织开展科技特派员巡讲活动，激励更多的人员、企业和机构投身科技特派员农村科技创业和服务。

湖北省人民政府办公厅

2017年6月12日

关于印发《湖南省促进星创天地发展与管理办法（试行）》的通知

湘科发〔2017〕68号

各市州、省直管试点县市科技局，各有关单位：

为加快推动我省农业农村“大众创业、万众创新”，促进星创天地健康可持续发展，根据《科技部关于发布〈发展“星创天地”工作指引〉的通知》（国科发农〔2016〕210号），我厅研究制定了《湖南省促进星创天地发展与管理办法（试行）》，现印发给你们，请认真组织实施。执行中的重要情况和建议，请及时报告省科技厅。

湖南省科学技术厅

2017年5月12日

湖南省促进星创天地发展与管理办法（试行）

第一章　总则

第一条　为深入贯彻落实《国务院办公厅关于发展众创空间推进大众创新创业的指导意见》（国办发〔2015〕9号）、《国务院办公厅关于深入推行科技特派员制度的若干意见》（国办发〔2016〕32号）、《湖南省发展众创空间推进大众创新创业实施方案》（湘政办发〔2015〕74号）等文件精神，指导和推动我省星创天地健康可持续发展，努力营造良好的农村创新创业生态环境，推动农村“大众创业、万众创新”，根据科学技术部《发展“星创天地”工作指引》（国科发农〔2016〕210号）要求，结合我省实际，制定本办法。

第二条　本办法所指星创天地是指在我省范围内由独立法人机构运营，面向农业农村创新创业主体，通过市场化机制、专业化服务和资本化运作方式，聚集创新资源和创业要素，建设的集科技示范、技术集成、成果转化、创业孵化、平台服务等为一体的新型农业创新创业一站式开放性综合服务平台。通过星创天地建设，在我省着力营造低成本、专业化、社会化、便捷化的农村创新创业环境，提高农业创新供给质量和产业竞争力，促进农村一二三产业融合发展，支撑引领农村经济转型升级和产业结构调整。

第三条 支持各地先行先试，勇于创新，探索星创天地差异化的发展路径。充分发挥市场配置资源的决定性作用和政府引导作用，坚持因地制宜，实施分类指导。鼓励农业科技园区、农业企业、涉农高校院所、农民专业合作社和其他农村技术服务组织，根据区域农业产业发展需求特点和自身优势，构建专业化、差异化、多元化的星创天地，努力形成特色和品牌。

第二章　服务功能

第四条 星创天地重在完善和提升农业农村创新创业服务功能，营造低成本、专业化、社会化、便捷化的农村科技创业服务环境，推进农村一二三产业融合发展。

（一）集聚创业人才。以专业化、个性化服务吸引和集聚农村农业创新创业群体。吸引和集聚高校、科研院所、职业学校科技人员及企业人员发挥职业专长，到农村开展创业服务；吸引各类人员深入农村创新创业。

（二）技术集成示范。面向现代农业和农村发展，整合各类科技资源和要素，开展农业技术联合攻关和集成创新，形成一批适用的农业技术，加大良种良法、新型农资、现代农机等应用示范推广。通过线上线下结合，推进“互联网+”现代农业，加快科技成果转移转化和产业化。

（三）创业培育孵化。建立由成功创业者、企业家、天使和创业投资人、专家学者等任专、兼职导师的创业导师队伍和创业服务团队，为创新创业者提供规划设计、政策咨询、技术培训、融资支持、财务管理辅导、企业管理培训、知识产权法律事务等服务。建立创业辅导制度，搭建交流平台，提供从创业策划、企业建立到成熟运行全过程服务，开展创业典型宣传，营造创新创业生态环境。

（四）创业人才培训。利用星创天地人才、技术、网络、场地等条件，重点开展网络培训、授课培训、田间培训和一线实训，定期召开示范现场会和专题培训会，举办创新创业沙龙、创业大讲堂、创业训练营等创业培训活动，加强科普宣传，弘扬创新创业文化，营造创业氛围。

（五）科技金融服务。开展各类投资洽谈活动，搭建投资者与创业者的对接平台。探索农业创新创业融资模式，探索利用互联网金融、股权众筹融资等盘活社会金融资源，降低融资成本。建立企业投入为主、各类科技融资担保为辅的多元化、多层次、多渠道的科技投融资体系，实现利益共享、风险共担的科技金融运行体系。

（六）创业政策集成。梳理各级政府部门出台的创新创业扶持政策，完善创新创业服务体系。协助政府相关部门落实商事制度改革、知识产权保护、财政资金支持、普惠性税收政策、人才引进与扶持、政府采购、创新券等政策措施，优化创新创业环境。

第三章 认定条件及程序

第五条 申请认定湖南省星创天地的单位，应同时具备以下条件：

（一）具有明确的实施主体。实施主体应是在湖南省境内注册的具有独立法人资格的企事业单位或社会服务机构，具备一定运营管理和专业服务能力，包括农业科技园区、涉农高校院所、农业科技型企业、农业龙头企业、农民专业合作社或其他社会组织等各类主体。

（二）具备基本的服务设施。有建筑面积200平方米以上的固定办公场所，能够为农村创新创业者提供免费或低成本的开放式办公空间、创意创业空间、研发和检验测试等公共服务平台及一定面积的创新创业试验示范基地、创业培训基地。

（三）具有相应的产业背景和科技支撑。立足地方农业主导产业和区域特色产业，建有一定规模的相对集中连片的成果转化示范基地。有较明确的技术支撑单位，促进科技成果向农村转移转化，推进一二三产业融合发展。

（四）具有多元化的人才服务队伍。至少有3名以上创业导师（可兼职）和5名以上具有相应专业知识、技能人员的创业服务团队，为创业者提供创业辅导与培训，加强科学普及，解决涉及技术、金融、管理、法律、财务、市场营销、知识产权等方面实际问题。

（五）具有较好的创业孵化基础。已吸引入驻的创客、创业团队或初创企业不少于3个（入驻创客、创业团队、企业经营项目应符合现代农业发展要求），运营良好，有较好的发展前景。针对创客、创业团队和初创企业建立了相应的管理和运营制度。

第六条 省科技厅每年受理湖南省星创天地认定申报。申请认定湖南省星创天地的实施主体向所在市州或省直管试点县科技行政主管部门、省直有关单位、在湘部属高校和省属本科院校、中央在湘和省属科研院所等推荐单位提交申请材料，推荐单位审核同意后向省科技厅出具推荐函；省科技厅组织评审和考察，择优拟定入选名单，经公示无异议后，由省科技厅批复认定为“湖南省星创天地”，并由省科技厅授牌。鼓励发展运营良好的省级星创天地牵头组建星创天地联盟。

第四章 管理与扶持

第七条 省科技厅负责促进和指导省级星创天地发展工作。各市州和省直管试点县科技行政主管部门要积极引导和支持星创天地发展，及时协调解决相关问题，帮助落实各类扶持政策，对星创天地及其入驻的创业企业、团队和创客给予配套支持和服务，为星创天地发展营造好的政策环境。

第八条 省科技厅对省级星创天地给予一定额度的资金补助，主要用于星创天地的仪器设备及软件购置及维修、线上服务内容开发、创新创业培训等费用。鼓励省级星创天地的创业团队和企业申报科技（计划）项目。

第九条 鼓励科技资源开放共享。通过湖南省科研仪器设施和检验检测资源开放共享服务平台为星创天地提供开放共享服务，鼓励重点（工程）实验室、工程（技术）研究中心等科技创新平台对省级星创天地提供科技创新创业服务。

第十条 鼓励各类天使投资、创业投资及担保机构投向星创天地和孵化企业。

第十一条 鼓励省级星创天地推荐创业团队、创业企业参加中国创新创业大赛、湖南省创新创业大赛、湖南国家农业科技创新创业大赛等各类赛事。

第十二条 邀请或聘请知名企业家、成功创业者、天使投资人等，给予省级星创天地人才和智力支持；建立创业导师库，为省级星创天地提供创新创业指导服务。

第十三条 依托国家农村农业信息化示范省建设，构建全省农业创新资源开放共享服务网络，推动“互联网+”与农业的深度融合，加强对全省星创天地的网络化服务支持。

第五章 评价与考核

第十四条 建立星创天地考核评价制度。省科技厅组织对省级星创天地（试点）实行年度考核评价，并根据评价考核结果实行动态管理。通过考核评价，总结发现并推广星创天地发展的好模式、好机制，完善提升农业创新创业服务功能。

第十五条 星创天地的考核评价程序

（一）省级星创天地（试点）对照第四条星创天地服务功能的内容提交运营绩效自评报告及相关佐证材料。

（二）省科技厅采取公开择优方式选择第三方专业机构组织进行绩效评价。专业机构组织专家对星创天地进行绩效评价和综合评分，并出具全省星创天地发展综合评价报告，省科技厅组织核实。

（三）评估考核结果经省科技厅审定后，在省科技厅门户网站向社会公示，接受社会监督。

第十六条 评价考核结果作为政策性补助的重要参考依据。对考核优秀的给予表彰，优先给予政策性补助和优先推荐为国家级星创天地；对考核不合格的，指导其进行整改；连续两年考核不合格的，取消其湖南省星创天地称号。

第十七条 对提供虚假材料骗取财政资金支持，或未按规定使用财政资金的，认定部门有权取消其相关资格、收回财政资金，并依法依规对责任主体进行处理。

湖南省人民政府办公厅关于印发《湖南省发展众创空间推进大众创新创业实施方案》的通知

湘政办发〔2015〕74号

各市州、县市区人民政府，省政府各厅委、各直属机构：

《湖南省发展众创空间推进大众创新创业实施方案》已经省人民政府同意，现印发给你们，请认真组织实施。

湖南省人民政府办公厅

2015年9月11日

湖南省发展众创空间推进大众创新创业实施方案

为贯彻落实《国务院办公厅关于发展众创空间推进大众创新创业的指导意见》（国办发〔2015〕9号）精神，促进众创空间发展，推动大众创业、万众创新，激发经济发展活力，结合我省实际，制定本实施方案。

一、发展目标

到2018年，实现“1211”发展目标，即构建100个以上低成本、便利化、全要素、开放式的众创空间；新增2万个科技型小微企业；创业投资机构达到100个以上；提供10万个高质量的就业岗位。创新创业政策体系更加健全，形成开放共享的科技创新创业公共服务平台和全链条的创新创业服务体系，帮助各类人才实现创业梦想。

二、主要任务

组织实施“众创空间建设”“创客培育”“创新创业服务提升”“财税金融支撑”和“创新创业文化培育”5项行动计划，建立创新创业信息共享平台，引导人才、技术、资本等创新要素向众创空间集聚，打造良好的创新创业生态系统。

（一）众创空间建设行动计划

1. 开展众创空间示范。依托湖南省工业设计创新平台、长沙高新区创业服务中心、中南大学学生创新创业指导中心等，在互联网应用、智能制造、工业设计、生物医药等领域，构建10个左右有影响力的众创空间示范基地，带动全省众创空间建设。（责任单位：省科技厅）

2. 推动科技企业孵化器转型升级。制定湖南省众创空间认定管理办法，推动创业服务中心、生产力促进中心、大学科技园、中小企业创业基地等科技企业孵化机构优化运营机制和业务模式，转型升级为投资促进型、培训辅导型、专业服务型和创客孵化型等各具特色的众创空间。支持园区和县市区建设众创空间，促进省、市、县联动。（责任单位：省科技厅、省发改委、省经信委）

（二）创客培育行动计划

3. 鼓励支持大学生创业。依托省内高等院校建立一批大学生创业培育示范基地，组建湖南省大学生创业基地联盟。支持高等院校开设创新创业课程，加强创业培训。组建由成功创业者、天使投资人、知名专家等为主的创业导师队伍。组织创业导师编辑出版创业辅导培训教材和政策汇编，开展“创业学院”“创业大讲堂”“创业培训班”等各类创业培训。支持湖南省大学生创新创业孵化基地、大学科技园等平台为大学生创业提供场所和公共服务。加大对大学生、青年科技人才等群体创新创业支持力度。在校大学生休学创业时间可视为参加实践教育时间。（责任单位：省教育厅、省人力资源社会保障厅、省科技厅、团省委）

4. 支持科技人员创业。支持高等院校、科研院所的科技人员兼职或离岗等方式，走出来创办、领办或与企业家合作创办科技型企业、科技服务机构，经所在单位同意离岗的可在3年内保留人事关系，原单位应根据科技人员创业的实际情况与其签订或变更聘用合同，明确权利义务，符合条件的可正常申报评审相应专业技术职务，建立健全科研人员双向流动机制。深化科技成果处置权、收益权改革，除涉及国家安全、国家利益和重大社会公共利益的成果外，转移转化所得收入全部留归单位；对于职务发明成果转让收益（入股股权），成果持有单位按不低于50%的比例奖励科研负责人、骨干技术人员等重要贡献人员和团队。加大“企业科技特派专家行动计划”和“企业科技创新创业团队支持计划”推进和支持力度。鼓励支持企业科技特派专家和农村科技特派员深入基层一线创办、领办、协办科技型中小企业、科技服务实体和专业合作组织，实现生产、技术和市场的有效连接。（责任单位：省人力资源社会保障厅、省科技厅、省教育厅、省财政厅、省国资委、省科协）

5. 支持海外高层次人才来湘创业。建立和完善海外高端创新创业人才引进机制，通过国家“千人计划”、省“百人计划”等人才引进计划的实施，引进一批海外高层次人才和团队到湖南创新创业。依托长株潭国家自主创新示范区和各地留学生创业园，引进一批具有国际视野留学归国人员创办科技型企业。落实来湘创业海外高层次人才配偶就业、子女入学、医疗住房、社会保障相关政策。重点支持海外高层次人才引进国际先进技术成果在湖南落地转化。（责任单位：省人力资源社会保障厅、省委人才办、省科技厅、省科协）

6. 支持外出务工人员返乡创业。依托农村专业技术协会、农民专业合作社和农村科普示范基地等农村创新创业平台，为返乡创业人员提供各类创业服务。支持返乡创业人员因地制宜围绕农产品深加工、农村服务业、休闲农业、乡村旅游等开展创业。培育一批新型职业农民，积极引导金融机构支持外出务工人员返乡兴办企业和经济实体，落实创业担保贷款及财政贴息等创业扶持政策，为返乡创业者提供良好的创业环境。（责任单位：省农委、省科技厅、省商务厅、省人力资源社会保障厅、省科协、团省委）

（三）创新创业服务提升行动计划

7. 降低创新创业门槛。深化商事制度改革，加快实施工商营业执照、组织机构代码证、税务登记证“三证合一”“一照一码”，落实“先照后证”改革，推进全程电子化登记和电子营业执照应用。放宽企业注册资本登记条件，实行注册资本认缴登记制。简化住所（经营场所）登记手续，对众创空间内的企业实行“一照多址”、集群注册。采取“一站式”窗口，网上申报、预约服务等措施，为创客企业工商注册提供简捷便利服务。鼓励各地对众创空间等新型孵化机构的房租、宽带接入费用和用于创业服务的公共软件、开发工具给予适当财政补贴，鼓励众创空间为创业者提供免费高带宽互联网接入服务。（责任单位：省工商局、省财政厅、省科技厅）

8. 推进创新创业公共服务体系建设。依托湖南科技成果转化平台、湖南省农村农业信息化综合服务平台、湖南省中小企业公共服务平台网络、湖南省大学生创新创业孵化基地、湖南省知识产权交易中心等平台，整合服务资源，完善服务功能，构建全方位的创业公共服务体系，为创业者提供法律、知识产权、财务、咨询、检验检测认证和技术转移等“一站式”创业服务。搭建军民两用技术转化平台，促进军民深度融合。研究探索创新券应用试点工作，推动众创空间各项创新活动有效开展。（责任单位：省科技厅、省经信委、省发改委、省财政厅、省教育厅、省人力资源社会保障厅、省知识产权局）

（四）财税金融支撑行动计划

9. 加强财税政策引导。整合优化现有扶持创新创业的各项财政资金，通过政府购买服务和后补助等方式，重点支持众创空间建设、公共服务平台和创新创业活动。利用国家及省中小企业发展专项资金，运用阶段参股、风险补助和投资保障等方式，引导创业投资机构投资于初创期科技型中小企业。发挥国家及省新兴产业创业投资引导基金对社会资本的带动作用，重点支持战略性新兴产业和高技术产业早中期、初创期创新型企业发展。发挥财政资金杠杆作用，通过市场机制引导社会资金和金融资本支持创业活动。发挥财税政策支持天使投资、创业投资发展的作用，培育发展天使投资群体，推动大众创新创业。落实科技企业孵化器、大学科技园、研发费用加计扣除、固定资产加速折旧、高新技术企业、重点群体创业就业和支持小微企业发展等税收优惠政策。（责任单位：省财政厅、省地税局、省国税局、省科技厅、省经信委、省发改委）

10. 完善创业投融资服务。利用国家和省科技成果转化引导基金，吸引社会资本共同发起设立天使基金、创投基金等创业投资企业。开展互联网股权众筹融资试点，增强众筹对大众创新创业的服务能力。规范和发展服务小微企业的区域性股权市场，促进科技初创企业融资，完善创业投资、天使投资退出和流转机制。鼓励银行业金融机构新设或改造部分分（支）行，作为从事科技型中小企业金融服务的专业或特色分（支）行，提供科技融资、知识产权质押、股权质押等方式的金融服务。（责任单位：省科技厅、省政府金融办、人民银行长沙中心支行、省发改委、湖南银监局、湖南证监局、湖南保监局、省知识产权局、省财政厅）

（五）创新创业文化培育行动计划

11. 举办创新创业系列活动。办好“湖南省创新创业大赛”“湖南省青年创新创业大赛”“湖南省大学生创新创业大赛”以及湖南省大学生“挑战杯”等创新创业赛事，举办创新创业活动和展会。鼓励众创空间针对不同的创客群体，举办各类创新沙龙。（责任单位：省科技厅、省教育厅、省人力资源社会保障厅、省科协、团省委）

12. 加强对创新创业的宣传。调动政府、高等院校、媒体、服务机构的宣传力量，发挥互联网、博客、微信公众号等新媒体的作用，持续组织“大众创业、万众创新”宣传活动，报道一批创新创业先进事迹，树立一批创新创业典型人物，让大众创业、万众创新在全社会蔚然成风。（责任单位：省委宣传部、省科技厅、省教育厅、省新闻出版广电局、省人力资源社会保障厅、团省委、省科协）

（六）建立创新创业信息共享平台

13. 以“互联网+”模式实现资源共享。立足云计算、大数据等技术，建立湖南省创新创业信息共享平台，充分集成科技成果、人才、资金、机构和政策等信息，实现与现有科技资源及信息系统的有机衔接，实现线上线下紧密互动，资源共享，积极为创新创业主体提供创新服务，释放服务潜能。（责任单位：省科技厅、省经信委、省教育厅）

三、保障措施

各级各有关部门要高度重视，切实加强对推动众创空间建设工作的组织领导，完善配套政策和保障措施，确保方案顺利实施。建立湖南省推动众创空间建设联席会议制度，联席会议办公室设在省科技厅，落实部门职责，加强协调指导，及时研究解决推动众创空间建设的重大问题。建立市州政府和省直有关部门推动众创空间建设工作通报制度，定期向联席会议办公室报送工作实施进展情况。省科技厅会同省人力资源社会保障厅制定众创空间建设工作考核评价办法，对市州政府和省直有关部门考核结果将纳入省绩效评估范围。

湖南省人民政府办公厅关于加快众创空间发展服务实体经济转型升级的实施意见

湘政办发〔2016〕74号

各市州、县市区人民政府，省政府各厅委、各直属机构：

为充分发挥科技创新的引领和驱动作用，有效对接实体经济，在制造业、现代服务业等重点产业领域加快建设一批专业化众创空间，支撑我省经济结构调整和产业转型升级，促进经济平稳较快发展，根据《国务院办公厅关于加快众创空间发展服务实体经济转型升级的指导意见》（国办发〔2016〕7号）精神，结合我省实际，经省人民政府同意，提出以下实施意见。

一、总体要求和发展目标

（一）总体要求

加快实施创新驱动发展战略，促进众创空间专业化发展，加快科技成果向现实生产力转化，增强实体经济发展新动能。优化政务环境，不断提升服务创新创业的能力和水平，实现配套支持全程化、创新服务个性化、创业辅导专业化，推动龙头企业、中小微企业、科研院所、高校、创客等多方协同，打造产学研金用紧密结合的众创空间，吸引更多科技人员投身科技型创新创业，促进人才、技术、资本等各类创新要素的高效配置和有效集成，推进产业链、创新链、资金链和政策链深度融合，培育新业态，催生新产业。

（二）发展目标

围绕高端装备制造、新一代信息技术、新材料、新能源、生物医药、节能环保、文化创意和现代服务业等重点产业领域，针对产业技术需求和行业共性技术难点，在细分领域建设一批专业化众创空间。全省创新创业政策体系进一步健全，创新创业服务体系进一步完善，创新创业环境持续优化，市场主体快速发展。

二、重点任务

（一）建设一批特色产业领域的专业化众创空间

依托龙头骨干企业建设一批专业化众创空间，重点支持高端装备制造、轨道交通、智能制造、电子信息、新材料、石化等领域的龙头骨干企业优化配置各类创新资源，辐射带动中小微企业成长发展，建设一批优势特色产业领域的专业化众创空间。依托高校、大学科技园建设一批专业化众创空间，重点支持各高校、大学科技园、大学生创新创业基地等建设面向高校科技成果转化和大学生创新创业的专业化众创空间。依托科研院所建设一批专业化众创空间，重点支持中央在湘和省属各类科研院所、新型科研机构和创新载体，建设以科技人员为核心、以应用技术创新和成果转移转化为重点的专业化众创空间。依托孵化园区建设一批专业化众创空间，重点支持移动互联网、“互联网+”、大健康等领域的企业在孵化园区建设具有当地特色和资源优势的专业化众创空间，共建创新创业生态。

（二）建设一批国家、省级创新创业示范基地

推进国家小微企业创业创新基地示范城市建设，在全省范围内推广示范工作的成功经验和做法，积极推荐符合条件的城市创建国家小微企业创业创新基地示范城市。加快湖南省湘江新区国家双创示范基地建设，依托双创资源集聚的区域、高校和科研院所、创新型企业等不同载体，统筹区域布局和现有基础，建设一批省级双创示范基地。加快国家小微企业创业创新示范基地建设，积极创建国家小微企业创业创新示范基地。建立和完善中小微企业创业创新基地运行管理和服务体系，培育一批基础设施完备、综合服务规范、示范带动作用强的省级中小微企业创业创新基地。加快国家创业孵化示范基地建设，完善公共就业创业服务体系，建设一批创新创业带动就业省级示范基地和省级创业孵化基地。

（三）加强众创空间的国际与区域合作

鼓励龙头骨干企业、高校、科研院所与国外先进创业孵化机构开展对接合作，共同建设高水平的众创空间，支持众创空间引进国际先进的创业孵化理念，吸纳、整合和利用国外技术、资本和市场等资源，提升众创空间发展的国际化水平。努力推动众创空间对接国内外市场，充分发挥国家科技兴贸创新基地和外贸转型基地作用，利用中国国际高新技术成果交易会等国内展览平台展示我省众创空间的产品成果，积极贯彻落实国家“一带一路”、我省“一带一部”战略，实施国际市场多元化推进战略，推动众创空间与国内外市场对接，推动众创空间进出口产品向价值链高端跃升。加强与国内重点院校、科研院所合作，推动省院、省校合作不断拓展深化，认真落实我省与央企签署的“十三五”战略合作协议，加强与央企的对接与合作，共同建设高水平的创新创业孵化基地与众创空间。

（四）引导金融资本支持众创空间发展

引导创业投资基金支持众创空间发展，鼓励长株潭国家自主创新示范区、国家级高新区和省新兴产业发展基金设立以众创空间企业为主要投资对象的子基金，支持众创空间发展。组建湖南省重点产业知识产权运营基金，重点围绕先进轨道交通装备、工程机械、新材料等产业，支持一批众创空间内的创新型企业和项目。推动银行业金融机构为众创空间内企业创新创业活动提供股权和债权相结合的融资服务，与创业投资、股权投资机构试点投贷联动。建立湖南省知识产权质押融资服务平台，鼓励科技银行提供科技融资、知识产权质押、股权质押等方式的金融服务，支持众创空间内科技型企业通过资本市场进行融资。

（五）引进高层次科技人才到众创空间创新创业

鼓励科研人员创新创业，对科研人员带项目和成果到众创空间创新创业的，经原单位同意，可在3年内保留人事关系，与原单位其他在岗人员同等享有职称评聘、岗位等级晋升和社会保障等方面的权利。优化高层次创新创业人才引进机制，不断拓宽人才引进渠道，集成国家“千人计划”“万人计划”“海智计划”和省“百人计划”等人才计划政策，大力引进一批海外高层次人才及院士专家团队来湘到众创空间创新创业，在居住、工作许可、居留等方面为其提供便利条件。在重点产业领域引进高层次急需紧缺人才，编制发布《湖南省重点企业和行业急需紧缺高层次人才需求目录》，组织开展联合引才与集中猎聘，为我省战略性新兴产业引进高层次急需紧缺人才，支持其在众创空间内创新创业。壮大服务创新创业的高级人才队伍，加强对高水平众创空间运营管理人才的引进、培育和激励力度，建立由天使投资人、企业家、管理专家、技术专家、市场营销专家等组成的众创空间专兼职导师队伍。

（六）加强众创空间配套服务

加强创新资源开放共享服务，建设全省统一的科研设施和仪器网络开放共享服务平台，引导和激励工程（技术）研究中心、重点（工程）实验室、科技基础条件平台、分析测试中心、大型科学仪器中心等创新资源向众创空间开放共享。加强科技成果转移转化服务，建设湖南省科技成果转移转化公共服务平台，依托湖南省技术产权交易所、湖南省知识产权交易中心和湖南省高校知识产权运营中心，实施高校、科研院所专利托管计划，开展专利交易、运营，促进科技成果在众创空间转移转化。加强创新创业技术服务，完善科技中介服务体系，为众创空间内创新创业者提供研发设计、检验检测、模型加工、技术咨询、技术评价、知识产权、专利信息推广应用、专利标准、中试生产、产品推广等研发、制造相关服务及专业定制化的特色增值服务。加强“互联网+”创业创新服务，整合各方资源，强化全省中小企业公共服务平台网络作用，围绕管理咨询、技术创新、融资担保、创业辅导、财务法律、政策信息、人力资源、品牌营销、市场开拓等，积极打造孵化与创业投资结合、线上与线下结合的开放式服务载体，利用互联网、大数据、云计算等新一代信息技术，为创业创新者、创业企业提供基础服务和专业服务。

（七）积极营造创新创业氛围

开展“湖南省双创活动周”“湖南科技活动周”“创客·湖南”等主题活动，将其搭建为创意交流、思想碰撞、成果转化和资源对接的重要平台。举办湖南省创新创业大赛、创翼大赛、青年创新创业大赛等赛事，把各类大赛办成创业辅导、融资对接、资源共享、宣传推介的重要平台。加强对众创空间服务实体经济转型升级的典型宣传，对模式新颖、绩效突出的案例及时总结和推广，支持各媒体平台组织策划相关宣传活动，树立品牌，扩大影响，共同营造良好的创新创业氛围。

三、政策保障

（一）实行奖励和补助政策

省本级相关专项对符合政策条件的众创空间科研仪器设备和技术平台、科技服务“互联网+”平台、创业服务“互联网+”平台的新增投资予以积极支持，对认定的省级众创空间，根据其运营服务情况给予一定额度的资金补助。对面向众创空间及其创新创业项目提供服务的国家级、省级科技基础条件平台、工程（技术）研究中心、重点（工程）实验室、创新研究院等科技创新平台，根据其运营服务情况予以奖励补贴。统筹现有渠道专项资金，在同等条件下优先支持包括中国创新创业大赛等优胜项目在内的，进入众创空间创新创业的企业和团队。对众创空间内企业和团队获得国内授权的发明专利按每件3 000元标准给予一次性资助，对择优评定的重点发明专利按其上年实际缴纳的发明专利维持费50%予以资助，对专利权质押融资评估费予以补贴。

（二）优化和落实税收优惠政策

企业建设众创空间投入符合规定条件的，享受研发费用税前加计扣除政策。众创空间及入驻的小微企业发生的研发费用，企业和高校院所委托众创空间开展研发活动发生的研发费用，符合规定条件的，适用研发费用税前加计扣除政策。众创空间的研发仪器设备符合规定条件的，按照税收有关规定适用加速折旧政策。进口科研仪器设备符合规定条件的，适用进口税收优惠政策。完善科技企业孵化器税收政策，符合规定条件的众创空间适用科技企业孵化器税收等优惠政策。推动股权投资企业税收优惠政策在长株潭国家自主创新示范区先行先试，对符合一定条件的股权投资企业的自然人有限合伙人，其从有限合伙企业取得的股权投资收益，按照《中华人民共和国个人所得税法》及其实施条例的规定，符合“利息、股息、红利所得”的应税项目，按20%税率计算缴纳个人所得税。

（三）落实科技成果转化政策

全面落实《中华人民共和国促进科技成果转化法》和《湖南省促进高等院校科研院所科技成果转化实施办法》，落实科技成果使用权、处置权和收益权政策，支持高等院校、科研院所针对进入众创空间的职务科技成果转化项目开展股权和分红激励试点，对于职务发明成果转让收益（含入股股权），成果持有单位可按照不低于70%的比例奖励科研负责人、技术骨干等作出重要贡献人员和团队。

（四）落实军民技术双向转化政策

引导民用领域知识产权在军工领域运用。军工技术向民用转移中的二次开发费用，符合相关规定条件的，适用研发费用税前加计扣除政策。在符合保密规定的前提下，对向众创空间开放共享的专用设备、实验室等军工设施，按照统一政策，根据服务绩效探索建立后补助机制，促进军民创新资源融合共享。

各地各有关部门要切实加强对众创空间建设的宏观指导和工作协调，结合行业和地方发展实际，推进各具特色的专业化众创空间建设和发展。充分发挥湖南省推动众创空间建设联席会议协调推进作用，进一步加强组织领导、示范引导和分类指导，加强督查督办，确保各项政策落到实处，确保各项工作如期有序推进，加快众创空间发展，支持我省实体经济转型升级，促进经济平稳较快发展。

湖南省人民政府办公厅

2016 年 10 月 24 日

湖南省人民政府办公厅关于印发《湖南省大众创业万众创新行动计划（2015—2017年）》的通知

湘政办发〔2015〕89号

各市州、县市区人民政府，省政府各厅委、各直属机构：

《湖南省大众创业万众创新行动计划（2015—2017年）》已经省人民政府同意，现印发给你们，请认真组织实施。

湖南省人民政府办公厅

2015年10月20日

湖南省大众创业万众创新行动计划（2015—2017年）

为进一步激发创业创新活力，根据《国务院关于大力推进大众创业万众创新若干政策措施的意见》（国发〔2015〕32号）精神，结合我省实际，制定本行动计划。

一、总体目标

到2017年，着力构建100个省级重点创新创业园区，新增90个以上省级创业孵化基地，建成150个中小微企业创业基地，构建100个以上省级众创空间，新增创业主体90万个以上，带动就业150万人以上。全省创业创新政策体系进一步健全，服务体系基本完善，制度环境全面优化，市场主体迅猛发展。

二、行动内容

（一）载体升级发展工程

1. 主要任务：加强创业创新载体建设，完善配套服务，提升承载能力，为创业创新提供良好的发展空间。

2. 具体措施：（1）大力发展众创。大力推广创客空间、创业咖啡、创新工场等新型孵化模式，充分利用现有各类园区、基地和高校、科研院所、企业等条件，三年内在新兴制造业和现代服务业等领域打造100个以上省级众创空间，整合相关专项资金，支持众创空间开展创新创业活动。(2) 升级发展孵化器。推动大学科技园、留学人员创业园、创业服务中心、生产力促进中心、中小微企业创业基地等科技企业孵化机构优化运营机制和业务模式，向投资促进型、培训辅导型、专业服务型、创客孵化型等方向转型升级。(3) 加强中小微企业创业基地建设。每年重点支持 30 个以上省级中小微企业创业基地公共服务平台建设，新认定一批省级中小微企业创业基地，加强创业辅导，提高孵化培育能力。实施小微企业创业创新基地城市示范工程。(4) 大力建设创业孵化基地。以建设国家级和省级创业型城市为抓手，依托省“135”工程，加快建设创业孵化基地，力争实现国家级和省级创业型城市全覆盖，每年新增省级创业孵化基地 30 个。(5) 继续开展大学生创新创业孵化基地建设，整合全省大学生创新创业孵化基地资源，建立全省大学生创新创业孵化基地联盟，为大学生创新创业项目提供良好孵化服务。(6) 推动青年创业园区建设。集成整合各类资源，建设青年创业园区，为青年创业提供良好的环境。每个市州至少建立 1 个青年创业园区。(7) 充分发挥企业的创新主体作用，鼓励和支持有条件的大型企业发展创业平台、投资并购小微企业等，增强企业创业创新活力。(8) 加快创业创新园区建设。立足现有省级以上园区，深入实施“135”工程，大力推进创业创新园区发展。积极盘活区域内闲置的商业用房、工业厂房、企业库房、物流设施和家庭住所、租赁房等资源，为创业者提供低成本办公场所和居住条件。切实保障创业创新基地的建设用地，在符合规划、不改变用途的前提下，现有工业用地提高土地利用率和增加容积率的，不再增收土地价款。(责任单位：省科技厅、省发改委、省经信委、省人力资源社会保障厅、省财政厅、省国土资源厅、省教育厅、团省委、省妇联等)

(二) 资源开放共享工程

1. 主要任务：整合科技资源、信息资源等，建立面向全社会开放的长效机制，实现资源开放共享，为创业创新提供有力支撑。

2. 具体措施：(1) 发展公共服务平台。整合创业创新信息资源，实现创业创新政策、项目、培训、比赛等信息集中发布。加快建立创业企业、创业投资统计指标体系，加强监测和分析。建立创业失败援助机制，对受援者提供创业指导、经济救助、心理抚慰等服务。(2) 用好创业创新技术平台。编制科技资源开放共享目录，探索建立大型科学仪器和科研设施共享服务后补助机制。完善国家工程（技术）研究中心、国家重点（工程）实验室、国家企业技术中心等国家级和省级科研平台向社会开放机制。借鉴中关村开放实验室成功经验，依托长株潭国家自主创新示范区，采取共建联合方式，鼓励高校、科研机构、企业开放共享检测认证设备资源，建设开放实验室。(3) 开放高校教育培训平台。依托我省优势教育资源，实施创业创新辅导计划，鼓励高校面向社会开设创业创新辅导培训公开课，提供专业化系统化培训辅导。(责任单位：省科技厅、省发改委、省质监局、省经信委、省人力资源社会保障厅、省财政厅、省教育厅、省统计局、团省委等)

（三）服务创新拓展工程

1. 主要任务：创新服务模式，拓展服务范畴，营造良好创业创新生态。

2. 具体措施：（1）创新服务模式。积极推广众包、用户参与设计、云设计等创业创新新模式。支持创业孵化基地、中小微企业创业基地和创业园区建立信息服务平台，提供各项信息服务。（2）发展第三方专业化服务。加快发展企业管理、财务咨询、市场营销、人力资源、法律顾问、知识产权、检验检测、现代物流等第三方专业化服务。（3）开展专家指导服务行动。建立健全各级创业创新服务专家库和服务团，对创业创新服务专家按规定开展创业创新指导服务行动的，给予一定服务补贴。（4）鼓励发展众扶、众筹。依托"互联网+"等新技术新模式，发展众扶、众筹，使创新资源配置更灵活、更精准，形成内脑与外脑结合、企业与个人协同的创新格局。（责任单位：省发改委、省科技厅、省经信委、省财政厅、省教育厅、省人力资源社会保障厅等）

（四）素质培育提升工程

1. 主要任务：加强创业创新教育和培训，激发创业创新热情，提升创业创新能力和素质。

2. 具体措施：（1）加强创业创新教育。将创业创新精神教育和素质教育融入国民教育体系，深化中小学课程改革，加强实践实验类课程教育。深化高等学校创业创新教育改革，加强创业创新教育课程体系建设，实施大学生研究性学习与创新实验计划，提升教师创业创新指导能力，创新人才培养机制。（2）开展创业创新培训。开展针对不同群体、创业活动不同阶段特点的培训项目，提高创业创新培训的针对性和有效性。建立一支千人以上高水平创业创新培训师资队伍，每年开展创业创新培训 7 万人次以上。（3）组织创业创新比赛。举办中国创新创业大赛（湖南赛区）、黄炎培职业教育奖创业规划大赛、湖南青年创新创业大赛、大学生创新创业大赛、巾帼创新创业技能大赛等赛事，以比赛为契机培育提升创业创新素质。（4）积极开展多样化培训教育。充分发挥网络、电视、手机微媒等传媒作用，开展在线培训教育、远程培训教育，提供开放、灵活、方便的创业创新教育资源。（责任单位：省教育厅、省经信委、省人力资源社会保障厅、省科技厅、省财政厅、省新闻出版广电局、团省委、省妇联等）

（五）人才激活开发工程

1. 主要任务：落实各项优惠政策，激发科技人员、大学生、高层次人才等创业创新主体的创造活力，开发创业创新潜力。

2. 具体措施：（1）提高科技人员创业创新积极性。完善高校、科研院所等事业单位专业技术人员在职创业、离岗创业有关政策。对离岗创业的，经原单位同意，可在 3 年内保留人事关系，与原单位其他在岗人员同等享有参加职称评聘、岗位等级晋升和社会保险等方面的权利，原单位应当根据专业技术人员创业的实际情况，与其签订或变更聘用合同，明确权利义务。（2）引领大学生创业创新。深入实施大学生创业引领计划。依托大学生创新创业孵化基地和企业博士后科研工作站（协作研发中心），激励大学生自主创业。鼓励高校开设创业创新课程，加强创业创新培训和辅导，鼓励大学生参与科研和技术创新研究。建立健全弹性学分制管理办法，支持大学生保留学籍休学创业。(3) 吸引高层次人才来湘创业创新。建立和完善高端创业创新人才引进机制，依托国家海外高层次人才创新创业基地、长株潭国家自主创新示范区和留学生创业园，通过国家“千人计划”“万人计划”和省“百人计划”等人才引进计划的实施，引进一批高层次人才和团队来湘创业创新，落实其配偶就业、子女入学、医疗、住房、社会保障相关政策。(4) 大力引导外出务工人员返乡创业。鼓励依托各类产业园区，盘活闲置厂房等存量资源，设立返乡创业园。支持发展农民合作社、家庭农场等新型农业经营主体，符合政策规定条件的，享受有关税费优惠政策。支持返乡创业人员因地制宜发展地方特色产业。切实完善基层各类公共服务平台，加快乡村通信、交通物流等基础设施建设，为返乡创业提供便利。(5) 鼓励城镇失业人员、失地农民、退役军人开展创业，落实贷款、税收等优惠政策，加大创业帮扶力度，提升创业能力。开发适合妇女创业特点的项目，激发妇女创业创新积极性。(责任单位：省人力资源社会保障厅、省科技厅、省教育厅、省发改委、省经信委、省财政厅、省农委、省商务厅、团省委、省妇联等)

(六) 环境提质优化工程

1. 主要任务：创新体制机制，为创业创新提供各项便利；转变政府职能，完善公平竞争市场环境；落实优惠政策，减免相关收费。

2. 具体措施：(1) 提高创业便利化水平。2015 年年底前全面实施工商营业执照、组织机构代码证、税务登记证“三证合一”“一照一码”。除法律、行政法规和国务院规定的特定行业外，实行注册资本认缴登记制度，允许注册资本“零首付”；落实“先照后证”改革，推进全程电子化登记和电子营业执照应用。推动“一址多照”“集群注册”等住所登记改革。按照“非禁即入”的原则，允许各类创业主体平等进入国家法律法规未禁入的所有行业和领域。开展企业简易注销试点，建立便捷的市场退出机制。依托企业信用信息公示系统建立小微企业名录，增强创业企业信息透明度。(2) 完善公平竞争市场环境。进一步转变政府职能，增加公共产品和服务供给，为创业者提供更多机会。逐步清理并废除妨碍创业创新发展的制度和规定，打破地方保护主义。建立统一透明、有序规范的市场环境。依法反垄断和反不正当竞争，消除不利于创业创新发展的垄断协议和滥用市场支配地位以及其他不正当竞争行为。把创业主体信用与市场准入、享受优惠政策挂钩。(3) 落实有关行政事业性收费和服务性收费减免政策。对小微企业和从事个体经营的行政事业性收费按规定实施减免政策。严禁各种名义、各种形式的集资、摊派、乱收费和强制服务、强制收费。严格规范行业协会、中介组织收费，各类中介机构对登记失业人员、高校毕业生从事个体经营、创办小微企业涉及的服务性收费，要给予优惠。建立创新创业企业负担举报和反馈机制。(责任单位：省工商局、省发改委、省人力资源社会保障厅、省编办、省财政厅、省政府法制办、省质监局、人民银行长沙中心支行、省国税局、省地税局)

（七）财政金融支撑工程

1. 主要任务：加大财政支持和统筹力度，支持创业创新健康成长。加大信贷支持，完善金融服务，优化资本市场，拓宽资金渠道，为创业创新提供便捷融资。

2. 具体措施：（1）加大财政资金支持和统筹力度。根据创业创新需要，整合现有各类支持创业创新资金，促进省创业投资引导基金、省新兴产业发展基金、省科技成果转化引导基金等协同联动，支持创业创新发展。（2）加大信贷支持，完善金融服务。推动各银行业金融机构加强金融产品和服务方式创新，通过信用担保、财产抵押、股权质押、知识产权质押等多种形式，加大对创新创业企业的信贷支持。鼓励各银行业金融机构向创新创业企业提供结算、融资、理财、咨询等"一站式"系统化的金融服务。（3）依托资本市场，拓展融资渠道。支持符合条件的创业创新企业在中小板、创业板、全国中小企业股份转让系统、湖南股权交易所等市场挂牌、上市、融资，鼓励创业企业通过发行债券、股权私募等多种方式筹集资金。（4）发展国有资本创业投资。落实鼓励国有资本参与创业投资的政策措施，建立国有创业投资机构激励约束机制、监督管理机制。引导国有企业参与新兴产业创业投资基金，设立国有资本创业投资基金等，充分发挥国有资本在创业创新中的作用。（5）鼓励社会资本参与创业创新。充分调动社会资本积极性，鼓励各类社会资本通过股权投资方式支持创业创新。（6）鼓励中小企业信用担保机构为创新创业融资提供担保服务。充分发挥财政资金的引导作用，鼓励政策性中小企业信用担保机构为创新创业融资提供低担保费的担保服务。（责任单位：省财政厅、省政府金融办、湖南银监局、湖南证监局、人民银行长沙中心支行、省发改委、省科技厅、省经信委、省人力资源社会保障厅、省国资委等）

三、保障措施

（一）加强组织领导

建立湖南省推进大众创业万众创新联席会议制度，加强对创业创新工作的统筹、指导和协调。加强部门之间、部门与地方之间政策协调，增强政策普惠性、连贯性和协同性，形成强大合力。加强政策落实情况督查，确保各项政策落到实处。

（二）营造良好氛围

组织开展各类推动大众创业万众创新活动。支持科技企业孵化器、大学科技园、众创空间、中小微企业创业基地、高校、大中型企业等举办各种创业创新大赛、投资路演、创业沙龙、创业讲堂、创业训练营等活动，营造良好的创业创新氛围。发挥广播、电视、报刊、网络等各类媒介作用，多形式、多渠道加大对大众创业、万众创新的新闻宣传和舆论引导，树立创业创新典型人物，让大众创业、万众创新蔚然成风。

各地各有关部门要结合本地区本部门实际，抓紧制定具体操作办法，明确任务分工，落实工作责任，强化督促检查，加强舆论引导，推动本行动计划确定的各项具体措施落实到位，促进全省经济平稳健康发展。

湖南省人民政府办公厅
关于支持农民工等人员返乡创业的实施意见

湘政办发〔2015〕113号

各市州、县市区人民政府，省政府各厅委、各直属机构：

为进一步做好农民工、大学生和退役士兵等人员返乡创业工作，根据《国务院办公厅关于支持农民工等人员返乡创业的意见》（国办发〔2015〕47号）精神，经省人民政府同意，现提出如下实施意见。

一、总体要求

按照党中央、国务院和省委、省人民政府的部署要求，坚持普惠性与扶持性政策相结合、盘活存量与创造增量并举、政府引导与市场主导协同以及输入地与输出地发展联动的原则，深入推进大众创业、万众创新，加强统筹谋划，健全体制机制，整合创业资源，完善扶持政策，优化创业环境，以人力资本、社会资本的提升、扩散、共享为纽带，加快建立多层次多样化的返乡创业格局，进一步激发农民工等人员返乡创业热情，创造更多就地就近就业机会，加快培育县域经济增长点，开创新型工业化和农业现代化、城镇化和新农村建设协同发展新局面。

二、主要任务

（一）促进产业转移带动返乡创业

在承接产业转移过程中发展新产业、新业态，引导劳动密集型产业转移，大力发展相关配套产业，带动农民工等人员返乡创业。鼓励已经成功创业的农民工等人员，顺应产业转移的趋势和潮流，充分挖掘和利用输出地资源和要素方面的比较优势，把适合的产业转移到家乡再创业、再发展。

（二）推动输出地产业升级带动返乡创业

鼓励积累了一定资金、技术和管理经验的农民工等人员，顺应输出地消费结构、产业结构升级的市场需求，抓住机遇创业兴业，把小门面、小作坊升级为特色店、连锁店、品牌店。

（三）鼓励输出地资源嫁接输入地市场，带动返乡创业

支持农民工等人员发挥既熟悉输入地市场又熟悉输出地资源的优势，对传统手工

艺品、绿色农产品等输出地特色产品进行挖掘、升级、品牌化，借力“互联网+”信息技术发展现代商业，实现输出地产品与输入地市场对接。

（四）引导产业融合发展带动返乡创业

统筹发展县域经济，打造具有区域特色的优势产业集群。鼓励创业基础好、创业能力强的返乡人员，充分开发乡村、乡土、乡韵潜在价值，大力发展特色农业、油茶产业、林下经济和乡村旅游，促进一二三产业融合发展，拓展创业空间。充分发挥民俗、民族、民居、服饰等特色商品的优势，大力发展民族风情旅游业，带动民族地区创业。

（五）支持新型农业经营主体发展带动返乡创业

鼓励返乡人员以资金、技术、管理入股，参办、合办、创办家庭农场、农民专业合作社、农业产业化龙头企业等新型农业经营主体，围绕规模种养、农产品加工、农业社会化服务以及农技推广、林下经济、贸易营销、农资配送、信息咨询等，开展农业农村社会化服务。

三、保障措施

（一）加强基层服务平台和互联网创业基础设施建设

进一步推进县乡基层就业和社会保障服务平台、中小企业公共服务平台、农村基层综合公共服务平台、农村社区公共服务综合信息平台建设。支持通信运营商加大固定宽带和移动通信网络建设投入，改善县乡互联网服务，加快提速降费，加快推进村村通光纤、户户通宽带和“三网”融合建设，建设覆盖城乡、服务便捷的宽带网络基础设施和服务体系。积极推进电子商务进农村综合示范县工作，引导和鼓励电子商务交易平台渠道下沉，带动返乡人员依托其平台和经营网络创业。加大交通物流等基础设施投入，支持乡镇政府、农村集体经济组织与社会资本合作共建智能电商物流仓储基地，健全县、乡、村三级农村物流基础设施网络，鼓励物流企业完善物流下乡体系，提升冷链物流配送能力，畅通农产品进城与工业品下乡的双向流通渠道。

（二）加强农民工返乡创业园建设

结合推进新型工业化、信息化、城镇化、农业现代化和绿色化同步发展的实际需要，统筹安排农民工返乡创业园布局。依托现有工业园区、产业园区、物流园区，盘活闲置厂房等存量资源，整合发展一批农民工返乡创业园、返乡创业孵化基地。挖掘现有物业设施利用潜力，整合利用零散空地等存量资源，并注意与城乡基础设施建设、发展电子商务和完善物流基础设施等统筹结合。属于非农业态的农民工返乡创业园，应按照土地利用总体规划、城乡规划要求，结合老城或镇村改造、农村集体经营性建设用地或农村宅基地盘整进行开发建设。属于农林牧渔业态的农民工返乡创业园，在不改变农地、集体林地、草场、水面权属和用途前提下，允许建设方通过与权属方签订合约的方式，按照国家和省有关设施农用地的有关规定整合资源开发建设。完善返乡创业园区水、电、交通、物流、通信、宽带网络等基础设施，适当放宽返乡创业园用电用水用地标准，吸引更多返乡人员入园创业。将农民工返乡创业园和农民工创办的企业纳入省级创新创业带动就业示范基地和实行“双百资助工程”评选范围，按规定给予每个省级创新创业带动就业示范基地不超过100万元的一次性以奖代补资金，给予纳入“双百资助工程”的农民工创办企业一次性创新创业奖励，所需资金从省级创新创业带动就业扶持资金中列支。各地可在不增加财政预算总规模、不改变专项资金用途前提下，采取投资补助、以奖代补、贷款贴息等方式对农民工返乡创业园给予支持。

（三）强化返乡农民工等人员创业培训工作

结合返乡农民工等人员创业特点、需求和地域经济特色，开发有针对性的培训项目，加强创业师资队伍建设，采取互动式教学培训方式，辅以创业实训、考察观摩、创业指导等，提高培训的针对性和实效性。按照《湖南省创业培训管理办法》，参加创业培训的返乡创业人员享受创业培训补贴，经后续服务通过种植、养殖业创业的享受后续服务补贴。建立健全创业辅导制度，从有经验和行业资源的成功企业家、职业经理人、电商辅导员、天使投资人、返乡创业带头人当中选拔一批创业导师，为返乡创业农民工等人员提供创业辅导。支持返乡创业培训实习基地建设，动员知名乡镇企业、农产品加工企业、休闲农业企业和专业市场等为返乡创业人员提供创业实训服务，组织返乡创业农民工等人员定期到省内外重点企业、龙头企业、大型企业学习锻炼。发挥好驻村扶贫工作队作用，帮助开展返乡农民工教育培训，做好贫困乡村创业致富带头人培训。

（四）完善农民工等人员返乡创业服务

按照“政府提供平台、平台集聚资源、资源服务创业”的思路，依托基层公共平台集聚政府公共资源和社会其他各方资源，为返乡农民工等人员统筹提供就业创业、职业培训、社会保障、医疗卫生、住房和教育等方面的公共服务。做好返乡人员社保关系转移接续工作，将电子商务等新兴业态创业人员纳入社保覆盖范围。探索完善返乡创业人员社会兜底保障机制，降低创业风险。深化农村社区建设试点，提升农村社区支持返乡创业和吸纳就业的能力，逐步建立城乡社区农民工服务衔接机制。开展高校毕业生实名制登记工作，落实一次性求职创业补贴和一次性校园招聘活动补助。改善返乡创业市场中介服务，运用政府向社会力量购买服务的机制，充分发挥教育培训机构、创业服务企业、电子商务平台、行业协会、群团组织等社会各方的积极性，形成多方参与、公平竞争格局，帮助解决创业过程中遇到的困难和问题。鼓励大型市场中介服务机构跨区域拓展，形成专业化、社会化、网络化的市场中介服务体系。

（五）引导返乡创业与万众创新对接

引导和支持龙头企业建立市场化的创新创业促进机制，带动和支持返乡创业人员依托粮油、茶果、水产品、中药材和传统手工艺等优势特色产业创业发展。鼓励大型科研院所、高等院校建立开放式创新创业服务平台，促进返乡创业农民工等人员运用其创新成果创业，加大科技成果转化，加快科技成果资本化、产业化步伐。鼓励社会资本特别是重点龙头企业加大投入，建设市场化、专业化的众创空间，促进创新创业与企业发展、市场需求和社会资本有效对接。推行科技特派员制度和“三区”人才制度，建设一批“星创天地”，为农民工等人员返乡创业提供科技服务，实现返乡创业与万众创新有序对接、联动发展。

（六）降低返乡创业门槛

深化商事制度改革，落实注册资本登记制度改革，简化返乡创业登记方式，落实《湖南省放宽市场主体住所（经营场所）登记条件的暂行规定》，放宽场地登记条件，允许“一址多照”“一照多址”、探索实行集群注册。在符合《物权法》及安全、环保等要求的前提下，允许返乡创业农民工等人员将家庭住所、租借房、临时商业用房作为电子商务创业经营场所。放宽经营范围，凡国家法律法规未禁止的行业和领域，向返乡农民工等人员全面开放。鼓励返乡农民工等人员投资农村基础设施和在农村兴办各类事业。对政府主导、财政支持的农村公益性工程和项目，可采取政府购买服务、政府与社会资本合作等方式，引导农民工等人员创办的企业和社会组织参与建设、管护和运营。制定鼓励社会资本参与农村建设目录，探索建立乡镇政府职能转移目录，鼓励返乡创业人员参与建设或承担公共服务项目，支持返乡人员创设的企业参加政府采购。将农民工等人员返乡创业纳入社会信用体系，建立健全返乡创业市场交易规则和服务监管机制，促进公共管理水平提升和交易成本下降。取消和下放涉及返乡创业的行政许可审批事项，全面清理并切实取消非行政许可审批事项，减少返乡创业投资项目前置审批。

（七）落实定向减税和普遍性降费政策

农民工等人员返乡创业符合有关国家政策规定的，可依法定程序享受减征或免征企业所得税、个人所得税、增值税、营业税、教育费附加、地方教育附加、水利建设基金、文化事业建设费、残疾人就业保障金等税费优惠政策。按照做好失业保险促进就业、开展养老保险缴费费率过渡试点等工作的有关要求，落实降低社会保险费率政策。各级财政、税务、人力资源社会保障部门要密切配合，落实国家出台的相关税收优惠政策，确保各项优惠政策落到实处。

（八）加大财政支持力度

充分发挥财政资金的杠杆引导作用，加大对返乡创业的财政支持力度。对返乡农民工等人员创办的新型农业经营主体，符合农业补贴政策支持条件的，按规定优先享受相应的政策支持；对农民工等人员返乡创办的企业，招用就业困难人员、毕业年度高校毕业生的，按规定给予社会保险补贴和岗位补贴；对符合就业困难人员条件，从事灵活就业的，给予一定的社会保险补贴。加强全省农民工等人员享受创业担保贷款政策的统筹规划。对具备各项支农惠农资金、小微企业发展资金等其他扶持政策规定条件的，及时纳入扶持范围，优化申请程序，简化审批流程，建立健全政策受益人信息联网查验机制。经工商登记注册的网络商户从业人员，同等享受各项就业创业扶持政策；未经工商登记注册的网络商户从业人员，可认定为灵活就业人员，同等享受灵活就业人员扶持政策。对返乡创业人员初创小微企业或初次注册个体工商户特别是服务领域，正常运营一年以上并吸纳一定规模就业的创业项目，给予创业经营场所租金补贴、一次性开办费补贴和商标注册补贴，所需资金从同级创新创业带动就业扶持资金中列支。

（九）强化返乡创业金融服务

加强政府引导，运用创业投资类基金，吸引社会资本加大对农民工等人员返乡创业初创期、早中期的支持力度。在返乡创业较为集中、产业特色突出的地区，探索发行专项中小微企业集合债券、公司债券，开展股权众筹融资试点，扩大直接融资规模。加快发展村镇银行、农村信用社等中小金融机构和小额贷款公司等机构，完善返乡创业信用评价机制，创新农村承包土地的经营权、农民住房财产权等农村综合产权抵押贷款，扩大抵押物范围，鼓励银行业金融机构开发符合农民工等人员返乡创业需求特点的金融产品和金融服务，加大对返乡创业的信贷支持和服务力度。大力发展农村普惠金融，引导加大涉农资金投放，运用金融服务“三农”发展的相关政策措施，支持农民工等人员返乡创业。落实创业担保贷款政策，优化贷款审批流程。向符合政策规定条件的返乡农民工发放创业担保贷款，贷款最高额度不超过 10 万元，期限一般不超过 2 年；创业担保贷款在基础利率基础上上浮 3 个百分点以内的，由财政部门按规定贴息；贷款期满可申请展期，展期期限不得超过 1 年，展期不贴息。对返乡农民工创办的劳动密集型小企业，可按规定给予最高额度不超过 200 万元的创业担保贷款，并给予贷款基准利率 50%的财政贴息。

四、组织实施

（一）强化组织领导

各地各相关部门要高度重视农民工等人员返乡创业工作，切实加强组织领导，健全工作机制，明确任务分工，层层分解责任，细化配套措施，加强协调配合，形成工作合力。要结合产业转移和推进新型城镇化的实际需要，制定更加优惠的政策措施，加大对农民工等人员返乡创业的支持力度。

（二）强化宣传引导

各地各相关部门要坚持典型引路，打造一批民族传统产业创业示范基地、一批县级互联网创业示范基地、乡村旅游创客基地和乡村旅游带头人示范单位。要充分利用各类新闻媒体、微信、移动客户端等搭建返乡创业交流平台，积极宣传支持农民工返乡创业工作，营造创业、兴业、乐业的良好环境。

（三）强化工作落实

各地各相关部门要按照《湖南省鼓励农民工等人员返乡创业三年行动计划纲要

(2015—2017年)》的要求，明确时间进度，制定实施细则，跟踪工作进展，及时总结推广经验，研究解决工作中出现的问题，确保工作实效。

附件：湖南省鼓励农民工等人员返乡创业三年行动计划纲要（2015—2017年）

湖南省人民政府办公厅

2015年12月25日

附件：

湖南省鼓励农民工等人员返乡创业三年行动计划纲要

（2015—2017年）

序号	行动计划名称	工作任务	实现路径	责任单位
1	提升基层创业服务能力行动计划	加强基层就业和社会保障服务设施建设，提升专业化创业服务能力	加快建设县、乡基层就业和社会保障服务设施，2017年实现县级服务设施全覆盖。鼓励地方政府依托基层就业和社会保障服务平台，整合各职能部门涉及返乡创业的服务职能，建立融资、融智、融商一体化创业服务中心	省发改委、省人力资源社会保障厅会同有关部门
2	整合发展农民工返乡创业园行动计划	依托存量资源整合发展创建一批农民工返乡创业园	充分依托现有工业园区、产业园区、物流园区，盘活闲置厂房等存量资源，整合发展一批农民工返乡创业园、返乡创业孵化基地，将农民工返乡创业园和农民工创办的企业纳入省级创新创业带动就业示范基地和实行“双百资助工程”评选范围，对评为省级示范基地的按规定给予每个不超过100万元的一次性以奖代补资金，对纳入“双百资助工程”农民工创办的企业给予一次性创新创业奖励	省发改委、省经信委、省财政厅、省人力资源社会保障厅、省商务厅、省住房城乡建设厅、省国土资源厅、省农委
3	开发农业农村资源支持返乡创业行动计划	培育一批新型农业经营主体，开发特色产业，保护与发展少数民族传统手工艺，促进创业	将返乡创业与发展县域经济结合起来，培育新型农业经营主体，充分开发一批农林特色产品、加工品、休闲农业、乡村旅游、农村服务业等产业项目，促进农村一二三产业融合。大力支持民族传统工艺品保护与发展	省农委、省林业厅、省民宗委、省发改委、省民政厅、省扶贫办、省旅游局
4	完善基础设施支持返乡创业行动计划	改善信息、交通、物流等基础设施条件	加大对农村地区的信息、交通、物流等基础设施的投入，提升网速、降低网费；支持各地依据规划与社会资本共建物流仓储基地，加大农林产品品牌培育，不断提升冷链物流等基础配送能力；鼓励物流企业完善物流下乡体系	省发改委、省经信委、省财政厅、省国土资源厅、省住房城乡建设厅、省交通运输厅
5	电子商务进农村综合示范行动计划	培育一批电子商务进农村综合示范县	全省创建8个电子商务进农村综合示范县，支持建立完善的县、乡、村三级物流配送体系；建设改造县域电子商务公共服务中心和村级电子商务服务站点；支持农林产品品牌培育和质量保障体系建设，以及农林产品标准化、分级包装、初加工配送等设施建设	省商务厅、省财政厅、省交通运输厅、省农委、省林业厅

（续表）

序号	行动计划名称	工作任务	实现路径	责任单位
6	创业培训专项行动计划	推进优质创业培训资源下县乡	编制实施专项培训计划，开发有针对性的培训项目，加强创业培训师资队伍建设。按照《湖南省创业培训管理办法》等规定，对返乡创业人员开展创业培训的，落实创业培训补贴；对返乡创业人员参加创业培训后通过种植、养殖业创业的，按照规定落实后续服务补贴。充分发挥群团组织的组织发动作用，支持其利用各自资源对农村妇女、青年开展创业培训	省人力资源社会保障厅、省农委会同有关部门及团省委、省妇联等群团组织
7	返乡创业与万众创新有序对接行动计划	引导和推动建设一批市场化、专业化的众创空间	推行科技特派员制度，组织实施一批“星创天地”，为返乡创业人员提供科技服务。鼓励大型科研院所、高等院校建立开放式创新创业服务平台，促进返乡创业农民工等人员运用其创新成果创业，加速科技成果资本化、产业化步伐。鼓励社会资本特别是重点龙头企业加大投入，建设市场化、专业化的众创空间，促进创新创业与企业发展、市场需求和社会资本有效对接	省科技厅、省教育厅会同相关部门
8	财政金融扶持返乡创业行动计划	充分发挥财政资金的杠杆引导作用，强化返乡创业金融服务	加大对返乡创业的财政支持力度，对农民工等人员返乡创办的企业按规定享受农业补贴、社会补贴、岗位补贴和各项支农惠农资金、小微企业发展资金等政策扶持；每年从省级创新创业扶持资金中安排一定比例专项用于农民工创业担保贷款贴息。加大对农民工等人员返乡创业初创期、早中期的金融支持力度，探索发行专项中小微企业集合债券、公司债券，开展股权众筹融资试点，开发符合农民工等人员返乡创业需求特点的金融产品和金融服务，加大对返乡创业的信贷支持和服务力度	省财政厅、省人力资源社会保障厅、省农委、省经信委、省政府金融办、人民银行长沙中心支行

广东省人民政府关于大力推进大众创业万众创新的实施意见

粤府〔2016〕20号

各地级以上市人民政府，各县（市、区）人民政府，省政府各部门、各直属机构：

为贯彻落实《国务院关于大力推进大众创业万众创新若干政策措施的意见》（国发〔2015〕32号）和《国务院关于加快构建大众创业万众创新支撑平台的指导意见》（国发〔2015〕53号），进一步优化创业创新环境，促进众创、众包、众扶、众筹（以下统称四众）等新型支撑平台快速发展，激发创业创新活力，形成大众创业、万众创新的宏大局面，制定本实施意见。

一、总体要求

认真贯彻党的十八届五中全会和习近平总书记系列重要讲话精神，牢固树立创新、协调、绿色、开放、共享发展理念，坚持把创新驱动发展战略作为核心战略，充分发挥市场在资源配置中的决定性作用和更好发挥政府作用，不断完善体制机制、健全政策措施，加快构建有利于大众创业、万众创新的政策环境、制度环境、市场环境，加快建设四众等重大支撑平台，支持引导有意愿、有能力的人员成为市场创业创新主体，不断开办新企业，开发新产品，开拓新市场，打造新引擎，形成新动力，发展分享经济，实现创新支持创业、创业带动就业的良性互动，激发全社会创新潜能和创造活力，有力支撑我省稳增长调结构惠民生目标任务实现，支撑我省建设创新驱动发展先行省。

——坚持深化改革，优化创业环境。以开展全面创新改革试验为引领，进一步简政放权，深化体制机制改革，创新政府管理和服务方式，完善扶持政策和激励措施，坚决破除阻碍创新、限制新模式、新业态发展的体制约束和政策瓶颈，营造均等普惠环境，优化创业创新生态。

——坚持需求导向，激发创业活力。尊重创业创新规律，保障企业和劳动者的主体地位，维护各类市场主体的合法权益，通过制度供给、平台搭建等满足创业者的资金、信息、政策、技术、服务等需求。依托“互联网+”、大数据等推动商业模式创新，建立和完善线上与线下、境内与境外、政府与市场开放合作的创业创新机制，为社会大众广泛平等参与创业创新、共享改革红利和发展成果创造多元途径和广阔空间。

——坚持政策协同，确保实施效果。加强创新、创业、就业等各类政策统筹，促进省直部门与地市政府的协调联动，形成政府、行业、企业、社会共同参与的高效协同机制，打通创业创新与市场资源、社会需求的对接通道，确保政策可操作、能落地。鼓励有条件的地区积极探索可复制、可推广的创业创新政策措施。

——坚持开放创新，强化国际合作。抓住国家实施“一带一路”倡议和高标准建设中国（广东）自由贸易试验区的重大机遇，加强创业创新公共服务资源开放共享。促进粤港澳深度融合创新发展，不断扩大国际创新合作，拓展对内对外开放新空间，提升跨区域、跨国界配置创新资源能力。

二、创新体制机制，实现创业便利化

（一）优化市场准入制度

试行市场准入负面清单制度，市场准入负面清单以外的行业、领域、业务等，各类市场主体皆可依法平等进入。深化行政审批制度改革，进一步取消妨碍大众创业、万众创新的行政审批事项，全面推行行政审批标准化，逐步实现同一事项同等条件无差别办理。推广“一门式”“一网式”政府服务管理模式，实现行政审批及服务事项便捷办理。推进工业产品生产许可证行政审批制度改革，实现从事前审批向事中事后监管转变。(省发展改革委、省编办、省经济和信息化委、省工商局、省质监局)

（二）深化商事制度改革

全面落实工商营业执照、组织机构代码证、税务登记证“三证合一、一照一码”登记制度以及“先照后证”改革，推进全程电子化登记和电子营业执照应用。在中国（广东）自由贸易试验区试点实施电子营业执照，支持有条件的地市开展企业登记全程电子化改革试点，推动建立全省统一的全程电子化网上登记业务平台。支持各地级以上市开展住所（经营场所）登记改革，放宽登记条件限制，推动“一址多照”、集群注册等住所登记改革。积极开展企业简易注销改革试点，建立便捷的市场退出机制。(省工商局、省发展改革委、省经济和信息化委)

（三）完善公平竞争市场环境

加强公平竞争审查，打破地方保护主义，推动形成统一透明、有序规范的市场环境。完善反垄断执法办案机制，拓宽反垄断执法领域，对重点领域不正当竞争行为进行集中整治。清理规范行政审批中介服务及收费，取消政府部门设定的区域性、行业性或部门间中介服务机构执业限制和限额管理。清理规范涉企收费项目，完善收费目录管理制度。依托企业信用信息公示系统建立小微企业名录，增强创业企业信息透明度。(省工商局、省发展改革委)

（四）健全市场监管机制

建立健全以信用为核心的新型市场监管模式，加强跨部门、跨地区协同监管，完善守信激励机制和失信联合惩戒机制。完善企业信用信息管理目录，建立和规范企业信用信息发布制度，制定严重违法企业名单管理办法，把创业主体信用与市场准入、享受优惠政策挂钩，完善以信用管理为基础的创业创新监管模式，建立健全事中事后监管体系。充分利用大数据、随机抽查、信用评价等手段加强监督检查和对违法违规行为的处置。（省工商局、省发展改革委、省经济和信息化委、省质监局、人行广州分行）

（五）加强知识产权保护

积极推动知识产权交易，强化知识产权运营公共服务，满足创业创新需求。以展会、大型商场、专业市场及商品批发集散地等流通环节及食品、药品和家电等产品为重点，严厉打击侵犯知识产权行为。在部分地级以上市建设国家级或省级维权援助平台，争取新的国家知识产权快速维权试点，建立跨行业、跨区域的知识产权快速授权、确权和维权服务体系。支持建立巡回审判工作机制，推进知识产权民事、刑事、行政案件的“三审合一”。探索区域和部门间知识产权保护协作机制。加大网络知识产权执法力度，积极探索在线创意及研发成果的知识产权保护机制。（省知识产权局、省工商局、省新闻出版广电局、省司法厅、省农业厅、省商务厅、省食品药品监管局）

三、优化财税政策，强化创业扶持

（六）加大财政支持力度

统筹用好各类支持小微企业和创业创新的财政资金，加大对创业创新人才和项目的支持力度，引导社会资源支持四众加快发展。设立省级创业引导基金，通过阶段参股、跟进投资、风险补偿等方式，重点支持以初创企业为主要投资对象的创业投资企业发展以及大学生创业创新活动。对经认定并按规定为创业者提供创业孵化服务的创业孵化基地，按每户不超过 3 000 元标准和实际孵化成功户数给予创业孵化补贴；对入驻政府主办的创业孵化基地（创业园区）的初创企业，按第一年不低于 80%、第二年不低于 50%、第三年不低于 20%的比例减免租金。落实创业培训补贴、一次性创业资助、租金补贴、创业带动就业补贴等各项扶持政策。（省财政厅、省发展改革委、省经济和信息化委、省科技厅、省教育厅、省人力资源社会保障厅）

（七）落实普惠性税收政策

落实高新技术企业和创业投资企业税收优惠、研发费用加计扣除、股权奖励分期缴纳以及科技企业孵化器、大学科技园、固定资产加速折旧等创新激励税收优惠政策。落实促进高校毕业生、残疾人、退役军人、登记失业人员等创业就业税收政策。探索实施科技成果转化股权激励的个人所得税递延纳税政策、天使投资税收支持政策、新型孵化机构适用科技企业孵化器税收优惠政策。将线下实体众创空间的财政扶持政策惠及网络众创空间。切实加强对国家税收扶持政策的解读、宣传，进一步公开和规范税收优惠政策的申请、减免、备案和管理程序，加强对税收扶持政策执行情况的监督检查。（省财政厅、省地税局、省国税局、省教育厅、省科技厅、省人力资源社会保障

厅、省金融办）

（八）发挥政府采购支持作用

修订完善我省中小企业认定标准，落实促进中小企业发展的政府采购政策。推动实施创新产品和服务远期约定政府购买制度，发布广东省远期约定购买创新产品与服务清单，加大创新产品和服务的采购力度。建立首台（套）重大技术装备推广应用制度，对经认定的首台（套）重大技术装备，在产业化后对研制企业进行奖励，对装备制造企业投保费用给予补贴。（省财政厅、省经济和信息化委、省科技厅、省发展改革委、广东保监局）

四、搞活金融市场，实现便捷融资

（九）优化资本市场

综合运用征信管理、账户管理、外汇管理等手段，支持具有良好发展前景的创业企业在证券交易所、全国中小企业股份转让系统、股权交易中心上市、挂牌。充分发挥创业板对创业创新融资的重要平台作用，积极探索特殊股权结构类创业企业到创业板上市的制度设计，研究推动符合条件但尚未盈利的互联网和科技创新企业到创业板发行上市。规范发展省内服务于中小微企业的区域性股权市场，推动其建立与全国中小企业股份转让系统的转板机制。建立工商登记部门与区域性股权市场的股权登记对接机制，支持股权质押融资。支持符合条件的创业企业在银行间发行超短期融资券、短期融资券、中期票据、企业债、资产支持票据等债务融资工具，募集资金用于创新项目建设。鼓励具备高成长性的创业企业，依托高新技术产业开发区、产业基地、科技企业孵化器，以“区域集优”的模式发行集合票据。支持符合条件的创业企业赴香港发行人民币债券。支持符合条件的发行主体发行小微企业增信集合债等企业债券创新品种。（省金融办、省科技厅、省工商局、人行广州分行、广东证监局、广东银监局）

（十）创新银行支持方式

鼓励银行业金融机构针对创业创新企业资金需求和四众特点积极创新信贷产品和服务模式，发展小额贷款、债务融资、质押融资等新业务。合理配置支持小微企业再贷款额度，适当向小微型创业创新企业信贷投放力度较大的城市商业银行、农村商业银行、村镇银行倾斜，引导地方法人银行业金融机构加大对创业创新活动的信贷投入。鼓励银行业金融机构在科技资源集聚区域设立专门从事创新金融服务的科技信贷专营机构，通过建立贷款绿色通道等方式，提高科技贷款审批效率。支持银行业金融机构利用互联网、大数据、云计算等新技术，构建金融公共云服务平台，积极向创业企业提供融资理财、资金托管、债券承销、信息咨询、财务顾问、并购贷款等“一站式”系统化金融服务。（省金融办、人行广州分行、广东银监局）

（十一）丰富创业融资模式

深入推进“互联网+”众创金融示范区建设，鼓励互联网金融平台、产品和服务创新。升级建设创业创新金融街，引导互联网金融企业与创业创新资源无缝对接，实现集聚发展。鼓励互联网企业依法合规设立网络借贷平台，为投融资双方提供借贷信息交互、撮合、资信评估等服务。大力发展政府支持的融资担保机构，加大创业担保贷款支持力度，加强政府引导和银担合作，综合运用资本投入、代偿补偿等方式，促进融资担保机构和银行业金融机构为符合条件的创业企业和四众平台企业提供快捷、低成本的融资服务。探索开展二次担保贷款业务，支持有条件的地区开展“信用贷款”。加快完善科技保险市场，探索在珠三角地区开展全国专利保险试点，支持保险公司创新科技保险产品及服务，支持符合条件的社会资本在我省设立相互保险公司。实施知识产权金融服务促进计划，编制广东省知识产权质押评估技术规范，完善知识产权估值、质押和流转体系，设立知识产权质押融资风险补偿基金，鼓励银行业金融机构推广专利权、商标权、著作权等知识产权质押贷款业务。（省金融办、省发展改革委、省经济和信息化委、省人力资源社会保障厅、省新闻出版广电局、省知识产权局、省工商局、人行广州分行、广东银监局、广东保监局、广东证监局）

五、扩大创业投资，支持创业起步成长

（十二）完善创业投资引导机制

整合省级各类财政性创业投资引导基金，发挥省中小微企业发展基金等支持作用，引导创业投资更多向创业企业起步成长的前端延伸，逐步建立支持创业创新和新兴产业发展的市场化长效运行机制。鼓励有条件的地市设立创业投资引导基金，支持有条件的金融机构出资设立创业投资基金，以股权投资方式支持中小微企业发展。探索联合投资等新模式，建立风险补偿机制。积极争取国家新兴产业创业投资引导基金、科技型中小企业创业投资基金、国家科技成果转化引导基金、国家中小企业发展基金的支持。推动创业投资行业协会建设，加强行业自律。（省发展改革委、省经济和信息化委、省科技厅、省财政厅、省金融办、广东银监局、广东证监局）

（十三）拓宽创业投资资金供给渠道

发挥财政资金杠杆和引导作用，不断扩大社会资本参与新兴产业等创投基金的规模，做大直接融资平台。鼓励银行业金融机构对创业投资引导基金、创业投资基金提供融资和资金托管服务，做好创业投资引导基金的资金保管、拨付、结算等服务。鼓励保险资金投资创业投资基金，积极推动保险资金对接实体经济。鼓励符合条件的银行业金融机构与创业投资、股权投资机构开展投贷联动试点。探索投保联动、投债联动等新业务模式。（省发展改革委、省财政厅、省金融办、广东银监局、广东保监局、广东证监局）

（十四）发展国有资本创业投资

落实鼓励国有资本参与创业投资的政策措施，完善国有创业投资机构激励约束和监督管理机制。引导和鼓励国有企业参与新兴产业创业投资基金、设立国有资本创业

投资基金等，充分发挥国有资本在创业创新中的重要作用。落实国有产业投资机构和国有创业投资引导基金国有股转持豁免政策。(省国资委、省金融办、广东证监局)

(十五）推动创业投资“引进来”与“走出去”

落实外商投资创业投资企业相关管理规定，鼓励外资开展创业投资业务。鼓励中外合资创业投资机构发展。支持设立海外创新投资基金，发挥我省“走出去”综合服务平台的作用，引导和鼓励创业投资机构加大对境外高端研发项目的投资。加快境外投资管理体制改革，完善创业投资境外投资管理和服务。建立健全与外商投资管理制度相适应的工商登记制度。(省商务厅、省工商局、省金融办、广东外汇管理局、广东证监局)

六、发展创业服务，优化创业生态

(十六）发展创业孵化服务

实施孵化器倍增计划和孵化基地“一十百千万”计划，大力支持孵化器和众创空间、众创平台建设，完善创业创新和科技型中小微企业孵化育成体系。继续开展省级小型微型企业创业创新示范基地认定工作，优化和完善创业服务环境。完善孵化器及在孵企业投融资模式，建立科技企业孵化器风险补偿制度。推动高校和科研院所建立促进科技成果转化管理制度和统计、报告制度，加强科技成果转化服务。鼓励高校和科研院所根据需要设立技术转移服务机构，负责技术转移、成果转化和提供社会服务。引导和鼓励国内资本与境外合作设立新型创业孵化平台，引进境外先进创业孵化模式，提升孵化能力。(省科技厅、省教育厅、省经济和信息化委、省人力资源社会保障厅、省商务厅、广东银监局、中科院广州分院、省科学院)

(十七）发展第三方专业服务

加快推进第三方检测认证等机构的社会化、市场化、专业化改革，丰富和完善工业设计、文化创意、质量检测、知识产权、信息网络、创业孵化、企业融资、现代物流、信用评价、人才培养等创业服务。有序推进检验检测认证机构整合，加快产品质量监督检验、产业计量测试等公共检测服务平台建设。引进国际标准认证体系，推动技术服务机构与境外相关机构开展标准和检验互认。实施技术交易体系与科技服务网络建设专项计划，支持在各类产业园区建设创业创新服务基地、科技创业服务中心、大学生创业服务中心和生产力促进中心，丰富创业服务平台形式与内容，提升创新服务能力。(省发展改革委、省科技厅、省教育厅、省人力资源社会保障厅、省工商局、省质监局、省新闻出版广电局、省知识产权局、省金融办)

(十八）发展“互联网+”创业服务

加快发展“互联网+”创业网络体系，通过线上线下相结合降低创业门槛和成本。推动有条件的地市建设互联网创新园区和研究院，创建互联网经济创新示范区。支持建设互联网创业孵化基地，为创客提供工作场地、团队运营、资金扶持、产品推广等孵化服务，以及相关配套支撑条件。依托全省统一的政务数据信息资源库和政务大数据中心，加强政府公共数据开放共享，推动大型互联网企业和基础电信企业向创业者开放计算、存储和数据资源，支持重点企业互联网数据中心向云服务转型，加快推进云计算公共服务平台建设，为创业创新提供大数据支撑。建立健全与新经济形态相适应的体制机制，加快网络经济和实体经济融合，培育壮大分享经济。积极推广众包、用户参与设计、云设计等创业创新模式。（省经济和信息化委、省发展改革委、省科技厅）

（十九）创新公共服务模式

加大政府购买服务力度，支持有条件的地市探索通过发放创新券等方式，对创业企业和四众平台企业提供管理指导、技能培训、市场开拓、标准咨询、检验检测认证、研发设计等服务。各地可结合实际制定政府采购社会专业化创业服务具体项目清单，鼓励通过发放就业创业服务券等方式为劳动者提供各类就业创业服务。（省科技厅、省人力资源社会保障厅、省财政厅、省编办）

七、建设创业创新平台，增强支撑作用

（二十）建设创业创新公共平台

加强创业创新信息资源整合，建立创业政策集中发布平台，增强创业创新信息透明度。加快公共创业服务信息网和业务管理系统建设，构建高效便捷的公共就业创业网上服务平台，实现就业创业服务和补贴申领发放全程信息化管理。继续办好各级各类创业创新大赛，以赛事活动引导形成激励创业创新的良好导向。加强各级中小微企业公共服务平台建设，依托专业镇、中心镇等建设一批生产力促进中心和科技服务中心，支撑传统产业集群转型升级。实施“互联网知识产权”计划，搭建知识产权大数据应用平台，向全社会免费提供基础数据，向中小微企业开展专利信息推送服务，实现知识产权信息利用便利化。鼓励和支持有条件的大型企业发展创业平台，利用企业资源支持企业内外部创业者创新创业。通过国有企业员工持股等多种形式，搭建员工创业平台。开展创业企业、天使投资、创业投资年度统计工作，加强数据监测和分析。（省人力资源社会保障厅、省经济和信息化委、省教育厅、省科技厅、省国资委、省工商局、省统计局、省新闻出版广电局、省知识产权局、省科协）

（二十一）建设创业创新技术平台

推进全省大型科学仪器设施开放共享，推动专利信息和登记作品资源向社会开放，完善省内重点实验室、工程实验室等科研创新平台（基地）向社会开放机制。鼓励依托三维（3D）打印、网络制造等先进技术和发展模式，向创业者提供社会化服务。引导和支持有条件的领军企业创建特色服务平台，向企业内部和外部创业者提供资金、技术和服务支撑。建立广东省军民两用技术数据中心数据库，支持实施军民两用技术项目，促进军民创新资源融合。（省科技厅、省发展改革委、省经济和信息化委、省人力

资源社会保障厅、省新闻出版广电局、省知识产权局)

(二十二)建设创业创新区域平台

加快推进全面创新改革试验，在知识产权、人才流动、国际合作、金融创新、激励机制、市场准入等重要领域先行先试。加快推进珠三角国家自主创新示范区建设，推动有条件的城市建成国家创新型城市，建设国际一流的创业创新中心。在自由贸易试验区、战略性新兴产业集聚区、国家级经济技术开发区等建设一批创业创新公共服务平台。继续支持江门等市建设国家小微企业创业创新基地城市示范，推进建设广东省小微企业创业创新基地城市示范。(省发展改革委、省经济和信息化委、省科技厅、省财政厅、省人力资源社会保障厅、省住房城乡建设厅、省商务厅、省工商局、省地税局、省新闻出版广电局、省知识产权局、省外办、省金融办)

(二十三)建设“双创”示范基地

实施省新兴产业“双创”示范基地三年行动计划，依托各类创业创新产业园区、高校和创新型企业，打造一批创业创新要素集聚、服务专业、布局优化的国家级和省级新兴产业“双创”示范基地，推动建设一批创业创新的支撑平台。争取发行“双创”孵化专项债券，加大对“双创”孵化项目支持力度。在新兴产业核心关键技术环节培育一批创业创新企业，形成一批服务完善、成效显著的众创空间。(省发展改革委、省经济和信息化委、省科技厅)

(二十四)强化平台用地保障

各地可结合实际确定重点发展的新产业，以“先存量、后增量”原则优先安排用地供应。结合供给侧结构性改革去库存工作，支持各地出台政策，引导房地产开发企业将库存工业、商业地产改造为孵化器和众创空间。利用存量房产兴办创客空间、创业咖啡、创新工场等众创空间的，可实行继续按原用途和土地权利类型使用土地的过渡期政策。鼓励开发区、产业集聚区规划建设多层工业厂房、综合研发用房等，供中小企业进行生产、研发、设计、经营多功能复合利用。鼓励各市在规划许可前提下，盘活闲置的商业用房、工业厂房、企业库房、物流设施和家庭住所、租赁房等资源，为创业者提供低成本办公场所和居住条件；有条件的可改造为创业园区，以及为园区创业者服务的低居住成本住房。鼓励各地政府通过财政补贴、发放租房券等方式，支持创业者租赁住房。简化创业用房和创业园区改造工程审批流程。(省国土资源厅、省住房城乡建设厅、省科技厅、省财政厅)

八、激发创造活力，发展创新型创业

(二十五)支持科研人员创业

高校和科研院所等事业单位专业技术人员，经所在单位批准并签订合同，可离岗从事创业工作，离岗3年为一期，最多不超过两期，离岗期间保留人事关系，与原单位同等条件人员同等享有参加职称评聘、岗位等级晋升和保留社会保险关系等方面的权利。高校和科研院所要抓紧制定专业技术人员在职创业、离岗创业的内部人事管理办法。完善创新型中小企业上市股权激励和员工持股等制度规则。推进实施经营性领域技术入股改革，促进高校和科研院所科技成果转化。推进广东省科协所属学会有序承接政府转移职能试点，探索学会服务地方经济社会发展的有效方式。（省教育厅、省科技厅、省人力资源社会保障厅、省知识产权局、省科协、中科院广州分院、省科学院）

（二十六）支持大学生创业

搭建高校创业信息交流平台，建设大学生创业创新示范基地、大学生创业创新教育示范校、大学生创业创新园、创业创新模拟实验室、创业孵化基地等创新实践平台。实施大学生创业素质提升、创业政策助推、创业服务优化和创业文化培育工程，提升大学生创业意识和能力，扩大大学生创业规模。鼓励高校成立创业创新俱乐部，聘请创业成功者、企业家、投资人等人士兼任创业创新导师，推行大学生创业校企双导师制，为大学生创业创新提供培训和辅导。全面推进高校学分制管理改革，实行弹性学制管理，支持大学生保留学籍休学创业。（省教育厅、省财政厅、省人力资源社会保障厅、省科协）

（二十七）支持境外人才来粤创业

继续实施“珠江人才计划”和“高层次特殊人才支持计划”，积极引进一批创业创新团队和领军人才。根据各市产业特色和人才需求实际，采用省市共建方式支持各地特色留学人员创业园建设。实施“粤海智桥计划”，加强海外人才工作站建设，对成功引进海外高层次人才智力的机构和人员予以奖励，支持本土企业主动参与国际人才交流。落实外籍高层次管理人才、高科技人才以及来粤投资人才入境、居留便利等有关政策。研究降低外籍高端人才来粤工作门槛，开通外籍高端人才来粤工作许可办理的绿色通道，为符合申请条件的外国人办理永久居留证件。在广州、深圳、东莞培育建立海外科技人才离岸创业基地。（省人力资源社会保障厅、省科技厅、省公安厅、省财政厅、省商务厅、省外国专家局、省科协）

（二十八）健全创业人才培养与流动机制

支持高校开设创业创新教育课程，推动创业创新教育与专业教育有机融合。大力发展现代职业教育，坚持产教结合，校企合作，积极推动现代学徒制试点，着力培育技术技能人才。加快推进社会保障制度改革，适应人才流动的需要，实现社会保险关系顺畅转移接续。健全职称评审分类评价机制，完善激励科技成果转化的职称评审导向机制。对符合条件的创业失败者可认定为就业困难人员，按规定落实社会保险补贴、岗位补贴、培训补贴、费用减免、公益性岗位安置、职业介绍补贴、职业技能鉴定补贴等扶持政策。（省教育厅、省人力资源社会保障厅、省国资委、中科院广州分院、省科学院）

九、拓展城乡创业渠道，实现创业带动就业

（二十九）支持返乡创业集聚发展

认真贯彻落实《国务院办公厅关于支持农民工等人员返乡创业的意见》（国办发〔2015〕47号），大力实施鼓励农民工等人员返乡创业三年行动计划，强化政策衔接，鼓励和引导更多有技术、有资本、会经营、懂管理的农民工等人员返乡创业。依托现有各类农业产业园区，支持一批基础设施完善、服务功能齐全、社会公信力高、示范带动作用强的园区建设成为农民创业创新园区。选择并支持一批政策落实好、创业创新环境优的县（市、区），重点开展休闲农业、农产品深加工、乡村旅游、农村服务业、家庭农场等示范试点。深入实施农村青年创业富民行动，支持返乡创业人员因地制宜围绕休闲农业、农产品深加工、乡村旅游、农村服务业等开展创业，完善家庭农场等新型农业经营主体发展环境。（省人力资源社会保障厅、省农业厅、省旅游局）

（三十）支持依托电子商务创业就业

推动出台促进农村电子商务发展的指导意见，支持电商企业积极开展农村电子商务，鼓励粤东西北地区建设特色产业电子商务平台，推动县域电子商务发展。引导和鼓励集办公服务、投融资支持、创业辅导、渠道开拓于一体的市场化网商创业平台发展。鼓励龙头企业结合乡村特点建立电子商务交易服务平台、商品集散平台和物流中心，推动农村依托互联网创业。鼓励电子商务第三方交易平台渠道下沉，带动城乡基层创业人员依托其平台和经营网络开展创业。（省经济和信息化委、省商务厅、省农业厅）

（三十一）完善基层创业支撑服务

加快完善覆盖城乡的公共就业创业服务体系，推动服务网点向基层延伸。推进城乡基层创业人员社保、教育、医疗等基本公共服务均等化，完善跨区域创业转移接续制度。强化农村劳动力专业就业培训和职工技能晋升培训，开展远程公益创业培训，提升基层人员创业能力，从新型职业农民、农村实用人才、技术能手、大学生村官等群体中培养农民创业创新带头人。鼓励中小商业银行设立社区支行、小微事业部，加快发展农村普惠金融，支持社区和农村创业者创业。选择一批知名农业企业、合作社、农产品加工和物流园区等作为基地，为创业创新农民提供见习、实习和实训服务。（省人力资源社会保障厅、省教育厅、省卫生计生委、省经济和信息化委、省农业厅、省金融办）

十、促进线上线下融合，推动四众健康发展

（三十二）全面推进众创

汇众智搞创新，通过创业创新平台汇集众智，整合资源，实现人人都可参与创新。大力发展专业空间众创，鼓励各类科技园、孵化器、创业基地、农民工返乡创业园等

与互联网融合创新，推动基于“互联网+”的创业创新活动，鼓励创客空间、创业咖啡、创新工场等新型众创空间以及线上虚拟众创空间发展。推进网络平台众创，支持大型互联网企业、行业领军企业通过网络平台向各类创业创新主体开放技术、开发、营销、推广等资源，鼓励各类电子商务平台为小微企业和创业者提供支撑。积极培育壮大企业内部众创。在确保公平竞争前提下，鼓励对众创空间等孵化机构的办公用房、用水、用能、网络等软硬件设施给予适当优惠，减轻创业者负担。（省科技厅、省发展改革委、省经济和信息化委、省人力资源社会保障厅、省商务厅）

（三十三）积极推广众包

汇众力增就业，借助互联网手段，将传统由特定企业和机构完成的任务向自愿参与的所有企业和个人进行分工、分包。大力发展研发创意、制造运维、知识内容、生活服务等众包，鼓励服务外包示范市、技术先进型服务企业和服务外包重点联系企业积极应用众包模式。支持有能力的大中型制造企业通过互联网众包平台满足大规模标准化产品订单制造需求。推动交通出行、快件投递、旅游、医疗、教育等领域生活服务众包。推动整合利用分散闲置社会资源的分享经济新型服务模式。（省发展改革委、省经济和信息化委、省教育厅、省科技厅、省交通运输厅、省卫生计生委、省旅游局、省邮政管理局）

（三十四）立体实施众扶

汇众能助创业，通过政府和公益机构支持、企业帮扶援助、个人互助互扶等多种方式，共助小微企业和创业者成长。加快公共科技资源和信息资源开放共享，提升各类公益事业机构、创新平台和基地的服务能力，鼓励行业协会、产业联盟等对小微企业和创业者加强服务。鼓励大中型企业通过生产协作、开放平台、共享资源、开放标准等形式带动上下游小微企业和创业者发展。支持开源社区、开发者社群、资源共享平台、捐赠平台、创业沙龙等各类互助平台发展。鼓励通过网络平台、线下社区、公益组织等途径辅助大众创业、万众创新。（省科技厅、省经济和信息化委、省教育厅、省人力资源社会保障厅）

（三十五）稳健发展众筹

汇众资促发展，通过互联网平台向社会募集资金，拓展创业创新投融资新渠道。鼓励消费电子、智能家居、健康设备、特色农产品等创新产品开展实物众筹。稳步推进股权众筹试点，鼓励小微企业和创业者通过股权众筹融资方式募集早期股本。对投资者实行分类管理，切实保护投资者合法权益，防范金融风险。规范发展网络借贷，支持互联网企业依法合规设立网络借贷平台，运用互联网技术优势加强风险防控。发展互联网与实体相结合的众创金融平台，探索推出创业创新融资价格指数，为互联网项目提供网上融资支持。（省金融办、省经济和信息化委、省科技厅）

（三十六）推动四众平台持续健康发展

以更包容的态度、更积极的政策营造四众发展的宽松环境，鼓励各类主体积极探索四众的新平台、新形式、新应用，在更大范围、更高层次、更深程度上推进大众创业、万众创新。坚持公平进入、公平竞争、公平监管，破除限制四众新模式新业态发展的不合理政策和制度瓶颈。积极探索交通出行、无车承运物流、快递、金融、医疗等领域的准入制度创新，针对四众资产轻、平台化、受众广、跨地域等特点，放宽市场准入条件。创新与四众发展相适应的支付、征信和外汇服务，促进四众平台加快发展。推动相关行政管理部门与四众平台企业加强互联共享，推进公共数据资源开放，推行电子签名、电子认证，推动电子签名国际互认。适应新业态发展要求，建立健全行业标准规范和规章制度，创新监管方式，强化平台企业内部治理，明确四众平台企业在质量管理、信息内容管理、网络安全等方面的责任、权利和义务，发挥四众平台企业内部治理和第三方治理作用，健全政府、行业、企业、社会共同参与的治理机制。建立四众平台企业的信用评价机制，公开评价结果。加强行业自律规范，推行守信激励机制和失信联合惩戒机制，对违法失信者依法予以限制或禁入。四众平台企业应切实提升技术安全水平，保障信息安全和用户权益。（省发展改革委、省交通运输厅、省卫生计生委、省经济和信息化委、省工商局、省质监局、省金融办、人行广州分行）

推进大众创业、万众创新是培育和催生经济社会发展新动力、激发全社会创新潜能和创造力的重大举措，各地各部门要高度重视，进一步统一思想认识，按照国务院的部署和本实施意见的要求，加强组织领导，明确责任分工，形成强大合力。省全面深化改革加快实施创新驱动发展战略领导小组办公室要加强统筹协调和督促指导。建立部门之间、部门与地市之间的政策协调联动机制，系统梳理各部门各地区已发布的有关支持创业创新发展的政策措施，做好“立、改、废”工作。要充分尊重和发挥基层首创精神，鼓励地方和部门先行先试，探索适应创业创新和四众新模式新业态发展的新形式，及时总结形成可复制、可推广的经验。各地各部门要建立大众创业、万众创新政策措施落实情况督查督导机制，完善政策执行评估体系和通报制度，全力打通政策部署的“最先一公里”和政策落实的“最后一公里”，确保各项政策措施落到实处。要加大宣传力度，加强舆论引导，及时总结推广成功经验做法，积极营造大力推进大众创业、万众创新的良好社会氛围。

广东省人民政府

2016年3月10日

关于印发《广西壮族自治区“星创天地”建设和创业型科技特派员注册登记工作方案》的通知

桂科农字〔2017〕21号

各设区市科技局，各县（市、区）科技主管部门，各高校、科研院所，各级农业科技园区，各有关单位：

为贯彻落实国务院办公厅《关于深入推行科技特派员制度的若干意见》（国办发〔2016〕32号）和广西壮族自治区人民政府办公厅《关于印发大力推进大众创业万众创新实施方案的通知》（桂政办发〔2015〕134号）等文件精神，按照科技部《发展“星创天地”工作指引》（国科发农〔2016〕210号）和《广西深入推行科技特派员制度实施方案》（桂政办发〔2017〕9号）要求，我厅研究制定了《广西壮族自治区“星创天地”建设和创业型科技特派员注册登记工作方案》，现印发你们，请认真组织做好相关工作。2017年第一批“星创天地”申请认定和创业型科技特派员注册登记工作即日启动，现将有关事项通知如下。

一、“星创天地”申请认定工作

（一）请符合条件的各有关单位按照方案要求填写、提交“星创天地”认定申请材料（要求提供：①签章齐全的纸质材料1份；②与纸质材料一致且签章齐全的PDF文件；③除证照复印件之外的所有申请材料的电子文档；④证照等相关照片），于2017年5月5日前报送到各设区市科技局。

（二）请各设区市科技局按照方案要求，组织由5名科技管理人员、相关产业技术专家和众创空间、科技企业孵化器类平台经营管理人员组成的评审组，采取实地核查与会议评审相结合的方式，对各申请认定的“星创天地”进行评审评分，提出推荐认定名单及排序，于5月22日前向我厅报送推荐汇总表和各“星创天地”的现场核查照片、会议评审照片、评审评分表扫描件、认定申请材料（PDF文件和电子文档、照片）。除了推荐汇总表需要提供纸质原件和电子文档外，其他所有材料需要电子材料即可。

二、创业型科技特派员注册登记工作

（一）请符合条件的创业人员按照方案要求填写、提供创业型科技特派员注册登记申请材料（要求提供：①签章齐全的纸质材料1份；②除证照复印件之外的所有申请材料的电子文档；③证照等相关照片），于2017年5月5日前报送到县级科技主管部门。

（二）县级科技主管部门对申请材料进行审核，对符合条件的创业人员给予注册登记，填写《创业型科技特派员注册登记信息汇总表》，于5月15日前报设区市科技局备案。

（三）各设区市科技局汇总《创业型科技特派员注册登记信息汇总表》，于5月22日前报送我厅备案。

（四）创业型科技特派员采取常年注册登记方式，5月份以后注册登记的，请各设区市科技局于每个双数月份下旬汇总《创业型科技特派员注册登记信息汇总表》报送我厅备案。

（五）报送备案材料包括《创业型科技特派员注册登记信息汇总表》（盖章扫描件+电子文档）和各创业型科技特派员的注册登记申请材料（签章齐全的申请表PDF文件和电子文档、照片）。

三、其他未尽事宜请与自治区科技厅农村科技处联系。

附件：广西壮族自治区“星创天地”建设和创业型科技特派员注册登记工作方案

广西壮族自治区科学技术厅

2017年3月29日

附件：

广西壮族自治区“星创天地”建设和创业型科技特派员注册登记工作方案

为贯彻落实国务院办公厅《关于深入推行科技特派员制度的若干意见》（国办发〔2016〕32号）和广西壮族自治区人民政府办公厅《关于印发大力推进大众创业万众创新实施方案的通知》（桂政办发〔2015〕134号）等文件精神，按照科技部《发展“星创天地”工作指引》（国科发农〔2016〕210号）和《广西深入推行科技特派员制度实施方案》（桂政办发〔2017〕9号）要求，动员和鼓励科技人员、大学生、返乡农民工、职业农民等各类创新创业人才深入农村创业，加快发展我区农业农村领域的“众创空间”——“星创天地”和壮大农村科技创业服务队伍，推进“大众创业、万众创新”，特制定本方案。

一、指导思想

全面贯彻党的十八大和十八届三中、四中、五中、六中全会精神及自治区第十一次党代会、全区创新驱动发展大会精神，按照党中央、国务院和自治区党委、自治区人民政府的决策部署，牢固树立创新、协调、绿色、开放、共享的发展理念，深入实施创新驱动发展战略，建立健全农村科技创业服务平台，壮大科技特派员队伍，培育新型农业经营和服务主体，推动我区现代农业全产业链增值和品牌化发展，促进城乡一体化发展和农村一二三产业深度融合，最大程度发挥科技在农村经济发展中的引领支撑作用。

二、总体目标

到2020年，全区建设110个以上“星创天地”，注册登记2 000名以上创业型科技特派员，使每个县市、乡镇至少分别有1个星创天地、1名创业型科技特派员，培育、孵化一批新型农业经营主体，建设一批农业标准化生产技术示范基地，服务和示范带动一批科技人员、大学生、返乡农民工、退伍转业军人、退休技术人员、农村青年、农村妇女等进行农村科技创业，促进科技成果转化和农业增效、农民增收、农村发展。

三、认定标准和注册登记条件

（一）“星创天地”的认定标准

“星创天地”是发展现代农业的众创空间，是农村“大众创业、万众创新”的有效载体，是新型农业创新创业一站式开放性综合服务平台，旨在通过市场化机制、专业化服务和资本化运作方式，利用线下孵化载体和线上网络平台，聚集创新资源和创业要素，促进农村创新创业的低成本、专业化、便利化和信息化。“星创天地”是为涉农创业者提供各种创业服务的科技服务机构（平台），由相应的经营主体负责建设运营，应具备七个基本条件，具有培育、孵化创业型科技特派员等六大服务功能，并突出对新型农业经营主体的培育孵化功能。

1. “星创天地”应具备的7个基本条件：

（1）具有明确的实施主体。具有独立法人资格，具备一定运营管理和专业服务能力。如：农业高新技术产业示范区、农业科技园区、高等学校新农村发展研究院、工程技术研究中心、涉农高校科研院所、农业科技型企业、农业龙头企业、科技特派员创业基地、农民专业合作社或其他社会组织等。

（2）具备一二三产业融合发展的良好基础。立足地方农业主导产业和区域特色产业，有一定的产业基础；有较明确的技术依托单位，形成一批适用的标准化的农业技术成果包，加快科技成果向农村转移转化；促进农业产业链整合和价值链提升，带动农民脱贫致富；促进农村产业融合与新型城镇化的有机结合，推进农村一二三产业融合发展。

（3）具备良好的行业资源和全要素融合，具备“互联网+”网络电商平台（线上平台）。通过线上交易、交流、宣传、协作等，促进农村创业的便利化和信息化，推进商业模式创新。

（4）具有较好的创新创业服务平台（线下平台）。有创新创业示范场地、农业标准化生产技术示范基地、创业培训基地、创意创业空间、开放式办公场所、研发和检验测试、技术交易等公共服务平台，免费或低成本供创业者使用。

（5）具有多元化的人才服务队伍。有一支结构合理、熟悉产业、经验丰富、相对稳定的创业服务团队和创业导师队伍，为创业者提供创业辅导与培训，加强科学普及，解决涉及技术、金融、管理、法律、财务、市场营销、知识产权等方面实际问题。

（6）具有良好的政策保障。地方政府要加大对“星创天地”建设的指导和支持，制定完善个性化的财税、金融、工商、知识产权和土地流转等支持政策；鼓励探索投融资模式创新，吸引社会资本投资、孵化初创企业。

（7）具有一定数量的创客聚集和创业企业入驻。运营良好，经济社会效益显著，有较好的发展前景。

2. “星创天地”应具有的6个服务功能：

（1）集聚创业人才。以专业化、个性化服务吸引和集聚创新创业群体。鼓励高校、科研院所、职业学校科技人员及企业人员发挥职业专长，到农村开展创业服务；鼓励大学生、返乡农民工、退伍转业军人、退休技术人员等深入农村创新创业。

（2）技术集成示范。引导和鼓励“星创天地”依托单位面向现代农业和农村发展，整合科技资源和要素，开展农业技术联合攻关和集成创新，形成一批适用的农业技术成果包，加大良种良法、新型农资、现代农机等应用示范推广。通过线上线下结合，推进“互联网+”现代农业，加快科技成果转移转化和产业化。

（3）创业培育孵化。引导和鼓励一批成功创业者、企业家、天使和创业投资人、专家学者任兼职创业导师，建设一批创业导师全程参与的创业孵化基地，降低创业门槛，减少创业风险。围绕具有地方特色的农产品、医药、食品、传统手工艺、民族文化产业，通过创新品牌培育推动农业转型升级。

（4）创业人才培训。利用“星创天地”人才、技术、网络、场地等条件，重点开展网络培训、授课培训、田间培训和一线实训，定期召开示范现场会和专题培训会，举办创新创业沙龙、创业大讲堂、创业训练营等创业培训活动，加强科普宣传，弘扬创新创业文化，提升创业者能力。

（5）科技金融服务。构建技术交易平台，畅通技术转移服务机构、投融资机构、高校、科研院所和企业交流交易途径。开展各类投资洽谈活动，举办好中国农业科技创新创业大赛，搭建投资者与创业者的对接平台。探索利用互联网金融，股权众筹融资等盘活社会金融资源，加大对“星创天地”的支持。

（6）创业政策集成。梳理各级政府部门出台的创新创业扶持政策，完善创新创业服务体系。协助政府相关部门落实商事制度改革、知识产权保护、财政资金支持、普惠性税收政策、人才引进与扶持、政府采购、创新券等政策措施，优化创业环境。

（二）创业型科技特派员的注册登记条件

创业型科技特派员的注册登记主体应为个人，法人单位不予注册登记，“星创天地”的主要经营管理人员、技术服务人员不予注册登记。

注册登记创业型科技特派员应同时具备以下条件：

1. 年满18周岁以上，身体健康，遵守中华人民共和国法律法规及相关规章制度，执行相关方针政策。

2. 开展科技创新创业，以独办或合办方式成立创业经营主体，并成为该经营主体的负责人、法人代表或主要股东之一。

3. 所开展的创业项目取得了一定的经济效益，具有较好的市场前景，并在乡镇或村屯一级建立主要创业基地。

4. 依托创业经营主体和创业基地，每年至少服务和示范带动30名农民、农村青年、农村妇女等人员依靠科技增收、致富或创业。

四、工作程序

（一）“星创天地”创建程序

1. 加强建设。有关单位按照“星创天地”的7个基本条件和6个服务功能，在不同区域围绕不同产业、领域建设各具特色的“星创天地”，自行投入和运营。

要求我区农业科技园区各创建至少1个“星创天地”，将“星创天地”创建工作列入园区建设的主要内容。鼓励各高校、科研院所、工程技术研究中心、创业服务机构和广西大学新农村发展研究院积极创建或者与各县（市、区）、各农业科技园区共建“星创天地”。鼓励各农业企业、农民专业合作社、农业产业协会、家庭农场等新型农业经营主体，围绕某一农业产业创建“星创天地”，为各类创业者提供信息、技术、种苗、农产品加工销售等全程创业服务。

2. 申请认定。“星创天地”建设达到或符合“星创天地”的7个基本条件和6个服务功能，可以向自治区科技厅申请认定，填写《广西“星创天地”认定申请书》，送“星创天地”所在地县级科技主管部门审核再报所在设区市科技局审核推荐。

3. 评审认定。我厅组织人员或委托有关设区市科技局组织相关行业专家、管理人员对各申请认定的“星创天地”进行现场核查和评审，对符合“星创天地”建设目标要求和模式新颖、服务专业、运营良好、效果显著的“星创天地”给予认定挂牌，视情况报科技部备案。同时，对“星创天地”内符合《广西壮族自治区农业良种培育中心与标准化生产技术示范基地建设实施方案》（桂科农字〔2011〕81号）中农业标准化生产技术示范基地遴选条件要求的基地认定为自治区农业标准化生产技术示范基地。

（二）创业型科技特派员注册登记程序

1. 符合创业型科技特派员注册登记条件的创业人员填写《创业型科技特派员注册登记申请表》，向创业基地所在县级科技主管部门申请注册登记。

2. 县级科技主管部门进行审核，对符合条件的创业人员给予注册登记，并报设区市科技局和自治区科技厅分别备案。

3. 经注册登记的创业型科技特派员，由自治区科技厅统一颁发创业型科技特派员证书。

五、保障措施

（一）加强组织领导

各设区市、县（市、区）科技主管部门要高度重视，加强领导，把“星创天地”建设和创业型科技特派员注册登记工作作为推动“大众创业、万众创新”、深入推行科技特派员制度的主要抓手，作为激发农业农村创新创业活力、打造农业经济发展新引擎的主要载体，作为市县科技工作的重点内容，认真抓好落实，制定相应的工作方案和工作制度，确保相关工作有序、规范开展，并完成工作目标。

（二）加强管理服务

自治区科技厅委托广西山区综合技术开发中心做好全区“星创天地”建设和创业型科技特派员注册登记的具体管理服务工作，建立动态管理机制。各设区市、县（市、区）应指定专人负责“星创天地”建设和创业型科技特派员注册登记工作，加强日常管理和服务，做好服务绩效跟踪、统计和考核评优等工作。

（三）加大支持力度

自治区科技厅和各设区市、县（市、区）科技主管部门按照《广西深入推行科技特派员制度实施方案》要求，整合各级科技资源，落实相关政策，支持“星创天地”建设和科技特派员开展创业和服务。

（四）加大宣传力度

各设区市、县（市、区）科技主管部门和各“星创天地”建设运营单位、各位创业型科技特派员要及时总结建设、服务成效和经验、模式，加强典型宣传，积极营造良好社会氛围。

中共海南省委　海南省人民政府 关于加快科技创新的实施意见

琼发〔2017〕12号

为深入贯彻落实全国科技创新大会精神，主动适应经济发展新常态，坚持把创新作为引领发展的第一动力，补齐科技创新短板，着力解决我省科技创新能力薄弱、科技创新体制不顺和机制不灵活、科技创新人才缺乏、科技与产业结合不紧密，特别是科技创新的氛围不浓厚、企业作为创新主体的作用尚未有效发挥等突出问题，根据中共中央、国务院《关于深化体制机制改革加快实施创新驱动发展战略的若干意见》(中发〔2015〕8号）等文件精神，结合海南实际，提出如下实施意见。

一、指导思想和总体目标

（一）指导思想

全面贯彻党的十八大和十八届三中、四中、五中、六中全会精神，深入学习贯彻习近平总书记系列重要讲话精神和治国理政新理念新思想新战略，牢固树立创新、协调、绿色、开放、共享的发展理念，全面落实中央关于深化科技体制机制改革、加快实施创新驱动发展的决策部署，立足省情，加快实施创新驱动发展战略，着力推进供给侧结构性改革，培育壮大以现代服务业为主的12个重点产业，提高经济发展质量和效益，为全面建设国际旅游岛、全面建成小康社会提供有力的科技支撑。

（二）总体目标

到“十三五”期末，全省研究与试验发展经费占地区生产总值的比重达到1.5%以上，与经济社会发展相适应的区域科技创新体系进一步完善，企业技术创新主体地位明显增强，科技创新和成果转化应用能力显著提高，科技基础条件明显加强，科技创新资源和服务平台共享机制基本形成，科技人才队伍得到较快发展，全民科学素质明显提升。在重点领域和重点产业的关键共性技术取得突破，自主创新能力显著增强，战略性新兴产业和高新技术产业快速发展，科技支撑和引领经济社会发展的作用更加显著，基本形成以企业为主体、市场为导向、产学研相结合的技术创新体系。

二、加强科技创新的统筹协调

（三）加强科技创新驱动发展战略的顶层设计

强化顶层设计，搭建公开统一的省科技计划管理平台，建立省科技计划管理厅际联席会议制度，成立战略咨询与综合评审委员会，优化形成符合我省实际、与国家五大科技计划衔接的省级科技计划体系。改革科技创新战略规划和资源配置体制机制，深化产学研合作，加强科技创新统筹协调，加快建立健全各主体、各方面、各环节有机互动、协同局效的科技创新体系。

（四）建立以产业创新为重点的科技创新新机制

着力围绕产业链部署创新链、围绕创新链完善资金链，聚焦全省经济社会发展战略目标，整合和优化创新资源要素配置，形成科技创新合力。围绕加快培育深海、航天、医疗健康、新能源、新材料、互联网、热带特色高效农业和现代旅游等产业，组织实施一批重大科技计划项目，突破一批具有引领和带动作用的核心关键技术，形成一批有竞争力的新产品、新企业、新业态，争取在深海、航天和热带高效农业等领域成为领跑全国的创新高地。

三、强化企业技术创新主体地位

（五）培育发展高新技术企业

开展科技型企业认定工作，重点支持具有一定规模和良好成长性的科技型企业开展技术创新活动，建立高新技术企业培育库，培育期 3 年。每年根据入库企业年度研发实际投入和培育期内企业规模的成长，给予不超过 50 万元的研发资金补贴，用于企业技术攻关、新产品研发和标准研制，提高企业自主创新能力。

（六）积极引进高新技术企业

引进一批符合我省产业需求的高新技术企业，培育壮大我省高新技术企业队伍，促进我省高新技术产业快速发展。对整体迁入我省的高新技术企业，在其高新技术企业资格有效期内完成迁移的，根据企业规模和企业所在行业等情况，给予不超过 500 万元的一次性研发资金补贴，用于企业开展技术创新活动。省外高新技术企业在我省设立的具有独立法人资格的企业，经所在园区或市县科技部门推荐、省科技厅审核，直接纳入高新技术企业培育库。

（七）鼓励企业开发具有自主知识产权的新产品

鼓励企业积极开展新技术、新产品的研发攻关、专利化和产业化应用，被认定为海南省高新技术产品的，一次性给予最高不超过 20 万元的研发资金补贴。鼓励各市县和科技园区给予相应的政策扶持。

（八）强化企业技术创新的制度保障

认真落实国家支持企业技术创新的研发费用加计扣除、高新技术企业所得税优惠、固定资产加速折旧、股权激励、技术入股、技术服务和转让等税收优惠及分红激励政策。对按规定可享受研发费用加计扣除所得税优惠政策企业的实际研发投入，企业所在市县（区）政府要按一定比例给予补助。把研发投入和技术创新能力作为政府支持企业技术创新的前提条件。鼓励有条件的企业牵头开展重大科技研发活动。

（九）加快创新创业载体建设

鼓励社会力量投资建设或管理运营创新创业载体，积极推动科技企业孵化器和众创空间的建设和发展。经认定的国家级科技企业孵化器一次性奖励200万元，省级科技企业孵化器一次性奖励100万元，省级众创空间一次性奖励30万元；对科技企业孵化器和众创空间实行年度考核、动态管理。根据考核结果，对科技企业孵化器和众创空间的运营给予一定资金补贴。

四、加快科技创新成果转化

（十）加强科技成果转化平台建设

支持国内外高等院校、科研院所、企业在我省建设技术转移转化中心、中试与转化基地、新型研发机构、产业技术创新战略联盟等科技成果转化平台。符合规定的，省科技部门给予立项支持。鼓励市县政府、高新园区、开发区为新型研发机构提供长期免费或低租金的办公、科研场所。经省科技部门认定为新型研发机构的，其专门科研用地可按程序以科教用地办理土地出让手续；经营性产业用地采取招标出让的，出让底价可以在参照工业用地基准地价及相应的土地用途修正系数进行价格评估后集体决策确定。

（十一）加强科技服务机构建设

加强科技评估、技术市场、标准服务、检验检测认证、创业孵化、知识产权、科技咨询、科技金融、科学普及等科技服务机构建设，积极探索以政府购买服务、“后补助”等方式支持公共科技服务发展，提升科技服务业对科技创新和产业发展的支撑能力。

（十二）强化知识产权创造和运用

通过国家知识产权管理体系认证机构审核认证的贯标企业一次性支持20万元；通过国家知识产权局审核准予备案的产业知识产权联盟，一次性支持30万元；经国家知识产权局确认的国家级知识产权示范企业、优势企业，分别一次性支持50万元、30万元。加强知识产权交易服务平台建设，经批准设立的知识产权运营公共服务平台，一次性支持100万元；支持知识产权质押融资，鼓励知识产权质押融资评估担保机构、商业银行和保险公司等机构开展知识产权质押融资服务工作，每年根据年度考核，给予一定补助。

五、加强科技创新平台建设

（十三）积极培育海南国家农业高新技术产业开发区

以现有国家农业科技园区为基础，培育海南国家农业高新技术产业开发区，集聚高等院校、科研院所、创新创业人才和高新技术企业入驻园区，实现产业链的融合，引领海南现代农业发展。

（十四）支持高新技术产业园区建设

从人才引进、住房优惠、科技创新奖励、招商资源配备、重大招商项目审批等方面出台专项优惠政策，积极支持海口国家高新技术产业开发区、海南生态软件园、博鳌乐城国际医疗旅游先行区等产业园区建设。开展省级高新技术产业开发区认定和管理工作。

（十五）加大力度引进科研机构

对国内外著名科研院所、大学在我省设立科研机构，给予大力支持。设立整建制科研机构，给予最高不超过 2 000 万元的支持；设立分支机构，给予最高不超过 500 万元的支持。省财政、发展改革、科技等相关部门，采取一事一议的方式决定支持额度，省财政安排经费，支持科研机构完善科研条件和引进、培养人才等。

（十六）加强海洋科技创新载体建设

对从事海洋等领域科学技术研究的公益性科研机构用地，以划拨方式供应所需建设用地，保障岸线和用海需求。支持国家级深海等科研平台建设，争取海洋领域的国家重大科技专项落户海南，打造海洋科技创新新高地。

（十七）加强科普载体建设

着眼于科普可持续发展，聚焦科普设施、科普活动、科普内容开发、科技传播载体建设等，加快专业科技馆、虚拟科技馆等各类科普教育基地建设，提升科普公共服务能力。

六、鼓励科技人才创新创业

（十八）实施创新创业人才培养计划

加大推送本土人才进入国家高层次人才行列力度，制定入选国家级项目人才配套支持政策。依托重大科技项目、重点科研基地，培养科技创新创业领军人才。加大力度推进创业英才培养计划实施，完善支持政策，创新支持方式，对在我省重点发展的优势产业和领域作出突出贡献的创新创业型人才给予奖励。

（十九）加强高层次人才和团队的引进

围绕 12 个产业、6 类产业园区和海洋等领域，实施高层次人才和科技创新团队引进计划，按照有关政策，对引进带项目、带资金的科技型创新创业领军人才，给予每人100万元的项目启动经费及其他相关补贴；对引进的院士、国家“千人计划”等高层次人才，以及引进人才被认定为我省“百人专项”专家的，享受相关人才政策奖补待遇；对引进的科技创新团队，给予200万~500万元创业启动经费支持。对我省急需紧缺的特殊人才，开辟专门渠道，采取一事一议方式给予特殊支持；允许高等院校、科研院所设立一定比例流动岗位，吸引有创新创业经验的企业家和企业科技人才担任兼职教授或创业导师。完善柔性引才政策，简化手续，吸引国内外“候鸟”高端人才来琼交流服务。

（二十）落实人才配套政策

放宽引进人才落户限制，符合标准的高层次人才可在全省自由落户。进一步开展人才服务管理改革试点工作，积极扩大试点范围，解决人才在工作、生活、保险、住房、子女入学、配偶安置等方面的困难。出台引进高层次人才安居政策，通过提供免费人才公寓、公租房、共有产权房或发放住房补贴等方式多渠道解决人才居住需求，以居住成本优势增强对省外人才的吸引力。

（二十一）鼓励开展各类创新创业活动

鼓励社会力量围绕大众创业、万众创新组织开展各类活动，让大众创业、万众创新在全社会蔚然成风。通过举办中国创新创业大赛（海南赛区）暨海南省创新创业大赛等赛事活动，鼓励各行业、各市县举办各类创新创业竞赛活动，广泛聚集创新人才、创新团队在我省创新创业。

七、促进科技与金融结合

（二十二）创新财政科技投入方式与机制

继续加大财政资金对科技创新的投入，积极构建以政府投入为引导、企业投入为主体，财政资金与社会资金、股权融资与债权融资、直接融资与间接融资有机结合的科技投融资体系。综合运用无偿资助、政府性基金引导、风险补偿、贷款贴息以及后补助等多种方式，引导和带动社会资本参与科技创新。

（二十三）加大对科技创新的信贷支持

鼓励银行业金融机构先行先试，积极探索科技型中小企业贷款模式、产品和服务创新。建立科技型中小企业贷款风险补偿机制，形成政府、银行、企业以及中介机构多元参与的信贷风险分担机制。鼓励符合条件的银行业金融机构与创业投资、股权投资机构开展投贷联动，为科技型企业提供股权和债权相结合的融资服务。

（二十四）开展发放科技创新券试点

面向企业发放科技创新券，按一定比例支持企业向高校、科研院所等科技服务机构购买技术成果、专利技术、测试检测、科技咨询等科技创新服务，创新服务履行完毕后由企业或服务机构持科技创新券向科技部门兑现。通过科技创新券的发放，降低企业创新成本，促进产学研合作，激发大众创业、万众创新活力。

（二十五）加大科技型企业创业投资基金投入

支持设立科技成果转化投资基金，加大政策性资金投入力度，引导金融资本和民间资本支持科技成果的转移转化。鼓励各市县设立科技成果转化投资基金，或与社会投资机构共同出资设立基金，优先投入高新技术领域中小微企业。支持各园区、众创空间整合集聚创业者、创业导师、创投机构、民间组织等各类创新创业资源，围绕种子期、初创期科技型企业创新链资源整合，提供创业导师辅导、天使投资、创业投资等服务。

八、完善科技创新激励机制

（二十六）完善科技创新资源配置

整合科技资源，优化配置，稳定支持基础性、前沿性、公益性科学研究。加大各类科技计划向公共科研平台建设倾斜支持力度，提高公益性科研机构运行经费保障水平，支持科研机构软、硬件建设，改善科研机构科技创新条件。

（二十七）推进科技成果处置权和收益权改革

赋予高等院校、科研机构科技成果自主处置权。除涉及国家安全、国家利益和重大社会公共利益外，高等院校、科研机构可自主决定科技成果的实施、转让、对外投资和实施许可等科技成果转化事项，取得的科技成果1年内未实施转化的，成果研发团队或完成人拥有科技成果转化的优先处置权，可自行实施转化；科技成果转化收益全部留归单位自主分配，纳入单位预算，实行统一管理，处置收入不上缴国库。科技成果转化收益用于人员激励的支出部分，在本单位绩效工资总量中单列，不作为绩效工资总量基数。高等院校、科研机构转化职务科技成果，以股份或出资比例等股权形式给予个人奖励的，获奖人可暂不缴纳个人所得税，在转让其股权或获得分红时再缴纳。

（二十八）完善科技人员职称评审政策

突出用人单位在职称评审中的主导作用，逐步分级分批下放职称评审权。具备条件的省属本科高校、科研院所实行自主评审，强化事前事中事后监管。将专利创造、标准制定及成果转化作为职称评审的重要依据之一。

（二十九）改革完善科技奖励制度

修订科技进步奖励办法和科技成果转化奖励办法，优化奖励结构，制定激励约束并重、突出价值导向、公开公平公正的评价标准和方法。进一步完善科技奖励评审方式，引进省外专家或实行异地评审，增强评审的客观性和公正性。

（三十）推进科技资源开放共享

推进财政投入的大型科学仪器设备、科技文献、种质资源、科学数据等科技资源以非营利方式向企业和社会开放共享。对财政资金资助的科技项目和科研基础设施，建立统一的管理数据库和科技报告制度。引导和鼓励科研院所和高校的科研设施设备、科学数据、科技文献等科技资源向社会开放。建立以开放服务绩效为导向的科研平台运行评价体系和资源共享激励机制。

九、改进财政科研项目资金管理机制

（三十一）下放预算调剂权限

在项目总预算不变的情况下，将直接费用中的材料费、测试化验加工费、燃料动力费，以及出版、文献、信息传播、知识产权事务费和其他支出预算调剂权下放给项目承担单位。确需要调剂的，由项目承担单位据实核准，验收（结题）时报项目主管部门备案。简化预算编制科目，合并会议费、差旅费、国际合作与交流费科目，由科研人员结合科研活动实际需要编制预算并按规定统筹安排使用，其中不超过直接费用10%的，不需要提供预算测算依据。

（三十二）加大对科研人员的绩效激励力度

取消科研项目绩效支出比例限制。项目承担单位在统筹安排间接费用时，要处理好合理分摊间接成本和对科研人员激励的关系，绩效支出安排与科研人员在项目工作中的实际贡献挂钩。承担单位中的国有企事业单位从科研项目资金（含项目承担单位以市场委托方式取得的横向经费）中列支的编制内有工资性收入科研人员的绩效支出，在本单位绩效工资总量中单列，不作为绩效工资总量基数。

（三十三）劳务费开支不设比例限制

参与项目研究的研究生、博士后、访问学者以及项目聘用的研究人员、科研辅助人员等，均可开支劳务费。项目聘用人员的劳务费开支标准，参照当地科学研究和技术服务业从业人员平均工资水平，根据其在项目研究中承担的工作任务确定，其社会保险补助纳入劳务费科目列支。劳务费预算不设比例限制，由项目承担单位和科研人员据实编制。

（三十四）改进结转结余资金留用处理方式

项目实施期间，年度剩余资金可结转下一年度继续使用。项目完成任务目标并通过验收后，结余资金按规定留归项目承担单位使用，在2年内由项目承担单位统筹安排用于科研活动；2年后未使用完的，按规定收回。

十、强化科技创新保障

（三十五）加强组织领导

各级党委和政府要从全局高度，把加快实施创新驱动发展战略纳入重要议事日程，切实做好各项工作的推进和协调服务，强化科技管理能力建设，充分发挥各类创新主体的积极性，形成推进科技创新的强大合力，统筹推进全省科技体制改革和区域创新体系建设各项工作。

（三十六）加强财政支持和政策衔接

各级政府要加大对科技创新的投入，优先保障科技经费投入，规范财政科技投入口径，优化支出结构。省政府印发的《海南省鼓励和支持战略性新兴产业和高新技术产业发展的若干政策（暂行）》（琼府〔2011〕52号）、《海南省促进高新技术产业发展的若干规定》（琼府〔2012〕9号）等文件规定，与本意见不一致的，以本意见为准。各有关部门要做好政策衔接工作。

（三十七）落实职责任务

各有关部门要各司其职、协调配合，加强对科技创新工作的分类指导。科技、发展改革、工业和信息化、国有资产管理、财政、教育、人力资源和社会保障、工商、税务、金融等有关部门要结合实际，制定和完善配套办法及细化措施，抓好各项政策的落实，并加强对相关政策的绩效评估。科研院所、高校、企业、科技社团等有关单位，要主动承担和落实好科技改革发展的有关任务。

（三十八）强化考核监督

加强对科技创新的目标责任考核，将科技创新发展评价指标纳入我省经济社会发展绩效考核指标体系，作为各级党政领导班子和领导干部综合考核评价指标体系的组成部分。省委办公厅、省政府办公厅、省科技厅要加强对科技创新重点工作和重大项目的督查，确保各项决策部署落到实处。

中共海南省委办公厅

2017年6月1日

中共重庆市委办公厅　重庆市人民政府办公厅
关于发展众创空间推进
大众创业万众创新的实施意见

渝委办发〔2015〕20号

为深入贯彻《国务院关于大力推进大众创业万众创新若干政策措施的意见》（国发〔2015〕32号）、《国务院关于加快科技服务业发展的若干意见》（国发〔2014〕49号）和《国务院办公厅关于发展众创空间推进大众创新创业的指导意见》（国办发〔2015〕9号）精神，深入实施创新驱动发展战略，现就我市发展众创空间、推进大众创业万众创新，提出如下实施意见。

一、加快构建众创空间

（一）科展众创空间

顺应网络时代“大众创业、万众创新”的新趋势，发挥政策集成和协同效应，充分运用互联网和开源技术，以投资促进型、培训辅导型、媒体延伸型、专业服务型、创客孵化型等新型孵化器为重点，积极构建融合线上服务平台、线下孵化载体、创业辅导体系、技术与资本支撑等基本功能的众创空间，为广大创新创业人员提供良好的工作空间、网络空间、社交空间、资源共享空间以及低成本、便利化、全要素、开放式服务，以创新促进创业、创业带动就业。到2016年，全市建设有效满足大众创新创业需求、具有较强专业服务能力的示范性众创空间300家。其中，区县（自治县，以下简称区县）建设100家，高等院校和科研院所建设100家，企业和行业组织等主体建设100家。到2020年，全市建设众创空间1 000家以上，形成创新创业要素集聚化、主体多元化、资源开放化、服务专业化、活动持续化、运营模式市场化的众创空间发展格局。

（二）整合资源建设众创空间

各区县各部门和各类开发区要以五大功能区域产业发展需求为导向，通过“互联网+”“创投基金+”等服务模式创新，积极整合资源，完善现有各类园区、基地、孵化器、协同创新中心、成果转化服务中心、科技金融服务中心等创新创业平台的服务

功能，提升发展一批众创空间。鼓励高等院校、科研院所及各类研究开发机构盘活现有土地、商务科研楼宇等

存量资产，引入市场化机构，投资建设并运营大学生创业基地、硕博研究生创业园、创客空间等众创空间。鼓励行业领军企业、创业投资机构、专业孵化机构、天使投资人、行业协会及联盟等社会力量，充分利用开发区（园区）、核心商圈、城镇社区的工业厂房、仓库、商业用房等存量资产或传统孵化器，建设创业咖啡、创新工场、创业大街、创业特色社区、返乡创业园、星创天地等新型孵化平台，建设具有“创业苗圃+孵化器+加速器”孵化链条的众创空间。

二、培育创新创业主体

（三）鼓励高等院校、科研院所及科技人员创新创业

将财政资金支持形成的不涉及国防、国家安全、国家利益、重大社会公共利益的科技成果使用权、处置权和收益权，全部下放给高等院校、科研院所等项目承担单位。单位主管部门和财政部门对科技成果在境内使用、处置不再审批或备案，科技成果转移转化所得收入全部留归单位，纳入单位预算，实行统一管理，处置收入不上缴国库。完善科技成果、知识产权归属和利益分享机制，在利用财政资金设立的高等院校、科研院所中，将职务发明成果转让收益和非财政资金支持的横向课题收益在重要贡献人员、所属单位之间合理分配，用于奖励科研负责人、骨干技术人员等重要贡献人员和团队的收益比例不低于50%。高等院校、科研院所对职务发明完成人、科技成果转化重要贡献人员和团队的奖励，计入当年单位工资总额，不作为工资总额基数。鼓励高等院校、科研院所专业技术人员在职创业、离岗创业和多点执业。带项目、成果离岗创新创业的，经所在单位同意，3年内保留人事关系，与原单位其他在岗人员同等享有参加职称评聘、岗位等级晋升和社会保险等方面的权利。高等院校、科研院所应设置一定比例的流动岗位，吸引有创新创业实践经验的企业家和企业科技人员兼职。高等院校、科研院所评聘职称时，优先考虑有创新创业成效的科技人员；对创新创业成绩突出的，可破格评定相应职称；科技人员承担非财政资金支持的横向科研项目获得的经费、创办科技型企业所缴纳的税收，以及转化科技成果所得捐赠给原单位的资金，在职称评聘时视同承担财政资金支持的纵向科研项目的经费对待。在坚持学术水平和从业资格标准不降低的前提下，在具备条件的应用型科研院所开展职称评聘分离改革试点。

（四）鼓励企业创新创业

支持各类企业集成运用创新驱动优惠政策，开展技术创新、产品创新、组织管理创新和商业模式创新等，培育新的产业业态和新的经济增长点。积极推广众包、用户参与设计、云设计等新型研发组织模式和创业创新模式。鼓励各类企业由传统的管控型组织转型为新型创业平台，通过在职培训、技能竞赛、专项奖励等有效措施，推进职工全员创新。引导和支持有条件的领军企业创建特色服务平台，面向企业内部和外

部创业者提供资金、技术和服务支撑。推进企业内设研发机构实施法人化改革，内设研发机构按规定调整为研发类企业法人后，享受高等院校、科研院所创新创业相关政策。

（五）鼓励大学生创新创业

深入实施大学生创业引领计划和研究生教育创新计划，建立健全创业教育基金、创业资助和创业导师体系，推动高等院校开设创新创业学院和相关教育课程，普及创新创业教育，落实大学生创业培训财政补贴相关政策，加强大学生创新创业培训。鼓励区县、高等院校充分利用各种资源建设大学科技园、大学生创业园等创新创业基地，建设实践教育基地、科技创业实习基地等创新创业实训基地。建立高等院校创新创业学分积累与转换制度，探索将学生开展创新实验、发表论文、获得专利和自主创业等情况折算为学分，将学生参与课题研究、项目实验等活动认定为课堂学习。经高等院校同意，学生休学创业，3 年内保留学籍。鼓励高等院校设立创新创业奖学金，并在现有相关评优评先项目中拿出一定比例用于表彰优秀创新创业学生。中等职业学校学生创新创业，比照高等院校学生享受学分转换与学籍保留的相关政策。

（六）鼓励全民创新创业

鼓励高校毕业生、返乡农民工、退役军人、失业人员以及青年、妇女、退休人员、农村群众等创新创业。各区县要统筹建立创业辅导培训中心，科技、教育、农业、人力社保、工商等部门和工、青、妇等社会团体要整合资源建立各具特色的创业辅导站，加强大众创新创业的辅导培训。各区县各部门要采取安家资助、分配激励、项目扶持、创业补贴等更加有针对性的措施，吸引留学归国人员、市外高端人才来渝创新创业。

三、降低创新创业成本

（七）降低市场准入门槛

推行行业准入负面清单制度，实施行政权力与行政责任清单制度，落实注册资本认缴制度，加大放宽市场准入力度，支持符合条件的创新创业人员创办各类市场主体。推进注册和经营便利化，允许利用家庭住所、租赁房、商业用房、闲置库房、工业厂房等作为创业场所，引导初创企业利用众创空间等新型孵化机构集中办公，允许“一址多照”、集群注册。在众创空间试行商务秘书企业登记，积极引导商务秘书企业为小微企业提供住所托管等配套服务。加快实施工商营业执照、组织机构代码证、税务登记证“三证合一”“一照一码”，落实“先照后证”改革，推进全程电子化登记和电子营业执照应用。

（八）加大财政扶持力度

统筹用好民营经济发展专项资金、微型企业发展专项资金、中小企业发展专项资金等各种产业发展资金，以及大学生创业、青年创业、妇女创业和职工创业等财政扶持资金，对众创空间的建设运营、房租、宽带接入、水电气等费用给予补贴，对购买公共软件、开发工具和科技中介服务给予补助。市财政每年整合不少于2亿元的众创空间发展专项资金，用于众创空间能力建设和运行绩效后补助。对创办科技创新、电子商务、节能环保、文化创意、特色效益农业等鼓励类微型企业，给予一次性创业补助。对新办微型企业、鼓励类中小企业，所缴纳的企业所得税、营业税和增值税地方留存部分，按照《重庆市人民政府关于印发〈重庆市完善小微企业扶持机制实施方案〉的通知》（渝府发〔2014〕36号）执行。对小微企业新招用毕业年度高校毕业生，签订社保合同并依法缴费的，按规定享受1年社保补贴政策。

众创空间运营机构、科技中介服务机构和其他创新创业服务机构符合规定条件的，可享受中小微企业相关财政扶持政策。鼓励区县和市级有关部门，创新对科技型中小微企业的扶持方式，通过调整财政扶持资金的结算办法，促进产学研协同创新。

（九）落实税收优惠政策

进一步下放审批层级、简化办理程序，加大企业研究开发费用税前加计扣除、科研设备加速折旧等普惠政策的落实力度，提高全社会特别是企业研发投入。进一步落实高新技术企业、软件企业、小微企业、互联网企业的税收减免政策，鼓励企业开展技术创新。初创企业符合《税收征管法》规定条件的，可延期缴纳税款。高等院校、科研院所转化职务科技成果，以股份或出资比例等股权形式给予科技人员个人奖励，符合有关规定的暂不征收个人所得税；高新技术企业和科技型中小微企业科技人员通过科技成果转化取得企业股权奖励收入时，可按有关规定在5年内分期缴纳相应个人所得税。符合条件的众创空间等新型孵化机构适用科技企业孵化器税收优惠政策。

（十）防范知识产权风险

鼓励知识产权信息服务机构向创新创业人员提供免费国内外知识产权信息和低成本项目立项、产品研发、市场开拓等知识产权分析预警导航服务。充分利用知识产权审查快速通道，优先审查小微企业亟需获得授权的知识产权申请。加强知识产权保护，完善知识产权快速维权与维权援助机制。引导企业及时申报专利权、商标权、著作权等知识产权，增强维权意识，减少和降低因侵权造成的损失。

四、强化创新创业服务

（十一）强化技术支撑

推进科研项目管理改革，市级科技计划项目按公益类项目和市场类项目分类实施。公益类项目实行竞争立项与目标验收相结合的管理方式，通过创新主体申报、政府邀请招标的办法组织实施。市场类项目实行分类管理，属于产业转型升级的共性关键技术研发项目，按照政府引导、目标验收的方式，实行事前资助与事后补助；属于企业自主创新的特色个性技术研发项目，按照自愿申报、绩效评估的方式，实行事后补助。推进科研经费管理改革，按照预算评审、目标验收与绩效评估相结合的方式配置财政科技经费。市级科技计划项目配置的经费，由项目承担单位按照国家有关政策法规和财务管理制度自主管理。推进科技研发平台管理改革，按照科技资源开放共享和产学研协同创新的原则，鼓励高等院校、科研院所及各类研发机构提升科技创新能力。根据培育战略性新兴产业和提升传统支柱产业的需要，建设新型产业技术研究院和重点实验室、工程（技术）研究中心、工程实验室、企业技术中心等研发平台，引进国内外先进研发资源，加强产业共性关键技术、军民融合技术研发，面向创新创业主体提供科技研发与设计服务。推进科技服务平台管理改革，大力培育科技服务机构，支持科技咨询、检验检测认证、价值评估、科技成果交易、知识产权代理、科技经纪等服务机构创新服务机制，为创新创业主体提供网络化、集成化、全过程的保姆式服务。搭建重庆科技服务云平台，建设重庆科技服务大市场，运用“互联网+”服务模式，整合共享技术成果、科学数据、仪器设备、科技文献、专利信息等科技资源，开展成果展示、价值评估、交易撮合、质押登记等服务，促进技术创新和成果转化。在科技服务云平台框架下，对财政投入形成的科技基础设施、大放共享；对其他科技资源，建立激励机制，鼓励开放共享。推进科研成果管理改革，建立以产业化和经济社会发展贡献率为主要导向的科研项目评价考核体系。对科技成果的评价和奖励，公益类项目按照应用导向、同行评价的原则组织实施，市场类项目按照效益优先、多维评价的原则组织实施，提高评价的科学性和奖励的导向性，强化优秀科技成果供给和转移转化。继续按照有关规定实施科技副区（县）长、科技副乡（镇）长和科技特派员制度，为大众创业、万众创新提供技术支持和人才保障。

（十二）强化投融资保障

对接企业成长需求，完善创业投资体系。设立创业种子投资引导基金，与区县、园区、高等院校等共同组建创业种子投资基金，以公益参股和免息信用贷款等方式服务于种子期科技型小微企业；设立天使投资引导基金，引导社会资本、专业天使投资团队组建市场化运作的天使投资基金，服务于初创期科技型中小微企业；做大风险投资引导基金规模，大力发展风险投资事业，鼓励社会资本参与组建各类功能的创投基金，服务于成长期科技型企业做大做强。充分利用资本市场，进一步完善创业投资基金投资退出流转机制，增加创业投资基金的流动性，提高使用效率。鼓励商业银行设立科技支行、小微专营支行，鼓励发展融资租赁、保理、科技保险、科技担保、小微担保、互联网金融等，支持开发有利于创新创业的金融产品和服务。推动发展投贷联动、投保联动、投债联动等新模式，不断加大对创业创新的融资支持。将小额担保贷款调整为创业担保贷款，对符合条件的，贷款额度上限不足10万元的调整为10万元，个人贷款利率比基础利率上浮3个百分点以内的部分由财政贴息。对创新创业主体利用知识产权质押融资的，按规定给予财政贴息，或对担保与保险机构为知识产权提供相应服务的，按规定给予担保与保费补贴。探索对科技型中小微企业利用知识产权质押融资贷款的风险补偿制度，促进科技成果转化。鼓励企业通过中小板、创业板、新三板、区域性股权交易市场等多层次资本市场直接融资，并按规定给予一定的财政补贴。积极探索开展众筹融资等互联网金融试点。

（十三）强化环境建设

增加和优化众创空间的路、水、电、气、讯等公共产品和公共服务供给，加强政府公共服务数据开放共享，推动大型互联网企业和基础电信企业向创业者开放计算、存储和数据资源，为创新创业主体的生产经营活动提供优质的基础硬环境。推进行政审批制度、行政事业性收费制度及行政执法体制改革，深化科技体制改革和科技金融创新，为众创空间发展和大众创业、万众创新提供良好的发展软环境。加快政府职能转变和管理创新，完善市场监管体系，打破行业垄断，发挥市场配置资源的决定性作用，及时查处限制竞争、知识产权侵权等不正当竞争行为，营造公平、开放、透明的市场竞争环境。大力弘扬敢为人先、宽容失败的创新文化，树立崇尚创新、创业致富的价值导向，培育企业家精神和创客文化，积极举办各类创新创业赛事、论坛、培训等活动，加强典型宣传和舆论引导，利用各类媒体宣传创新文化和典型人物、成功事例，为大众创业、万众创新营造良好的社会文化环境。

（十四）强化组织实施

成立由市政府统一领导、市级相关部门共同组成的市发展众创空间协调小组，负责众创空间的统一规划和协调推进。协调小组下设办公室，负责日常联络、监测统计、协调服务和考核评估等工作，办公室设在市科委。各区县要切实把发展众创空间、推进大众创业万众创新作为加快经济转型升级的重大举措，因地制宜、找准定位、注重特色，加强组织领导，加大资金投入，强化政策支持和条件保障，确保各项工作任务和政策措施落到实处。市级相关部门要按职责分工，大力整合资源，大胆开拓创新，协同推进众创空间建设，形成大众创业、万众创新的生动局面。（此件公开发布）发：各区县（自治县）党委和人民政府，市委各部委，市级国家机关各部门，各人民团体，大型企业和高等院校。

中共重庆市委办公厅

2015 年 8 月 24 日

中共重庆市委　重庆市人民政府关于印发《重庆市深化体制机制改革加快实施创新驱动发展战略行动计划（2015—2020年）》的通知

渝委发〔2015〕13号

各区县（自治县）党委和人民政府，市委各部委，市级国家机关各部门，各人民团体，大型企业和高等院校：

《重庆市深化体制机制改革加快实施创新驱动发展战略行动计划（2015—2020年）》，已经市委、市政府同意，现印发给你们，请结合实际认真贯彻落实。

中共重庆市委
重庆市人民政府
2015年6月12日

重庆市深化体制机制改革加快实施创新驱动发展战略行动计划（2015—2020年）

创新是推动一个国家和民族向前发展的重要力量，也是推动整个人类社会向前发展的重要力量。当前，党中央、国务院把握全球新一轮科技革命与产业变革的重大机遇，及时出台《关于深化体制机制改革加快实施创新驱动发展战略的若干意见》（中发〔2015〕8号）。为深入落实党中央、国务院战略部署，结合重庆实际，制定本行动计划。

一、总体要求

（一）指导思想

认真贯彻落实党的十八大和十八届三中、四中全会以及习近平总书记系列重要讲话精神，紧扣“四个全面”战略布局，按照“一带一路”和长江经济带发展战略指向要求，深入实施五大功能区域发展战略，以深化科技体制改革为动力，以推动应用研发创新为重点，充分发挥市场配置创新资源要素的决定性作用，更好发挥政府的引导与服务作用，进一步解放思想，破除一切制约创新驱动的体制机制障碍，强化企业在技术创新中的主体地位，激发大众创业、万众创新活力，切实增强创新驱动力与产业竞争力，为我市全面建成小康社会提供坚强的动力支撑。

（二）基本原则

需求导向，“三链”协同。紧扣经济社会发展重大需求，让创新真正落实到创造新的增长点上，把创新成果变成实实在在的产业活动。深度整合创新驱动既有政策，通过准确的导向机制和强有力的推进机制，实现产业链、创新链、资金链的耦合协同。围绕产业链部署创新链，依托“6+1”支柱产业、十大战略性新兴产业和现代服务业、现代农业布局创新项目；围绕创新链完善资金链，创新政府资金投入方式和财税激励机制，强化金融对创新驱动的支撑作用。

人才为先，企业为主。坚持市场导向，充分发挥市场配置资源的决定性作用。让人才成为创新的第一资源，创新人才引进、流动和培养模式，更加注重强化激励机制，更加注重发挥企业家和技术技能人才队伍创新作用，让一切创新要素都活跃起来。让企业成为创新的主体力量，支持大型企业发挥创新骨干作用，支持中小微企业开展科技创新，积极鼓励和支持大众创业创新。

遵循规律，全面创新。把握好科学研究的探索发现规律、技术创新的市场规律，坚持技术与市场双轮驱动，统筹推进科技体制改革和经济社会领域改革，整合全社会资源，以科技创新为核心，以商业模式创新为载体，以管理创新为关键，加强知识产权保护，统筹推进科研院所、高等学校、企业、政府、社会服务全面创新，统筹推进军民融合创新，实现科技创新、制度创新、开放创新的有机统一和协同发展。

（三）总体目标

到2020年，企业在技术创新中的主体地位进一步强化，科技资源和创新要素优化配置取得明显成效，科技服务能力显著提升，科技创新活力大大增强，开放型区域创新体系和创新型经济形态基本形成，初步实现从要素驱动向创新驱动转变，建成科技水平高、创新能力强的长江上游科技创新中心和国家创新驱动示范城市。

到2020年，全社会R&D（研究与开发）经费支出占GDP（国内生产总值）比重超过2%，规模以上工业企业研发投入占销售收入比重达到1.2%，技术进步贡献率达到60%以上，科研成果转化中的股权化率达到75%以上，战略性新兴产业产值占工业总产值的比重提高到30%以上，万人有效专利拥有量达到50件。

两江新区作为全市创新驱动发展的核心区和战略性新兴产业发展、内陆开放高地建设和现代服务业发展的主战场，到2020年，R&D经费投入占比达到5%以上，战略性新兴产业产值占全市的比重达到40%以上，规模以上工业企业研发投入占销售收入比重达到2%以上。

二、构建以市场为导向的创新体系

（一）大力提升企业技术研发创新水平

围绕产业发展构建“金字塔”形企业创新体系，通过“靶向”精准政策扶持引导，形成合理的梯级晋升机制，调动企业创新争优的积极性，增强经济增长的支撑力。

培育10家以上在国内同行业中具有领先地位的企业研发创新中心：重点围绕汽车、电子信息、高端装备、智能机器、现代化工、新型材料、节能环保、生物医药等优势产业或细分领域，通过开放引进与巩固提升现有国家级企业技术中心相结合，以项目带动、资源整合、产学研联盟等多种方式，进一步扩大增量、提升质量。凡发明专利拥有量在国内同行业保持前五名，研发成果转化率达到50%以上、新产品销售收入占主营业务收入达到50%以上、R&D经费支出占企业销售收入达到5%以上，即认定为企业研发创新中心。

培育50家国家级企业技术中心：鼓励市级企业技术中心联合行业性工程研究中心、产学研战略联盟、2011协同创新中心等科研机构，强化产业关键技术突破，加快新产品、新工艺研发进程。鼓励企业在科研院所、高等学校建立研发中心。凡发明专利拥有量排名全市同行业前列，研发成果转化率达到20%以上、新产品销售收入占主营业务收入达到30%以上、R&D经费支出占企业销售收入达到4%以上的，优先申报国家级企业技术中心。力争到2020年累计推动30家左右市级企业技术中心升格为国家级企业技术中心，全市总量达到50家。

培育600家市级企业技术中心：用好用足国家关于高新技术企业财税优惠政策，鼓励企业加大研发创新投入力度，开展科研技术、组织模式和商业模式创新。凡R&D经费支出占企业销售收入达到3%以上，有较强的经济技术实力和较好的经济效益，研究开发与创新水平在全市同行业中处于领先地位的，优先纳入市级企业技术中心评定范围。力争到2020年累计新增200家左右市级企业技术中心，全市总量达到600家。

实施差异化的“靶向”扶持措施：对于行业领军型企业研发创新中心和国家级企业技术中心，除国家已明确的各类普惠性激励政策之外，市财政科研专项资金以“后补助”方式予以奖励扶持；其科技成果优先纳入市级及以上科技进步奖评选范围；其学术带头人或管理团队负责人优先作为市政府科技顾问或参事候选人；市政府支持该企业先行先试相关改革；重庆战略性新兴产业股权投资基金优先跟进支持其科技成果产业化。

对于市级企业技术中心，除国家已明确的普惠性政策外，市财政科研专项资金按企业上年研发投入强度、新产品销售收入占主营业务收入比重、专利拥有量、技术标准获批情况等，以“后补助”方式予以奖励扶持；市政府产业投资股权引导基金、风险投资基金等优先跟进支持其科技成果产业化；将企业优先纳入上市公司储备库予以上市辅导。

（二）加快完善技术创新服务体系

以项目为载体、资本为纽带，推动科研院所和高等学校重点实验室、工程（技术）研究中心为创新成果转化服务，加强创新成果与产业应用对接，加强创新项目与市场需求对接，为企业和社会提供多层面研发创新、技术验证及产业化服务。

搭建一批产业技术创新联盟：支持科研院所、高等学校联合大型企业集团，在通信设备、下一代互联网、智能制造、特种装备、新材料、页岩气开采及装备、道路交通、医学健康、科技服务、智慧城市、绿色建筑产业、特色效益农业等行业建立技术创新联盟。通过专利导航、技术标准评级补贴、创新成果产业化补贴和股权化改造等方式，推动产业技术创新联盟开展技术合作，形成产业技术标准，建立公共技术平台，实行知识产权共享，为提升产业整体竞争力服务。

建设一批科技成果转化服务中心：推动科研院所及高等学校现有工程（技术）研究中心、工程实验室、重点实验室改革体制机制，面向全社会提供科技成果转化服务，让更多科技人员用得起科研设备，让更多科研成果转化为生产力。加快新技术、新工艺、新产品的转化与应用，财政资金投入主要通过成果转化率、向社会开放度和向企业提供服务等绩效评价方式给予支持。

建设科技资源共享与交易云服务平台：建设重庆科技服务大市场，集聚各类科技人力、财力、物力和成果等资源，构建统一开放、线上线下同步的科技资源共享与交易平台，实现科技资源整合、信息开放共享互动、技术成果交易以及科技金融服务无缝对接，促进知识产权转移转化，支撑和服务产业发展。到2020年，全市科技成果交易量位居西部前列。

（三）推动大众创业万众创新

发挥政策集成和协同效应，着力降低创新创业门槛，推动创新与创业相结合、线上与线下相结合、孵化与风险投资相结合，完善创新创业服务模式，强化技术支撑、投融资保障和环境营造，壮大创新创业群体，形成“大众创业、万众创新”的生动局面。

大力营造创新创业良好环境：加大简政放权力度，完善创新创业政策体系，推动政策落地，形成“想创新、敢创业、能成业”的良好环境。推行行业准入负面清单、行政审批承诺制和注册资本认缴制等管理制度，降低创新创业市场准入门槛。推行工商营业执照、税务登记证、组织机构代码证“三证合一”办理及公章刻制“多证联办、并联审批”制度，以及一次性免费上门服务和网上审批登记服务，提升创新创业服务水平。鼓励各类金融资本、风险投资支持参与创业投资。加大财政扶持力度，鼓励区县（自治县，以下简称区县）给予房租、宽带接入费用和用于创业服务的公共软件、开发工具等适当财政支持，支撑大众创业创新。

打造1 000个以上众创空间：以各类企业、投资机构、行业组织等社会力量为主构建市场化的众创空间，支持众创空间申请市场主体登记。构建开放创新创业平台，有效集成创新创业服务资源，促进创新创意与市场需求和社会资本有效对接，建立“平台+服务+资本”的创新创业模式。充分利用闲置工业厂房、商务科研楼宇、仓库等载体，突出线上服务平台、线下孵化载体（含投资促进、培训辅导、宣传营销、专业服务、创客孵化、咨询交流等创新创业孵化器）、创业辅导体系以及技术与资本支撑四大要素整合，推广创客空间、创业咖啡、创新工场、星创天地等新型孵化模式，加快完善现有产业园区、高新技术产业基地、孵化器、协同创新中心、成果转化服务中心、科技金融服务中心等创新创业平台的服务功能，打造形成一批低成本、便利化、全要素、开放式的众创空间，为广大创新创业者提供良好的工作空间、网络空间、社交空间和资源共享空间。2016年，各区县至少打造3~5个众创空间，各高等学校至少打造2~3个众创空间，全市众创空间达到500个以上；2020年，众创空间达到1 000个以上，其中至少10个在国内具有品牌效应。

构建1 000家以上创新服务机构：大力发展检验检测认证、知识产权、科技推广、科技咨询、科普等各类科技服务机构，通过将科技服务纳入政府购买服务范围，制定科技服务业市场准入负面清单，完善服务标准体系和诚信体系，形成覆盖全市重点产业的科技服务产业链。2016年，全市各类创新服务机构达到500家以上；2020年，各类创新服务机构达到1 000家以上，其中具有跨区域影响力的品牌机构100家以上。

培育1 000家以上科技型“小巨人”企业：充分发挥科技型中小微企业技术创新基金、中小微企业发展专项资金等对创新型中小微企业发展的促进作用，探索以发行“创新券”等“后补助”方式支持中小微企业开展科技研发和成果转化，并加大政府对中小微企业产品及服务的采购力度。2020年，科技型“小巨人”企业达到1 000家以上。

三、激发广大科技人员的创新活力

（一）加快推进科研院所和高等学校科研管理体制改革

扩大科研院所和高等学校科研管理自主权：支持高等学校、科研院所自主布局科研项目，扩大学术自主权和个人科研选题选择权。对于财政资金支持形成的科技成果，除涉及国防、国家安全、国家利益、重大社会公共利益外，高等学校和科研院所享有科技成果的使用权、处置权和收益权。单位主管部门和财政部门对科技成果在境内的使用、处置不再审批或备案。科技成果转移转化所得收入全部留归单位，纳入单位预算，处置收入不上缴国库。

建立现代创新型企业制度：引导转制后的科研院所完善现代法人治理结构，形成自主运行的公司决策机制、科研开发机制、知识产权管理机制、成果转化机制和人员激励机制，以产权为纽带加快建立“产权清晰、权责明确、政企分开、管理科学”的现代创新型企业制度。

（二）加快人才评价制度改革

职称政策向科技人才倾斜：坚持应用技术研究重在市场认可的导向，改变科技人才评价过于单一和偏于理论研究的倾向，分别以论文和著作等理论成果、专利和计算机软件等知识产权、创新产品等实物成果、保证产品质量的标准和流程、组织管理创新和服务成效作为评价的重要指标。对获得国家、省部级科学技术奖励的，在本专业领域取得授权专利、研发出新产品和新工艺等创新成果并实现产业化的，主导国内外技术标准制定或修订的，在本专业领域取得重大创新的，以及为经济社会发展作出突出贡献的科技创新人才，取消学历等条件限制，按照各专业破格申报条件优先申报评定高级专业技术资格。

职称政策向企业人才倾斜：建立与产业发展需求和经济结构相适应的企业人才评价机制，优化产业人才结构。企业人才申报评定高、中级专业技术资格不受单位所有制、岗位和评审通过率限制。研究制定职业学校教师和企业优秀人才“双师”职称评聘办法。中华技能大奖获得者、全国技术能手和全国职业技能大赛获奖者及指导教师可破格申报评定相应高级专业技术资格。市场业绩突出的企业经营管理领域的特殊人才可直接申报评定高级经济师资格。

探索评聘分离改革：在坚持学术技术水平和从业资格标准不降低的前提下，在应用型科研院所探索职称评定与职务聘任相分离试点，探索建立个人自主申报、岗位评聘分离、政府指导监督的新机制，吸引优秀人才，鼓励人才流动，充分激发人才创新的积极性。

（三）完善成果转化激励政策

落实科研成果转化激励政策：在科研成果产生之初、科研成果产业化、企业转制股份转让、企业上市、企业进行混合所有制改造等五个关键环节，明确单位、科研团队、个人的股权，不断完善产权保护、员工持股、股权转化、分红激励等政策，建立资本、知识、技术、管理等要素报酬由市场决定的机制。

完善科研奖励报酬制度：在利用财政资金设立的科研院所和高等学校中，将职务发明成果转让收益在重要贡献人员、所属单位之间合理分配，用于奖励科研项目牵头人、骨干技术人员等重要贡献人员和团队的收益比例不低于50%，上不封顶。国有企业事业单位对职务发明完成人、科技成果转化重要贡献人员和团队的奖励，计入当年单位工资总额，不作为工资总额基数。

加大科研人员股权激励力度：鼓励和引导以科技成果作价出资创办企业，不再限制科技成果作价份额占注册资本的比例，由企业投资人之间协商确定，并可将作价份额不低于20%的比例奖励给成果完成人以及为成果转化作出重要贡献的管理人员，上不封顶。高新技术企业和科技型中小微企业科研人员通过科技成果转化取得企业股权时，可按规定在不超过5个公历年度内分期缴纳个人所得税。

（四）改革人才管理体制

构建创新型人才队伍：坚持在创新创业活动中发现人才、培育人才、引进人才。大力培养和引进一批科技型领军人才、高端技术人才和高层次创业人才，加快形成高质量的创新型人才队伍。根据全市重点产业发展方向，重点引进拥有重大、关键核心技术的人才和创新创业融合性人才。发挥好“两院”院士、长江学者、“千人计划”领军人才的作用，加大“两江”学者扶持力度，积极推荐现有地方级人才升格为国家级人才。支持骨干企业与科研院所、高等学校联合培养“双师”人才，建立以企业为核心集聚创新型领军人才的机制。

促进人才合理流动：加强人才工作平台建设，引导创新型人才向重点产业流动，构建产业建设与人才支撑的互动信息平台。支持高等学校建设协同创新中心，探索构建服务产业技术创新的专职科研队伍。建立健全与市场聘用机制接轨的科技人员薪酬和岗位制度。允许科研院所和高等学校设置一定比例的流动岗位，吸引有创新实践经验的企业家和企业科技人才兼职。试点将企业任职经历作为高等学校新聘工程类教师的必要条件。高等学校在校学生休学创业的，可以保留学籍3年。

优化人才培养模式：推动部分有条件的普通本科高等学校向应用技术型高等学校转型。鼓励高等学校和职业教育学校围绕重点产业，按照市场需求设置相关专业，调整专业结构，开办创新创业专门课程，为重点产业发展培养创新型和应用型人才。支持骨干企业与高等学校开展高职本科、应用型本科以及专业硕士、博士联合招生、联合培养的现代学徒制试点。开展“五年一贯制”高等职业教育人才一体化培养改革试点，开展中职学校与本科学校对口贯通分段人才培养改革试点。引导职业教育学校依托企业、贴近产业，需求导向、突出应用，建立校企结合、产教结合的办学模式。支持企业面向职业技术学校建设公共专业实训基地，推行任务驱动、项目导向、实训为主的教学方式。

四、营造全面开放的创新环境

（一）构建创新驱动三大功能平台

建设创新驱动核心区：按照一区多园模式，以两江新区为核心，高新区、经开区、璧山高新区为载体，加快申报国家自主创新示范区。围绕产业链需求，成体系地建设研发平台和创新服务平台，集聚研发机构、创新创业人才、创业投资资本、重大创新成果等创新要素，打造区域创新中心。以提升产业创新能力为核心，大力发展高新技术企业和科技型企业，培育具有国际竞争力的创新型产业集群，打造高新技术产业中心。以促进全面创新为关键，坚持制度、环境建设为先，积极推进科技金融、知识产权、技术转移及成果产业化、股权激励、市场准入、行政管理等改革创新试验，打造商业模式、管理模式、组织模式创新的先行区。两江新区要充分发挥全市科技创新龙头作用，通过市场化方式，形成完善的科技金融服务链和投融资机制，帮助中小微企业成为科技创新的生力军，让更多的科技创新成果尽快产业化，成为全市高技术产业的创新创业平台，带头营造浓厚的创新创业氛围。

建设创新驱动示范区：充分发挥国家级经开区和各类科技园区的创新驱动示范作用。完善以企业为主体的产业技术创新机制和知识产权管理服务体系，加快产业结构调整步伐，大力发展电子信息、高端装备、节能环保、高技术服务等新兴产业，形成农业科技园区、知识产权试点示范园区、特色产业科技园区等多层次、多类型的示范发展格局。

建设创新驱动辐射区：错位发展区县特色产业园区，依托产业带动，就地就近推进大学生创业园区、农民工返乡创业园区等特定群体创业园建设，完善交通、通信、物流、网络等配套基础设施，打造创新创业社区，由点及面，为各类创新创业者提供施展才华的平台。

（二）推进建设国际国内创新合作平台

积极引进国际科研资源：主动利用全球创新资源，积极培育创新发展优势。积极引进世界知名大学、著名研发机构、世界500强企业来渝建立分支机构或搭建创新平台，加快融入全球创新网络体系。支持企业通过项目合作、股权合作等方式引导专业团队和科研成果在渝落地。对接国际规则，支持参与国际大科学工程研发和国际间的科技交流，鼓励获取国际科技新资讯、新技术，鼓励具有自主知识产权的创新产品输出。继续办好“科技外交官服务重庆活动”。到2020年，引进或共建国外研发机构100个以上，在先进制造、新材料、信息技术、现代农业等重点领域引进新技术和新产品1 000项以上，引进联合研发团队100个以上，布局国际合作基地50个。

引进或共建一批国内合作平台：发挥中国重庆高交会、渝洽会作用，围绕战略性新兴产业、现代服务业、现代农业等开展多领域创新创业合作。支持科研院所、高等学校和企业与中国科学院、中国工程院、十一大军工集团、北京大学、清华大学及国内大型企业和知名研发机构开展合作，共建研发和产业化基地。到2020年，引进或共建国内知名研发机构10个以上，引进国内研发团队100个以上，联合研发项目500项以上，引进与全市产业发展和社会民生相适宜的技术成果10 000项以上。

培育一批产业技术创新研究院：鼓励和支持企业、科研院所和高等学校创新机制与模式，重点围绕石墨烯、机器人、页岩气等新兴产业，组建独立法人、实体化运行的产业技术创新研究院，抢占国内外新兴产业研发创新高端，推动产业关键共性技术突破，为产业集群发展提供技术源头支撑。通过嫁接各类普惠性激励政策和股权投资基金支持，打造一批能够规模化应用的核心技术和产品。到2020年，全市组建5家以上产业技术创新研究院。

（三）营造激励创新的公平竞争环境

健全创新产品准入管理：研究出台重大新产品首台（套）、首购、首试等奖励补贴政策，积极支持市内符合条件的创新创业主体的创新产品进入政府采购目录。建立健全使用创新产品的政府采购制度，国家机关、事业单位和团体组织应优先招标采购企业创新成果转化的产品，帮助生产企业验证产品可靠性、积累行业资质和运营经验。配套建立对首台（套）重大技术装备和示范应用项目的保险制度和风险补偿机制，研究出台重大新产品前期应用推广的补贴政策。

实行严格的知识产权保护制度：研究修订《重庆市专利促进与保护条例》，强化知识产权运用和保护，依法打击侵犯知识产权的违法行为。强化知识产权综合行政执法，推进重点产业知识产权快速维权体系建设。对合理期限内未完成转化的财政资金支持形成的知识产权进行强制许可转化。加快知识产权系统社会信用体系建设，推动将专利侵权假冒及执行失信、专利代理人失信等信息纳入市联合征信系统。建立企业重大涉外知识产权纠纷应对工作机制。用知识产权战略的各种手段，支持企业开展技术引进、联合研发、投资并购和海外专利布局，开展重大经济活动知识产权风险预警和评估。

五、构建有利于创新驱动的投融资体制机制

（一）改革政府科技投入方式

分类指导公益性研究项目与竞争性研究项目：对于基础性和公益性研究，以及重大共性关键技术研究、开发、集成等公共科技活动，一般仍采用“前补助”方式支持。对于以科技成果工程化、产业化为目标，可考核的竞争性科研项目，改变政府投入方式，更多地采用市场化的方式进行扶持。要结合实际，合理确定基础性、公益性研究和竞争性研究项目的标准与范围，做到统筹兼顾，地方政府的投入应更多投向能够产业化的科研项目。

改“前补助”为“后补助”：鼓励和引导研发企业根据市场需求及自身发展需要先行投入资金，组织开展技术研发、工艺提升和技术改造，项目实施成功后可按规定程序申请政府补助。对企业技术中心的“后补助”，要与研发成果转化率、新产品销售收入占主营业务收入比重和R&D经费支出占企业销售收入比重以及专利拥有量等指标挂钩；对公共实验室和科技成果转化服务中心的“后补助”，要与研发成果转化率、服务提供率等指标挂钩。

改“直接补”为“间接补”：政府用于扶持、支持企业的资金（包括招商引资中给予的政策）从补助生产或建设向补助企业搞研发创新或购买研发创新成果转变。对企业购买重大科技成果的补助项目，组织现场核实评审，必要时可进行专项审计，核查企业购买的成果是否落地转化，根据项目实施效果择优资助。逐步将补助方式向重大研发机构引进、企业科技创新平台认定、国家级与市级孵化器或公共服务平台、科技与金融结合等方面拓展。

改“行业部门决策补”为“多维评价决策补”：针对科研工作特点和科研活动载体不同，面向国家级企业技术中心、科技成果转化服务中心、创新型企业、创新成果孵化器、众创空间、个人等不同科研载体，探索建立团队考核与个人成果相结合、长周期考核与过程管理相结合的多维度评价体系，推进“同行评议”“第三方评价”“国际评价”和“市场价值评价”等评价方法，将评价结果与政府补贴、拨款和奖励挂钩。

（二）设立多层次的投资基金

用好政府产业投资股权引导基金：加大投入力度，确保现有产业投资引导基金按1∶3或1∶4的比例带动社会资本，专项用于我市工业、农业、科技、知识产权、现代服务业、文化旅游等产业和领域的技改、技术进步、产业化和资本化。

做大科技创业风险投资引导基金：依托现有引导基金，通过市场化运作，有效吸引社会资金，充分发挥引导和放大作用，切实扩大基金规模。引导基金带动社会风险投资，重点扶持高成长性的科技型企业发展。

设立天使投资引导基金：吸引社会资本参与天使投资，鼓励科研院所、高等学校、区县及产业园区利用自有资金与社会资本合作组建天使基金，重点扶持包括1 000个

众创空间、1 000家创新服务机构、1 000家科技型“小巨人”企业等在内的在孵企业、科技创业人才和项目。

（三）利用资本市场支持企业创新

设立重点创新型企业上市储备库：抓住股票发行注册制改革机遇，按照“储备一批、辅导一批、培育一批、上市一批”的总体思路，每年滚动培养一批发展方向属于国家和我市战略性新兴产业、技术含量高、成长性好的企业进入上市公司储备库。

启动科技型中小微企业新三板挂牌培育计划：以 10 000 家创新型中小微企业为重点，每年组织指导一批企业与中介服务机构深度对接并实现挂牌。对成功挂牌的企业，受益财政对企业给予一定奖励。

推动有条件企业 IPO（首次公开募股）上市：围绕重点创新型企业上市公司储备库企业，强化辅导培育，加大政策扶持，协助有条件企业完善相关申报备案手续，推动一批在创业板、中小板、主板上市。

启动创新型企业增资扩股：每年支持一批上市企业通过增资扩股进行业务重组，运用专利导航手段购买创新成果或创新企业，推动产品结构优化和企业转型升级，扩大市场份额。

稳步推进债权融资：大力推动和组织科技创新企业通过发行公司债、短期融资券、中期票据、集合债、集合票据、集合信托等债权融资工具融资，拓宽科技创新企业多元化债权融资渠道。

（四）强化金融对创新驱动的支撑作用

积极开展知识产权质押融资：鼓励和推动各类金融机构开展专利、版权和商标等知识产权质押融资业务，对知识产权质押贷款业务参与方给予适当补贴或风险补偿。

积极推动科技保险：支持保险企业在渝创新科技保险产品，积极推广面向科技创新企业的高新技术企业产品研发责任保险、专利保险、营业中断保险、小额贷款保证保险等险种。

建立科技融资担保风险补偿机制：建立完善科技融资担保风险补偿机制，在全市范围内构建“市级+区县级”的“伞形”担保风险补偿机制。

鼓励金融机构支持企业创新：大力探索适合创新活动“短、频、快”融资需求的融资模式、信贷及抵质押产品和知识产权证券化等金融产品。实施差异化引领，鼓励银行对创新型项目和企业贷款实行基准利率，简化贷款审批手续，构建创新贷款信用安保体系，推动信贷资金更多支持创新活动。

六、强化组织实施

（一）加强组织领导，高效务实推进

设立重庆市创新驱动发展战略行动计划领导小组，建立市级联席会议制度，专门负责行动计划的组织实施。市级有关部门按照职能分工，积极落实促进创新驱动的各项政策措施。各区县要加强对创新驱动工作的组织领导，结合实际制定具体实施方案，明确工作任务，切实加大资金投入、政策支持和条件保障力度，使创新活动能够始终围绕见企业、见项目、见产品、见流量、见配套体系“五见”的标准务实推进。

（二）完善管理服务，开展试点示范

建立科技创新、知识产权与产业发展相结合的创新驱动发展评价指标，并纳入国民经济和社会发展规划。加强创新企业统计队伍建设，提升全面准确及时反映全社会创新成果的统计能力。在有条件的区域或领域开展创新驱动改革试点，前三年抓好试点示范，后三年抓好应用推广。鼓励区县探索建立推进创新驱动的新机制、新政策，不断完善创新驱动服务体系。

（三）健全考核制度，强化督查督办

按照本行动计划制定年度工作计划，分解落实市级有关部门责任，市委督查室、市政府督查室加强督查。建立健全市属国有企业技术创新经营业绩考核制度，加大技术创新在国有企业经营业绩考核中的比重，探索国有企业研发投入和产出分类考核机制。将创新驱动发展成效纳入区县经济社会发展实绩考核内容，逐步提高考核权重。

（四）抓好宣传引导，营造创新氛围

充分发挥各类媒体的宣传引导作用，每年举办十大创新创业人物评选，树立一批创新人物、创新企业、创新团队典型，大力营造勇于创新、鼓励成功、宽容失败的社会氛围。推动科技资源科普化，加快科研设施向公众开放。结合新兴产业发展，适时开展系列专题科技、知识产权宣传活动，营造人人关注创新创业、人人参与创新体验的新景象。

四川省人民政府关于全面推进大众创业、万众创新的意见

川府发〔2015〕27号

各市（州）、县（市、区）人民政府，省政府各部门、各直属机构，有关单位：

为全面贯彻党中央、国务院关于大众创新创业的决策部署，加快实施创新驱动发展战略，适应经济发展新常态，顺应网络时代新要求，全面推进大众创业、万众创新，打造促进经济增长“新引擎”，特提出以下意见。

一、总体思路和主要目标

加快实施创新驱动发展战略，主动适应经济发展新常态，实施创业四川行动，有效整合资源，集成落实政策，完善服务模式，培育创新文化，激发全社会创新创业活力，搭建创新创业转化孵化平台，构建创新创业生态体系，形成想创、会创、能创、齐创的生动局面，实现新增长、扩大新就业，促进全省经济平稳健康发展。

——坚持市场主导，政府引导。充分发挥市场配置资源的决定性作用，强化政府引导，促进创新创业与市场需求和社会资本有机结合。

——坚持创新推动，促进就业。推进以创新为核心的创业就业，壮大创新创业群体，大力孵化培育科技型中小微企业，打造新的经济增长点。

——坚持机制创新，优化服务。降低创新创业门槛，构建市场化、专业化、资本化、全链条增值服务体系，提高创新创业效率。

到2017年，实现创新创业主体从小众到大众、创新创业载体从重点布局到全面建设、创新创业服务从强硬条件到重软服务的转变。全省各类孵化载体达到500家，面积达到1 000万平方米以上，初步建成覆盖全省各市（州）、县（市、区）的科技企业孵化培育体系，新增科技型中小微企业20 000家，科技创业者突破10万人，发明专利申请量达到4.5万件，培育一批天使投资人和创业投资机构，创新创业政策体系更加健全，服务体系更加完善，形成全社会创新创业的浓厚社会氛围。

二、主要任务

（一）激活创新创业主体

深化科技体制机制改革，破除高等学校、科研院所等事业单位在人才流动、成果处置、收益分配等方面的政策束缚，激励科技人员创新创业。推进大学生创新创业俱乐部和创新创业园建设，强化大学生创新创业教育和培训体系建设，探索建立大学生创新创业导师制，实施“四川青年创业促进计划”，推动青年大学生创新创业。开展海外招才引智、省校省院省企战略合作、中国西部海外高新科技人才洽谈会等活动，实施“千人计划”、留学人员回国创业启动支持计划等，完善社会服务机制，吸引海外高层次人才来川创新创业。大力开展群众性创新创业活动，扶持草根能人创新创业。

（二）夯实创新创业载体

各市（州）要集中力量重点打造孵化器大平台，构建一批低成本、便利化、全要素、开放式的众创空间。2015 年各市（州）要建立 1 家及以上科技企业孵化器（包括孵化大楼、孵化工场、孵化园区等），为初创企业提供低廉的创业场所。各县（市、区）要结合自身优势和特色，通过整合资源、制定政策等方式搭建平台，积极打造满足创新创业需求的孵化楼宇、社区、小镇，形成创新创业集聚区。支持建立一批以大学生创新创业俱乐部、大学生创业场、创业沙龙为代表的创业苗圃。支持建设一批“孵化+创投”“互联网+”、创新工场等新型孵化器。充分利用各类科技企业孵化器、大学科技园、小企业创业基地等现有条件，依托“51025”等全省重点产业园区，加快建设一批创新创业园（孵化基地），在全省逐步形成“创业苗圃（前孵化器）+孵化器+加速器+产业园”阶梯型孵化体系。

（三）营造创新创业市场环境

深化商事制度改革，鼓励各市（州）结合实际，按照国家改革行政审批、行政许可的要求，简化住所登记手续，采取一站式窗口、网上申报、多证联办等措施，为创业企业工商注册提供便利，降低创新创业门槛。依法加强创新发明知识产权保护，将侵权行为信息纳入社会信用记录，营造创新创业公平竞争的市场环境。鼓励地方政府对众创空间等新型孵化机构的房租、宽带接入费用和用于创业服务的公共软件、开发工具给予适当补贴，鼓励众创空间为创业者提供免费高带宽互联网接入服务。

（四）强化创新创业公共服务

综合运用政府购买服务、无偿资助、业务奖励等方式，支持中小企业公共服务平台和服务机构建设，为科技型中小微企业提供全方位专业化优质服务，支持服务机构为初创企业提供法律、知识产权、财务、咨询、检验检测认证和技术转移等服务。各市（州）、县（市、区）要分级设立众创咨询服务平台，加强电子商务基础建设，开展基于互联网的创新创业综合服务。建立面向创新创业者的专利申请绿色通道，对小微企业申请发明专利进行资助。

（五）强化财政资金引导

设立四川省创新创业投资引导基金，发挥财政资金杠杆作用，通过市场机制引导社会资金和金融资本支持创新创业，重点支持初创期、种子期及成长期的科技型中小微企业。积极争取设立国家参股新兴产业创投基金，通过设立创业投资子基金、贷款风险补偿等方式支持科技型中小企业发展。用好中小企业发展专项资金、电子商务财银联动资金，运用风险补助和投资保障等方式，引导创业投资机构投资于科技型中小微企业。发挥财税政策作用，支持天使投资、创业投资发展，培育发展天使投资群体。

（六）完善创业投融资机制

发挥多层次资本市场作用，推动科技型企业上市融资，以及在全国中小企业股权转让系统和成都（川藏）股权交易中心等区域性股权交易市场挂牌融资，完善私募投资基金和股权众筹等投融资机制，积极利用中小企业私募债、资产证券化、银行间市场等拓展科技型中小微企业融资渠道，为科技型中小微企业提供综合金融服务。完善银科对接系统建设，搭建银科对接平台，推进银行业机构科技支行建设，推进知识产权质押融资，开展科技小额贷款试点。创新科技保险产品和服务模式，探索大型设备首台套保险，加大对科技型中小微企业的支持力度。完善省市县三级联动的科技金融服务体系。

（七）推进创新创业资源开放共享

优化我省创新创业平台布局，形成基础研究、应用研究、技术创新和成果转化协调发展体系，推动重点实验室、工程实验室、工程（技术）研究中心、科技基础条件平台等向全社会开放，建立兼顾各方利益的资源开放共享机制，为科技型中小微企业提供公共研发服务。

（八）打造系列创新创业活动品牌

举办中国创新创业大赛（四川赛区）、四川青年创新创业创富大赛、“创青春”四川省大学生创新创业大赛、天府·宝岛工业设计大赛、四川青年电子商务创新创意创业大赛等赛事，开展创新创业者、企业家、投资人和专家学者共同参与的创新创业沙龙、创新创业大讲堂、创新创业训练营和成都“创业天府·菁蓉汇”等活动，搭建创新创业展示和投融资对接平台。

三、支持政策

（九）下放科技成果使用、处置和收益权

对财政资金支持形成的，不涉及国防、国家安全、届家利益、重大社会公共利益的科技成果使用权、处置权和收益权，全部下放给符合条件的项目承担单位。单位主管部门和财政部门对科技成果在境内使用、处置不再审批或备案，科技成果转移转化所得收入全部留归单位，纳入单位预算，实行统一管理，处置收入不上缴国库。

（十）鼓励科技人员离岗创办企业

符合条件的科研院所科技人员经所在单位批准，可带科研项目和成果、保留基本待遇到企业开展创新工作或创办企业，3 年内可保留人事关系，工龄连续计算，薪级工资按规定正常晋升，保留其原聘专业技术岗位等级，不影响职称评定。单位建立相应管理办法，规范科技人员离岗期间和期满后的权利和义务。允许高等学校、科研院所科技人员在符合法律法规和政策规定条件下，经所在单位批准从事创业或到企业开展研发、成果转化并取得合法收入。

（十一）提高科研人员成果转化收益比例

高等学校、科研院所科技人员（包括担任行政领导职务的科技人员）职务科技成果转化的收益，按至少70%的比例划归成果完成人及其团队所有。国有企业事业单位对职务发明完成人、科技成果转化重要贡献人员和团队的奖励，计入当年单位工资总额，不作为工资总额基数，不纳入绩效工资总额管理。

（十二）允许科技人员兼职取酬

财政资金设立的高等学校、科研院所科技人员在完成岗位职责和聘用合同约定任务的前提下，依法经所在单位批准，可在川兼职从事技术研发、产品开发、技术咨询、技术服务等成果转化活动，以及在川创办、领办科技型企业，并取得相应合法股权或薪资。允许高等学校和科研院所设立一定比例流动岗位，吸引有创新实践经验的企业家和企业科技人才兼职。

（十三）放宽科技计划项目经费使用范围

规范直接费用支出管理，提高间接费用比例，调整劳务费开支范围，将项目临时聘用人员的社会保险补助纳入劳务费科目中列支。项目在研期间，年度资金结余可按规定结转继续使用一年。项目完成任务目标并通过验收，信用评价好的项目结余资金，由单位统筹安排用于科研活动的直接支出。对科研人员因公出国进行分类管理，放宽因公临时出国批次限量管理政策。所需差旅费如有不足，可在科研项目经费中会议费、国际合作与交流费两项支出中调剂安排，但不得突破三项支出预算总额。

（十四）允许在校大学主休学开展创新创业活动

在川高校大学生可休学创业，休学年限按照高校相关规定执行。

（十五）加大对大学生创新创业的补贴力度

对在校大学生和毕业5年内的高校毕业生，在工商部门注册或民政部门登记，以及其他依法设立、免于注册或登记的创业实体（如开办网店、农业职业经理人等），给予1万元创业补贴。在高校或地方各类创业园区（孵化基地）内孵化的创业项目，每个项目给予1万元补贴。同一领创主体有多个创业项目的，最高补贴可达到10万元。

（十六）加大对青年创新创业的扶持力度

组织实施“四川青年创业促进计划”，向符合条件并通过评审的创业青年发放3万~10万元免息、免担保的创业资金贷款，贷款周期为3年，并一对一匹配专家导师开展创业帮扶。科技型小微企业招收高校毕业生达到一定比例的，可申请不超过200万元的小额贷款，并享受财政贴息。加强银行业机构与团委合作，鼓励银行业机构创新设计“青年创业”贷款。落实小额担保贷款政策，加大对创业青年的金融支持力度。

（十七）吸引海外高层次创新创业人才

通过省“千人计划”引进的海外高层次创新创业人才给予50万~100万元的资助，引进的创新创业团队给予200万~500万元资助。对持有外国人永久居留证的外籍高层次人才创办科技型企业等创新创业活动，给予中国籍公民同等待遇。完善高层次人才社会服务机制，落实引进人才社会养老、医疗保障、配偶就业、子女入学等保障措施。

（十八）强化对大学生创新创业载体的支持

经评审符合条件的创新创业俱乐部，可申请100万~300万元左右的资金补助，用于创新创业培训、项目孵化和设备购置等。规模较大、成效突出的创新创业俱乐部，经项目验收合格的，可申请连续资金补助。经评审符合条件的大学生创新创业园，根据其规模和发展情况，可申请100万~500万元的资金补助，主要用于基础设施建设、孵化平台建设、创新创业团队及项目资助、创新创业辅导培训等。

（十九）加大孵化器建设支持力度

利用工业用地建设的科技企业孵化器，在不改变科技企业孵化服务用途的前提下，其载体房屋可按幢、层等有固定界限的部分为基本单元进行产权登记并出租或转让。对申报国家高新区的省级高新区孵化器和各市（州）重点建设的孵化器给予专项支持500万~1 000万元。对新认定的国家级孵化器给予专项项目支持50万~100万元。

（二十）探索先照后证工商登记模式

选取成都、泸州、遂宁、甘孜四个市（州）推行先照后证试点。除涉及市场主体机构设立的审批事项及依法予以保留的外，其余涉及市场主体经营项目、经营资格的前置许可事项，不再实行先主管部门审批、再工商登记的制度。

（二十一）开展创新券补助政策试点

鼓励各地开展创新券补助政策试点，支持科技型中小微企业利用创新券，向高等学校、科研机构、科技中介服务机构及大型科学仪器设施共享服务平台购买所需科研服务，相关科研服务机构持创新券到政府部门兑现补贴。省科技、财政部门根据上一年度各地的补助额度，给予适当补助。

（二十二）大力支持专利实施转化

鼓励单位和个人依法采取专利入股、质押、转让、许可等方式促进专利实施获得收益。以专利权等依法可以转让的非货币财产作价入股的，在公司注册资本中所占比例不受限制。既未约定也未在单位规章制度中规定的情形下，国有企事业单位自行实施其发明专利的，在专利有效期内，每年给予全体职务发明人的报酬总额不低于实施该发明专利营业利润的5%；转让、许可他人实施专利或者以专利出资入股的，给予发明人或者设计人的报酬应不低于转让费、许可费或者出资比例的20%。

四、组织实施

（二十三）加强组织领导

建立四川省推进创新创业工作联席会议制度，加强对创新创业工作的统筹、指导和协调。各地、各部门要高度重视推进大众创新创业工作，结合实际制定具体实施方案，明确工作任务，切实加大资金投入、政策支持和条件保障力度。

（二十四）形成推进合力

各市（州）、县（市、区）科技管理部门要加强与党政部门、群团组织的工作协调，不断完善政策措施，加强对众创空间的指导和支持。各地要做好大众创新创业政策落实情况调研、发展情况统计汇总等工作，及时报告有关进展情况。

（二十五）加强示范引导

成都市、绵阳市要发挥好创新创业引导示范作用。鼓励天府新区、高新技术产业开发区、小企业创业基地和其他有条件的地方开展创新创业试点，积极探索推进大众创新创业的新机制、新政策，不断完善创新创业服务体系。

（二十六）营造创新创业氛围

积极倡导敢为人先、宽容失败的创新文化，树立崇尚创新、创业致富的价值导向，大力培育创业精神和创客文化，将奇思妙想、创新创意转化为实实在在的创业活动。加强各类媒体对大众创新创业的新闻宣传和舆论引导，报道一批创新创业先进事迹，树立一批创新创业典型人物，让大众创业、万众创新在全社会蔚然成风。

附件：大众创业万众创新工作任务和政策落实分工表

四川省人民政府

2015 年 5 月 5 日

附件：

大众创业万众创新工作任务和政策落实分工表

序号	主要任务	牵头部门	责任部门
1	激活创新创业主体。深化科技体制机制改革，破除高等学校、科研院所等事业单位在人才流动、成果处置、收益分配等方面的政策束缚，激励科技人员创新创业。推进大学生创新创业俱乐部和创新创业园建设，强化大学生创新创业教育和培训体系建设，探索建立大学生创新创业导师制，实施“四川青年创业促进计划”，推动青年大学生创新创业。开展海外招才引智、省校省院省企战略合作、中国西部海外高新科技人才洽谈会等活动，实施“千人计划”、留学人员回国创业启动支持计划等，完善社会服务机制，吸引海外高层次人才来川创新创业。大力开展群众性创新创业活动，扶持草根能人创新创业	省人才办	人力资源社会保障厅、科技厅、教育厅、省发展改革委、省经济和信息化委、省投资促进局、省外事侨务办、团省委、省科协
2	各市（州）要集中力量重点打造孵化器大平台，构建一批低成本、便利化、全要素、开放式的众创空间，2015年各市（州）要建立1家及以上科技企业孵化器(包括孵化大楼、孵化工场、孵化园区等)，为初创企业提供低廉的创业场所。各县（市、区）要结合自身优势和特色，通过整合资源、制定政策等方式搭建平台，积极打造满足创新创业需求的孵化楼宇、社区、小镇，形成创新创业集聚区。支持建立一批以大学生创新创业俱乐部、大学生创业场、创业沙龙为代表的创业苗圃。支持建设一批“孵化+创投”“互联网+”、创新工场等新型孵化器。充分利用各类科技企业孵化器、大学科技园、小企业创业基地等现有条件，依托“51025”等全省重点产业园区，加快建设一批创新创业园（孵化基地），在全省逐步形成“创业苗圃（前孵化器）+孵化器+加速器+产业园”阶梯型孵化体系	科技厅	各市（州）、县（市、区）人民政府、省发展改革委、省经济和信息化委、教育厅、财政厅、国土资源厅、住房城乡建设厅、商务厅
3	营造创新创业市场环境。深化商事制度改革，鼓励各市（州）结合实际，按照国家改革行政审批、行政许可的要求，简化住所登记手续，采取一站式窗口、网上申报、多证联办等措施，为创业企业工商注册提供便利，降低创新创业门槛。依法加强创新发明知识产权保护，将侵权行为信息纳入社会信用记录，营造创新创业公平竞争的市场环境。鼓励地方政府对众创空间等新型孵化机构的房租、宽带接入费用和用于创业服务的公共软件、开发工具给予适当补贴，鼓励众创空间为创业者提供免费高带宽互联网接入服务	省工商局	各市（州）人民政府、省知识产权局

（续表）

序号	主要任务	牵头部门	责任部门
4	强化创新创业公共服务。综合运用政府购买服务、无偿资助、业务奖励等方式，支持中小企业公共服务平台和服务机构建设，为科技型中小微企业提供全方位专业化优质服务，支持服务机构为初创企业提供法律、知识产权、财务、咨询、检验检测认证和技术转移等服务。各市（州）、县（市、区）要分级设立众创咨询服务平台，加强电子商务基础建设，开展基于互联网的创新创业综合服务。建立面向创新创业者的专利申请绿色通道，对小微企业申请发明专利进行资助	科技厅	各市（州）人民政府、省经济和信息化委、商务厅、省知识产权局
5	强化财政资金引导。设立四川省创新创业投资引导基金，发挥财政资金杠杆作用，通过市场机制引导社会资金和金融资本支持创新创业，重点支持初创期、种子期及成长期的科技型中小微企业。积极争取设立国家参股新兴产业创投基金，通过设立创业投资子基金、贷款风险补偿等方式支持科技型中小企业发展。用好中小企业发展专项资金、电子商务财银联动资金，运用风险补助和投资保障等方式，引导创业投资机构投资于科技型中小微企业。发挥财税政策作用，支持天使投资、创业投资发展，培育发展天使投资群体	科技厅 财政厅	省发展改革委、省经济和信息化委、省国税局、省地税局
6	完善创业投融资机制。发挥多层次资本市场作用，推动科技型企业上市融资，以及在全国中小企业股权转让系统和成都（川藏）股权交易中心等区域性股权交易市场挂牌融资，完善私募投资基金和股权众筹等投融资机制，积极利用中小企业私募债、资产证券化、银行间市场等拓展科技型中小微企业融资渠道，为科技型中小微企业提供综合金融服务。完善银科对接系统建设，搭建银科对接平台，推进银行业机构科技支行建设，推进知识产权质押融资，开展科技小额贷款试点。创新科技保险产品和服务模式，探索大型设备首台套保险，加大对科技型中小微企业的支持力度。完善省市县三级联动的科技金融服务体系	科技厅	省政府金融办、人行成都分行、四川银监局、四川证监局、四川保监局、省发展改革委、省经济和信息化委、省知识产权局
7	推进创新创业资源开放共享。优化我省创新创业平台布局，形成基础研究、应用研究、技术创新和成果转化协调发展体系，推动重点实验室、工程实验室、工程（技术）研究中心、科技基础条件平台等向全社会开放，建立兼顾各方利益的资源开放共享机制，为科技型中小微企业提供公共研发服务	科技厅	教育厅、省发展改革委、省经济和信息化委
8	打造系列创新创业活动品牌。举办中国创新创业大赛（四川赛区）、四川青年创新创业创富大赛、“创青春”四川省大学生创新创业大赛、天府·宝岛工业设计大赛、四川青年电子商务创新创意创业大赛等赛事，开展创新创业者、企业家、投资人和专家学者共同参与的创新创业沙龙、创新创业大讲堂、创新创业训练营和成都“创业天府·菁蓉汇”等活动，搭建创新创业展示和投融资对接平台	团省委	成都市人民政府、科技厅、教育厅、人力资源社会保障厅、省经济和信息化委、商务厅

（续表）

序号	主要任务	牵头部门	责任部门
9	下放科技成果使用、处置和收益权。对财政资金支持形成的，不涉及国防、国家安全、国家利益、重大社会公共利益的科技成果的使用权、处置权和收益权，全部下放给符合条件的项目承担单位。单位主管部门和财政部门对科技成果在境内的使用、处置不再审批或备案，科技成果转移转化所得收入全部留归单位，纳入单位预算，实行统一管理，处置收入不上缴国库	财政厅	科技厅、教育厅、人力资源社会保障厅
10	鼓励科技人员离岗创办企业。符合条件的科研院所的科技人员经所在单位批准，可带着科研项目和成果、保留基本待遇到企业开展创新工作或创办企业，3 年内可保留人事关系，工龄连续计算，薪级工资按规定正常晋升，保留其原聘专业技术岗位等级，不影响职称评定。单位建立相应管理办法，规范科技人员离岗期间和期满后的权利和义务。允许高等学校、科研院所科技人员在符合法律法规和政策规定条件下，经所在单位批准从事创业或到企业开展研发、成果转化并取得合法收入	科技厅	人力资源社会保障厅、教育厅、省人才办
11	提高科研人员成果转化收益比例。高等学校、科研院所科技人员（包括担任行政领导职务的科技人员）职务科技成果转化的收益，按至少 70% 的比例划归成果完成人及其团队所有。国有企业事业单位对职务发明完成人、科技成果转化重要贡献人员和团队的奖励，计入当年单位工资总额，不作为工资总额基数，不纳入绩效工资总额管理	人力资源社会保障厅	财政厅、科技厅、教育厅、省人才办
12	允许科技人员兼职取酬。财政资金设立的高等学校、科研院所科技人员在完成岗位职责和聘用合同约定任务的前提下，依法经所在单位批准，可在川兼职从事技术研发、产品开发、技术咨询、技术服务等成果转化活动，以及在川创办、领办科技型企业，并取得相应合法股权或薪资。允许高等学校和科研院所设立一定比例流动岗位，吸引有创新实践经验的企业家和企业科技人才兼职	人力资源社会保障厅	科技厅、教育厅、省人才办
13	放宽科技计划项目经费使用范围。规范直接费用支出管理，提高间接费用的比例，调整劳务费开支范围，将项目临时聘用人员的社会保险补助纳入劳务费科目中列支。项目在研期间，年度资金结余可按规定结转继续使用一年。项目完成任务目标并通过验收，信用评价好的项目结余资金，由单位统筹安排用于科研活动的直接支出。对科研人员因公出国进行分类管理，放宽因公临时出国批次限量管理政策。所需差旅费如有不足，可在科研项目经费中会议费、国际合作与交流费两项支出中调剂安排，但不得突破三项支出预算总额	科技厅	财政厅、省外事侨务办
14	允许在校大学生休学开展创新创业活动。在川高校大学生可休学创业，休学年限按照高校相关规定执行	教育厅	

（续表）

序号	主要任务	牵头部门	责任部门
15	加大对大学生创新创业的补贴力度。对在校大学生和毕业 5 年内的高校毕业生，在工商部门注册或民政部门登记，以及其他依法设立、免于注册或登记的创业实体（如开办网店、农业职业经理人等），给予 1 万元创业补贴。在高校或地方各类创业园区（孵化基地）内孵化的创业项目，每个项目给予 1 万元补贴。同一领创主体有多个创业项目的，最高补贴可达到 10 万元	人力资源社会保障厅	财政厅、教育厅、省人才办
16	加大对青年创新创业的扶持力度。组织实施“四川青年创业促进计划”，向符合条件并通过评审的创业青年发放 3 万~10 万元免息、免担保的创业资金贷款，贷款周期为三年，并一对一匹配专家导师开展创业帮扶。科技型小微企业招收高校毕业生达到一定比例的，可申请不超过 200 万元的小额贷款，并享受财政贴息。加强银行业机构与团委合作，鼓励银行业机构创新设计“青年创业”贷款。落实小额担保贷款政策，加大对创业青年的金融支持力度	团省委	人力资源社会保障厅、省人才办、人行成都分行、四川银监局
17	吸引海外高层次创新创业人才。通过省“千人计划”引进的海外高层次创新创业人才给予 50 万~100 万元的资助，引进的创新创业团队给予 200 万~500 万元资助。对持有外国人永久居留证的外籍高层次人才在创办科技型企业等创新创业活动，给予中国籍公民同等待遇。完善高层次人才社会服务机制，落实引进人才社会养老、医疗保障、配偶就业、子女入学等保障措施	省人才办	人力资源社会保障厅、科技厅、省外事侨务办
18	强化对大学生创新创业载体的支持。经评审符合条件的创新创业俱乐部，可申请 100 万~300 万元左右的资金补助，用于创新创业培训、项目孵化和设备购置等。规模较大、成效突出的创新创业俱乐部，经项目验收合格的，可申请连续资金补助。经评审符合条件的大学生创新创业园，根据其规模和发展情况，可申请 100 万~500 万元的资金补助，主要用于基础设施建设、孵化平台建设、创新创业团队及项目资助、创新创业辅导培训等	省人才办	人力资源社会保障厅、教育厅、科技厅
19	加大孵化器建设支持力度。利用工业用地建设的科技企业孵化器，在不改变科技企业孵化服务用途的前提下，其载体房屋可按幢、层等有固定界限的部分为基本单元进行产权登记并出租或转让。对申报国家高新区的省级高新区孵化器和各市（州）重点建设的孵化器给予专项支持 500 万~1 000万元。对新认定的国家级孵化器给予专项项目支持 50 万~100 万元	科技厅	国土资源厅、住房城乡建设厅、财政厅

（续表）

序号	主要任务	牵头部门	责任部门
20	探索先照后证工商登记模式。选取成都、泸州、遂宁、甘孜四个市（州）推行先照后证试点。除涉及市场主体机构设立的审批事项及依法予以保留的外，其余涉及市场主体经营项目、经营资格的前置许可事项，不再实行先主管部门审批、再工商登记的制度	省工商局	相关市（州）人民政府
21	开展创新券补助政策试点。鼓励各地开展创新券补助政策试点，支持科技型中小微企业利用创新券，向高等学校、科研机构、科技中介服务机构及大型科学仪器设施共享服务平台购买所需科研服务，相关科研服务机构持创新券到政府部门兑现补贴。省科技、财政部门根据上一年度各地的补助额度，给予适当补助	科技厅	相关市（州）人民政府、财政厅
22	大力支持专利实施转化。鼓励单位和个人依法采取专利入股、质押、转让、许可等方式促进专利实施获得收益。以专利权等依法可以转让的非货币财产作价入股的，在公司注册资本中所占比例不受限制。既未约定也未在单位规章制度中规定的情形下，国有企事业单位自行实施其发明专利的，在专利有效期内，每年给予全体职务发明人的报酬总额不低于实施该发明专利营业利润的5%；转让、许可他人实施专利或者以专利出资入股的，给予发明人或者设计人的报酬应不低于转让费、许可费或者出资比例的20%	省知识产权局	省工商局、财政厅

中共四川省委办公厅　四川省人民政府办公厅关于印发《四川省激励科技人员创新创业十六条政策》的通知

川委办〔2016〕47号

各市（州）党委和人民政府，省直属各部门：

经省委、省政府同意，现将《四川省激励科技人员创新创业十六条政策》印发给你们，请结合实际认真贯彻执行。

中共四川省委办公厅
四川省人民政府办公厅
2016年11月16日

四川省激励科技人员创新创业十六条政策

为激励科技人员创新创业，加快推进科技成果转移转化，优化全省创新创业环境，制定以下政策。

一、加大创新创业人才引进支持力度

对从国（境）外、省外来川创新创业的高层次人才及团队，符合《四川省高层次人才特殊支持办法（试行）》规定条件的，优先纳入省“千人计划”，最高给予个人200万元的一次性安家补助和团队500万元的项目资助，并在岗位激励、项目和平台建设等方面给予持续支持。探索外籍人才担任新型科研机构事业单位法人代表、相关驻外机构负责人制度。企事业单位引进的高层次创新创业人才，可破格参加高级专业技术职务任职资格申报和评审。具有较高学术水平和科研成果、创新创业业绩显著的高等学校、科研院所、医疗卫生机构等事业单位，可直接授予其名誉教授、特聘教授等荣誉称号或聘为特聘研究员，不纳入事业单位专业技术岗位管理，享受相应岗位待遇。允许引进的外籍创新创业人才，依托在川企事业单位领衔实施省科技计划项目、申报省科学技术奖、创办科技型企业、开展创新活动，享受省内科研活动同等政策支持。国内外来川创新创业人才，对我省科学技术进步、经济社会发展作出贡献的，经评定给予“四川省科技进步奖、科技杰出贡献奖”“四川杰出人才奖”“天府友谊奖”等表彰和奖励。对引进的国家“千人计划”“万人计划”等高层次人才来川创新创业，且为省内企业发展和地方财税增收作出突出贡献的，由相应本级财政予以奖励。省内

科技人员与引进高层次人才条件、层次相当的，在岗位激励、项目和平台建设等方面参照执行省高层次人才特殊支持政策。

二、完善引进创新创业人才配套服务

建立党政领导干部直接联系人才机制，支持各地和重点园区普遍建设创新创业服务平台，为引进人才提供专业化服务，优先安排就诊医疗、子女入学和住房保障等。引进的高层次创新创业人才及其配偶、未成年子女可不受住所、居住年限、年龄等条件限制，选择在居住地或工作地落户。经省人才主管部门认定的外籍高层次人才，可在抵达口岸申请人才签证，入境后可凭相关证明材料申请5年有效的工作类居留许可。逐步建立完善高层次人才从工作居留向永久居留的转换机制，为外籍高层次人才申请永久居留开辟绿色通道，对纳入国家“千人计划”等重点引才计划备案项目的人选申请永久居留的，予以优先办理。人才集聚的大型企事业单位和产业园区可利用自用存量用地，建设不超过项目总建筑面积15%的公共租赁住房（单位租赁房）等配套服务设施，符合相关政策的，可采用划拨方式供地。鼓励市（州）、县（市、区）、产业园区和企业向引进的科技创新创业人才提供租房补贴。引进的产业发展急需紧缺人才申请轮候公共租赁住房，不受缴纳社会保险时间限制。支持用人单位通过提供购房房贷贴息、房租补贴等形式解决人才住房问题。

三、扩大企事业单位引进创新创业人才自主权

高等学校、科研院所、医疗卫生机构等事业单位可设置特设岗位引进高层次人才，不受岗位总量、岗位等级、结构比例限制，引进到事业单位工作的可根据岗位需要和具体条件实施聘用。引进高层次人才到事业单位工作，用人单位在编制员额内直接办理入编手续，不受用编进人计划限制；已满编超编的，可按程序申请使用人才专项事业编制，办理入编手续，待自然减员后，改为占用用人单位编制。支持高等学校、科研院所、医疗卫生机构和国有企业等企事业单位依托重大科技创新项目，建立合同管理、议价薪酬、异地工作等用人模式，改革薪酬分配制度，探索年薪制、协议工资制及股权、期权、分红等激励措施。采用年薪制、协议工资制、项目工资等方式引进高层次人才且入选省级及以上人才引进计划的，所需薪酬计入当年单位工资总额，不作为工资总额基数。

四、加大高层次人才创新创业支持力度

对高层次人才创新创业项目，省级引导基金可给予股权投资支持。扩大政府天使投资引导基金规模，带动社会资本共同加大对中小企业创新创业的投入。完善商业银行与风险投资、天使资本的投贷联动模式，缓解人才创业初期融资难题。鼓励金融机构对符合条件的高层次人才创新创业融资给予无需担保抵押的平价贷款。鼓励市（州）、县（市、区）财政设立人才创业投资引导基金，吸引社会资本、风险投资进入

人才科技创新领域，形成的项目增值收益等可按一定比例用于奖励基金管理团队和天使投资其他参与人。对省内外高等学校、科研院所、医疗卫生机构等事业单位科技人员在川创办科技型企业，按规定给予财政资金补贴和奖励，加大省级科技计划项目、科技型中小企业技术创新资金、科技服务业发展专项资金和四川省创新创业投资引导基金对新注册的初创期科技型中小微企业及新建高新技术企业的支持力度。

五、扩大企事业单位薪酬分配自主权

高等学校、科研院所、医疗卫生机构等事业单位从科技成果转化、技术开发、技术咨询、技术服务等活动和专利奖励、政府及社会组织科技进步奖励等所获得的经费中，给予科技人员的报酬、奖励等支出，由主管部门专项据实核增计入当年单位绩效工资总额，不作为绩效工资总额基数，核增情况抄报同级人力资源社会保障部门和财政部门。国有企业以上费用支出计入工资总额，不受个人年薪限制。各单位在主管部门核定的绩效工资总额范围内，按照自行制定的分配办法进行分配。

六、鼓励科技人员离岗创新创业

高等学校、科研院所、医疗卫生机构等事业单位（不含内设机构）科技人员（含担任非正职领导的科技人员）依法经所在单位同意，可在科技型企业兼职从事科技成果转化活动，并按规定获得报酬或奖励。支持高等学校、科研院所、医疗卫生机构等事业单位科技人员离岗领办创办科技型企业，离岗期限以3年为一期，最多不超过两期，每期须与所在单位签订离岗创新创业协议。科技人员离岗期内保留原单位人事关系，岗位等级聘用时间和工作年限连续计算，薪级工资、专业技术职务评聘和岗位等级晋升与原单位其他人员享有同等机会。离岗创业科技人员年度和聘期考核，以创新创业情况为主。科技人员离岗领办创办科技型企业期间，根据本人自愿，可选择在原单位继续参加各项社会保险或将参保关系转移至新单位参加相应的社会保险，不重复参保。对选择在原单位参保的，单位缴纳部分由原单位继续为其缴纳，个人缴费部分由本人承担。原单位及新单位均应依法为其参加工伤保险，期间发生职业伤害经认定为工伤的，按规定享受工伤保险待遇。财政部门不核减离岗创业科技人员正常经费，可由原单位自主统筹安排使用。科技人员在离岗期间或离岗期满后要求回原单位工作的，由原单位按不低于原聘用岗位等级聘用，超岗聘用的逐步消化。期满后不回原单位工作的，应按有关规定与原单位解除聘用合同。高等学校、科研院所、医疗卫生机构等事业单位根据需要自主设立流动岗位，自主聘请具有创新实践经验的企业家、科技人才和其他符合条件人员兼职，所聘人员的兼职经历和在企业受聘专业技术职务的资历，可作为评聘专业技术职务的重要条件。

七、提高科技人员成果转化收益比例

高等学校、科研院所、医疗卫生机构等事业单位科技成果转移转化所获收益，按不同方式对完成和转化科技成果作出重要贡献的人员给予奖励。通过转让或许可取得的净收入，以及作价投资获得的股份或出资比例，允许提取不低于70%的比例用于奖励。通过单位自行实施或与他人合作实施的，从开始盈利的年度起连续5年，每年可从实施该项科技成果的营业利润中提取不低于5%的比例用于奖励。在研究开发和科技成果转移转化中作出主要贡献的人员，获得奖励的份额不低于奖励总额的50%。

八、允许担任领导职务科技人员获得成果转化奖励

高等学校、科研院所、医疗卫生机构等事业单位（不含内设机构）及单位所属具有独立法人资格单位的正职领导，是科技成果的主要完成人或对科技成果转化作出重要贡献的，可以按规定获得现金奖励，原则上不获得股权奖励。其他担任领导职务的科技人员，是科技成果的主要完成人或对评斗技成果转化作出重要贡献的，可依法获得现金、股份或出资比例等奖励和报酬。担任领导职务的科技人员科技成果转化收益分配实行公开公示制度。高等学校、科研院所、医疗卫生机构等事业单位应制定科技成果转移转化管理办法，明确科技成果定价方式、收益激励对象、激励方式、奖励比例和科技成果收益奖励等内容，其中协议定价的应当在本单位公示科技成果名称和拟交易价格，公示时间不少于15日，同时应当明确并公开异议处理程序和办法。管理办法的制定应充分听取本单位科技人员意见，在单位内进行公示，经领导班子集体研究审定后实施。

九、允许单位与职务发明人约定职务科技成果权属

高等学校、科研院所、医疗卫生机构、国有科技型企业等企事业单位，应当深化科技成果产权制度改革，积极推进职务科技成果权属混合所有制试点，单位依照科技成果转化有关法律法规及各项政策规定对科技人员（团队）实施奖励的，可与科技人员（团队）事前约定权属比例。鼓励单位与发明人约定发明创造的知识产权归属，除法律法规另有规定的外，单位可以与发明人约定由双方共同申请和享有专利或相关知识产权。

十、实行科技成果转化风险免责政策

高等学校、科研院所、医疗卫生机构等事业单位自主决定科技成果的转移转化事项。在科技成果转化过程中，通过技术交易市场挂牌交易、拍卖等方式确定价格或通过协议定价并按规定在本单位公示的，单位领导在履行勤勉尽责义务、没有牟取非法利益的前提下，依法免除其在科技成果定价中因科技成果转化后续价值变化产生的决策责任。采取投资方式转化科技成果发生投资亏损的，单位主管部门及财政、科技等相关部门在科技成果转化绩效评价中，经依法认定其已经履行了勤勉尽责义务的，不纳入单位对外投资保值增值考核范围。

十一、扩大横向项目经费使用自主权

高等学校、科研院所、医疗卫生机构等事业单位承接境内外行政机关、企事业单

位、社会团体或个人委托的非财政拨款性质的科研项目经费（简称横向项目经费），在扣除单位管理费和科研项目材料、燃料、动力、仪器设备运行维护及折旧等相关间接成本费用后，剩余经费由科技人员（团队）在保证完成合同任务的前提下，根据工作内容和合同约定合理自主安排。项目结题验收后，结余经费可全部用于奖励科技人员。单位管理费的提取比例一般不超过实收横向项目经费的10%，相关间接费用按成本据实结算。单位对科技人员（团队）劳务报酬的支出不纳入绩效工资管理。

十二、扩大科技计划项目承担单位经费使用自主权

省级各类科技计划（包括军用技术再研发专项）项目经费不设置劳务费比例限制。有财政拨款工资性收入的项目组人员可从劳务费中获得报酬，支出标准应控制在1万元/人·月以内，项目负责人劳务所得不得超过项目劳务费支出总额的50%。劳务费由项目负责人根据研发人员实际贡献大小确定。取消间接费中绩效支出比例限制，用于人员激励的绩效支出占直接费用扣除设备购置费的比例，最高可提高到20%；软科学研究项目和软件开发类项目最高可提高到40%。高等学校、科研院所、医疗卫生机构等事业单位因教学、科研需要举办的业务性会议，会议次数、天数、人数及会议费开支范围、标准等，由科研院所、高等学校、医疗卫生机构按照实事求是、精简高效、厉行节约的原则确定。科研院所、高等学校、医疗卫生机构可根据教学、科研、管理工作实际需要，研究制定差旅费管理办法。改进科研项目预算编制方法，实行部门预算批复前项目资金预拨制度。下放预算调剂权限，在项目总预算不变的情况下，将直接费用中的材料费、测试化验加工费、燃料动力费、出版/文献/信息传播/知识产权事务费及其他支出预算调剂权下放给项目承担单位。简化预算编制科目，合并会议费、差旅费、国际合作与交流费科目，由科研人员根据实际需要编制预算。精简各类检查评审，减少检查数量，改进检查方式，避免重复检查、多头检查、过度检查。在研科技计划项目年度剩余资金，留由承担单位结转下一年按规定继续使用，通过验收且承担单位信用评价好的科技计划项目结余资金，按规定在2年内全额留归承担单位，事后补助与奖励性后补助项目不再限定具体用途，由项目团队自主用于科技创新活动。具备自行组织采购条件的省内高等学校、科研院所、医疗卫生机构等事业单位，可自行组织采购政府集中采购目录以内的科研仪器设备，自行选择科研仪器设备评审专家，并对评审专家的使用管理负责。采购进口仪器设备实行备案制管理，继续落实进口科研教学用品免税政策。项目承担单位要建立健全科研财务助理制度，为科研人员在项目预算编制和调剂、经费支出、财务决算和验收等方面提供专业化服务，科研财务助理所发生的费用可在科研项目经费中列支。科研人员的职称不作为申报科研项目的限制性条件。

十三、改进科研人员因公临时出国管理

高等学校、科研院所、医疗卫生机构等事业单位直接从事教学和科研任务的人员

（含离退休返聘人员）及担任领导职务的专家学者，出国开展教育教学活动、科学研究、学术访问、出席重要国际学术会议及执行国际学术组织履职任务等学术交流合作，由单位制定年度计划，按外事审批权限报备，对确需临时安排的学术交流合作应在个案报批时说明理由。开展上述学术交流合作活动，不计入本单位和个人年度因公临时出国批次限量管理范围，出访团组、人次数和经费单独统计。

十四、支持未上市国有科技型企业开展股权和分红激励

满足财政部、科技部、国务院国资委印发的《国有科技型企业股权和分红激励暂行办法》（财资〔2016〕4号）中关于采用股权出售或股权奖励方式开展股权激励相关条件的企业，可按不超过近3年税后利润累计形成的净资产增值额的15%，以股权奖励方式奖励在本企业连续工作3年以上的重要技术人员。单个获得股权奖励的激励对象，必须以不低于1∶1的比例购买企业股权，且获得的股权奖励按激励实施时的评估价值折算，累计不超过300万元。推动未上市国有科技型企业采取股权奖励、股权出售、股权期权等方式对重要技术人员和经营管理人员实施股权激励，在不改变国有控股地位情况下，持股比例上限按大型、中型和小微型企业分别放宽至5%、10%和30%，且单个激励对象获得的激励股权不得超过企业总股本的3%。支持国有企业提高职务科技成果转化或转让收益分红比例，试行奖励支出和学科带头人、核心研发人员薪酬在企业工资总额外单列。

十五、完善科技人员职称评定和岗位聘用

科技人员的职称评审与考核中，主持研发的科技成果技术转让成交额、承担横向科研项目获得的经费、创办企业所缴纳的税收和创业所得捐赠给原单位的资金等视同纵向项目经费，发明专利转化应用情况与论文指标要求同等对待。从事科技成果转移转化、创办领办科技型企业的科技人员参加职称评审，不受原单位专业技术岗位设置比例限制，不将论文作为评价的限制性条件；职称外语和计算机应用能力由用人单位或评委会自主确定，不作统一要求；取得的业绩成果均作为评定或聘用的重要内容。对贡献突出的科技人员，可按规定破格评定相应专业技术职称。鼓励高等学校、科研院所、医疗卫生机构等事业单位设立科技成果转化岗位，在核定的岗位总量内，对优秀团队高级专业技术人员聘用给予倾斜。

十六、推进中央在川单位执行激励政策

省直有关部门主动服务，积极协助中央在川高等学校、科研院所、医疗卫生机构、国有企业等企事业单位，报经主管部门批准同意，参照执行四川激励科技人员创新创业相关政策。

四川省人民政府办公厅
关于印发《创业四川行动实施方案（2016—2020年）》的通知

川办函〔2016〕181号

各市（州）人民政府，省政府有关部门、有关直属机构，有关单位：

《创业四川行动实施方案（2016—2020年）》已经省政府同意，现印发给你们，请结合实际认真贯彻执行。

四川省人民政府办公厅

2016年11月18日

创业四川行动实施方案（2016—2020年）

为贯彻落实《中共中央国务院〈国家创新驱动发展战略纲要〉的通知》（中发〔2016〕4号）《国务院关于大力推进大众创业万众创新若干政策的意见》（国办发〔2015〕32号）和《中共四川省委关于全面创新改革驱动转型发展的决定》（川委发〔2015〕21号）等文件精神，深入实施创新驱动发展战略，营造良好的创新创业生态环境，激发全社会创新创业活力，结合我省实际，特制定本实施方案。

一、指导思想

牢固树立并贯彻落实创新、协调、绿色、开放、共享发展理念，系统推进全面创新改革试验“一号工程”，大力实施“创业四川行动”，汇聚一批创新创业力量，建设一批双创支撑平台，形成一批可复制可推广的双创模式和典型经验，进一步推动形成双创蓬勃发展新局面，加快发展新经济、培育发展新动能，促进实体经济增长，有效支撑全省经济结构调整和产业转型升级。

——坚持市场主导，政府引导。充分发挥市场对创新创业资源配置的决定作用，构建市场化的创新创业平台，促进创新创业与市场需求和社会资本有效对接。更好发挥政府作用，加大简政放权力度，加强协调联动和政策支持。

——坚持服务实体，促进发展。推动龙头骨干企业在研发、生产、营销等方面改革创新，培育更多富有活力的中小微企业，发展新兴产业和新业态，服务和支撑实体经济发展，推动四川经济保持中高速增长、产业结构向中高端迈进。

——坚持创新推动，促进就业。推进以创新为核心的创业就业，大力孵化培育科技型中小微企业，推动科技型创新创业。大力发展各类众创空间，壮大创新创业群体，以创新创业带动就业增长。

——坚持机制创新，优化服务。降低创新创业门槛，构建市场化、专业化、资本化、全链条增值服务体系，促进产业链、创新链、资金链和政策链有机结合，提高创新创业效率。

二、发展目标

到2020年，全省初步构建开放、高效、富有活力的创新创业生态系统，推动形成创新资源丰富、创新要素聚集、孵化主体多元、创业服务专业、创业活动活跃、各类创业主体协同发展的大众创新创业新格局，把四川建设成为具有全球影响力的创新创业中心和创新创业者向往的创业高地。

——创业服务载体蓬勃发展。建立阶梯型孵化体系，形成覆盖全省各市（州）、县（市、区）的科技企业孵化培育体系，全省各类孵化载体达到700家，面积达到2 000万平方米以上。

——创业人才队伍迅速壮大。形成以青年大学生、高校院所科技人员、企业科技工作者、海归创业者、草根能人等为主体的创业人才群落，高层次创新创业人才数量大幅增长，科技创业者突破40万人。

——创业资本高度聚集。构建“创业投资+债券融资+上市融资”多层次创业投融资服务体系，培育一批天使投资人和创业投资机构，各类天使投资和创业投资基金达400支以上，管理基金规模突破1 500亿元。

——创业企业快速发展。龙头骨干企业积极带动中小微企业、创业人才创新创业，形成大企业与中小微企业协调发展的良好局面。累计新增科技型中小微企业10万家，沪深股市挂牌企业数量达150家，“新三板”挂牌企业达600家。

——创新创业产出成效显著。每万人发明专利拥有量达7.5件；年技术合同交易额（输出）达到400亿元；累计新增市场主体260万户，创业带动就业效果明显；高新技术企业达4 000家，高新技术年产值突破2万亿元；全社会创新创业氛围浓厚，形成一批可复制可推广的双创模式和典型经验。

三、主要任务

紧紧抓住系统推进全面创新改革试验的重大历史机遇，以“创业四川行动”为总揽，紧密对接实体经济发展，实施创新创业“七大行动”。

（一）实施创业主体孵化行动，大力建设创业载体

1. 推进建设孵化器和大孵化器。通过政府搭建、民营兴建、企业自建、闲置改建等模式，促进全省普遍建设科技企业孵化器。推动有条件的市（州）集中力量打造孵化器大平台。各县（市、区）要结合自身优势和特色，积极打造满足创新创业需求的

孵化楼宇、社区、小镇等。

2. 构建阶梯型孵化体系。加快建设环电子科技大学、环西南交通大学、磨子桥街区等创新创业群落，建立一批大学生创业苗圃。围绕产业发展，在全省各类园区、产业聚集区建设一批新兴产业加速器。依托高新区等重点产业园区，加快建设一批创新创业园，在全省形成“创业苗圃+孵化器+加速器+产业园”阶梯型孵化体系。

3. 加快发展众创空间。推进众创、众包、众扶、众筹等支撑平台快速发展。针对产业需求和行业共性技术难点，加快重点产业领域众创空间建设。鼓励龙头骨干企业联合中小微企业、高校、科研院所和创客打造“产学研用”紧密结合的众创空间。鼓励高校、科研院所充分利用大学科技园、工程（技术）研究中心、重点实验室等创新载体，建设以科技人员为核心、成果转移转化为主要内容的众创空间。到2020年，全省新增200家众创空间。对于能够聚集创客，提供技术创新服务、融资服务、创业教育等创新创业活动的众创空间，经科技部门备案，在安排省级科技、计划项目时，按照众创空间实际使用面积以每年500元/平方米的标准给予连续3年补贴，年度补贴额不超过20万元。对纳入国家级、省级科技企业孵化器管理和服务体系的众创空间（即国家级、省级众创空间），省财政分别给予100万元、50万元的经费补贴，专项用于创业孵化运行。

4. 提升孵化器孵化培育能力。支持建设一批“孵化+创投”“孵化器+商业空间”“互联网+”等新型孵化器。构建“联络员+辅导员+创业导师”孵化辅导体系，推动孵化教育培训专业化、精细化、系统化。鼓励社会资本设立科技孵化基金，探索发展一批混合所有制孵化器。

5. 构建一批创新创业服务平台。推进“互联网+”行动计划，加快“众创四川”平台、科技创新创业综合服务平台建设，加强重点实验室、制造业创新中心、工程（技术）研究中心、临床医学研究中心等国家和省科技创新平台建设。大力推广示范“科创通”服务模式。

6. 加强国际合作创新创业载体建设。加快构建国际合作创新平台，推进建设中韩创新创业园、高分子材料国际联合研究中心、中国—新西兰猕猴桃联合实验室等国际科技创新合作平台，高水平打造一批国家、省级国际科技合作基地。

7. 扎实推进小微企业创新创业。实施小微企业创新创业三年计划，打造“互联网+小企业创新创业”服务平台，推进实施小微企业创新创业提速工程、信息化提效工程和监测提质工程，助力一批初创期小微企业加快发展、成长期小微企业培育升规。

（二）实施创业人才激励行动，汇聚各方创业力量

1. 激励科技人员创新创业。积极探索扩大高校、科研院所用人自主权，进一步加大简政放权力度，促进形成充满活力的科技管理和运行机制，更好激发广大科研人员积极性和创造性。

2. 吸引海外高层次人才来川创新创业。加大对高层次人才支持力度，深入实施“千人计划”“天府高端引智计划”“留学人员回国服务四川计划”等人才工程，定期开展赴外招才引智、“海科会”等活动。规划建设海外高层次人才创新创业园，支持海外高层次人才来川创新创业。

3. 扶持大学生创新创业。实施四川“青年创业促进计划”“大学生创业引领计划”“科技创新创业苗子工程”等，强化大学生创新创业政策扶持。创新大学生创业教育，开展“创业型大学”建设试点，探索“学业+创业”双导师培养模式。鼓励各类协会团体和企业联合高校开展大学生创新创业活动。

4. 帮助草根能人创新创业。引导在外川商、务工人员返乡投资创业。推进科技特派员创业行动，鼓励科技特派员领办、创办、协办科技型农业企业和专业合作经济组织。推进农村青年创业富民行动，培养新型职业农民。大力开展群众性创新创业活动，有效实施“四川青年创业促进计划”，为草根能人创新创业搭建科技研发、经费和融资等服务平台。

（三）实施创新活力释放行动，深化体制机制改革

1. 加快推进院所高校分类改革。稳妥推进42家科研院所和30所高校开展创新改革试点，探索高校院所去行政化、发展混合所有制、促进中央在川单位成果就地转化等新政策和新机制。加快推进公立医院建立现代化医院管理制度，探索医疗卫生领域技术人员创新创业模式。支持成德绵区域高校建设大学科技园，支持高校与各地联合建立产业园区、产业技术研究院。

2. 加快推进省级科技计划管理改革。推进科研经费使用和管理方式改革创新，构建总体布局合理、功能定位清晰的科技计划体系，推行有利于科研人员创新的经费使用、审计方式。推进科技项目分类评价，积极探索专业机构参与管理科研项目方式，提高科研项目立项、评审、验收科学化水平。

3. 深化商事制度改革。强力实施“五证合一”“一照一码”“先照后证”等改革，开展企业名称登记改革和经营范围登记改革试点。建立完善市场主体退出机制，开展未开业企业和无债权债务企业简易注销试点工作。完善国家企业信用信息公示系统（四川），积极推动省、市（州）企业信用信息共享交换平台建设。

4. 强化知识产权保护。加强重点产业领域知识产权保护规则研究，推进侵犯知识产权行政处罚案件信息公开，完善知识产权投诉举报受理机制和知识产权维权援助机制，加快知识产权维权援助网络平台建设，加大对中小微企业知识产权保护援助力度，营造创新创业公平竞争的市场环境。

5. 减轻科技型中小微企业税负。切实落实就业创业税费减免、研发费用加计扣除、高新技术企业所得税优惠等优惠政策，支持风险投资、天使投资和中小微企业发展。开展便民办税“春风行动”，推进纳税服务平台建设，提高纳税服务效率。推进银税互动战略合作，打造多样化信贷品牌，促进纳税服务与金融服务有效对接。

（四）实施科技成果转移转化行动，推动成果转移转化

1. 推进科技成果转移转化试点示范。开展区域性科技成果转移转化试点示范，推进科技成果转移转化示范企业建设。实施新一代信息技术、轨道交通装备、生物医药等15个科技成果转移转化专项。推进职务科技成果权属混合所有制改革试点，提升科技成果供给质量和转化效益。

2. 建设科技成果转移转化平台。建立科技成果信息汇交系统，为科技成果信息登记、查询、筛选等提供公益服务。建设知识产权交易平台，开展知识产权挂牌交易。建立技术交易网络系统，打造线上与线下相结合的技术交易平台。

3. 建设一批技术转移机构。加快建设国家技术转移（西南）中心。鼓励有条件的市（州）、县（市、区）建立区域性成果转化、技术转移机构，支持高校、院所联合行业龙头企业建立技术转移服务机构，为创新创业提供技术转移服务。

4. 强化科技成果转移转化服务。贯彻落实《中华人民共和国促进科技成果转化法》，健全技术产权交易、知识产权交易等技术市场体系，降低中小企业技术创新成本。建设四川省高端人才服务平台，强化科技成果转移转化人才服务。

5. 促进军民技术双向转化。引导民用领域知识产权在国防和军队建设领域运用，推动军用技术向民用领域转化应用，引导军民两用人才在川创新创业。按规定分类推进国防科技实验室、专用设备、科研仪器向社会开放，促进军民创新创业资源融合共享。

（五）实施创新创业金融支撑行动，大力发展科技金融

1. 用好政府引导基金。充分发挥四川省创新创业投资引导基金、新兴产业创业投资引导基金作用，强化对中小微企业的扶持。探索设立四川省科技成果转化投资引导基金，加速科技成果转移转化。探索设立知识产权运营基金和知识产权质押融资风险补偿基金，推进知识产权质押融资。探索设立“千人计划”创投基金，支持高层次人才创业。

2. 构建创新创业金融服务体系。加强创业投资，支持设立投资引导基金、天使投资基金和内部创业基金。强化债权融资，支持建立创业企业债权融资风险资金池，鼓励创业企业或项目在银行间发行各类债务融资工具。实施“创业板行动计划”，推动创业企业在多层次资本市场上市、挂牌融资。搭建银科对接平台，推进银行业机构科技支行建设。支持私募基金、证券期货经营机构参与创新创业金融服务。

3. 开展科技金融试点示范。推进成都高新区、绵阳国家科技和金融试点建设，选择一批市（州）开展省级科技和金融试点。鼓励银行等金融机构创新金融产品和服务方式，提供知识产权质押、股权质押和票据融资等，开展科技小额贷款试点。大力推广“盈创动力”科技金融服务模式。启动实施创新券财政补助政策。

4. 加强产业资本与金融资本的常态化对接。常态化召开银政企院校对接活动，积极搭建科技投融资平台和对外开放合作平台，办好中国（西部）高新技术产业与金融资本对接推进会，促成一批科技项目和企业获得投融资支持。

（六）实施创新创业示范行动，支持开展先行先试

1. 构建成德绵创新创业聚集区。支持成都市实施“创业天府”行动计划，打造成为具有国际影响力的区域创新创业中心。支持德阳市推进创新创业型城市建设，建设成为全域覆盖、功能完善、特色突出的众创核心区。推进科技城军民融合创新驱动先行先试政策落地实施，将绵阳科技城打造成为全国军民融合特色区和全省双创先行区。探索创建成德绵地区创新驱动人才示范区。

2. 建设一批创新创业特色示范城市。积极推进国家小微企业创业创新基地示范城市、中国科协创新驱动示范市、国家知识产权试点示范城市和国家医养结合试点城市等各类国家级示范城市建设。支持各市（州）创建创新型城市。

3. 打造一批双创示范基地。充分发挥国家双创示范基地和小微企业创业创新示范基地示范引导作用，探索形成四川特色的创新创业扶持政策体系和经验。鼓励天府新区、高新区、小微企业创业基地和其他有条件的地方开展创新创业试点，打造一批省级双创示范基地。

（七）实施创业品牌塑造行动，营造创新创业氛围

1. 持续举办双创活动周四川活动。集中展示、交流各地各部门和社会各界推进双创的做法和取得的成效，进一步激发全社会创新创业活力。

2. 打造系列活动品牌。举办各类国际性、全国性创新创业赛事，开展创新创业者、企业家、投资人和专家学者共同参与的创新创业沙龙、大讲堂、训练营等活动。办好“菁蓉汇”“德阳创客”等品牌活动，鼓励各地、各部门根据实际开展特色创新创业活动。

四、保障措施

（一）加强组织领导

各地、各有关部门要高度重视，切实加强对创业四川行动的组织领导、统筹和协调，完善配套政策和保障措施，确保各项任务目标顺利实施。

（二）合力稳步推进

各市（州）、县（市、区）要结合实际切实加大政策支持和条件保障力度。各级科技管理部门要加强与党政部门、群团组织的工作协调，加大对双创工作的指导和支持力度。

（三）强化督促检查

各市（州）、各部门要把督查工作作为推动双创各项工作任务落实的重要措施，坚持“分级负责、分工负责、责权统一”原则，构建自上而下逐级抓落实的督促检查责任体系，形成一级抓一级、层层抓落实的工作格局。

（四）营造创新创业环境

积极倡导敢为人先、宽容失败的创新文化，大力培育创业精神和创客文化。加强新闻宣传和舆论引导，宣传一批创新创业先进事迹，树立一批创新创业典型人物，让大众创业万众创新在全社会蔚然成风。

四川省人民政府办公厅
关于印发 2017 年全省科技创新工作要点的通知

川办函〔2017〕8 号

各市（州）人民政府，省政府各部门、各直属机构，有关单位：

《2017 年全省科技创新工作要点》已经省政府领导同意，现印发给你们，请结合实际认真组织实施。

四川省人民政府办公厅

2017 年 1 月 9 日

2017 年全省科技创新工作要点

2017 年是实施“十三五”规划的重要一年，也是推进供给侧结构性改革的深化之年。全省科技创新工作按照创新、协调、绿色、开放、共享的发展理念，深入实施创新驱动发展战略，坚持科技创新和体制机制创新双轮驱动，系统推进全面创新改革，加速科技成果转移转化，推动大众创业万众创新，加快建成国家创新驱动发展先行省，为建设经济强省提供科技支撑。

一、总体目标

全面创新改革试验取得突破性进展，科技体制改革领域形成一批可复制可推广的改革举措或政策。企业创新主体地位更加突出，企业研发投入占全社会研发投入比例达 52%以上。启动实施重大科技专项，重点组织实施 100 项关键技术攻关项目、培育 100 个重大创新产品、推进 100 项重大成果转化应用。全省发明专利申请量达到 4.5 万件，技术合同交易额力争实现 270 亿元。军民融合水平和发展质量大幅提高，军民融合产业总产值突破 3 000 亿元。全省高新技术产业总产值力争突破 1.8 万亿元，科技服务业产值达到 3 750 亿元。

二、重点工作

（一）推进全面创新改革试验，完善科技创新体制机制

1. 探索科技成果产权制度改革。落实《四川省职务科技成果权属混合所有制改革试点实施方案》，推进 15 家高校院所开展职务科技成果权属混合所有制改革试点，探

索解决职务科技成果“最先一公里”问题，及时形成经验总结。持续做好跟踪调研、问题梳理和经验总结。

2. 健全军民科技资源融合机制。推进军民科技资源共建共享和协同创新，建设四川省军民融合大型科研仪器共享平台，支持军地共建一批工程技术研究中心、重点实验室等技术创新平台，加快推进军民两用技术交易中心、军民融合产业研究院建设。充分发挥军民两用技术转移和产业孵化中心与军民融合协同创新中心作用，建立完善军民融合协同创新机制，支持引导社会优势力量参与国防科技创新。实施军民融合科技成果转化专项，促进军用技术成果再研发转民用。积极争取国家在绵阳科技城布局军民协同创新平台。深化与国家国防科工局、央属军工集团公司的战略合作。积极推进与中央军委装备发展部、中央军委科技委的战略合作。

3. 推进科技金融深度融合发展。支持金融机构和创业投资机构加大对科技型中小微企业的投入。发挥好四川省科技成果转化投资引导基金和四川省创新创业投资引导基金作用，引导社会资本投资创新创业和科技成果转化。总结成都市高新区、绵阳市国家科技和金融结合试点，推动省级科技金融结合试点城市建设。大力推广“盈创动力”服务模式，探索建设军民融合信贷专营机构。

4. 深化科研院所和高等学校创新改革。落实科研院所改革“四个一批”的部署安排，按照“一院（所）一策”推进42家科研院所分类改革。抓好62个县（市、区）及21家科研院所激励农业科技人员创新创业改革试点。推进首批24所高校全面创新改革试点工作。积极推进中央在川高校院所参与全面创新改革试验。

5. 深化科技计划管理改革。启动实施省级科技计划管理改革方案，完善科研项目分类评价、管理及资助机制，规范项目管理流程，完善相关配套管理制度。研究制定省级财政科研经费预算评审工作实施细则，形成更有利于激励科技人员创新创业的科研经费使用机制。完善科技项目管理平台，落实科技创新、研发活动调查统计制度和科技报告制度。

（二）强化核心技术攻关，支撑引领产业转型升级

6. 增强原始创新能力。加强在智能制造、干细胞及转化、蛋白质调控、新能源、纳米材料等领域的前沿技术与应用基础研究。突出前瞻部署，催生原始创新，形成一批国际先进、国内领先的原创性成果。

7. 扎实推进“技术攻关清单”落地。对接国家重大部署，围绕我省重点产业发展和民生需求，积极争取国家科技重大专项和重点研发项目，适时启动实施航空及燃气轮机等重大专项。结合“技术攻关清单”356个关键核心技术，组织实施新一代信息技术、北斗卫星导航、轨道交通、3D生物打印、石墨烯等领域100项重大关键技术攻关。

8. 加强重大创新产品培育。围绕新兴重点优势产业、战略性新兴产业、高端成长型产业等领域，集成资源、分层培育、重点突破，培育重大创新产品100个以上，加快形成一批新兴产业链和产业集群。加强政策性引导和扶持，加大创新产品采购（首购）力度，健全国产首台（套）重大技术装备市场应用机制，促进创新产品的研发和规模化应用。

9. 大力发展高新技术产业。实施产业创新升级工程，推进一批产业共性关键技术研究，支撑产业转型升级、绿色发展，推动传统优势产业改造提升，促进高新技术产业进一步做大做强。实施高新技术企业倍增行动，推动高新技术企业落实知识产权管理规范国家标准，力争新增高新技术企业300家。

10. 加快发展科技服务业。围绕科技服务业七大领域，实施一批重大产业示范项目，支持构建一批科技服务业产业技术创新联盟，推进一批产业集聚区发展，促进“互联网+”、物联网、大数据、云计算等技术集成应用，大力发展研发设计、创业孵化、科技金融、科技中介、检验检测等新兴业态。

11. 加强农业科技攻关和科技扶贫攻坚。强化国家级育种制种基地建设源头支撑，抓好农林畜水产育种攻关，育成突破性新品种80个以上。抓好优势特色农业产业技术创新，研发转化新品种、新技术和新产品等300项以上，促进农业产业发展质效和竞争力提升。完善农村科技服务体系，加快国家、省级农业科技园区建设，推进星创天地、农业专家大院和企业技术中心建设，不断壮大科技特派员队伍。深化科技扶贫攻坚，拓展四川科技扶贫在线服务范围，完善面向贫困地区群众的专家服务、技术供给、产业信息和供销对接四大服务，精准实施产业扶贫项目150项以上。

12. 加强社会发展领域科技创新。围绕生物医药、中医药、健康养老服务、公共安全、生态保护等领域开展技术攻关，力争突破20个关键共性技术。支持国家成都新药安全性评价中心、国家综合性新药研究开发技术大平台、化合物库新药发现等20个平台建设，加快建设国家临床医学研究中心，启动建设10个省级临床医学研究中心。推进中药系统研究与综合开发，培育1个全产业链产值超过30亿元的中药材大品种。在生态保护、环境治理、互联网+医疗健康、可持续发展等方面开展科技示范。

（三）加速成果转移转化，促进科技经济深度融合

13. 扎实推进“成果转化清单”落地。实施促进科技成果转移转化行动，分领域、分行业组织实施智能制造装备、节能环保、生物医药、现代农业等15个重大科技成果转化专项，推进100项重点科研成果转化应用。抓好重大科技成果转化试点示范，总结推广科技成果转化有效途径和模式。

14. 强化科技成果转移转化服务。加快建设国家技术转移西南中心，引进10家国际国内知名技术转移机构入驻，重点支持20家国家级和省级技术转移示范机构建设。启动培育科技成果转移转化示范企业和建设科技成果转化示范区。构建全省统一的科技成果在线登记信息汇交系统，打造线上与线下相结合的技术交易平台。探索市场化的科技成果评价新机制，指导第三方机构开展科技成果评价。实行科技成果转移转化年度报告制度。

15. 开展常态化成果转化对接活动。建立科技成果信息发布与对接机制，在可诱导组织再生材料、轨道交通、玄武岩纤维、中医药等重点领域，定期定点举办银政企院校成果转化对接活动，加快产业化进程。组织产学研单位积极参加军民融合发展高科技成果展、绵阳科博会、北京科博会、深圳高交会、重庆高交会暨军博会、杨凌农博会等大型科技成果展览展示活动。

（四）建设创新平台体系，加快提升自主创新能力

16. 扎实推进“创新平台清单”落地。积极创建国家重大创新基地，推进创建非金属复合与功能材料、脑信息、桥隧及线路结构安全等国家重点实验室。积极创建一批国家和省级工程实验室（工程研究中心）、国家地方联合工程研究中心（工程实验室）和国家企业技术中心等技术创新平台，新建 5~8 个省重点实验室、8~10 个省级工程技术研究中心，80~100 家省级以上企业技术中心。加快建设转化医学、高海拔宇宙线观测站、大型低速风洞等国家重大科技基础设施建设。鼓励海外顶尖实验室、世界 500 强跨国企业、省外知名高校和科研院所在川设立研发机构。

17. 完善产学研协同创新机制。积极推进企业主体导向、重大任务导向、单个项目导向等产学研协同创新不同模式的探索与发展，支持新建一批产业技术研究院、产业技术创新战略联盟等产学研新型研发组织。推进天府产学研协同创新中心、制造业创新中心、四川省军民融合协同创新中心、高校协同创新中心建设。推进四川重大科研基础设施和大型科研仪器开放共享。

18. 打造创新发展示范区域。实施区域创新示范工程，加快推进成都国家创新型城市建设，推进宜宾、攀枝花市创建国家创新型城市试点。扎实推进绵阳科技城、成都国家自主创新示范区、成都科学城、攀西战略资源创新开发试验区等重点区域创新发展。支持市（州）加强与高校、院所签订战略合作协议，深化院地、校地协同创新。

19. 推进“高新区储备清单”落地。积极推进国家级高新区做大做强，走在全国高新区前列。出台我省省级高新区认定管理办法，推进构建省级高新区服务体系，推动全省高新技术产业园区持续快速健康发展。支持创建一批省级高新区。

（五）营造创新创业生态，深入推进大众创业万众创新

20. 积极培育创新主体。实施企业创新主体培育工程和“创业四川”七大行动计划，支持建立一批国、省级科技企业孵化器、专业化众创空间，推动孵化载体运营市场化、建设链条化、培育精英化，服务实体经济转型升级。大力培育科技型中小微企业，全年力争新增 2 万家以上。用好四川省创新创业投资引导基金、新兴产业创业投资引导基金等引导基金，积极推进科技人员、海外高层次人才、青年大学生、草根能人等“四路大军”进入创新创业主战场。

21. 开展创新创业示范。构建成德绵创新创业聚集区。建设一批创新创业特色示范城市。积极推进国家小微企业创业创新基地示范城市、国家知识产权试点示范城市等各类国家级示范城市建设。充分发挥国家“双创”示范基地和小微企业创业创新示范基地示范引导作用，打造一批省级“双创”示范基地。推进“环高校知识经济圈”建设，支持重点园区和高等学校共建大学科技园、大学生创新创业俱乐部和创业园

(孵化基地)。

22. 打造创新创业品牌。举办各类创新创业赛事，开展创新创业者、企业家、投资人和专家学者共同参与的创新创业沙龙、大讲堂、训练营等活动。办好“双创”活动周、“菁蓉汇”“中国·成都全球创新创业交易会”“德阳创客”、第六届中国创新创业大赛四川赛区比赛等品牌活动，鼓励各地、各部门根据实际开展特色创新创业活动。

23. 加强科技普及与宣传。更加突出科普效果和影响力，推进一批重点科普基地建设，塑造一批精品科普基地。举办科技活动周等国家和省级重大科普活动。开展“科普大家讲堂”“流动科普行——走藏区进彝区”“流动科普行——走农村进贫困村”等系列活动，加强实用技术和创新科普培训，提升全民科学素质，夯实创新的群众和社会基础。加强科技创新政策宣传解读，宣传科技创新改革成果成效。

（六）壮大科技人才队伍，增强创新发展智力支撑

24. 强化科技人才培养。实施“天府科技英才”工程，加强青年基金、科技创业人才计划和科技创新苗子工程等支持力度。修订《“天府科技英才”工程实施办法》。重点支持500名科技创新创业苗子、60名杰出青年科技人才、20名科技创业领军人才和30个科技创新团队开展创新研究。积极推进构建成德绵创新驱动发展人才示范区。

25. 加大高端人才引进力度。积极对接国家和省有关人才计划，贯彻落实四川省高层次人才特殊支持办法。深入实施“千人计划”“天府高端引智计划”“留学人员回国服务四川计划”等人才工程，定期开展赴外招才引智活动。做好中国科学院、中国工程院两院院士和“千人计划”“万人计划”专家等高层次人才服务工作。

26. 完善科技人才激励机制。深入贯彻全省人才工作会议精神，落实《四川省激励科技人员创新创业十六条政策》。推进科技人才评价机制改革，贯彻落实《自然科学系列研究人员专业技术职务任职资格申报评审条件》，探索推进科技人才分类评价模式，建立以质量和绩效为导向的人才评价机制。

（七）聚集全球创新资源，深化科技创新开放合作

27. 开展国际科技合作。制定我省“一带一路”建设科技创新合作专项规划，加强与沿线国家（地区）科技创新合作。引导支持产学研机构与国外高水平研发机构开展联合研究。加强与韩国、以色列、欧美等国家（地区）的科技合作。推进与孟加拉国、尼泊尔、老挝等国家（地区）的技术转移合作。

28. 建设国际科技合作载体。加快推进中韩创新创业园等国际合作载体建设，支持和推进成都高新区与法国索菲亚科技园开展创新创业合作。积极推进17个国家级和44个省级国际科技合作基地建设，新建5~8个省级基地。加快推进中国—新西兰猕猴桃联合实验室等科技创新合作平台建设，全面提升科技创新开放合作层次和水平。

29. 深化部省、院（校）地合作。落实科技部与省政府会商议定的重大工作和重点项目，确保部省会商取得实质性成效。重点抓好与中国科学院、中国工程院、中国工程物理研究院全面战略合作落实落地，切实推进合作协议项目化。推进与清华大学、浙江大学、中山大学、香港城市大学等知名高校战略合作协议签署相关工作。

30. 深化跨区域科技合作。推动科技援疆、科技援青、科技援藏、科技入滇等科技工作，加强与长江经济带、泛珠三角等区域间的科技合作，加强科技优势资源互补和共享、平台共建。

（八）加强科技系统自身建设，提升服务创新发展能力

31. 扎实推进科技法治建设。落实“放管服”改革部署，深入推进行政权力依法规范公开运行，做好行政审批和行政处罚“双公示”。健全依法决策机制，落实重大行政决策法定程序。建立规范性文件审查备案制度。加快修订《四川省促进科技成果转化条例》和《四川省实验动物管理条例》。加强督查督办和政务服务，提升行政效能。

强化市（县）科技创新工作。加强厅市会商，引导和集成优势科技资源，推进厅市会商重点任务落实。加强对基层科技工作的指导和支持，支持市（县）科技管理部门工作，加强干部培训与工作考核，建立健全科技服务体系，开展县域创新驱动发展示范。

关于印发《贵州省众创空间遴选和管理办法（试行）》的通知

黔科通〔2015〕89号

各有关单位：

为加快实施创新驱动发展战略，支持发展众创空间，营造良好的创新创业生态环境，激发广大群众创造活力，推动大众创业、万众创新，按照《国务院办公厅关于发展众创空间推进大众创新创业的指导意见》（国办发〔2015〕9号）有关要求，省科技厅制定了《贵州省众创空间遴选和管理办法（试行）》，现印发给你们，请遵照执行。

附件：贵州省众创空间遴选和管理办法（试行）

贵州省科学技术厅办公室

2015年6月5日

附件：

贵州省众创空间遴选和管理办法（试行）

第一章　总则

第一条　为加快实施创新驱动发展战略，支持发展众创空间，营造良好的创新创业生态环境，激发广大群众创造活力，推动大众创业、万众创新。根据《国务院办公厅关于发展众创空间推进大众创新创业的指导意见》（国办发〔2015〕9号）、《省人民政府关于进一步支持工业企业加快发展若干政策措施的通知》（黔府发〔2015〕12号）、《贵州省应用技术研究与开发资金后补助管理暂行规定》（黔科通〔2014〕154号），制定本办法。

第二条　本办法所指众创空间是指具有一定物理空间基础，为创业者提供全方位、多要素聚集服务的新型创业服务平台。

第二章　遴选条件

第三条　众创空间应满足以下基本条件：

（一）建设及运营主体为贵州省境内注册的具有独立法人资格的企（事）业单位。

（二）孵化场地面积不低于500平方米。

（三）健全的运营管理团队和工作机制。

（四）有5人以上较为成熟稳定的创业导师团队。

（五）有3个以上成功的创业投资或孵化案例。

（六）具有成熟的商业运作模式或实操实训条件。

（七）具有功能分区，具备举办项目路演、创新创业大赛等活动的基本条件。

第三章　遴选程序

第四条　注册。众创空间遴选按照成熟一个启动一个的原则进行。申报单位不受时间限制登录科技资源服务网（网址：http：//www. gzstrs. org）上线注册，填写申请表格和建设运营方案，并上传与遴选条件相对应的证明材料。从系统导出并打印带科技厅水印的申请书一份（加盖单位公章并附相关附件材料）交省科技厅（省知识产权局）。

第五条　核实。省科技厅（省知识产权局）组织人员对申报材料进行核实。

第六条　初选。核实无异议的，贵州省科技资源服务网按照遴选条件自动生成众创空间备选名单。

第七条　考察。省科技厅（省知识产权局）组织考评组对入库的众创空间进行现场考察，对申报条件进行评估。

第八条　公示。根据考察情况择优确定拟支持对象，经厅（局）办公会审议通过后进行为期 7 天的网上公示。

第九条 备案。经公示无异议，备案明确为贵州省众创空间。

第四章 政策措施

第十条 经备案的众创空间能力建设补助政策

（一）经备案的众创空间，纳入省级科技企业孵化器管理，以后补助方式给予 100 万元能力建设支持。分三年拨付。第一年拨付 50 万元，第二年年度考核合格拨付 30 万元，第三年年度考核合格拨付 20 万元。

（二）对获得国家认定支持的众创空间，以后补助方式按最高不超过国家支持额度的 50%给予匹配支持。

第十一条 经备案的众创空间的服务绩效补助政策

（一）对年度考核合格的众创空间，截至考核之日，考核期内培育毕业的团队注册的企业销售额、是否上市、是否入选科技型种子企业、小巨人（成长）企业、高新技术企业等给予众创空间 1 万~50 万元后补助支持。

（二）将众创空间纳入技术市场平台管理，对年度考核合格的众创空间开展技术转移、技术交易等专业化科技服务进行后补助，具体办法另行制定。

第十二条 经备案的众创空间服务要素补助政策

对服务于众创空间内创业团队、创业企业的第三方平台资源和服务要素，按其服务数量和质量以后补助方式按年度给予 5 万~20 万元后补助支持。

第十三条 经备案的众创空间金融补助政策

（一）引入“黔科通宝”业务体系到众创空间，帮助创业企业降低贷款风险和成本。具体按《贵州省科学技术厅中国银行贵州省分行科技金融实施方案》规定执行。

（二）引入“四台一会”融资平台到众创空间，帮助创业企业融资。具体按《国家开发银行股份有限公司贵州省分行贵州省科学技术厅开发性金融支持科技型中小企业发展合作协议》规定执行。

（三）引入科技保险到众创空间，帮助创业企业分散、化解创新创业风险。具体按《贵州省科技保险补助资金管理暂行办法》执行。

（四）优先在众创空间面向初创企业发放创新券，降低创业企业的创新研发成本。具体按《贵州省科技创新券管理办法（试行）》执行。

（五）鼓励创业投资机构、风险投资机构单独设立或与众创空间联合设立天使基金，引导天使基金投向大学生创业企业（指《大学生创业企业培育对象遴选和管理办法（试行）》所规定的企业），如果投资失败，给予实际投资额 5%的风险补助，对每支天使基金当年的补助金额最高不超过 500 万元人民币。

第十四条 鼓励经备案的众创空间自发组织成立“众创空间联盟”，开展众创空间互补性建设，开展创业服务行业自律。

第五章 监督管理

第十五条 众创空间的后补助支持经费及服务于众创空间内创业团队（企业）的第三方平台资源和服务要素的后补助支持经费的用途，按《国务院办公厅关于发展众创空间推进大众创新创业的指导意见》（国办发〔2015〕9号）和《关于印发〈贵州省应用技术研究与开发资金后补助管理暂行规定〉的通知》（黔科通〔2014〕154号）有关规定执行。

第十六条 经备案的众创空间举办的创业辅导培训、路演或创新创业大赛等活动资讯、入驻团队、毕业团队及毕业团队注册的企业有关情况等均需在贵州省科技资源服务网上及时更新。每年12月31日需通过贵州省科技资源服务网提交当年的创业服务工作总结及相关数据。

第十七条 对经备案的众创空间实行年度考核制度。根据众创空间每年开展的培训辅导次数和培训人次、入驻备案的团队数、毕业团队注册企业数及其开展的业务情况等三类指标进行评分考核。评分70分以上（含70分）为合格，70分以下为不合格。

第十八条 鼓励经备案的众创空间向创业者提供免费的办公交流环境和创业培训辅导等创业服务。

第十九条 经备案的众创空间举行的项目路演、创业大赛、创业辅导培训等创业服务活动和入驻团队、培育孵化的企业要有据可查，作为考核依据。

第二十条 对于连续两年考核不合格、或违反众创空间管理规定的众创空间，退出备案库。对于严重违法违规的，退出备案库，并按有关法律法规执行。

第六章 附则

第二十一条 本办法由省科技厅（省知识产权局）负责解释。

第二十二条 本办法自颁布之日起试行。

云南省科技厅关于印发云南省“星创天地”建设实施办法的通知

云科农发〔2017〕1号

各州市科技局、有关单位：

为加快推动我省农业农村“大众创业、万众创新”，着力打造服务于农业农村创新创业的众创空间，根据《科技部关于发布〈发展“星创天地”工作指引〉的通知》（国科发农〔2016〕210号）精神，省科技厅决定在全省开展“星创天地”建设工作，现将《云南省“星创天地”建设实施办法》印发给你们，请结合实际遵照执行。

云南省科学技术厅

2017年1月18日

云南省“星创天地”建设实施办法

为加快推动我省农业农村“大众创业、万众创新”，着力打造服务于农业农村创新创业的众创空间，根据《科技部关于发布〈发展“星创天地”工作指引〉的通知》（国科发农〔2016〕210号）精神，省科技厅决定在全省开展“星创天地”建设工作，现提出实施办法如下。

一、总体要求

“星创天地”是发展现代农业的众创空间，是农村“大众创业、万众创新”的有效载体，是新型农业创新创业一站式开放性综合服务平台。在全省推动建设“星创天地”，目的是通过市场化机制、专业化服务和资本化运作方式，利用线下孵化载体和线上网络平台，聚集创新资源和创业要素，促进农村创新创业的低成本、专业化、便利化和信息化。

各州（市）、县（区、市）要结合贯彻落实全国和全省科技创新大会精神，以及《国务院办公厅关于深入推行科技特派员制度的若干意见》（国办发〔2016〕32号）、《关于印发促进科技成果转移转化行方案的通知》（国办发〔2016〕28号）、《云南省人民政府办公厅关于发展众创空间推进大众创新创业的实施意见》（云政办发〔2015〕48号）和《云南省人民政府办公厅关于支持农民工等人员返乡创业的实施意见》（云政办发〔2015〕60号）等相关文件要求，将“星创天地”作为我省发展高原特色现代农业产业的大举措、推动农业农村创新创业的主阵地、实现精准扶贫脱贫攻坚的推动器、加强基层科技工作的新抓手，进一步激发农业农村创新创业活力，促进农业科技成果转化，提高农业创新供给质量，培育新型农业经营主体，加快一二三产业融合，带动农村就业，打造农村经济发展新引擎。

二、建设思路和目标

我省“星创天地”建设坚持“政府引导、企业运营、市场运作、社会参与”的基本原则，以农业科技园区、科技特派员创业基地、农业科技型企业、农民专业合作社、涉农科技单位等为载体，聚集科技、人才、信息、政策、金融等资源，融科技示范、技术集成、成果转化、融资孵化、创新创业、平台服务为一体，面向科技特派员、返乡农民工、大学生、复转军人、科技人员、种养殖大户以及中小微农业企业、家庭农场、专业合作社、农业产业协会等创新创业主体，在种植、养殖、农副产品加工、都市农业、休闲农业、乡村旅游、农村电子商务等多个领域，为全省农业从业者提供专业性强、特色鲜明并具有示范带动作用的创新创业孵化和服务，以创业带动就业，培育一批有技术、懂生产、会管理、善经营的职业农民，使农村科技创业之火加快形成燎原之势。

“十三五”期间，每个州市都要建设一批能满足农业农村创新创业需求、具有较强专业化服务能力的“星创天地”，原则上每个县（市、区）要分别建设“星创天地”1个以上，支持贫困县建设一批“星创天地”。国家农业科技园区要各创建1个“星创天地”。各省级农业科技园区要将“星创天地”创建工作列入园区建设的主要内容。各“云药之乡”要创造条件围绕中药材种植和加工建设专业化的“星创天地”。鼓励各县（市、区）、各农业科技园区、各农业经营主体等与涉农高校（新农村发展研究院）、科研院所、科技服务机构、产业技术创新战略联盟等共建“星创天地”。各州（市）按照成熟一批推荐一批的原则，向省科技厅推荐模式新颖、服务专业、运营良好、效果显著的“星创天地”作为省级“星创天地”，并由省科技厅推荐到科技部备案。

到2020年，全省建设“星创天地”200家以上，全省“星创天地”培育创新创业企业、新型农业经营主体等800个以上，服务各类科技创新创业人才8 000人以上；重点支持建设省级“星创天地”80家以上；基本形成创业主体大众化、培育对象多元化、创业服务专业化、组织体系网络化、建设运营市场化的农业农村众创体系，助推高原特色现代农业产业和农村经济发展。

三、建设条件

（一）具有明确的实施主体。具有独立法人资格，具备一定运营管理和专业服务能力。如农业科技园区、农业科技型企业、农业龙头企业、科技特派员创业基地、农民专业合作社或其他社会组织等。

（二）具备一二三产业融合发展的良好基础。立足地方农业主导产业和区域特色产业，有一定的产业基础；有较明确的技术依托单位，形成一批适用的标准化的农业技术成果包，加快科技成果向农村转移转化；促进农业产业链整合和价值链提升，带动农民增收脱贫致富；促进农村产业融合与新型城镇化的有机结合，推进农村一二三产业融合发展。

（三）具备良好的行业资源和全要素融合，具备“互联网+”网络电商平台（线上平台）。通过线上交易、交流、宣传、协作等，促进农村创业的便利化和信息化，推进商业模式创新。

（四）具有较好的创新创业服务平台（线下平台）。有创新创业示范场地、种植养殖试验示范基地、创业培训基地、创意创业空间、开放式办公场所、研发和检验测试、技术交易等公共服务平台，免费或低成本供创业者使用。

（五）具有多元化的人才服务队伍。有一支结构合理、熟悉产业、经验丰富、相对稳定的创业服务团队和创业导师队伍，为创业者提供创业辅导与培训，加强科学普及，解决涉及技术、金融、管理、法律、财务、市场营销、知识产权等方面实际问题。

（六）具有良好的政策保障。地方政府要加大对“星创天地”建设的指导和支持，制定完善个性化的财税、金融、工商、知识产权和土地流转等支持政策；鼓励探索投融资模式创新，吸引社会资本投资、孵化初创企业。

（七）具有一定数量的创客聚集和创业企业入驻。运营良好，经济社会效益显著，有较好的发展前景。

四、建设内容

（一）建设星创孵化空间。各“星创天地”要建设创意创业空间、开放式办公场所等，建设网络、通信、文印等基础设施设备，能免费或低成本供创业者使用，为创业者提供良好的工作空间、网络空间、社交空间和资源共享空间，吸引科技特派员、大学生、复转军人、返乡农民工、职业农民等入驻“星创天地”，形成多种类型的个人创客空间。要定期开展网络培训、授课培训、田间培训和一线实训，定期举行项目路演、案例示范、品牌推广、投融资对接、创业沙龙、创业训练营等各类创业示范、对接、交流活动，提高入驻创业者的能力。

（二）建设星创服务体系。各“星创天地”要聚集各类科技创新创业服务机构，主动利用全省各类公共创新平台资源，为入驻者提供技术咨询、检验检测、研发设计、小试中试、技术转移、成果转化等专业化、社会化服务。要建设线上线下相结合的网络服务平台和技术交易平台，为创业者提供网络培训、远程技术支持、技术交易和市场营销等服务。要建立创业融资服务模式，充分利用互联网金融、股权众筹融资等，加强与天使投资人、创业投资机构的合作，吸引社会资本投资初创企业，以股权投资等方式与创业企业建立股权关系，建立创业企业共同成长的盈利模式。积极组织创客、创业团队、创业企业云南省创新创业大赛、中国农业科技创新创业大赛等，为入驻者融资创造更多机会。围绕新业态、新模式、新文化等要求，为入驻者提供个性化、定制化新服务。

（三）建设星创示范基地。各“星创天地”要以农业科技成果转移转化为重点，以农业产业关键技术应用示范为抓手，建设创新创业示范场地、种植养殖试验示范基地等，整合科技资源和要素，开展农业技术联合攻关和技术集成示范，形成一批适用的农业技术成果包。支持创业主体开展良种良法的培育、引进、试验、示范和推广，开展新型农资、现代农机等应用示范推广，加快科技成果转化。要大力发展“互联网+”现代农业和电子商务，积极培育引进新模式、新业态，形成示范效应。要围绕具有地方特色的农产品、生物医药和大健康产品、传统手工艺品、民族文化产业等加强品牌培育，形成“星创天地”创新创业主体的品牌效应，通过创新品牌培育推动农业转型升级。

（四）建设星创导师队伍。各“星创天地”要建立创业辅导制度，培养一支创业理论知识扎实、实践经验丰富的常态化创业服务团队和创业导师队伍，为创业者提供从创业策划、企业建立到成熟运行全过程服务。要通过聘请、合作等多种方式，引进一批涉农高校院所和龙头企业的专业人才和技术骨干以及成功创业者、知名企业家、天使和创业投资人、专家学者担任兼职创业导师，及时为创业者提供有针对性的指导和帮扶。要建设一批创业导师全程参与的创业孵化基地，降低创业门槛和创业风险。

（五）建设星创政策环境。各“星创天地”要及时梳理各级部门出台的创新创业扶持政策，协助政府相关部门落实商事制度改革、知识产权保护、财政资金支持、普惠性税收政策、人才引进与扶持、政府采购等政策措施，帮助创业者享受到创业扶持政策的红利。建立创新创业文化展示平台，及时宣传“星创天地”的创业孵化典型经验和案例，围绕农业农村大众创业、万众创新组织开展各类公益活动，扩大“星创天地”影响力，传播农业创新创业文化。

五、建设步骤和建设支持

（一）云南省“星创天地”按以下步骤建设：

1. 申报推荐。根据省科技厅的申报通知，“星创天地”建设主体（建设依托单位、运营机构）按照要求填写《云南省“星创天地”建设申报书》，送县级科技主管部门审核，再报所在州（市）科技局审核推荐申报。州（市）级有关单位申报的直接报州（市）科技局审核推荐申报，其余有关单位申报的直接向省科技厅申报。

2. 批准建设。省科技厅按照“星创天地”建设的有关要求，组织专家对各申报“星创天地”的建设条件、计划、目标等进行综合评审，每年择优批准建设一批省级“星创天地”。建设期原则上不超过1年，建设投入以运营机构为主。

3. 申请验收。批准建设的“星创天地”建设期满或者建设目标任务已经完成，填写《云南省“星创天地”建设验收申请书》，向省科技厅申请验收。

4. 通过挂牌。省科技厅组织对各申请验收的“星创天地”进行现场核查和验收，对达到建设目标要求，模式新颖、服务专业、运营良好、效果显著的“星创天地”，经省科技厅审定通过后挂牌，成为云南省“星创天地”，同时向科技部推荐备案。

（二）省科技厅从以下方面对“星创天地”给予支持：

1. 对挂牌的云南省“星创天地”，给予30万元经费支持，用于建设科技创新创业服务平台。

2. 在申报“云南省农业科技园区”“云药之乡”等建设时，对建有“星创天地”的给予优先考虑。

3. 对在“星创天地”进行创新创业或创业服务的科技人员，优先批准为“云南省科技特派员”。

4. 对“星创天地”建设依托单位、“星创天地”内的创客或创业企业申报科技计划项目，符合有关立项程序和要求的，在同等条件下给予优先支持。

5. 对在精准扶贫、脱贫攻坚中成效明显，带动贫困户致富有力的建设主体，给予优先考虑。

六、建设管理及保障措施

（一）建立管理工作体系。省科技厅负责全省“星创天地”建设发展中的政策研究、统筹指导和管理协调工作。各州（市）、县（市、区）科技主管部门要将“星创天地”建设列入常态化工作，明确工作机构和人员，加强对属地“星创天地”建设的规划布局、指导协调和管理服务，制定支持“星创天地”建设的措施，及时协调解决相关问题，审核推荐申报省级“星创天地”。

（二）突出分类指导建设。各级科技主管部门要结合各地农业农村经济发展的不平衡性和实际需要，有针对性的采取相应的政策措施，按照兼顾一般、重点突破的原则，以解决各地“三农”工作中的科技需求为导向，分门别类统筹考虑各地农村经济发展、科技资源条件等实际情况，因地制宜推进“星创天地”在不同区域的建设和发展，支持改革创新、先行先试，探索“星创天地”差异化的发展途径，以期取得实效。

（三）加强政策集成扶持。各级科技主管部门要结合地方政府主要工作，积极构建部门互动、上下联动的协调运行机制，主动与相关部门联合，通力合作，研究完善推进农业农村创新创业的政策措施，在政策落实、开放共享、服务创新、平台建设等方面加强对农村创新创业的指导和支持。要充分利用现有科技创新资源和平台，包括科技创新创业服务体系、科技成果转化示范项目、科技特派员制度等支持“星创天地”建设。各州（市）科技局要将“星创天地”建设纳入省科技厅安排的州市区域创新能力提升专项中组织实施。

（四）强化绩效跟踪评估。各级科技主管部门要建立“星创天地”统计和信息报送制度，定期了解“星创天地”建设进展和运行情况，收集和报送相关信息。省科技厅对批准建设的“星创天地”实行动态监测，随时了解“星创天地”的建设进度、服务情况等。对挂牌的云南省“星创天地”进行绩效评估，把创业服务能力、服务创业者数量和创业者运营情况作为重要的评估指标，对运行不好的“星创天地”及时摘牌，对绩效突出的给予支持，并向社会发布。

（五）加大宣传示范引领。各级科技主管部门要通过广播、电视、网络、报刊等媒体，利用科技活动周、科普宣传活动、创新创业大赛等机会，广泛开展“星创天地”宣传活动，提高“星创天地”的社会认知度，大力营造农业农村“大众创业、万众创新”社会氛围。要抓好经验分享和典型示范工作，充分利用QQ、微信等移动互联社交网络，搭建星创交流平台，宣传创业事迹、分享创业经验、展示创业项目、传播创业商机，对特色明显、绩效突出的“星创天地”，要加大宣传力度，通过典型引领更多的人参与到农业农村创新创业中来。

云南省人民政府办公厅关于发展众创空间推进大众创新创业的实施意见

云政办发〔2015〕48号

各州、市人民政府，滇中产业新区管委会，省直各委、办、厅、局：

为贯彻落实《国务院办公厅关于发展众创空间推进大众创新创业的指导意见》(国办发〔2015〕9号)，抓住“一带一路”、长江经济带战略实施，以及加快建设我国面向南亚东南亚辐射中心机遇，努力构建充满生机活力的创新生态系统，营造“大众创业、万众创新”的软硬件环境和氛围，激发千万群众创业活力，打造我省经济发展新引擎，经省人民政府同意，现提出以下意见。

一、指导思想和发展目标

（一）指导思想

全面落实党的十八大和十八届二中、三中、四中全会精神，按照省委、省政府决策部署，大力推动简政放权，进一步激发市场活力，充分运用互联网+基础设施+服务，以营造良好创新创业生态环境为目标，以激发全社会创新创业活力为主线，以构建市场化、专业化、集成化、网络化的众创空间等创业服务平台为载体，把大力发展众创空间作为实施创新驱动战略的重要举措，有效整合资源，集成落实政策，完善服务模式，培育创新文化，促进科技资源开放共享，让创新创业者的创意智慧与市场需求充分有效对接，助推小微企业成长和个人创业，培育新的经济增长点，加快形成大众创业、万众创新的生动局面。

（二）发展目标

鼓励每个州市（滇中产业新区）建立1个以上、有条件的州市建立多个能满足大众创新创业需求、具有较强专业化服务能力的众创空间。到2020年，全省建成50个以上众创空间等新型创业服务平台；每年集聚10 000人左右的大学生、研究生创业者和高校、科研院所创业人才等为代表的创业大军；每年吸引1 000人海外、省外大学生到云南创新创业；鼓励企业技术人员创新创业；组织500人左右服务大众创新创业的创业导师队伍；培育引进100个以上天使投资和创业投资机构；优选100个以上高水平、低收费的咨询公司、律师事务所、会计师事务所、知识产权机构、技术转移等中介服务机构，为小微企业提供创新创业服务；孵化培育10 000户以上创新型小微企业，发展一批科技型小巨人企业。

二、主要任务

（三）加快构建形式多样的众创空间

充分发挥互联网在生产要素配置中的优化和集成作用，鼓励高新技术产业开发区、高等学校、科研院所以及科技创新园、科技企业孵化器、大学科技园、生产力促进中心、有条件的企业、创业投资机构、社会组织等，建设创客空间、创业孵化营、创业咖啡、创业苗圃、创业公社、创新工场、创客总部等新型孵化载体，构建一批低成本、便利化、全要素、开放式的众创空间，实现创新与创业相结合、线上与线下相结合、孵化与投资相结合，形成用户参与、互帮互助、创业辅导、金融支持的开放式创业生态系统，为创新团队和创新创业者提供良好的工作空间、网络空间、社交空间和资源共享空间。

（四）提升面向众创的资源共享和服务能力

深化商事制度改革。有关部门简化住所登记手续，采取一站式窗口、网上申报、多证联办等措施为创业企业提供便利。

全省工程（技术）研究中心、重点实验室、工程实验室等创新载体必须向社会开放共享科技资源，尽可能提供免费服务，构建科技资源共享服务制度体系，研究制定服务规范和指引。

众创空间必须为创新创业者提供政策咨询、网上申报、多证联办、工商注册、信息对接、产品展示等一站式免费服务的条件。

中国电信、中国移动、中国联通等电信运营商要与众创空间合作，为众创空间提供优惠便利的互联网服务。

鼓励咨询公司、投资机构、律师事务所、会计师事务所、知识产权机构、技术转移等机构为创新创业者提供低收费的专业服务。

充分发挥社团组织、行业协会和社会创业服务机构作用，通过公开招标等方式购买社会创业服务机构提供的创业服务，鼓励全社会创新创业。

（五）鼓励科技人员和大学生、研究生创新创业

鼓励科研人员离岗创业，经原单位同意，可在3年内保留人事关系，与原单位其他在岗人员同等享有参加职称评聘、岗位等级晋升和社会保险等方面的权利。

鼓励大学生、研究生创新创业，鼓励高校在校大学生调整学业进程、保留学籍休学创新创业。

推进科技成果使用处置和收益管理改革政策措施落实，健全科技成果转化激励政策制度。

完善高等学校和科研院所科技人员创办的科技型企业、高新技术企业实施企业股权激励（股权奖励、股权出售、股票期权）及分红激励机制。

高等学校应开设系统化、专业化的创业教育课程和创业培训，营造科技人员和大学生、研究生敢于创业、乐于创业的氛围。

鼓励高等学校、科研院所、企业科技人员辞职创新创业。

建立面向南亚东南亚创新创业人才生态圈，积极吸引国内外优秀人才到我省创新创业，鼓励省内人才到国（境）外创新创业，充分发挥中国—东盟创新中心、中国—南亚技术转移中心、国际科技特派员的作用，构建由跨境人才联络、跨境合作创业平台，形成具有国际竞争力的创新创业人才发展环境。

（六）加强财政资金引导

发挥云南省科技成果转化与创业投资基金对社会资本的带动作用，重点支持战略性新兴产业和高技术产业初创期创新型企业发展；综合运用设立创业投资子基金、贷款风险补偿、后补助等方式，促进科技成果转移转化。

发挥财政资金杠杆作用，通过市场机制引导社会资金和金融资本支持创业活动。发挥财税政策作用，支持天使投资、创业投资发展，培育发展天使投资群体，推动大众创新创业。

（七）大力发展众创空间金融服务体系

建立完善政府、投资基金、银行、创客企业、担保公司等多方参与、科学合理的风险分担机制，引导银行进一步加大对创客企业的信贷支持。

鼓励和引导民间资本、风险投资投向众创空间，加大对创客项目的资金支持力度。

发挥多层次资本市场的枢纽作用，引导和鼓励创客企业在股权众筹平台、区域股权交易市场、“新三板”进行挂牌和融资。

高新区和有条件的地区要发展服务创客的专利权质押融资。

鼓励社会资本独立或参股设立科技融资担保公司，进一步开发适合创客企业的担保新品种，减小创客创业创新风险。

（八）建立健全创业导师队伍

支持省内创业平台、服务机构聘请知名企业家、成功创业者、天使投资者以及熟悉经济发展和创业政策的人员，组建创业导师服务团，实行创业指导帮带服务，形成“创业者+企业家+天使投资人+创业导师”的帮助机制，帮助创业团队构建商业模式、提供行业资源整合与合作、公司架构搭建、品牌传播策略、技术产品选型、市场开拓咨询与建议等全流程创新创业指导服务。

构建云南创业导师库，聘请国内外、省内外知名企业家、拥有丰富经验的创客、投资人和专家学者，为创业者提供技术、产品、市场、法律、财务、投融资等方面的专业化辅导，建立创业导师绩效评估和激励机制，并对成效显著的导师，授予“云南省优秀创业导师”称号。

（九）组织创新创业活动

办好云南省创新创业大赛，积极组织参加“挑战杯”全国大学生课外学术科技作品竞赛以及国际、国内各种创新创业大赛。

支持高等学校、科研机构、大型企业以及社会力量积极开展项目路演，举办创业沙龙、创业大讲堂、创业训练营、创业辅导等培训活动，实现创业团队、优秀创业导师面对面沟通交流，争取并支持承办跨地区跨领域的创业大赛活动。

鼓励跨界交流，营造自由开放的协作环境，促进创意实现产品化、商业化。

三、组织实施

（十）加强组织领导

在省人民政府统一领导下，建立由省科技厅、发展改革委、工业和信息化委、教育厅、财政厅、人力资源社会保障厅、地税局、工商局、金融办、国税局、科协和中科院昆明分院等部门负责人参与的云南众创空间发展协同推进机制，加强政策研究、统筹协调、集成公共资源、落实有关扶持政策。省科技厅依托省科学技术院，成立众创空间发展协同推进工作组，承办众创空间发展的组织及日常事务工作，落实具体工作任务，完善服务管理职能，提高工作效率。

（十一）加强示范引导

结合我省创新创业现状，制定众创空间认定和评价办法，建立有示范作用的云南科技众创空间。积极引导高新区、经开区、大学科技园、科技孵化器、工业园区等开展创新创业示范工程。探索新机制、新政策、新模式，不断完善创新创业服务体系。

（十二）加大支持力度

按照国家深化财政科技计划（专项、基金）管理改革的要求，结合我省省级科技计划（专项、基金）体系的建设思路和支持方向，以及省发展改革委、工业和信息化委、教育厅、财政厅、人力资源社会保障厅等部门有关鼓励创新创业促进就业资金，加大对大众创新创业的财政引导支持。切实抓好省人力资源社会保障厅“云岭大学生创业引领计划”、省工业和信息化委《微型企业创业扶持实施办法》等制度政策的落实力度，最大限度释放政策红利。政府对众创空间等新型创业服务平台的房租、宽带网络费用、公共软件、开发工具等给予适当补贴。对于企业参与众创空间活动发生的研发费用支出，按照规定享受企业研究开发费用税前加计扣除政策。

（十三）加强协调推进

构建部门互动、上下联动的协调推进机制。科技管理部门要加强与有关部门的工作协调，研究完善推进大众创新创业的政策措施，在政策集成落实、开放共享、服务创新等方面加强对发展众创空间的指导和支持。科技部门要做好大众创新创业政策落实情况调研、发展情况统计汇总等工作，及时报告有关进展情况。

（十四）加大宣传力度

支持各类众创空间的创客创新实践和科普教育基地开展创新教育活动，宣传创业典型，鼓励创客文化。支持众创空间组织各类创客大赛，有条件的地方要建设众创空间的实体展示体验中心，集中展示创客产品，提升公众对创客产品的体验。要通过科技活动周、科技下乡集中示范活动、文化科技卫生三下乡等方式，加大对发展众创空间推进大众创新创业的宣传普及，营造良好的创新创业社会氛围。

各州、市人民政府和滇中产业新区管委会须根据本意见制定具体实施细则。

云南省人民政府办公厅

2015 年 6 月 20 日

关于印发《关于促进科技园区和创新平台发展的意见》的通知

陕科政发〔2014〕126号

各设区市科技局，各有关单位：

科技园区和创新平台（以下分别简称“园区”和“平台”）是集聚创新要素的重要载体。按照功能定位，园区主要包括高新区、专业园区和特色产业基地；平台主要包括研究开发平台、成果转化平台和公共服务平台。加快园区和平台建设，是激活创新资源、转化创新成果的重要途径。为深入实施创新驱动发展战略，充分发挥园区和平台在促进区域经济社会科学发展中的引领、支撑、辐射和带动作用，经省政府同意，现提出以下意见。

一、总体要求

（一）指导思想

以深化科技体制改革为指引，以建设创新型陕西为目标，以各类园区、平台为抓手，以企业需求为导向，深入实施创新驱动发展战略，健全技术创新市场导向机制，加快产学研用相结合，构建一批集成创新资源、公共创新服务的园区和平台，形成完善的技术创新服务体系。

（二）基本原则

按照“政府引导、市场运作，面向产业、服务企业，资源共享、注重实效”的总体思路，坚持政府引导与社会广泛参与相结合，坚持公益性服务与市场化服务相结合，坚持促进产业升级与服务中小企业发展相结合，坚持资源开放共享与统筹规划、重点推进相结合，充分发挥市场在配置资源中的决定性作用，围绕产业链部署创新链，增强服务功能，扩大服务范围，提高服务水平。

（三）发展目标

到2017年，把园区、平台建设成为激活创新资源、转化创新成果、推进科技人才创新创业、孵化科技企业的重要基地，成为深入推进创新驱动发展战略和建设创新型省份的重要载体，主要目标包括：

——科技园区。显著提升各类园区自主创新能力，使其成为我省依靠科技进步和技术创新推进经济社会发展、建设创新型陕西的中坚力量。力争新升级国家级高新区2个，新建省级高新区10个，努力建成80个产业特色鲜明的专业园区，建设一批促进县域经济发展的特色科技产业基地。

——创新平台。稳步推进科技创新平台建设，形成集研究开发、成果转化和公共服务于一体的，为科技企业提供从技术研发到最终产品的全过程、一站式服务的创新平台体系。新建国家级重点实验室2家、国家级工程技术研究中心2家，实现全省80%以上的大中型企业建有研发机构；全省省级以上技术转移示范机构数量达到70家，其中国家级30家；创业投资机构数量突破100家，科技企业孵化器数量达到100家；全省大型科学仪器设备协作共用网汇集设备信息达到8 000台（套），新建3个跨部门的专业化分析检测中心，各类科学数据和科技文献总量达1.5亿条。

二、重点任务

（一）促进科技园区创新发展，提升发展水平

1. 加快高新区创新发展，发挥集聚和示范引领作用。推进西安高新区打造全球研发中心聚集地，建设世界一流园区，成为国家自主创新示范区；加快建设杨凌农业高新技术产业示范区，使其成为国际知名的干旱半干旱现代农业示范园区；支持宝鸡高新区建成国家创新型科技园区；支持渭南、咸阳、榆林高新区完善体制机制，成为带动区域经济发展方式转变的重要载体。进一步加快安康高新区建设，支持其升级为国家级高新区。新建汉中、府谷等一批省级高新区。

2. 加大专业园区建设支持力度，提高区域经济竞争力。按照专业化、集群化发展的原则，结合地方特色和比较优势，建设50个特色工业园区，引导每个园区确定1~2个具有较强区域带动作用的产业集群，形成产业相对集中、服务能力较强、规模效应明显的科技企业聚集区。以统筹农业科技资源，搭建农业科技创新与成果转化平台为重点，积极参与科技部“一城两区百园”工程，支持30家国家级、省级农业科技园区建设。

3. 加强特色科技产业基地建设，构建创新型陕西的战略支点。支持国家高新技术产业化基地和现代服务业产业化基地建设，新建30家省级高新技术产业、现代服务业及科技文化融合示范基地；支持建设30家省级现代农业科技创业示范基地，支撑现代农业发展；完善医药产业技术创新支撑体系，促进医学研究成果惠及百姓，建设10个省、市级医药科技产业园区，30个省级药用植物科技示范基地，组织建设20个左右临床医学研究中心；发挥我省科技优势，建设国际科技合作基地，助力“新丝绸之路经济带”发展；依托大中型企业和科研院所，在优势产业领域建立成套技术、关键技术中试基地，依托园区基地，建立产业共性技术中试基地，服务中小企业技术创新。启动实施重大科技成果中试专项，组织50个优势主导产业中试项目在省内实现转移、转化。

（二）推进研究开发平台建设，提升产业技术创新能力

1. 加强重点实验室建设，提升原始创新能力。围绕我省特色优势产业、资源主导型产业和战略性新兴产业，有针对性地补充建设一批重点实验室，形成学科群与创新链；支持有条件的大中型企业、转制院所建设省级重点实验室，鼓励企业立足产业前沿，开展基础和应用基础研究，引导创新资源尤其是高层次研发人员向企业聚集，推动技术扩散和技术储备，提升企业技术创新能力；支持企业与科研院所、高校共建重点实验室。支持有条件的省级重点实验室申报省部共建国家重点实验室培育基地或国家重点实验室；鼓励省级重点实验室承担国家级各类科技计划项目，以项目为载体，开展跨部门和地区的多学科合作研究；支持重点实验室开展关系区域经济社会发展的重大基础研究，培育创新团队。

2. 加强工程技术研究中心建设，推进科研成果产品化。在我省经济社会发展的重点领域，围绕产业链的缺失环节、薄弱环节、延伸环节，依托科技实力雄厚的骨干企业，联合重点高校和科研院所，建设一批产学研相结合的省级工程技术研究中心。对省级工程技术研究中心进行科学分类，在定位、目标、运行等方面实行差异化评价和支持。强化省级工程技术研究中心对外开放共享服务功能，并以接受服务方的评价作为考核的重要依据。鼓励依托单位加强对工程技术研究中心的支持和投入，推进科技成果转化。

3. 支持企业牵头建立产业技术创新战略联盟，提升协同创新能力。建立以企业为主导，高校、科研机构和中介组织共同参与的产业技术创新战略联盟，围绕我省战略性产业的关键共性技术，通过资源共享和创新要素优化组合，实现较大范围内的资源调配以及各联盟成员间优势互补，积极拓展发展空间、提高产业或行业竞争力。建设农业领域产业技术创新战略联盟15家、工业领域产业技术创新战略联盟35家。

4. 支持企业技术中心建设，培育企业核心竞争力。以我省支柱产业和战略性新兴产业中技术创新能力较强、创新业绩显著、示范带动作用明显的企业为依托，加快建设企业技术中心；鼓励产学研合作，形成行业关键和共性技术的研究基地，引领行业发展，在项目组织、人才培养、团队建设等予以支持，使企业技术中心成为技术创新和产品开发的重要源头。

（三）提升成果转化平台服务能力，为科技企业发展壮大提供有力支撑

1. 加强科技企业孵化器建设，完善创业孵化体系。鼓励科技企业孵化器、留学人员创业园和大学科技园等创新孵化模式，提高服务能力和管理水平，在服务空间、服务内容、服务手段、商业模式等方面开展新业务，推进技术转移、成果推广、国际合作、人才引进和融资服务，为科技企业提供一站式服务。完善孵化器的投融资功能，推进投资主体多元化。鼓励孵化器及其管理人员持股孵化；鼓励孵化器与创业投资机构合作，建立天使投资网络，实现孵化体系内资金和项目的共享。

2. 推进技术转移机构建设，加速科技成果转移转化。依托西安高新区，稳步推进陕西技术转移集聚区建设。优化专业性技术转移机构在高校、院所及地市的布局，跨区域整合资源，推动技术转移机构网络化发展。以技术合同交易额为主要依据，稳步推进省级技术转移示范机构的认定和考核工作；构建技术交流与技术交易信息平台，探索技术转移服务联盟模式，实现机构间的资源共享和分工协作，提升技术转移机构的承载能力；实现陕西区域试点站与中国创新驿站的有效对接，促进跨区域技术转移，切实解决中小企业的创新需求。

支持已有6家工业技术研究院通过科技成果产业化或者技术入股，孵化培育科技型企业；以强化管理和绩效考评，奖励、后补助等方式加大支持力度，推动工业技术研究院创新运行模式，提升集成创新、企业孵化、产业化推广能力。

3. 完善科技金融服务体系，为科技企业成长创造良好融资环境。整合集聚科技金融需求方、供给方等多方资源，构建政府资金与社会资金、股权融资与债权融资、直接融资与间接融资有机结合的区域性科技金融服务体系，开展科技信贷、科技保险、科技担保、科技创业投资、企业信用评级、项目推荐、企业上市辅导等科技金融服务，实现“科技资源产品链”和“金融资本供给产品链”无缝对接，满足不同成长阶段科技企业的融资需求。

（四）加快科技公共服务平台建设，提升科技服务能力和水平

1. 提升科技资源统筹中心服务能力，构建创新服务体系。支持陕西省科技资源统筹中心和以西安为中心的统筹科技资源改革示范基地建设，推进科技创新体制改革，加快产学研一体化，统筹军民科技互动发展，促进科教优势向经济优势转化，为建设创新型国家探索新路径。发挥省科技资源统筹中心主体功能作用，搭建创新链和产业链的融汇平台，支持各市建立科技资源统筹分中心，建立覆盖全省的创新服务体系，发展技术市场。支持生产力促进中心创新发展，提升服务能力。

2. 加快科技基础条件平台建设，促进科技资源开放共享。建立陕西省公共检测服务平台，开展专业化检测服务，建设若干个跨部门的专业化分析检测中心，增强对外开展分析检测服务的专业性、针对性；扩大陕西省大型科学仪器设备协作共用网规模，提高协作共用网员单位及入网仪器数目；加强与国家及各省市相关平台的信息交流与数据汇交；扩大科技文献共享成员单位的范围和文献数据拥有量，拓展开放权限，提高全文文献获取率；开展全省科学数据调查，实行科技报告制度，扩大科学数据资源共享范围，建立科学数据标准规范体系；加强实验动物品种资源与质量监督检测中心建设，研究制定相应的管理制度与运行机制。加强动物、植物、微生物菌种等种质资源保护、利用与共享体系建设。

3. 完善科技中介服务体系，强化专业化服务能力。根据科技中介机构的不同性质，建立分类绩效考评指标，对于在科技创新中作出突出贡献的担保、律师、会计、专利、咨询、评估等科技中介服务机构以后补助形式予以支持。支持有条件的科技中介机构提供专业化的服务；加强科技中介服务队伍建设，提高从业人员的综合素质。鼓励各类科技中介机构引进国内外优秀科技中介人才。

4. 加强知识产权服务平台建设，促进科技成果资本化、产业化。强化科技创新活动中的知识产权政策导向作用，引导支持创新要素向企业集聚，促进高等学校、科研院所的创新成果向企业转移，形成自主知识产权；推动知识产权的应用和产业化，探索股权质押登记试点；支持和鼓励从事知识产权信息服务、知识产权战略研究、知识产权资产评估和许可转让业务的各类服务机构发展。

三、保障措施

（一）加强组织领导，强化监督考核

加快园区和平台创新发展是我省创新型省份建设确定的重点任务之一。省科技厅负责对全省各类园区、平台建设进行统筹规划、指导和协调，并对省级各部门、各地市园区、平台建设工作进行督促考核，确保各项措施落实到位。各设区市人民政府作为区域性园区、平台建设的主体，承担规划、投入和体制机制改革的主要责任，负责园区、平台建设的具体实施。

（二）优化支持方式，加大支持力度

省内各类科技计划重点向园区、平台倾斜；省级以上园区、平台可以申报各类科技计划项目，并在同等条件下予以优先支持。省级重点实验室、工程技术研究中心、企业技术中心、中试基地和产业技术创新战略联盟可以作为项目承担单位，组织实施科技计划项目；鼓励省级孵化器、技术转移示范机构、公共服务平台、中介机构等增强服务企业的功能，对年度评估为优秀的给予奖励和后补助。积极贯彻落实与园区、平台的相关税收政策，落实“营改增”后原有营业税部分税收减免政策。

（三）加强绩效评估

制定科学的评价指标体系，规范绩效评价程序，建立并形成严格的绩效评估机制，委托第三方评估机构对园区、平台定期开展绩效评估，评估结果作为补贴奖励的主要依据。

（四）营造良好环境，彰显建设效果

加大宣传和培训力度，及时反映全省园区、平台的相关动态，让社会各界充分了解园区、平台，并有效利用园区、平台，切实发挥园区、平台在我省科技和经济社会发展过程中的引领、支撑、辐射和带动作用，促进各类人才向园区、平台集聚，使园区和平台成为凝聚和培养人才的洼地。

陕西省科学技术厅

2014年6月16日

中共甘肃省委办公厅　甘肃省人民政府办公厅关于印发《甘肃省支持科技创新若干措施》的通知

甘办发〔2016〕50号

各市、州党委和人民政府，兰州新区党工委和管委会，省委各部门，省级国家机关及各部门，省军区、武警甘肃省总队，各人民团体，中央在甘各单位：

《甘肃省支持科技创新若干措施》已经省委、省政府同意，现印发给你们，请结合实际认真贯彻执行。

中共甘肃省委办公厅
甘肃省人民政府办公厅
2016年10月1日

甘肃省支持科技创新若干措施

为贯彻落实全国科技创新大会精神，加快实施创新驱动发展战略，结合我省实际，制定以下措施。

一、构建开放合作创新体系

1. 对国外、省外高等学校、科研院所、科技创新服务机构及科技型企业以合作共建、独立建设等形式在省内设立的科研分支机构、联合实验室或技术转移机构给予50万元资金补助。由省科技厅核实后，所需资金列入次年省级财政预算。

牵头单位：省科技厅

配合单位：省财政厅、省发展改革委、省工信委、省教育厅

2. 完善军民协同创新机制，促进军民协同创新，推进军民技术双向转移和转化应用。对取得武器装备有关资格证书、进入武器装备采购目录的非军工单位，给予一次性补助10万元；对军民结合产学研协同创新平台建设给予一次性补助100万元；对军

民融合创新示范区建设给予一次性补助200万元。由省工信委核实后，所需资金列入次年省级财政预算。

牵头单位：省工信委

配合单位：省财政厅、省发展改革委

3. 对新认定的国家级工程（技术）研究中心、国家级重点实验室、国家级工程实验室、国家级开发区、国家级农业科技园区、国家级国际科技合作基地、国家级企业技术中心、国家制造业创新中心给予300万元补助；对新认定的省级工程（技术）研究中心、省级重点实验室、省级工程实验室、省级开发区、省级农业科技园区、省级国际科技合作基地、省级企业技术中心、省级行业技术中心、省级制造业创新中心给予50万元补助；对新认定的国家级科技企业孵化器、国家级大学科技园给予100万元补助，对新认定的省级科技企业孵化器、省级大学科技园给予50万元补助；对新认定的国家级技术转移中心给予50万元补助，对新认定的省级技术转移中心给予30万元补助；对新成立的产业技术创新战略联盟给予牵头单位30万元补助。已有上述各类平台并按规定考核评估优秀的，每次给予与新认定的补助标准相同的资金奖励。由各平台管理部门核实后，所需资金列入次年省级财政预算。

牵头单位：省发展改革委、省工信委、省科技厅、省教育厅

配合单位：省财政厅

二、培育科技创新主体

4. 给予新认定的高新技术企业一次性补助20万元，给予复审通过的高新技术企业补助5万元，给予新认定的省级科技创新型企业一次性补助5万元。由省科技厅核实后，所需资金列入次年省级财政预算。

牵头单位：省科技厅

配合单位：省财政厅

5. 对申请登记注册从事无安全生产隐患、无环境污染、无社会危害行业的科技型企业和科技服务机构住所登记可实行“一址多照”；对领取营业执照后未开展经营活动或已开展经营活动无债权债务纠纷的企业，试点开展企业简易注销登记，便利企业市场退出。优化企业变更登记流程，引导支持企业兼并重组，激发企业创新创业活力。

牵头单位：省工商局

6. 开通建设用地审批绿色通道，优先保障创新型企业、创新项目用地。新建科技企业孵化器和加速器项目用地符合《划拨用地目录》的可以划拨供应，不符合《划拨用地目录》的依法有偿供应。利用工业用地、教育科研用地建设的孵化器可以实行产权分割出售，商业配套及高层次人才公寓建设用地规模可按不超过30%的比例控制。

牵头单位：省国土资源厅

配合单位：省建设厅、省教育厅、省科技厅

三、完善省级科研项目资金管理

7. 简化省级科研项目预算编制，下放预算调剂权限。在项目总预算不变的情况下，将直接费用中的材料费、测试、化验加工费、燃料动力费、出版/文献/信息传播/知识产权事务费及其他支出预算调剂权下放给项目承担单位。简化预算编制科目，合并会议费、差旅费、国际合作与交流费科目，由科研人员结合科研活动实际需要编制预算并按规定统筹安排使用，其中不超过直接费用10%的，不需要提供预算测算依据。

牵头单位：省科技厅、省财政厅

配合单位：省审计厅

8. 提高省级科研项目间接费用比重，加大绩效激励力度。实行公开竞争方式的省级研发类项目，均要设立间接费用，间接费用按直接费用扣除设备购置费的一定比例确定，即500万元以下的项目为20%，500万元（含500万元）至1 000万元的项目为15%，1 000万元（含1 000万元）以上的项目为13%。

牵头单位：省科技厅、省财政厅

配合单位：省审计厅

9. 明确省级科研项目劳务费开支范围，不设比例限制，参与项目研究的研究生、博士后、访问学者以及项目聘用的研究人员、科研辅助人员、咨询与评估专家等，均可开支劳务费。调整劳务费开支范围，将项目临时聘用人员的社会保险补助纳入劳务费科目列支。

牵头单位：省科技厅、省财政厅

配合单位：省审计厅

10. 改进省级科研项目结转结余资金留用处理方式。科研项目承担单位在项目实施期间，要合理安排支出，年度剩余资金可结转下一年度继续使用。科研项目完成并通过验收，且承担单位信用评价好的，结余资金按规定留归项目承担单位使用，在3年内由项目承担单位统筹安排用于科研活动的直接支出；3年后仍未使用完，按规定收回；确需继续使用的，按照预算管理程序重新安排用于相关科研活动。

牵头单位：省科技厅、省财政厅

配合单位：省审计厅

11. 自主规范管理横向经费。项目承担单位以市场委托方式取得的横向经费，纳入单位财务统一管理，由项目承担单位按照委托方要求或合同约定管理使用。横向经费纳入项目承担单位财务统一管理时，可以设置横向经费备查簿专项登记，以避免横向经费使用时重复纳税。横向经费在项目承担单位收取管理费、资产占用费等相关费用后，剩余经费由项目研发团队根据合同约定自主分配。项目研发团队和科技人员获得的科研劳务收入，不纳入单位绩效工资总量调节指标。横向项目经委托方验收后的结余经费由项目负责人自主决定。

牵头单位：省科技厅、省财政厅

配合单位：省审计厅

12. 对高等学校、科研院所利用自有资金、自有土地建设的用于科技创新活动的项目，由高等学校、科研院所自主决策，按原渠道备案，依法履行基本建设程序。各级行政主管部门要简化招标采购环节的核准备案手续。

牵头单位：省发展改革委、省建设厅

配合单位：省审计厅

四、扶持创新创业人才队伍

13. 经评审认定，引进人才持有经济社会效益潜力较大、具备转化条件的科技创新成果，给予500万元以上项目转化资金扶持；引进人才正在开展具有较大经济社会效益前景的科研项目，给予100万元以上项目研发资金扶持。由省科技厅核实后，所需资金列入次年省级财政预算。

牵头单位：省科技厅、省人社厅

配合单位：省财政厅

14. 经评审认定，引进的各类急需紧缺高层次专业技术人才，享受我省高层次急需紧缺引进人才个人所得、住房保障、配偶就业、子女入学、人才“服务绿卡”等优惠政策。愿意在我省长期工作并签订5年以上劳动合同的，给予20万元安家费补贴。为引进急需人才提供专家公寓或周转住房。鼓励用人企业为引进人才购买医疗等商业保险。所需资金列入次年各市州财政预算。

牵头单位：省委组织部、省人社厅

配合单位：省财政厅、省教育厅、省建设厅

15. 各高新区、工业集中区、工业园区、经济开发区设立集体户口方便科研人才落户。在兰州市具有大专学历或中级职称以上，其他市州具有中专学历或初级职称以上从事科研工作的人员及其共同居住生活的配偶、未婚子女、父母，可在当地申请登记城镇户口，不受住房和居住时限的限制。没有购、租住房的，在用人单位集体户口或单位所在地街道、派出所集体户落户。

牵头单位：省公安厅

配合单位：省人社厅、省教育厅

16. 遵循高等教育办学规律，扩大高等学校用人自主权，将岗位设置、职称评聘、选人用人、薪酬分配等权限下放给高等学校；科研院所根据事业发展、学科建设和队伍建设需要补充工作人员时，按照国家和省级事业单位公开招聘工作人员相关规定，面向社会公开招聘。招聘时间、岗位标准等由用人单位自主决定。

牵头单位：省人社厅

配合单位：省教育厅、省科技厅

17. 高等学校、科研院所对引进业绩贡献特别突出的高层次人才，可不受职数限制直接聘任。全省在县属及以下企事业单位、少数民族州县、艰苦条件下工作的科研人员及科技特派员，以及50岁以上晋升高级职称人员，外语、计算机应用能力考试不再要求。

牵头单位：省人社厅

配合单位：省教育厅、省科技厅

18. 高等学校、科研院所作为第一完成单位获得国家级科学技术奖、省科技进步一等奖或实现重大科技成果转化、社会经济效益显著的，经第三方机构认定，产生1亿元及以上科技成果转化收益的，主要完成人在评聘上一级专业技术职务时，不受单位岗位数额限制。

牵头单位：省人社厅

配合单位：省教育厅、省科技厅

19. 高等学校、科研院所对急需紧缺的高层次人才、业绩贡献特别突出的优秀人才，可实行协议工资、项目工资或年薪制等分配形式。协议工资、年薪、项目工资、单位科研奖励及科技成果转化所获收益，用于人员激励支出的部分不纳入绩效工资总量管理。

牵头单位：省人社厅、省财政厅

五、优化成果转化激励机制

20. 鼓励省属高等学校、科研院所、院所转制企业和科技创新企业对作出突出贡献的科技人员和经营管理人员以科技成果入股、科技成果收益分成、科技成果折股、股权奖励、股权出售、股票（份）期权等方式进行激励。采取科技成果入股方式的，将科技成果作为出资而获得被投资企业股权，可按不低于所获股权份额60%的比例对有关人员给予奖励；采取科技成果收益分成方式的，从转让该项职务科技成果所取得的净收入中提取不低于60%的比例或每年从实施该项科技成果的营业利润中提取不低于10%的比例对有关人员给予奖励；采取科技成果折股方式的，可将科技成果评估作价或转化创造的新增税后利润折价为本企业股权，折股总额最高可达近3年该项科技成果创造的税后利润的35%；采取股权奖励和股权出售方式的，激励总额最高可达企业和单位近3年税后利润形成的净资产增值额的35%；采取股票（份）期权方式的，可结合本企业本单位的实际情况，根据业绩考核结果对有关人员实施分档股权激励。激励方案报送省工信委批准备案实施。落实股权激励有关所得税政策，员工在取得股权激励时可暂不纳税，递延至转让该股权时纳税。

牵头单位：省工信委

配合单位：省发展改革委、省教育厅、省科技厅、省财政厅、省国资委、省工商局、省政府金融办、省国税局、省地税局

21. 省属高等学校、科研院所正职领导，是科技成果的主要完成人或者对科技成果转化作出重要贡献的，可以根据促进科技成果转化法规的规定获得现金奖励，原则上不得获取股权激励。其他担任领导职务的科技人员，是科技成果的主要完成人或者

对科技成果转化作出重要贡献的，可以按照促进科技成果转化法规的规定获得现金、股份或者出资比例等奖励和报酬。对担任领导职务科技人员的科技成果转化收益分配实行公开公示制度，不得利用职权侵占他人科技成果转化收益。

牵头单位：省人社厅

配合单位：省科技厅、省教育厅

22. 经选派的科技特派员从事创新创业和科技成果转化，可以取得技术服务报酬或者从企业获得股权、期权和分红。高等学校、科研院所科技人员和企事业单位专业技术人员以科技特派员身份开展科技公益服务的，3 年内原单位编制、人事关系和职务级别予以保留，工龄连续计算，原岗位任职或聘用时间连续计算，档案工资正常晋升，与原单位人员同等参加职称评定。住房公积金和社会保险费单位缴费部分政策与渠道不变。期满后及时回所在单位报到工作，因特殊原因经同意后可延长时限，最长可达 6 个月。

牵头单位：省人社厅

配合单位：省科技厅、省财政厅、省编办

23. 建立省知识产权交易中心，发展知识产权服务业。完善科技型企业贷款风险补偿机制，将专利权质押贷款纳入风险补偿范围。督促企事业单位建立职务发明奖励报酬制度，落实与发明人约定的专利转化、实施的奖励和报酬。推进知识产权行政处罚案件信息公开和知识产权行政保护与司法保护有机衔接。对新成立的知识产权联盟给予牵头单位 30 万元补助；对新进入国家专利导航产业发展实验区、国家战略性新兴产业知识产权集群管理名单的各类园区给予 50 万元补助；对新认定的国家专利协同运用试点单位、国家专利运营试点企业给予 30 万元补助；对新通过《企业知识产权管理规范》国家标准认证的企业给予 30 万元补助；对新认定的国家知识产权优势企业、国家知识产权示范企业给予 30 万元补助；对新认定的省级知识产权优势企业给予 20 万元补助；对新认定的全国知识产权服务品牌培育机构给予 20 万元补助；对新获得首件授权发明专利的科技型企业给予 1 万元补助。开展专利保险工作，建立保险机构、担保机构、银行共担的风险机制，对参加专利保险的科技型企业给予保费补贴，前 3 年按 80%、60%、40%递减资助，3 年后由企业自行承担。由省科技厅核实后，所需资金列入次年省级财政预算。

牵头单位：省知识产权局

配合单位：省科技厅、省财政厅、省政府金融办、甘肃保监局

六、营造良好创新创业环境

24. 鼓励银行业金融机构加强差异化信贷管理，建立中小企业信用平台，放宽创新型中小微企业不良贷款容忍率。鼓励金融机构开展科技保险业务。

牵头单位：人行兰州中心支行、甘肃银监局、省政府金融办、甘肃保监局

25. 向省内中小微企业或创新创业团队发放创新券，用于研究开发、技术转移、

检验检测认证、创业孵化、知识产权、科技咨询、科技金融、科学技术普及等专业科技服务和综合科技服务，促进科技创新供需有效对接，激发创新活力。

牵头单位：省科技厅

26. 高等学校、科研院所可自行采购科研仪器设备，自行选择科研仪器设备评审专家。简化政府采购项目预算调剂和变更政府采购方式审批流程。

牵头单位：省财政厅

配合单位：省科技厅、省公共资源交易局、省教育厅

27. 优化进口科教用品采购服务。对高等学校、科研院所采购免税进口科教用品实施资格备案管理。以科学研究和教学为目的，在合理数量范围内进口国内不能生产或不能满足需要的科学研究和教学用品，除国家规定不予免税的20种商品外，免征进口关税和进口环节增值税、消费税。

牵头单位：省财政厅

配合单位：兰州海关、省国税局

28. 一个纳税年度内，符合条件的技术转让所得不超过500万元的部分，免征企业所得税；超过500万元的部分，减半征收企业所得税。

牵头单位：省国税局、省地税局

配合单位：省科技厅

29. 企业引进高层次人才实际发生的有关合理支出允许在计算企业所得税时税前扣除。企业从高等学校、科研院所外聘研发人员直接从事研究开发活动，实际发生的劳务费用可计入企业研发费用，并在计算企业所得税时按税法规定加计扣除或摊销。

牵头单位：省国税局、省地税局

七、建立宽容失败机制

30. 全面把握科技创新的规律，重点区分因缺乏经验、先行先试出现的失误和明知故犯的违纪违法行为，区分尚无限制的探索性试验中的失误和明令禁止后依然我行我素的违纪违法行为，区分创新工作中的无意过失和谋取私利的违纪违法行为，实事求是地反映问题，客观审慎地作出处理。

牵头单位：省审计厅

配合单位：省发展改革委、省工信委、省财政厅、省人社厅、省教育厅、省科技厅

中央在甘高等学校、科研院所围绕我省重点产业开展技术研发和成果转化的，比照本措施给予相应扶持。

各市州应依据本措施制定具体方案，推进本区域科技创新政策落实。

甘肃省人民政府办公厅关于印发甘肃省深入推行科技特派员制度实施方案的通知

甘政办发〔2017〕12号

各市、自治州人民政府，兰州新区管委会，省政府有关部门，中央在甘有关单位：

《甘肃省深入推行科技特派员制度的实施方案》已经省政府同意，现印发给你们，请结合实际，认真贯彻落实。

甘肃省人民政府办公厅

2017年1月24日

甘肃省深入推行科技特派员制度实施方案

为贯彻落实《国务院办公厅关于深入推行科技特派员制度的若干意见》（国办发〔2016〕32号）和《甘肃省支持科技创新若干措施》（甘办发〔2016〕50号）精神，深入实施创新驱动发展战略，激发我省科技特派员创新创业热情，促进一二三产业融合发展，结合实际，制定本方案。

一、发展壮大科技特派员队伍

（一）大力发展农村科技特派员

支持高等学校、科研院所和其他单位的科技人员，大学生、返乡农民工、退伍转业军人、退休技术人员、农村青年等具备技术特长的人员，以科技特派员的身份自愿到农村开展科技扶贫、技术服务和创新创业。（责任单位：各市州政府、省科技厅）

（二）大力发展企业科技特派员

支持高等学校、科研院所和其他单位的科技人员以科技特派员的身份，自愿领办、创办、协办科技型企业，或与科技型企业合作开展科技成果转化和技术研发服务。（责任单位：各市州政府、省科技厅）

（三）鼓励发展社区科技特派员

支持高等学校、科研院所和其他单位的科技人员以科技特派员的身份，自愿到城市社区或农村社区开展健康服务、科学普及、技术咨询、创新创业等民生科技服务工

作。(责任单位：各市州政府、省科技厅)

（四）鼓励发展国际科技特派员

择优选派依托国际科技合作基地（平台）或承担国际科技合作项目的科技人员为甘肃省国际科技特派员，在“一带一路”沿线国家、发展中国家转移转化科技成果、示范先进适用技术，推动科技成果走出去引进来。(责任单位：省科技厅)

（五）鼓励发展科技特派员团队

已选派的科技特派员，可以自愿组成3人以上的科技特派员团队，瞄准农村、社区、企业等创新发展需求，围绕创新链、产业链，开展技术服务、产品开发和成果转化。(责任单位：各市州政府、省科技厅)

（六）“三区”人才纳入科技特派员队伍

已入选边远贫困地区、边疆民族地区和革命老区人才支持计划（简称“三区”人才）的科技人员纳入科技特派员队伍，以科技特派员身份从事农业新技术、新成果的转移转化和技术服务。(责任单位：省科技厅)

二、强化科技特派员支持措施

（七）实施科技特派员精准扶贫创新创业行动

省级科技计划每年安排专项资金，实施科技特派员精准扶贫创新创业行动。开展科技特派员创新创业“升级版”示范推广。科技特派员或者科技特派员团队优先承担各级各类科技计划项目。(责任单位：省科技厅、各市州政府)

（八）建立科技特派员创新创业券制度

创新体制机制，建立甘肃省科技特派员创新创业券，支持科技特派员或者科技特派员团队领办、创办的科技型企业拓宽投融资渠道，支持科技特派员或者科技特派员团队服务农村、社区科技扶贫和科技成果转移转化等公益服务。（责任单位：省科技厅、省财政厅)

（九）支持科技特派员创新创业

支持科技特派员或者科技特派员团队领办、创办星创天地、“众创空间”、科技特派员创新创业示范基地等。各类科技园区、科技企业孵化器等创新平台，优先支持科技特派员创新创业。(责任单位：各市州政府、省科技厅、省财政厅)

（十）实施企业科技特派员行动计划

对派驻到科技型企业的科技特派员依托企业申报的各类产学研合作项目给予优先支持。科技特派员促成企业与高等学校、科研院所共建的各类创新平台，按照省支持科技创新政策中对应的各类平台标准和程序给予奖励补助。鼓励支持企业建立企业科技特派员工作站，吸引科技特派员服务企业技术创新，支持科技特派员工作站承担国家和省级科技创新项目，建设各类科技创新平台。（责任单位：省科技厅、省工信委、

各市州政府)

(十一) 支持科技特派员开展公益性技术服务

对科技特派员或者科技特派员团队深入农村，服务于脱贫攻坚或民生事业等公益性技术服务，促进先进适用技术推广应用和科技成果转化的，各地结合实际给予补助，或通过实施各类科技示范项目给予支持。(责任单位：各市州政府、省财政厅、省人社厅、省科技厅)

(十二) 支持国际科技特派员开展国际科技合作交流

对履行国际科技合作交流任务的国际科技特派员，优先推荐承担国家级和省级国际科技合作项目。国际科技特派员牵头创建的国际科技合作平台，按照省支持科技创新政策中省级国际科技合作基地的标准和程序给予奖励补助。(责任单位：省科技厅、省财政厅)

(十三) 实施科技特派员能力提升工程

省级科技管理部门每年组织实施不同层次的科技特派员能力提升培训。市、县两级科技管理部门相应开展培训。组织科技特派员走出去学习培训交流。(责任单位：省科技厅、各市州政府)

(十四) 建立科技特派员服务平台

建立甘肃省科技特派员服务网站或微信公众号，建立技术服务供需对接平台，服务科技特派员与企业、社区、地方的交流合作，服务供需双方的技术需求和人才需求，为科技特派员提供创新创业信息服务，宣传展示科技创新成果，宣传交流科技特派员的先进事迹和典型经验。(责任单位：省科技厅)

三、优化科技特派员管理机制

(十五) 科技特派员选派条件

拥护党的路线和方针政策、具备良好的职业道德、热爱创新创业事业、具备专业技术或企业管理特长的人员，可以按程序选派为科技特派员。(责任单位：各市州政府、省科技厅)

(十六) 科技特派员选派程序

坚持双向选择的原则选派科技特派员。符合条件的公职人员，经本人自愿申请、所在单位同意、科技管理部门会同人社部门审核后，报请本级人民政府研究确定，并经公示后选派为科技特派员。非公职人员直接向科技管理部门提出申请，按程序选派。自愿进入企业的科技特派员，必须征得企业同意后方可选派。(责任单位：各市州政府)

(十七) 中央在甘及省属单位科技人员实行受援地选派

中央在甘及省属高等学校、科研院所和其他单位，要鼓励支持科技人员加入科技特派员队伍，其所属科技人员自愿从事科技特派员工作的，经本人申请、所在单位同意后报省级科技管理部门，省级科技管理部门组织举办供需对接会，推动申请人与地方科技管理部门或企业双向选择对接，由受援地政府审核并经公示后选派为当地科技特派员。省外、国外高等学校和科研机构科技人员与地方开展科技合作的，按照本人自愿原则，由合作地政府按程序选派为当地科技特派员。（责任单位：省科技厅、各市州政府）

（十八）国际科技特派员选派

依托国际科技合作基地（平台）或国际科技合作项目从事国际科技合作的科技人员，经本人申请、所在单位同意，省级科技管理部门审核同意后选派为国际科技特派员。（责任单位：省科技厅、省政府外事办）

（十九）科技特派员管理主体

按照谁选派、谁使用、谁管理的原则，科技特派员由作出选派决定的地方政府统一管理。“三区”人才由受援地的地方政府按照科技特派员相关程序纳入当地科技特派员管理。地方政府科技管理部门为科技特派员管理牵头部门，会同组织、人社等部门及派出单位共同实施管理。科技特派员要与管理单位、派出单位和服务单位三方签订管理和服务协议。非公职的科技特派员与管理单位和服务单位签订管理和服务协议。市县两级政府要建立健全科技特派员组织领导和管理服务机制。（责任单位：各市州政府）

（二十）推行科技特派员备案制度

市州、县市区政府确定选派的科技特派员，作出选派决定后由政府颁发科技特派员聘书，并由市级科技管理部门按年度汇总报省级科技管理部门备案。省级科技管理部门会同市级科技管理部门建立全省科技特派员电子档案。（责任单位：各市州政府、省科技厅）

（二十一）考核评价

按照谁选派、谁考核的原则，地方政府科技管理部门牵头，会同组织、人社部门和接受服务的机构，对科技特派员进行年度考核。考核办法和标准由地方政府结合实际制定。对公益服务型科技特派员的考核要突出社会效益导向。对技术有偿服务型科技特派员的考核要突出经济效益导向。科技特派员年度考核分为优秀、称职、不称职三个等次，各等次的指标，以本地科技特派员的总数为基数，比照事业单位年度考核等次比例确定。年度考核确定为优秀等次的科技特派员，直接确定为派出单位年度考核优秀等次人员，且不占派出单位年度考核优秀等次指标。非公职身份的科技特派员年度考核确定为优秀等次的，地方政府给予物质奖励。年度考核不称职的，按程序退出科技特派员队伍。中央在甘及省属高等学校、科研院所和其他单位派出的科技特派员，由选派地政府将年度考核结果反馈派出单位和省级科技管理部门。国际科技特派员的年度考核评价工作由省级科技管理部门负责。（责任单位：各市州政府、省委组织

部、省人社厅、省科技厅、省教育厅）

（二十二）科技特派员依法取得有偿服务报酬

科技特派员创办、领办、协办科技型企业，应当依法取得合理收入。科技特派员服务科技型企业，或在所服务企业中担任职务，应当从企业中获得有偿服务报酬或股权、期权分红。科技特派员在农村或城市社区开展公益性技术服务，应当取得有偿服务报酬。（责任单位：省人社厅、省科技厅、省教育厅）

（二十三）政策保障

科技特派员选派期间，原单位编制、人事关系和职务级别予以保留，工龄连续计算，原岗位任职或聘用时间连续计算，档案工资正常晋升，与原单位人员同等参加职称评定。住房公积金和社会保险费单位缴费部分政策与渠道不变。选派期满后及时回所在单位工作。（责任单位：各市州政府、省人社厅）

（二十四）职称评聘

科技特派员选派到基层服务期间，其晋升职称时，不再要求外语、计算机应用能力考试。（责任单位：省人社厅、省科技厅、各市州政府）

（二十五）强化激励

省政府有关部门根据国家有关奖励政策和奖励程序，对表现突出、成绩优秀的科技特派员给予表彰奖励。被评为优秀科技特派员的，在评聘职称时按相同级别的综合先进称号对待。（责任单位：省人社厅、省科技厅、各市州政府）

（二十六）建立科技特派员诚信体系和宽容失败机制

科技特派员管理工作纳入科研诚信体系。科技特派员选派期间渎职失职，给服务对象造成一定损失或造成不良社会影响的，纳入科研诚信黑名单，并取消其科技特派员资格。重点区分因缺乏经验、先行先试出现的失误和明知故犯的违纪违法行为，区分创新工作中的无意过失和谋取私利的违纪违法行为，实事求是地反映问题，客观审慎地作出处理。（责任单位：省科技厅、省人社厅、省审计厅、各市州政府）

各市州应依据本实施方案制定具体工作措施，推进本区域科技特派员政策落实。

青海省人民政府办公厅关于发展众创空间推进大众创新创业的实施意见

青政办〔2015〕144号

各市、自治州人民政府，省政府各委、办、厅、局：

为深入贯彻落实《国务院关于大力推进大众创业万众创新若干政策措施的意见》（国发〔2015〕32号）和《国务院办公厅关于发展众创空间推进大众创新创业的指导意见》（国办发〔2015〕9号）精神，加快建设符合我省经济社会发展实际的众创空间等创新创业服务平台，为创新创业营造良好的制度环境和政策环境，着力推进创新驱动发展战略实施，现结合我省实际，制定本实施意见。

一、总体要求

（一）指导思想

以营造良好的创新创业环境为目标，以构建众创空间等创新创业服务平台为着力点，充分发挥各市州县政府、省级各类工业园区和大学等责任主体作用，有效整合资源，集成落实政策，完善服务模式，培育创新创业文化，激发全社会创新创业活力，加快形成大众创业、万众创新的生动局面。

（二）基本原则

加强政府引导。充分发挥各市（州）、县政府构建众创空间的责任主体作用；加强财政资金的引导作用；系统整合各类资源，合力推进众创空间建设。

坚持市场导向。充分发挥市场配置资源的决定性作用，鼓励和扶持以社会力量为主、适应市场发展的众创空间，促进创新创业与市场需求和社会资本有效对接。

培育市场主体。营造氛围，激发创新创业的热情和活力，形成加快培育市场主体的合力，建立有利于激发市场主体发展新活力的制度，完善发展市场主体的政策环境和体制机制。

创新服务模式。促进社会公共资源开放共享，利用互联网、云计算等现代信息化手段，构建开放的创新创业服务平台，综合运用市场化、专业化的运行手段，提供全链条增值服务，强化创业辅导，提高创新创业效率。

（三）发展目标

到2020年，全省建成众创空间50家以上，培育企业1 000家以上，基本形成创新创业全链条服务体系；培育一批创业投资机构，畅通创业投融资渠道；孵化和培育一大批创新型中小微企业，并从中成长出能够引领未来经济发展的骨干企业，通过发展众创空间等创新创业服务平台，推进大众创新创业，打造新常态下经济发展的新引擎。其中：2016年，全省设市城市（含县级市）、州府所在地城镇、西宁经济技术开发区（青海高新区）、柴达木循环经济试验区、海东工业园区及青海大学、青海师范大学和青海民族大学均要建成1家以上众创空间；到2017年，全省有条件的城镇及职业技术学校（学院）均要建成1家以上众创空间，全省累计达到20家以上，培育企业500家以上。

二、重点任务

（一）加快构建众创空间

各地区要按照众创空间发展目标要求，围绕本地区主导产业和经济发展特点，制定相关发展规划，引进推广创客空间、创业咖啡、创新工场等新型创新创业服务平台，与社会资源相结合，构建一批低成本、便利化、全要素、开放式的众创空间。西宁经济技术开发区（青海高新区）、海东工业园区、国家农业园等要建设一批专业化的众创空间。全省各普通高校要利用现有教育资源及大学科技园、产学研合作基地、创业孵化基地等，设立不少于2 000平方米的公益性大学生创新创业场所。鼓励职业技术学校设立创新创业场所。鼓励各类创业服务机构利用现有存量土地和闲置场地、厂房等改造建设众创空间等创新创业服务平台。经省科技厅、省财政厅组织认定的众创空间，由省财政从省级科技发展资金中一次性给予资金补助。（各市、州政府，省发展改革委、省经济和信息化委、省国资委、省财政厅、省教育厅、省科技厅、省人力资源社会保障厅、省农牧厅、省商务厅，团省委，西宁经济技术开发区管委会）

（二）降低创新创业门槛

在众创空间优先实施放宽新注册企业场所登记条件限制，推动“一址多照”、集群注册等住所登记改革，为众创空间里的创新创业者提供便利的工商登记服务。在众创空间率先破除不合理的行业准入限制，率先依托企业信用信息公示系统建立小微企业名录，增强创业企业信息透明度，优先开展对初创企业免收登记类、证照类、管理类行政事业性收费。（省工商局、省国税局、省地税局、省发展改革委、省科技厅、省商务厅、省财政厅、省金融办，各市、州政府）

（三）鼓励科技人员和大学生创业

允许和鼓励高校、科研院所、技术推广单位和国有企业等企事业单位科技人员经批准后到众创空间离岗创业，可在3年内保留其人事关系。允许和鼓励高校、在青科研院所科技人员在完成本单位布置的各项工作任务前提下在职到众创空间等创业平台创业，其收入归个人所有。科技人员以知识产权和科技成果作价入股到众创空间等创业平台创办企业，其占股比例不设上限，由各方共同商定，属职务创造发明的，相关个人可以个人名义持有一定股权。鼓励省内高校允许全日制在校学生休学到众创空间创业。凡到省内众创空间创业的学生，可视同其参加课程要求的学习、实训、实践教育，并按相关规定计入学分。对高校毕业生在众创空间创办的小型微利企业，年应纳税所得额低于30万元（含30万元）的，减按20%的税率征收企业所得税；年应纳税所得额低于20万元（含20万元）的，在2017年12月31日前，其所得减按50%计入应纳税所得额，按20%的税率征收企业所得税。月销售额2万元（含2万元）至3万元（含3万元）的增值税小规模纳税人，在2015年12月31日前免征增值税。各有关地区和部门要优先落实高校毕业生在众创空间创办小型微型企业的场租、水电及省政府出台的各类创业补贴政策。（省人力资源社会保障厅、省教育厅、省发展改革委、省经济和信息化委、省国资委、省国税局、省地税局、省科技厅、省财政厅，省总工会，各市、州政府）

（四）加强财政资金引导

各类财政资金均要支持发展众创空间，推进大众创新创业，各市州要整合现有资金，用好现有财政引导资金，撬动社会资金，共同支持众创空间等创新创业服务平台建设。要发挥财税政策作用支持天使投资、风险和创业投资发展，培育发展天使投资、风险投资等投资主体，推动大众创新创业。研究设立科技企业孵化种子（天使）基金，与社会投资相结合，采取有偿使用和股权投资等多种形式，支持创新创业。扩大科技型中小企业创业投资引导基金规模，积极发展创业投资和风险投资，鼓励产业投资基金向初创期企业倾斜。每年整合5 000万元财政科技资金，建立大学生创新创业引导资金，支持由省内各高校在读两年以上的大学生及毕业七年以内的省内外高校毕业生在青海境内创办企业从事创新创业活动；对于为大学生提供技术、检验检测、知识产权、财务、法律、金融等服务，业绩较突出的众创空间给予100万元以内的奖励支持。（省财政厅、省金融办、省科技厅、省教育厅、省发展改革委、省经济和信息化委、省商务厅、省地税局、省国税局，团省委，各市、州政府）

（五）创新金融服务产品和模式

政府机构、金融监管部门、金融机构形成合力支持众创空间发展，将各类财政扶持资金与金融机构贷款项目紧密结合，形成联动机制，共同支持创新创业。各类银行业金融机构要根据大众创新创业的特点，降低贷款门槛，优化审批流程；依托青海高新区开展设立科技支行试验或设立科技贷款专项，对众创空间等创新创业服务平台内的企业实施“优先调查、优先评级、优先授信、优先放贷”的政策，进行“一站式服务”，率先创新信贷产品和服务模式，充分发挥知识产权质押融资的积极作用，为众创空间内的创业企业提供综合金融服务。对在众创空间初次创业的高校毕业生可申请最高不超过10万元的小额担保贷款并给予财政贴息；合伙经营或组织起来就业的，可申请人均10万元、总额50万元以内为期2年的小额担保贷款并给予财政贴息（除国家规定不予贴息的)。各银行业金融机构要进一步完善通过抵押、质押、联保、保证和信用贷款等方式，优先为在众创空间创业的大学生解决反担保难问题，切实落实银行贷款和财政贴息。鼓励支持保险公司、科研机构、中介机构和科技企业在众创空间共同探索科技保险产品创新机制试验，支持保险公司开发出具有针对性的专属科技保险产品。(省金融办、青海银监局、省人力资源社会保障厅、省发展改革委、省科技厅、省经济和信息化委、省财政厅、青海保监局)

（六）支持创新创业公共服务

综合运用政府购买服务、无偿资助、业务奖励等方式，支持众创空间等新型创新创业服务平台和服务机构建设，为中小企业提供全方位专业化优质服务。各级政府建设的重点（工程）实验室、工程（技术）研究中心等科技基础设施，以及利用财政资金购置的重大科学仪器设备按照成本价优先向众创空间的创业企业开放，支持企业、高校和科研机构优先向众创空间的创业企业开放其自有科研设施。特别强化在众创空间落实对小微企业专利申请和发明专利获得授权的资助和奖励政策。对小微企业申请专利的费用实行减免，当年发明专利申请 20 件以上，各类专利申请 50 件以上，给予 10 万元奖励支持，发明专利获得授权，奖励 2 万元。鼓励生产力促进中心等技术转移机构在众创空间创新服务模式和商业模式，强化全过程的技术转移集成服务，强化研发费用税前加计扣除政策宣传、辅导及政策落实的工作力度。(省财政厅、省科技厅、省发展改革委、省经济和信息化委、省国资委、省教育厅、省商务厅、省国税局、省地税局)

（七）营造创新创业文化氛围

鼓励社会力量围绕大众创业、万众创新组织开展各类公益活动。依托众创空间等创新创业服务平台组织开展大学生创新创业大赛等活动，为投资机构与创新创业者提供对接平台。率先在众创空间建立健全创业辅导制度，一方面依靠众创空间培育一批专业创业辅导师，另一方面鼓励拥有丰富经验和创业资源的企业家、天使投资人和专家学者优先到众创空间开展辅导活动。省属高校应设立创新创业课程，其应届毕业生创新创业教育率要达到 100%。进一步调整完善创业培训补贴政策，支持每年组织 1 500 名大学生参加创业培训。以建设众创空间为契机，支持社会力量率先在众创空间举办创业沙龙、创业大讲堂、创业训练营等创业培训活动，倡导敢为人先、宽容失败的创新文化，树立崇尚创新、创业致富的价值取向，大力培育企业家精神和创客文化，将创新创意转化为实实在在的创业活动。(各有关单位)

三、保障措施

（一）加强组织领导

由省科技厅、省财政厅、省发展改革委、省经济和信息化委、省教育厅、省人力资源社会保障厅、省金融办、青海银监局、团省委等单位组成推进大众创新创业工作领导小组，负责推动此项工作的落实。各地区、各部门要高度重视推进大众创新创业工作，认真抓好组织协调，确保各项措施落到实处。

（二）注重示范引领

各市、州要依托本地区优势资源，打造众创空间引领工程，重点抓好大学科技园、科技企业孵化器等创新创业服务平台建设，总结成功经验，形成引领示范、全面推动的良好机制。

（三）强化宣传引导

各地区、各行业要广泛开展创业大赛、技术—项目对接会、创业辅导培训、专题论坛讲座等各类活动，宣传、推广创新创业交流活动，促进人才与市场、市场与项目之间的良性互动和有效对接。通过各类媒体广泛宣传创新创业的先进人物和优秀团队，激发全社会关心支持创新创业的热情，营造人人支持创业、人人参与创新的良好社会氛围。

（四）实施动态考核评价

将众创空间建设与发展情况纳入地区和部门年度目标任务考核体系，研究制定众创空间建设绩效评价办法，建立评估指标体系，定期组织开展评估，并将考评结果以适当方式公布。

本意见自2015年8月30日起施行，有效期至2020年8月29日。

青海省人民政府办公厅
2015年7月31日

自治区党委 人民政府
关于推进创新驱动战略的实施意见

宁党发〔2017〕26号

为落实习近平总书记“越是欠发达地区，越需要实施创新驱动发展战略”的重要指示，将宁夏第十二次党代会确定的创新驱动战略目标任务落到实处，构建以产业创新为基础，以科技创新为核心，以开放创新为引领，以人才创新为支撑的区域特色创新发展格局，打造风生水起创新生态，增强内生发展动力，将我区建成西部地区转型发展先行区，现提出如下实施意见。

一、坚持以创新加快产业转型升级

立足产业优势，聚焦产业转型，加快推进供给侧结构性改革，坚持有所为有所不为，促进经济提质增效，实现存量优化升级和增量崛起壮大，增强产业核心竞争力，推动我区产业迈向中高端。

（一）加速提升传统产业

加快用新技术、新工艺、新设备改造提升煤炭、电力、有色、机械、建材等传统行业，再造传统产业新优势。实施新一轮技术改造，力争3年内完成规上工业行业对标升级，对达到国内行业标杆企业水平的，给予最高不超过200万元奖励。整合设立2亿元技改综合奖补资金。对重点技改项目予以扶持，重点支持现代煤化工、轻纺、冶金等行业开发高端产品，延伸产业链，提高附加值。对自治区认定的“专精特新”示范企业给予30万元奖励。（责任单位：自治区经济和信息化委、非公经济服务局、财政厅）

（二）做优特色产业品牌

大力推广高效节水、农机农艺融合、草牧一体、盐碱地改良等先进适用农业技术，提升良种化、规模化、标准化和集约化水平。在优质粮食、草畜、瓜菜、枸杞、酿酒葡萄等特色农产品领域，组织实施一批重点产业化项目，对列入自治区重点攻关和培育计划的给予专项补贴，对重大关键共性技术提高补贴标准。发挥原产地品种品质优势，创新农产品营销模式，提升枸杞、滩羊、甘草、硒砂瓜、马铃薯和葡萄酒等特色品牌影响力。（责任单位：自治区农牧厅、科技厅、林业厅、水利厅、商务厅、葡萄产

业发展局）

（三）着力培育新兴产业

统筹信息化资金，加快大数据、军民融合产业发展，对落户我区的云计算、大数据、军民融合企业，3 年内给予专项资金支持。大力支持新能源、新材料、新一代信息技术、先进装备制造、生物医药等战略新兴产业集群发展，通过自主创新、合作开发，力争在能源转化、智能设备集成、稀有金属深度应用、生物萃取和发酵等关键技术上实现新突破。对进入国家和自治区级制造业行业领先示范企业的分别给予 400 万元、200 万元奖励。加快“两化”深度融合，推进技术创新和管理创新，对国家“两化”融合贯标试点企业给予 20 万元资金支持。对获批国家、自治区互联网+制造业试点示范的项目按投资额给予 20%的资金支持。对获批自治区智能工厂、数字化车间的企业按照设备投资额给予 10%、最高不超过 300 万元补助。（责任单位：自治区经济和信息化委、发展改革委、财政厅、科技厅、信建办、卫生计生委、食品药监局）

（四）提档发展现代服务业

运用新业态新模式新手段，嫁接全域旅游、现代金融、电子商务、现代物流、会展博览、健康养老等产业。开展美丽田园综合体建设试点，探索“农业+文化+旅游+地产”发展模式，推动农林牧渔与休闲观光、体验消费深度融合，激活服务业发展潜力。积极发展研究设计、技术转移、科技咨询、文化创意等生产性服务业。用好服务业引导资金，采用先建后补、贷款贴息等方式，促进服务业扩大规模、提档升级。吸引以“互联网+”为支撑的平台经济、分享经济来宁发展，对符合条件的网上交易、社交和电子竞技等平台类企业，自正式营业起连续 3 年给予运营费 20%、每年不超过 200 万元的支持。对采用分享创新资源、生产能力、生活服务等服务模式企业，可以创新券形式给予补贴。（责任单位：自治区发展改革委、经济和信息化委、农牧厅、财政厅、民政厅、文化厅、商务厅、住房城乡建设厅、旅游发展委、工商局，各市县区）

（五）打造多层次“双创”载体

大力发展众创空间，鼓励高校、企业、园区、科研院所建设创业孵化基地和创业园区，降低大众创业创新门槛，助力实体经济创新成长。对创建为国家和自治区级双创示范基地的，分别给予 1 000 万元和 500 万元支持。对获批国家和自治区级企业“双创”平台（小微企业创业创新示范基地）的，分别给予 200 万元和 100 万元奖励。对认定为国家级科技企业孵化器或国家级众创空间的，分别给予 100 万元、50 万元支持；对认定为自治区级的分别给予 50 万元、30 万元支持。对达到国家和自治区创业孵化示范基地建设标准的，一次性奖补 100 万元。（责任单位：自治区发展改革委、经济和信息化委、科技厅、人力资源社会保障厅、财政厅、非公经济服务局，各市县区）

（六）鼓励企业应用首台套设备

对我区企业生产的经国家认定的首台（套）重大技术装备，单台（套）产品或关键零部件按照产品销售额 5%、最高给予 500 万元奖励。对我区企业生产的列入国家首台（套）重大技术装备的，在国家补贴80%保费基础上，剩余20%由自治区补贴；对自治区认定的首台（套）设备给予50%保费补贴，期限不超过3年。（责任单位：自治区经济和信息化委、科技厅、财政厅）

二、坚持以企业为主体增强创新发展能力

鼓励企业加大创新投入，引导各类创新资源向企业聚集，通过产学研协同创新，引进消化吸收再创新、实用技术创新和创新成果转化应用，加速科技投入成果化、科研成果效益化。

（七）引导企业加大创新投入

鼓励规上工业企业建立研发准备金制度，对符合加计扣除条件的简化办理流程。规上工业企业研发投入占主营业务收入达到3%的，按其新增研发投入的10%、最高不超过500万元给予支持。对通过自治区新产品鉴定的，每项一次性给予5万~20万元奖励。发挥企业科技后补助资金作用。建立科技创新券制度，由市县政府以购买服务方式支持中小微企业开展创新活动，企业和高层次人才一年内申领创新券额度不超过20万元和5万元。强化创新导向的国有企业考核与激励机制，提高国有企业创新考核权重，对国有企业技术研发投入在考核时视同利润。（责任单位：自治区科技厅、财政厅、经济和信息化委、发展改革委、国资委、国税局、地税局、非公经济服务局，各市县区）

（八）大力培育科技型企业

实施“科技型小巨人”企业培育计划，对企业在一个纳税年度内技术转让所得不超过500万元的部分免征企业所得税，超过部分减半征收。对区外科技型企业、创新团队和技术成果持有人，来宁设立科技型企业的，落地后即认定为自治区科技型中小企业，对符合西部大开发税收优惠政策的，除减按15%税率征收企业所得税外，从其取得第一笔生产经营收入所属纳税年度起，第1年至第3年免征企业所得税地方分享部分，第4年至第6年减半征收企业所得税地方分享部分；同时对企业自用土地的城镇土地使用税和自用房产的房产税实行“三免三减半”优惠，正常运营1年后即推荐申报国家科技型中小企业或国家高新技术企业。建立高新技术企业培育库，对国家高新技术企业来宁设立法人企业，给予50万元研发资金支持，成立期满1年后推荐申报国家高新技术企业；对整体迁入我区的视同首次认定，给予100万元支持。对各地引进国家高新技术企业、国家科技型中小企业和省级高新技术企业，分别按其投资额的4倍、3倍和2倍计算招商引资任务额度。（责任单位：自治区科技厅、发展改革委、经济和信息化委、商务厅、财政厅、国税局、地税局）

（九）支持产学研协同创新

坚持需求导向和产业化方向，探索多形式协同创新模式，深化产学研、大中小企业配套协作，促进产业链和创新链深度融合，在精细化工、3D打印、智能制造、精密

仪器、高端轴承等领域实现新突破。支持我区企业、科研院所、高校等与区外科研力量，紧盯产业和市场前沿，开展定向研发、联合攻关，凡列入自治区重点研发计划的，在预算控制总额内，给予研发投入30%以内的支持；对突破重大关键技术、形成较大产业规模的优先给予支持。鼓励企业与高校、科研院所联合建立产业协同创新中心，支持创建国家和自治区级制造业（产业）创新中心，获批后分别给予1 000万元、500万元奖励。（责任单位：自治区科技厅、经济和信息化委、教育厅、财政厅）

（十）加快科技成果转移转化

完善科技成果转移转化服务体系，建设线上线下相结合的技术交易平台，培育技术交易中介机构和技术经纪人队伍。允许高校、科研院所以协议方式确定科技成果交易价格和作价入股比例。对高校、科研院所职务科研成果实现转化的，将不低于80%的转化收益奖励给成果完成人和作出贡献人员。职务科研成果逾期1年未实施转化的，资助机构或政府有关部门可授权第三方或他人实施成果转化，研发团队或完成人拥有转化收益优先处置权。（责任单位：自治区科技厅、人力资源社会保障厅、教育厅、财政厅、质监局、工商局）

（十一）主动与区外孵化器对接

积极与发达地区各类孵化器开展合作，引导区外孵化器将优秀毕业企业推荐来宁发展，根据落地企业当年经营情况，按每家企业10万~50万元给予孵化器奖励。鼓励在区外建立楼宇型孵化器，对孵化成果回宁落地转化的，评估后每个项目可给予10万~50万元支持。（责任单位：各市县区，自治区科技厅、非公经济服务局、商务厅）

三、坚持以开放汇聚创新发展力量

主动融入国家创新体系，“走出去”和“请进来”并举，加强与发达地区的创新联动，汇聚国内外创新要素，不断增加我区创新力量，全面提升创新发展水平。

（十二）建立东西合作共赢机制

发挥“科技支宁”机制作用，按照“市场主导、政府引导、互惠互利、合作共赢”原则，深化与国家部委和东部地区科技合作，推进与东部地区科技、教育、人才等创新资源交流互动，实现信息共享、经验互鉴、相互促进。设立东西合作创新专项资金，重点支持东西部联合攻关、人才培养、成果转化、平台建设等合作项目。定期召开“科技支宁”东西部合作推进会，发布合作目录和合作成果，实现东西部科技合作机制化、常态化。（责任单位：自治区科技厅、发展改革委、经济信息化委、教育厅、人力资源社会保障厅）

（十三）建设创新发展先导区

以沿黄科技创新改革试验区和现代农业科技创新示范区为载体，统筹推进科技创新、制度创新、产业创新，统一规划，先行先试，加快构建开放型区域创新体系，建设企业育成体系、人才支撑体系、创新平台体系、公共服务体系。从2018年起，自治区每年统筹安排2亿元用于沿黄科技创新改革试验区建设，统筹安排1亿元用于现代农业科技创新示范区建设。(责任单位：自治区科技厅、财政厅、经济和信息化委、农牧厅、林业厅、人力资源社会保障厅、气象局)

（十四）推进东西部共建创新园区

吸引东部地区国家自主创新示范区、国家高新技术产业开发区、国家农业科技园区、国家大学科技园等国家级园区，来宁合作共建创新型园区。双方可设立股份公司，负责园区规划建设和运行，执行招商引资优惠政策。设立园区的，提供开发用地和基础条件，可独立或共同负责园区运营管理，建成项目的产值、税收等经济指标划分由双方协商。(责任单位：自治区科技厅、农牧厅、发展改革委、经济和信息化委、国土资源厅、商务厅、统计局，各市县区)

（十五）积极引进各类创新平台

吸引国家级科研机构、一流大学和创新实力强的大型企业来宁设立分院分所、产业技术研究院、技术转移中心等研发和成果转化机构。设立整建制机构给予投资总额30%、最高不超过2 000万元支持，设立分支机构给予投资总额30%、最高不超过500万元支持。对世界500强和国内100强企业来宁设立独立法人研发机构并开展研发活动的，采取“一事一议”给予更大支持。对与我区联合共建重点实验室、工程研究中心、技术创新中心、企业技术中心、临床医学研究中心的，列入基础条件建设和人才支持计划，按照新增投资额30%、最高不超过1 000万元给予支持。(责任单位：自治区科技厅、发展改革委、经济和信息化委、财政厅、卫生计生委、气象局)

（十六）加强国际创新交流合作

重点加强与欧美日韩和以色列等国家创新交流和产业合作，在有条件的地市建立国家级国际科技合作基地。依托中阿博览会等平台，共建中阿技术转移中心、创新中心、合作科技园等，推动宁夏成为面向“一带一路”沿线国家的区域性创新和技术交流中心。（责任单位：自治区科技厅、发展改革委、经济和信息化委、农牧厅、商务厅)

四、坚持以人才培养使用支撑创新发展

深入实施人才强区工程，坚持不求所在、不求所有、但求所用，采取更加灵活的措施，引进与培养同步，高精尖缺人才与实用技能人才并重，激发人才创新创造活力，着力打造引得进、稳得住、用得好的西部人才高地。

（十七）大力引进高精尖缺人才

突出需求导向，加快引进重点产业、重点领域创新型领军人才和创新团队。建立和完善高层次人才优待制度，落实生活补助、购房补助、医疗便利、科研启动经费，协调配偶子女随调随迁、安置就业和优先入学等，对带人才、带项目、带技术来宁创

新创业的，纳入科技金融项目贷款贴息。建设高层次人才公寓，为引进人才提供周转住房。对自治区人民政府、国家各部委颁发给高层次人才的奖金免征个人所得税。对全日制博士、重点院校和重点学科毕业的硕士到地方企业工作、缴纳社会保险的，按月分别给予 5 000 元、3 000元补贴，到地方事业单位工作按月分别给予 4 000 元、2 000元补贴，可连续补贴 5 年。吸引海外留学回国人员来宁创新创业，视情况给予 10 万~50 万元项目资助。（责任单位：自治区党委组织部、人力资源社会保障厅、科技厅、财政厅、地税局）

（十八）着力培养创新创造人才

加大院士后备人选选拔培养和领军人才培养力度，对入选院士后备人才、领军人才的分别给予 500 万元、50 万元专项资助，力争在入选两院院士、国家重大人才项目等方面实现突破。加快培养青年拔尖人才，择优选送青年人才到国内外知名院校、研究机构访学研修。大力培养实用型技能人才，推动产教融合、校企联合，为重点领域和特色产业培养一大批能工巧匠。大力培养创新型企业家，增强企业家培育和市场化选聘力度，着力营造企业家健康成长环境，弘扬优秀企业家精神，更好发挥企业家在创新发展中的重要作用。（责任单位：自治区党委组织部、人力资源社会保障厅、科技厅、发展改革委、经济和信息化委、教育厅、国资委）

（十九）激发人才创新创造活力

支持各类人才领衔承担国家和自治区重大项目，对获得国家最高科学技术奖的，奖励 500 万元；对获得国家科技进步特等奖、一、二等奖的，分别奖励 100 万元、30 万元、20 万元；对获得国家技术发明一、二等奖的，分别奖励 30 万元、20 万元。提高自治区政府特殊津贴标准。创新人才评价使用机制，对承担或参与自治区重点项目、重点学科建设并作出突出贡献的优秀骨干人才，可直接参评副高级以上专业技术职称，并参与单位相应岗位竞聘。允许国有企业和事业单位对作出突出贡献的科技人才进行激励性奖励，不计入绩效工资总额。鼓励企业对科技人员实施股权、期权和分红激励。（责任单位：自治区人力资源社会保障厅、科技厅、经济和信息化委、财政厅、教育厅、农牧厅、卫生计生委、国资委）

（二十）畅通人才双向流动渠道

推行双师流动兼职制度，支持企业工程师兼职当教师、教师兼职当工程师。高校、科研院所等机构科研人员经所在单位同意，可在科技型企业兼职并按规定获得报酬，也可带科研项目和成果离岗创业。加大柔性引才力度，鼓励高层次人才向企业流动，对到企业工作或创办企业的，其引才生活补助、科研启动资金额度上浮 30%。高校、区属科研院所设立 5%的流动岗位，吸引具有创新实践经验的企业家、科研人员兼职。允许高校、科研院所设立流动岗位，采取年薪制、协议工资制、项目工资等灵活多样形式聘用高层次或紧缺人才。（责任单位：自治区教育厅、人力资源社会保障厅、编办、财政厅、科技厅）

（二十一）健全人才服务配套制度

鼓励知名人力资源服务机构、猎头公司入驻我区，给予房租、运行费等补贴；支持人力资源服务机构开展人才服务外包、高端人才寻访、人才测评等专业化服务。对引进人才作出突出贡献的机构和个人给予1万~10万元奖励。对来宁开展社会实践一个月以上的重点大学在读硕士、博士研究生协调安排锻炼岗位，享受自治区高校毕业生实习见习补贴政策。（责任单位：自治区人力资源社会保障厅、教育厅、科协、财政厅）

（二十二）优化人才管理方式

探索高校人员总量管理，允许高校和区属科研院所在经费总额包干前提下，自主设置岗位、自主公开招聘、自主绩效分配、自主评聘专业技术职务的用人模式。赋予高校、科研院所科研项目负责人更大自主权，自主决定研究线路、团队选配、劳务收入分配。对事业单位编制内引进核心专业技术岗位的急需紧缺高层次人才，可自主公开招聘。建立事业单位编制统筹使用制度，对高校、科研院所、公立医院等实行备案制管理。（责任单位：自治区党委组织部、编办、人力资源社会保障厅、科技厅、教育厅、卫生计生委）

（二十三）创建双一流大学

支持宁夏大学创建西部一流大学，支持相关高校面向特色产业和重点领域建设一流学科。深化高校创新创业教育改革，完善人才培养质量保障体系，打造高水平大学科技园和创新创业基地。试行弹性学制，放宽学生修业年限，允许全日制在校学生保留学籍休学创新创业。探索高校院（系）负责人选聘制，在学校内部推进全员岗位聘用、聘期考核管理制度。（责任单位：自治区教育厅、党委组织部、人力资源社会保障厅、相关高校）

五、坚持以机制改革营造创新生态

深化体制机制改革，创新财政资金支持方式，发挥财政资金“四两拨千斤”作用，强化市场功能，带动社会和民间资本投入，充分调动各方面参与创新的积极性，汇聚创新创造合力，形成创新氛围日益深厚、创新潜能持续激发的创新生态。

（二十四）深化科研管理体制改革

以“放管服”改革为重点，逐步建立专业机构管理项目机制。完善科技项目绩效评价和科技报告制度，探索建立科研项目尽职免责制度，扩大专业评价机构参与度。建立相对宽松的科研经费管理机制。优化改进科技计划管理流程，减少对科研项目的直接干预。改革完善科技奖励制度，注重科技创新质量和成果转移转化效益，增强科技奖励的导向作用。（责任单位：自治区科技厅、教育厅、财政厅）

（二十五）加大财政资金投入

建立稳定支持创新的财政投入增长机制，从2018年起，全区各级财政R&D经费投入年增长速度30%以上，带动全社会R&D投入强度达到2%以上。加大财政资金整合力度，加强部门间、政策间的资金统筹协调。优化科技支出结构，调高试验和发展支出比例，适度增加费用性支出、技术人员支出规模。创新项目联审联评机制，同一申报单位、同一项目（事项）不得重复叠加享受补贴和奖励等支持性政策，最大限度发挥财政资金效益。对不认真审核把关，造成财政资金浪费的，要予以问责和追责。(责任单位：自治区财政厅、发展改革委、经济和信息化委、科技厅、人力资源社会保障厅，各市县区)

（二十六）创新金融支持方式

设立3亿元科技创新投资基金，通过直接投资、社会资本参股等方式，扶持种子期、孵化期、初创期、成长期科技型企业。整合设立1亿元科技创新与高层次人才创新创业担保基金，促进担保机构、商业银行共同支持科技型企业研发、高层次人才研发、新设备采购、新技术开发项目融资。实施“引金入宁”计划，培育多层次资本市场，对区外投资机构来宁开展天使投资和创业投资，按照一定比例给予风险补偿。推广贷款、保险、财政风险补偿捆绑的专利权质押融资服务，支持创新型中小微企业以从关联企业获得的应收账款为质押进行融资。(责任单位：自治区财政厅、发展改革委、科技厅、人力资源社会保障厅、金融工作局、人行银川中心支行、宁夏银监局、宁夏保监局)

（二十七）加强知识产权运用和保护

研究制定科技人员创新探索保护政策，维护科技人员合法权益，尊重科技人员探索价值。建立专利、商标、版权集中高效的知识产权管理体制，加大知识产权行政和司法保护力度，完善知识产权侵权查处机制。加强知识产权贯标工作，对通过国家标准体系认证的企业一次性支持15万元。优化专利申请资助政策，重点资助发明专利的授权、PCT国际专利申请，对获得授权的高价值的发明专利，每件可给予5万元以内奖励。对成功注册地理标志商标、马德里商标和认定为中国驰名商标、宁夏名牌产品的给予一定奖励。(责任单位：自治区科技厅、工商局、质监局、高级法院)

（二十八）构建区域创新发展新格局

加快新型城镇化进程，推广智能和装配式建筑，统筹推进城乡基础设施、公共服务一体化建设，打造美丽宜居环境。建设创新型市县（区）和创新型乡镇。每个市县（区）集中打造一个特色产业园区，发挥示范引领和辐射带动作用。加快工业园区低成本化改造，推进产业耦合发展、循环发展、绿色发展。深化水权转换改革，鼓励工业园区和企业利用中水、矿井水，应用先进工艺实现水的重复使用和循环利用。提升国家和自治区高新区、开发区、农业科技园区引领创新、聚合发展的能力。(责任单位：自治区发展改革委、经济和信息化委、住房城乡建设厅、国土资源厅、环境保护厅、水利厅、科技厅，各市县区)

（二十九）营造浓厚创新氛围

在每年“世界创新日”（4月21日）所在周，开展“创新宣传周”活动，加强对重大科技创新成果、创新创业典型（机构和个人）的表彰宣传，积极营造勇于探索、鼓励创新、宽容失败的文化和社会氛围，使创新创造成为一种价值取向、生活方式和时代标志。强化党员干部创新理念和创新思维，提高推进创新驱动发展的能力。深入实施全民科学素质行动计划，广泛开展群众性科技创新活动，激发全社会创新创业热情，鼓励各方面开展全方位多层次创新，使宁夏成为创新创业创造的热土。（责任单位：自治区党委宣传部、科技厅、人力资源社会保障厅、科协，各市县区）

（三十）加强组织领导

加强党对创新驱动工作的领导，党政一把手要将创新驱动战略放在全局中优先谋划、优先落实。充分发挥自治区创新驱动战略领导小组作用，建立创新发展考核体系，将创新驱动工作列入效能考核目标，逐年提高考核比重，将政绩评价和干部使用与创新绩效挂钩。领导小组下设两个办公室，自治区发展改革委主要负责统筹协调，自治区科技厅主要负责科技创新。自治区发展改革委、科技厅、财政厅要会同有关部门做好对实施意见执行情况的监督检查和评估工作，对实施中存在的问题、评估结果和总体情况每年向自治区党委、政府报告。（责任单位：各市县区，自治区创新驱动战略领导小组各成员单位、考核办、党委督查室、政府督查室）

本实施意见执行期限至2022年年底。各有关部门（单位）和市县区要制定相关配套措施，确保政策落地见效。现有政策中与本意见不一致的，按本意见执行。

中共宁夏回族自治区委员会办公厅

2017年9月26日

自治区党委 人民政府
关于深入实施创新驱动发展战略
加快推进科技创新的若干意见

宁党发〔2016〕47号

为深入贯彻全国科技创新大会和习近平总书记来宁视察重要讲话精神，全面落实中共中央、国务院印发的《国家创新驱动发展战略纲要》（中发〔2016〕4号），加快推动我区科技创新发展，现提出如下意见。

一、明确科技创新发展目标，加快创新型宁夏建设步伐

到2020年，全区科技创新能力显著增强，科技创新体系更趋完善，符合创新规律的体制机制基本建立，创新成为驱动经济增长的主要动力，创新型宁夏建设跃上新台阶。主要目标是实现"一个突破""两个壮大"和"三个提升"。

"一个突破"：科技对经济发展的支撑能力取得重大突破。全区科技进步贡献率达到55%以上，综合科技进步水平进入全国20名以内。

"两个壮大"：科技型企业队伍明显壮大。高新技术企业发展到100家以上，科技型中小企业增加到1 000家以上，科技型"双创"主体培育到10 000家以上。创新型人才队伍明显壮大。培养引进130名以上国内外科技领军人才，100个以上科技创新团队，1 000名以上高层次科技人才和10 000名以上高技能人才。

"三个提升"：全区创新能力大幅提升。各级财政用于R&D投入的年均增速达到30%以上，全社会R&D经费支出占GDP比重达到2.0%以上，万人发明专利量达到3.5件以上，具备科学素质的公民比例达到6.3%以上。产业创新能力大幅提升。各类科技创新平台达到500个以上，高技术产业增加值占规模以上工业增加值比重达到10%左右。企业创新能力大幅提升。企业研发投入明显提高，规模以上工业企业和高新技术企业的研发投入占主营业务收入的比例分别达到1%和5%以上。

二、优化重点区域布局，打造创新发展增长极

1. 建设宁夏沿黄科技创新改革试验区。以银川、石嘴山国家高新技术产业开发区和经济技术开发区、吴忠和中卫自治区高新技术产业园区以及宁东循环经济试验区等园区为主建设宁夏沿黄科技创新改革试验区，统筹推进科技创新、制度创新和产业创新，着力完善开放型区域创新体系，建设企业育成体系、人才支撑体系、创

新平台体系、公共服务体系，支撑引领经济转型升级。充分调动自治区和市县积极性，明确责任主体，建立激励机制，形成自治区主导、市县主建、部门协作、区域协同的工作机制和责任机制。充分利用内陆开放型经济试验区相关政策，大胆探索、先行先试，不断总结推广，逐步扩大试验范围，使沿黄科技创新试验区成为引领带动全区创新驱动发展的核心载体，科技进步贡献率达到60%以上。（牵头单位：自治区科技厅，配合单位：银川市、石嘴山市、吴忠市、中卫市、宁东管委会、财政厅、发展改革委、经济和信息化委）

2. 建设现代农业科技创新示范区。以5个国家农业科技园区和自治区农业科技园区为主，聚焦农业“1+4”特色产业升级发展，继续实施自治区农业特色优势产业育种专项，创制具有自主知识产权的重大新品种，集成创新高效节水、农机农艺融合、草牧业一体、盐碱地改良等技术模式，构建信息化主导、生物技术引领、智能化生产、绿色技术支撑的现代农业技术体系。组建一批“全产业链条”农业科技联合体，培育一批农业高新技术企业，建立一批技术领先、业态高端的现代农业示范基地，构建现代农业产业、生产、经营“三大体系”，带动一二三产业融合发展，努力走出一条产出高效、产品安全、资源节约、环境友好的农业现代化道路，全区农业科技进步贡献率达到63%以上。加大自治区国家农业科技园区科技专项支持和实施力度，对国家农业科技园区连续2年在国家监测评估排位上升的，给予一次性200万元支持；对国家农业科技园区升级为国家农业高新技术示范区的，给予一次性500万元支持。（牵头单位：自治区科技厅，配合单位：自治区农牧厅、林业厅、水利厅、财政厅、农科院、宁夏大学、有关市县〈区〉）

三、提升科技供给能力，促进产业转型升级

3. 强化重点领域科技创新。促进科技创新与产业发展深度融合，围绕煤炭清洁利用、新能源、新材料、智能制造、大数据、云计算、现代纺织、生物医药、生态环保、优质粮食、草畜、蔬菜、枸杞、葡萄等领域和产业的技术需求，加大引进消化吸收再创新和集成创新力度。聚集优势力量，每年实施200个以上重点研发项目，攻克一批关键核心技术，形成一批重要专利和技术标准，大幅提升科技创新成果质量和数量。在“十三五”期间实施20个以上重大科技项目，在煤制油、铸造用工业级3D打印、枸杞、葡萄酒等领域实现重大技术突破，力争达到国内甚至国际一流技术水平，形成若干战略性技术和产品，推动产业结构转型升级。（牵头单位：自治区科技厅，配合单位：自治区经济和信息化委、农牧厅、林业厅、环境保护厅、水利厅、卫生计生委、教育厅、财政厅）

4. 促进产业协同创新。围绕我区传统优势产业和战略性新兴产业，依托国家和自治区重点创新平台及大型骨干企业研发机构，联合区内外企业、高校科研院所、检验检测机构，建立10个以上自治区级产业协同创新中心，自治区财政对每个给予不少于500万元支持。积极引导企业、高校科研院所建立产业技术创新战略联盟，

支持其以联盟形式申请科技项目，对业绩突出的给予重点支持。优化沿黄科技创新试验区管理体制机制，跨区域集聚各种创新要素，集成优势资源，促进区域协同创新。（牵头单位：自治区科技厅，配合单位：自治区财政厅、教育厅、经济和信息化委、农牧厅、林业厅）

5. 打造开放型创新平台。加大与国内大院大所、科技园区和科技强省合作，引进并支持在我区建立研发机构 20 家以上。加强与发达国家科技创新合作，建立联合实验室或研究中心。对新获批国家级重点实验室，在建设期内每年给予 1 000 万元支持；对新获批国家级工程中心和企业技术中心，给予一次性 200 万元支持；对新获批省部级研发平台，给予一次性 100 万元支持。加快组建中科院宁夏产业技术研究院，支持各市建设自治区产业技术研究机构。（牵头单位：自治区科技厅，配合单位：自治区发展改革委、经济和信息化委、教育厅、财政厅）

6. 加强科技成果转化应用。组织实施一批具有自主知识产权、市场竞争力强、支撑经济发展作用明显的科技成果转移转化示范项目，引进并推广应用一批先进成熟适用技术成果，加快新技术、新工艺、新产品产业化。推动科技成果“三权下放”，将财政资金支持形成的科技成果的使用、处置和收益权，全部下放给项目承担单位，科技成果转移转化收益全部留归承担单位，处置收入不上缴国库。提高科研人员成果转化收益比例，高校、科研院所和事业单位职务发明成果转化收益、科技成果转化收益，按不低于 70% 比例归完成人（团队）所有。鼓励和允许国有及国有控股企业在科技成果转化实现盈利后，连续 3~5 年每年提取不高于 30% 的转化利润用于奖励核心研发人员和有重大贡献的科技管理人员。区内企业购买高校、科研机构和其他企业技术成果的，纳入自治区科技创新后补助专项资金范围给予支持。（牵头单位：自治区科技厅，配合单位：自治区经济和信息化委、财政厅、教育厅、国资委）

7. 大力发展科技服务业。整合区内科学数据、科技文献等科技基础条件平台资源，建设统一开放的科技服务云平台。加强大型科研仪器共享平台建设，完善共享共用服务机制。鼓励高校、科研院所组建专业化技术转移机构，培育引进一批技术交易中介，支持中阿技术转移中心、宁夏技术市场等机构创建示范性国家技术转移机构，加快建设全区统一的网上技术交易平台，出台按技术交易实绩给予补贴的政策，提高技术成果交易成功率。充分发挥科技社团作用，探索以政府职能转移、政府购买服务等方式，引导科技社团积极承接政府科技公共服务职能。（牵头单位：自治区科技厅，配合单位：自治区经济和信息化委、财政厅、教育厅、科协、社科联）

四、培育科技创新主体提升创新创业能力

8. 实施科技型企业壮大工程。充分发挥市场主导作用，通过引导民间资本投资兴办科技型中小企业、对现有中小企业进行嫁接改造、加大引进科技型企业力度以

及鼓励大中型企业通过延长产业链兴办科技型中小企业等多种方式，培育引进1 000家以上科技型中小企业。每年从全区科技型中小企业中遴选出20家以上高成长性、高技术水平的科技型中小企业，一企一策，通过财政奖补、税收优惠和科技金融等支持方式，加快培育一批科技小巨人企业。开展自治区级高新技术企业认定工作，加快国家级高新技术企业成长梯队建设，对区外高新技术企业在我区设立的生产同一高新技术产品的全资子公司，备案后即核发高新技术企业证书，力争培育引进100家以上高新技术企业。对首次认定的国家级高新技术企业，一次性给予最高100万元支持。（牵头单位：自治区科技厅，配合单位：自治区经济和信息化委、发展改革委、财政厅、国税局、地税局、工商局）

9. 激发高校科研院所创新活力。完善稳定支持和竞争性支持相协调的机制，扩大高校、科研院所学术自主权、个人科研选择权，下放科研类会议、差旅、出国经费的管理权限。研究出台扶持高校科技创新能力提升政策措施，支持宁夏大学建成西部一流大学，支持相关高校建设5个国内一流、10个西部一流学科。坚持按科研规律办事，在科研立项、选人用人、经费使用、薪酬分配、设备采购、学科专业设置等方面赋予高校、科研院所更大自主权。出台政策鼓励社会资本参与建设发展新型研发机构，在政府项目承担、职称评审、人才引进、建设用地、投融资等方面给予支持。建立和完善公益类科研机构创新绩效分类评价制度，委托第三方机构开展科研创新绩效评价，逐步建立以创新绩效为导向的财政拨款制度。鼓励高校在机构编制范围内按3%~5%设置专职科研岗位及科技成果推广转化岗位，支持高校和科研院所在核定的编制总额内留出20%左右的编制用于吸引高层次创新人才。（牵头单位：自治区教育厅，配合单位：自治区科技厅、财政厅、人力资源社会保障厅、编办）

10. 推动创新创业加快发展。深入推进科技特派员创新创业行动，进一步完善科特派创业服务机制，打造一批“星创天地”，培育形成法人科特派集群。大力发展“互联网+”双创网络服务体系，推进孵化园区、创业社区、创业小镇等创新创业集聚区发展，逐步形成“创业苗圃+孵化器+加速器+产业园”阶梯型孵化体系。鼓励支持企业、高校、科研院所创办高水平、专业化的众创空间，建设100家以上科技企业孵化器和众筹、众扶、众包、众创等新型创新创业载体，培育10 000家以上科技型“双创”主体，形成想创、会创、能创、齐创的生动局面。（牵头单位：自治区科技厅，配合单位：自治区发展改革委、人力资源社会保障厅、经济和信息化委、教育厅、总工会、团委、妇联）

五、建设创新型人才队伍，提升创新核心竞争力

11. 突出引培“高精尖缺”人才。围绕我区发展战略需求，建立产业对人才需求的预测调整机制，突出抓好院士后备人才、青年拔尖人才和领军人才培养培育工程。加大高层次科技人才、高技能人才和创新型企业家培养力度，依托企业和重大

科研项目、重点学科和科研平台基地，培养造就一大批高端产业发展急需的紧缺人才。吸引国内知名高校在我区设立分校或二级学院，择优选送高层次人才到国外知名企业和研发机构研修锻炼。落实完善我区吸引国内外高层次和急需紧缺人才来宁工作的政策措施，实施“领军人才+创新团队”的精准引才模式，对引进的国内外领军型创新团队，自治区财政分别给予1 000万元和3 000万元支持，对顶尖创新团队实行“一事一议”。以政府购买服务方式委托海内外人力资源机构，面向全球引进首席科学家等一批高层次创新创业人才，在沿黄科技创新试验区探索企业首席技术官岗位配额制。（牵头单位：自治区党委组织部，配合单位：自治区人力资源社会保障厅、财政厅、教育厅、科技厅、经济和信息化委、外办、国资委）

12. 创新科技人才评价机制。建立以创新质量、贡献、绩效为导向的科技人才分类评价体系，基础研究突出中长期目标导向，重视国内外同行评价；应用开发研究注重对产业发展的实际贡献；成果转化和创新创业注重市场和用户评价。深化科技人员职称评价制度改革，突出用人主体在职称评审中的主导作用，合理界定和下放职称评审权限，推动高校、科研院所和国有企业自主评审。完善科学技术奖励评价机制，注重科技创新质量和实际贡献，突出对重大科技贡献、优秀创新团队和青年人才的激励。（牵头单位：自治区人力资源社会保障厅，配合单位：自治区教育厅、科技厅）

六、优化创新治理机制，营造良好创新环境

13. 完善科技计划管理机制。落实《关于深化自治区财政科技计划（专项、基金等）管理改革的方案》，加大科技管理部门对财政R&D经费的统筹力度。继续实施并完善企业科技创新“后补助”政策，扩大补助范围，将科技成果转化和技术交易纳入后补助。加大基础性、公益性和重大共性关键技术研究的财政资金引导支持力度。改革和创新科研经费使用和管理方式，让经费为人的创造性活动服务。继续简化财政支持科研项目经费立项审批和拨付程序，进一步放宽科研项目预算调整审批权。提高财政科研项目人员费比例，增加间接费用比重，对劳务费不设比例限制。建立健全科技项目统一管理信息平台和信用制度，加强科技信用管理。（牵头单位：自治区科技厅，配合单位：自治区财政厅、经济和信息化委）

14. 构建多元化科技投融资机制。推进科技与金融紧密结合，扩大科技金融专项资金规模，加大风险补偿贷款试点范围，推进知识产权质押融资和科技保险业务。提高自治区产业引导基金支持创新发展效率，对我区在“新三板”新挂牌的科技型企业，采取直投方式，给予一定数量的参股支持并进一步跟进投资。设立自治区科技创新投资基金和科技成果转化投资基金，鼓励国（境）内外民间资本在我区开展风险投资业务并设立风险投资机构。探索商业银行“投贷结合”新模式，鼓励银行设立具有投资功能的子公司或设立科技金融专营机构。支持保险公司针对科技型企业扩大保险险种范围，加大科技保费补助，降低企业科技创新投入风险。支持发展

债券融资，推动符合条件的科技型企业发行公司债券及集合债券等私募债。在沿黄科技创新试验区开展股权众筹融资业务试点，引导符合条件的科技型企业通过股权众筹融资平台募集资金。（牵头单位：自治区金融工作局，配合单位：自治区财政厅、银监局、保监局、科技厅、发展改革委）

15. 实施知识产权、标准、质量和品牌战略。实施科技型企业消除“零”专利、高新技术企业消除“零”发明专利计划，通过建立专利申请绿色通道、给予专利申请资金补贴、加大专利知识培训力度等措施，提高企业拥有专利的数量和质量。鼓励企业实行研发项目知识产权全过程管理，设立知识产权专员，提供知识产权跟踪、策划、咨询服务。对获得授权的发明专利，每件给予最高 5 万元支持。加快推进企业知识产权贯标工作，打造知识产权强企。实施更加严格的知识产权保护政策，加强行政执法与刑事司法的衔接，成立知识产权执法大队，推进知识产权民事、刑事、行政案件的“三审合一”。建立健全技术创新、专利保护与品牌化、标准化互动支撑机制，支持企业、联盟、社团参与或主导我区特色优势产业、产品标准研制，形成一批品牌形象突出、质量水平一流的优势产业集群。（牵头单位：自治区科技厅，配合单位：自治区财政厅、发展改革委、经济和信息化委、公安厅、工商局、质监局、高级法院）

七、强化组织保障，加强统筹协调

16. 加强组织领导。成立自治区创新驱动发展领导小组，由自治区领导担任组长，有关部门和五个地级市 1 名主要负责同志为成员，负责协调解决重大问题、研究制定重大政策。领导小组办公室设在科技厅，由科技厅牵头建立跨部门、跨领域的会商沟通机制，统筹推进科技体制改革和创新驱动发展工作。有关部门按照职能分工，制定促进创新驱动发展的配套政策措施。建立市、县（区）“一把手”抓科技创新的工作机制，加强科技管理部门职能建设，强化科技综合协调和宏观管理职能，进一步优化科技部门机构编制资源配置，有条件的市、县（区）可以探索实行职能有机统一的大部门体制，有条件的乡镇配备科技副乡长（镇长）。实行领导干部联系科技企业制度，向科技型中小企业派驻科技特派员。（牵头单位：自治区科技厅，配合单位：自治区编办、人力资源社会保障厅、经济和信息化委、各市、县〈区〉）

17. 强化督查考核。建立科技创新监测评价机制，建立区、市、县三级 R&D 经费投入统计指标体系，委托第三方评估发布全区科技创新指数。自治区党委、政府每年对本意见落实情况进行专项督查，实行科技进步目标责任制考核，重点聚焦 R&D 经费投入、科技成果转化、创新主体培育、人才队伍建设等成效。建立领导干部抓创新的导向机制，将创新驱动发展成效纳入对市、县（区）和各部门的效能目标管理考核，逐步提高考核权重。（牵头单位：自治区党委办公厅、政府办公厅，配合单位：自治区党委组织部、政府研究室、科技厅、国资委、发展改革委、经济

和信息化委、统计局、各市、县〈区〉)

18. 营造创新氛围。加强舆论引导，大力宣传创新人才、创新企业、创新成果、创新品牌，树立一批先进典型。对有突出贡献、有示范作用、辐射性强的先进集体、创新团队、创新标兵和优秀组织者进行评选表彰。支持举办创新创业论坛、创新创业大赛等活动，活跃全区创新创业氛围。加强培育创新文化，大力弘扬崇尚科学、敢于创新、宽容失败、开放包容的社会风尚。(牵头单位：自治区党委宣传部，配合单位：自治区科协、科技厅、人力资源社会保障厅、教育厅、团委)

宁夏回族自治区党委办公厅

2016 年 11 月 16 日

关于发展众创空间推进大众创新创业的实施意见

新政办发〔2015〕115号

伊犁哈萨克自治州，各州、市、县（市）人民政府，各行政公署，自治区人民政府各部门、各直属机构：

为贯彻落实国务院办公厅《关于发展众创空间推进大众创新创业的指导意见》（国办发〔2015〕9号）精神，加快实施创新驱动发展战略，顺应网络时代大众创业、万众创新新趋势，发展众创空间等新型创业服务平台，激发全社会创新创业活力，营造良好的创业带动就业环境，结合我区实际制定本实施意见。

一、指导思想和主要目标

（一）指导思想

以党的十八大和十八届三中、四中全会精神为指导，认真贯彻落实《中共中央国务院关于深化体制机制改革加快实施创新驱动发展战略的若干意见》精神，以打造丝绸之路经济带核心区为契机，以激发全社会创新创业活力为主线，以构建众创空间、各类孵化器等创业服务平台为载体，以营造良好创新创业环境、促进就业为目标，有效整合资源，优化体制机制，完善服务模式，厚植创新文化，培养创新人才，加快形成政府激励创业、社会支持创业、劳动者勇于创业的新局面，以先进文化和现代科技支撑引领新疆现代化建设，实现我区经济转型和增效升级。

（二）发展目标

到2020年，形成一批有效满足大众创新创业需求、具有较强专业化服务能力的众创空间，培育一批天使投资人和创业投资机构，建设一批科技企业孵化器、大学科技园、文化创意园、文化产业基地、大学生创业见习基地等。全区培育众创空间等各类科技创业服务平台30家以上，国家级各类孵化器数量争取达到10家以上，自治区级各类孵化器数量达到50家以上，孵化一批创新型小微企业，并从中培育出能够引领创新经济发展的骨干企业，直接带动就业10万人左右，间接带动就业30万人左右。

二、重点任务

（一）加快构建众创空间

1. 加快创新创业服务平台建设。众创空间是面向大众的重要创业服务平台，是加速推动科技型创业、支撑经济转型升级的重要载体。鼓励各级政府机构、创业投资机构、社会组织等形成多元化的创新创业服务平台建设模式，构建低成本、便利化、全要素、开放式的众创空间。推广应用创客空间、创业咖啡、创新工场等新型孵化模式，充分利用科技企业孵化器、农业科技园区、大学科技园、文化创意园、文化产业基地、大学生创业见习基地等，构建一批创新创业服务平台。发挥政策集成和协同效应，实现创新与创业相结合、线上与线下相结合、孵化与投资相结合，数量扩张和质量并举，为广大创新创业者提供良好的工作场所、网络空间、社交空间和资源共享空间。

2. 完善创新创业服务平台功能。鼓励和引导众创空间、孵化器与高校、科研院所、企业、检验检测机构等深化合作关系，联合建立科技创新公共服务平台、成果转化和技术转移平台、检验检测服务平台、中试开发与小规模产品试制平台，为初创企业提供全流程服务；推动大型仪器设备、数据库等共享共用，构建开放共享互动的创新网络。充分发挥行业领军企业的主力军作用，鼓励大中型企业建立专业化的孵化器和平台，带动产业链上的小微企业，实现产业集聚和抱团发展。

3. 积极发展电子商务。放宽电子商务市场主体住所（经营场所）登记条件。引导创业投资基金加大对电子商务初创企业的支持。促进第三方电子商务平台建设，为创业者提供免费的项目展示平台。加快农村电子商务服务业发展，引导广大农村青年运用电子商务创业就业、增收致富。经认定的网络创业人员及其吸纳的就业人员，按规定享受社会保险补贴。加快电子商务信用体系建设，完善网上交易投诉和维权机制。鼓励有条件的职业院校、社会培训机构开展网络创业培训。探索建立众筹网络平台，以电子商务的蓬勃发展助推大众创业、万众创新。

（二）优化创新创业政策环境

4. 降低创新创业门槛。深化商事登记改革，针对众创空间等新型孵化机构集中办公等特点，简化住所（经营场所）登记手续，放宽注册资本登记条件，推进全程电子化登记管理方式，为创业企业工商注册提供便利。充分发挥市场在资源配置中的决定性作用，制定更为宽松的行业准入政策，进一步取消和下放与创业密切相关的审批事项。

5. 加大财税政策扶持力度。营造良好的创新环境，激发创新主体和各类人才的创新创业活力，不断引聚各类创新要素。有条件的地方，对众创空间等新型孵化机构的房租、宽带接入费用和用于创业服务的公共软件、开发工具给予适当财政补贴。鼓励众创空间为创业者提供免费高带宽互联网接入服务。注册经营网店经认定符合条件的，可享受创业担保贷款、创业培训补贴、税费减免、场租补贴等创业扶持政策。

6. 深化科技合作。争取对口援疆省市在创新创业方面人才、项目、资金的支持。

加强同国内相关机构的合作交流，利用科技援疆渠道和国家大学科技园联盟等载体，引进国内知名科技企业孵化器、大学科技园、技术转移中心、成果转化中心等在疆建立分支机构，在项目实施、资源共享、人才交流等方面建立健全区域科技合作机制，强化引资引智。加强同丝绸之路沿线国家的科技交流与合作，探索建立国际联合研究中心、国际科技合作基地、技术转移中心、知识产权合作中心和教育文化交流中心等，利用“两种资源、两个市场”拓展创新创业空间。

（三）鼓励全社会参与创新创业

7. 充分调动科技人员创新积极性。建立科技人员创业股权激励机制，提高科研人员成果转化收益比例。在利用财政资金设立的高等学校和科研院所中，合理分配职务发明成果转让收益，提高科研负责人、骨干技术人员等重要贡献人员和团队的收益比例。财政资助的科研创新发展类项目，承担单位应结合一线科研人员实际贡献，公开公正安排绩效支出，充分体现科研人员的创新价值。

8. 加快建立创业孵化人才队伍。围绕丝绸之路经济带核心区建设需求，面向国内外引进高层次创新人才从事创新研究和创业。建立健全创业辅导制度，鼓励拥有丰富经验和创业资源的企业家、天使投资人和专家学者担任创业导师或组成辅导团队。加强孵化器管理服务人员的业务培训，不断提高孵化器管理水平和创业孵化成功率。

9. 实施青年群体创业引领计划。推动普通高校、职业院校普及创新教育，开发并实施创业培训项目。完善大学生创业指导服务机制，为大学生创业提供场所、公共服务和资金支持。充分发挥群团组织优势，激发青年创新创业潜能，鼓励广大青年走在创新创业创优前列。筹建新疆青年创业就业网，通过线上线下服务搭建青年创业项目孵化平台、青年创业人才汇聚平台、青年创业项目展示和资源对接平台。

（四）加强财政资金引导

10. 转变财政资金投入方式。充分发挥中小微企业创业投资引导基金、科技型中小企业技术创新基金、战略性新兴产业发展专项资金的引导和放大作用，通过股权投资等方式支持发展天使投资基金，支持初创期和高成长性的科技型企业发展。依托新疆青年创业就业基金会设立青年创新创业扶持基金，推动大众创新创业。

11. 用好各类财政专项资金。用好自治区中小企业发展专项资金，重点支持中小企业服务体系、融资担保体系建设和带动就业广的中小微企业。用好自治区专利实施专项资金、专利申请资助专项资金，激发企事业单位、机关团体和个人发明创造的积极性，推动自主创新能力建设。用好自治区科技成果转化专项资金、科技型中小企业技术创新基金，支持自主知识产权的科技成果、各类科技计划成果、国内外科技合作科技成果转化项目，引导科技型中小企业技术创新，鼓励先进、成熟、适用技术的推广应用。

（五）完善创新创业投融资机制

12. 发挥各类投资机构作用。进一步培育壮大创新创业投资和资本市场，发挥金融创新对技术创新的助推作用，提高信贷支持创新的灵活性和便利性，形成各类金融工具协同支持创新创业的良好局面。加强对中小微企业的投资引导，通过市场机制撬动社会资本共同参与创业投资；鼓励上市公司或民间资本投资创业企业。

13. 建立创新创业投融资平台。开展互联网股权众筹融资试点，支持互联网众筹平台面向创业企业开展股权众筹、项目众筹和公益众筹。选择符合条件的银行业金融机构探索试点为企业创新活动提供股权和债权相结合的融资服务方式，配套建立促进知识产权质押融资的协同推进机制、服务机制、市场化风险补偿机制以及评估管理体系，与创业投资、股权投资机构实现投贷联动。鼓励银行业金融机构新设或改造部分分（支）行，作为从事科技型中小微企业金融服务的专业或特色分（支）行，提供科技融资担保、知识产权质押、企业联保、股权质押、仓单质押、应收账款质押等金融服务，不断满足微创企业资金需求。推进科技保险和专利保险业务发展。

（六）营造创新创业文化氛围

14. 加大创新创业宣传力度。营造尊重知识、尊重人才的社会氛围，树立崇尚创新、创业致富的价值导向，大力培育企业家精神和创客文化，将奇思妙想、创新创意的“金点子”转化为实实在在的创业活动。倡导敢为人先、宽容失败的创新文化，摆脱固有观念束缚，给具有创新思维的创业人才更加宽松、宽容和广阔的发展空间。加强各类媒体对大众创业、万众创新的新闻宣传和舆论引导，树立一批创新创业典型人物，激发全社会关心支持创新创业的热情，营造大众支持创业、人人参与创新的舆论环境。

15. 丰富创新创业活动内容。办好新疆各类创新创业大赛，积极支持参与国际创新创业大赛，为投资机构与创新创业者提供项目对接平台。鼓励众创空间和孵化器营造以“服务创业、服务创意、服务创新”为主题的孵化生态文化环境，积极搭建各类对话交流平台，开展创意设计大赛、创业咖啡训练营、技术项目对接会、创业辅导培训、专题论坛讲座等各类活动。鼓励社会力量围绕大众创业、万众创新组织开展各类公益活动。

三、保障措施

（一）加强组织领导

各地各部门要高度重视发展众创空间推进大众创新创业工作，加强沟通协调，认真抓好各项工作的组织落实。自治区发展改革委、经信委、教育厅、科技厅、财政厅、人力资源和社会保障厅、商务厅，地税局、工商局、金融办等有关部门要按照职能分工，研究制定发展众创空间推进大众创新创业的具体措施。各地要结合实际制定具体措施。

（二）加强示范引导

最大限度地利用好现有各类孵化器、企业服务中心、科技文化创意园区等，激励高校、院所开放实验室和科技服务，发挥创新创业资源的集聚效应和创新创业活动的规模优势。鼓励各地积极探索推进大众创新创业的新机制、新政策，不断完善创新创业服务体系，为创业者提供创业服务平台，让所有创业者都能“用其智、得其利、创其富”。

（三）加强协调推进

各地各部门要加强工作协调、指导和支持。做好大众创新创业政策落实情况调研、发展情况及统计等工作，及时向自治区人民政府办公厅报告有关进展情况。

新疆维吾尔自治区人民政府办公厅

2015 年 8 月 22 日

大连市人民政府办公厅关于深入推行科技特派员制度促进农村创新创业的实施意见

大政办发〔2017〕155号

各区市县人民政府，各先导区管委会，市政府各有关部门，各有关单位：

为深入推进科技特派员制度，调动全市各类人才深入农村开展创新创业的积极性，推进农村大众创业、万众创新活动深入开展，根据《国务院办公厅关于深入推行科技特派员制度的若干意见》（国办发〔2016〕32号）、《辽宁省人民政府办公厅关于深入推行科技特派员制度促进农村创新创业的实施意见》（辽政办发〔2016〕134号），经市政府同意，现提出如下实施意见。

一、总体要求

（一）指导思想

全面贯彻党的十九大和全国科技创新大会精神，牢固树立创新、协调、绿色、开放、共享五大发展理念，坚持创新驱动发展战略，按照发展都市型现代农业、建设社会主义新农村和打赢脱贫攻坚战的总体要求，鼓励科技人才深入农业生产一线，加速科技成果转化，构建新型农业科技服务体系，建立健全全市科技特派员创新创业制度，整合资源、集成优势，有效促进农村一二三产业融合发展，为城乡一体化发展、全面建成小康社会作出贡献。

（二）基本原则

坚持创新创业，强化服务。围绕农村实际需求，加大创新创业政策扶持，营造农村创新创业环境，培育农村创新创业主体，通过创新创业典型的示范带动效应，促进当地农业生产发展。坚持以人为本，尊重意愿。通过政府引导与市场主导，综合考量农民的需求和科技特派员的专业特长，尊重农民和科技特派员的意愿，实行双向选择，保护农民和科技特派员的合法利益。坚持利益共享、风险共担。制定有利于科技特派员创新创业的激励政策，构建科技服务“三农”、服务产业的长效机制。坚持因地制宜，合力推进。鼓励大胆探索、典型示范，发挥各级政府、经济组织、社会机构的作用，按照不同区域农业科技发展的实际情况，稳步开展科技特派员农村创新创业活动。

（三）主要目标

实行多部门联动，建立深入推进科技特派员制度的长效机制，优化农村科技创新创业环境，完善农业科技服务体系，壮大农业科技人才队伍，全面提升农村从业人员科学素质与致富能力。到2020年，全市选派科技特派团30个、科技特派员500名，培养农民技术员1 000名，推广农业新品种、新技术100项，建设10家支持农村科技创新创业的星创天地。

二、重点任务

（四）提升农业科技创新支撑水平

加大对我市农业科研机构和高校涉农专业的支持力度，加强对公益性研发的投入。鼓励涉农企业加大研发投入，建立以企业为主体、高校和科研院所为依托的产学研用协同创新机制。发挥高校、科研院所和各类科技人员的积极性，围绕我市都市型现代农业和新农村建设开展科技攻关，加速农业高新技术的研发和推广，在新品种选育、高产高效种植、健康养殖、生态农业、食品安全、互联网+等方面研发出一批自主技术与装备，取得一批先进实用的技术成果，形成一批标准化、系列化、实用化的操作规程，为科技特派团（员）开展农村创新创业提供技术支撑。（责任单位：市科技局、市林业局、市海洋渔业局，相关区市县政府、先导区管委会）

（五）建立新型农业社会化科技服务体系

加强各类农业科技服务组织建设，构建公益性与经营性相结合、专项服务和综合服务相协调的新型农业社会化科技服务体系。依托我市高校、科研院所、农业科技园区、科技型企业等建立科技特派员创新创业培训基地，开展农村领域众创空间——星创天地建设，通过市场化机制、专业化服务、资本化运作等形式，为科技特派团（员）开展创新创业提供支持和服务。提升农业科技园区的创新能力建设，增强其示范辐射作用，为建设农业高新技术产业园区奠定基础。强化基层农技推广组织建设和服务功能提升，为大学生、返乡农民工、农村青年致富带头人、乡土人才等开展农村科技创业提供最直接的服务。（责任单位：市科技局、市农委、市林业局、市海洋渔业局，相关区市县政府、先导区管委会）

（六）完善科技成果转化和科技特派激励政策

建立农业科技成果转化机制，完善科技成果转化收益、创新创业激励政策。经所在单位同意，高校和科研院所的科技成果研发团队具有所获成果的所有权、处置权和收益权。高校、科研院所和国有企事业单位职务成果在我市以技术转让或入股方式实施转化的，所在单位可以将成果转让所得净收益或所获股权，以不低于70%的比例一次性奖励给成果完成人及相关有重要贡献人员。经所在单位同意，科技人员作为科技特派员赴农村开展科技服务，可以无偿使用本单位科技成果。鼓励科技特派员领办、创办各类经济实体，科技特派员可以以资金、技术等生产要素，采取入股、技术承包、技术服务等方式，与农民或企业建立利益共同体，实行利益共享、风险共担。（责任单位：市科技局、市林业局、市海洋渔业局、市工商局，相关区市县政府、先导区管委会）

（七）支持科技特派员创业扶贫

按照我市打赢脱贫攻坚战的要求，组织科技特派员参与我市低收入村的扶贫攻坚，承担产业发展规划、科学普及、技术培训等任务，力争实现科技创新促进产业发展，带动贫困户脱贫致富。瞄准低收入村存在的科技和人才短板，选派科技特派团（员）围绕低收入村主导产业发展的需求和“一村一品”“一屯一品”目标，指导和帮助实施一批短平快科技致富项目，推广示范一批先进实用、增收增效明显的新品种、新技术，优先转化低收入村农业科技成果。注重在低收入村培养科技示范户、农民技术员和致富带头人，增强示范带动能力。（责任单位：市科技局、市农委、市林业局、市海洋渔业局，相关区市县政府、先导区管委会）

（八）发展壮大科技特派员队伍

支持我市高校、科研院所、农业企业、中介机构等根据我市农村经济发展需要，积极组建科技特派团，选派科技特派员深入农业生产一线，开展技术指导、技术培训和成果转化。结合各类人才计划实施，加强科技特派员的选派和培训。鼓励并支持我市科技特派团（员）到农业发达国家和地区开展科技交流与合作，开拓服务眼界，增强服务能力。加强农民技术员培训与扶持，大力培训当地实用型人才。（责任单位：市科技局、市农委、市林业局、市海洋渔业局，相关区市县政府、先导区管委会）

三、保障措施

（九）强化组织领导和科技特派管理

科技特派工作实行市、区市县、乡分级管理，上下联动，明确各部门职责。建立科技特派工作协调机制，科技特派参与单位分工有序，各负其责，密切配合，在市科技主管部门设立联络办公室。实行科技特派团（员）登记制度。建立科技特派管理与交流平台，完善考核评价制度。（责任单位：市科技局等有关部门，相关区市县政府、先导区管委会）

（十）多渠道解决科技特派资金问题

加大对科技特派工作的资金投入，相关区市县、先导区也要加强扶持，确保科技特派工作深入开展。资金主要用于支持科技特派团（员）开展工作。在市科技创新基金、重点科技研发计划中安排支持科技特派团（员）主持开展的研发项目。在市科技成果转化资金中安排与科技特派相关的成果转化项目。鼓励银行等金融机构在业务范围内开展对科技特派工作的授信业务和小额贷款业务，完善担保机制，分担创业风险。鼓励投资机构和民间资本通过参股、贷款、赞助、风投等形式，支持科技特派团（员）农村科技创新创业。（责任单位：市科技局、市财政局、市金融局，相关区市县

政府、先导区管委会）

（十一）进一步完善选派工作政策

普通高校、科研院所、职业学校等事业单位对开展农村科技公益服务的科技特派员，在5年时间内实行保留原单位工资福利、岗位、编制和优先晋升职务职称的政策，其工作业绩纳入科技人员考核体系；对深入农村开展科技创业的，在5年时间内保留其人事关系，与原单位其他在岗人员同等享有参加职称评聘、岗位等级晋升和社会保险等方面的权利，期满后可以根据本人意愿选择辞职创业或回原单位工作。动员金融机构、社会组织、行业协会、就业人才服务机构和企事业单位为大学生科技特派员创业提供支持，完善人事、劳动保障代理等服务，对符合规定的要及时纳入社会保险。对作出显著成绩的科技特派员，可以参与市杰出人才和“青年之星”评选。根据我市农业科技重点领域组建科技特派团，一般科技特派团为10人以上。对新认定的科技特派团和星创天地当年一次性给予10万元补助。（责任单位：市科技局、市人社局、市财政局）

（十二）加强考核、表彰与宣传

对科技特派团开展科技特派服务的工作业绩进行年度考核，考核结果分为优秀、良好、合格、不合格四个等级，对经考核为优秀、良好、合格的科技特派团，分别给予5万元、3万元、2万元的工作经费资助；对表现优秀的科技特派团（员）和科技特派工作突出的派出单位、区市县、先导区予以表彰。加强对科技特派团（员）创新创业行动的宣传力度，及时总结，树立先进和典型，开展经验交流，扩大社会影响力。（责任单位：市科技局、市财政局）

大连市人民政府办公厅

2017年12月18日

关于印发《青岛市小微企业创业创新基地城市示范专项资金管理办法》的通知

青双创联办字〔2016〕5号

各区（市）人民政府，各有关单位：

《青岛市小微企业创业创新基地城市示范专项资金管理办法》已经青岛市小微企业创业创新基地城市示范工作联席会议第2次会议研究通过，现予印发，请遵照执行。

附件：青岛市小微企业创业创新基地城市示范专项资金管理办法

青岛市小微企业创业创新基地城市示范工作
联席会议办公室
2016年11月30日

附件：

青岛市小微企业创业创新基地城市示范专项资金管理办法

第一章　总则

第一条　为加强和规范小微企业创业创新基地城市示范专项资金管理和使用，充分发挥资金使用效益，根据《中华人民共和国预算法》《财政部、工业和信息化部、科技部、商务部、国家工商行政管理总局关于支持开展小微企业创业创新基地城市示范工作的通知》（财建〔2015〕114号）、《财政部关于印发〈中小企业发展专项资金管理暂行办法〉的通知》（财建〔2015〕458号）及《青岛市小微企业创业创新基地城市示范工作推进方案（2016—2018）》（以下简称《推进方案》）等文件精神，制定本办法。

第二条　本办法所称小微企业创业创新基地城市示范专项资金（以下简称专项资金），是指由中央财政转移支付由我市统筹使用、用于小微企业创业创新基地（众创空间、小企业创业基地、科技孵化器、商贸聚集区等空间载体）建设、小微企业公共服务体系与平台建设、公共服务活动、税费优惠和投融资支持以及涉及小微企业体制机制创新等为推进小微企业创业创新基地城市示范（以下简称双创示范）、促进小微企业发展方面的资金。

第三条　专项资金的管理和使用应符合财政预算管理规定，遵循公开透明、公平公正和统筹兼顾、突出重点、讲求绩效的原则，实行专款专用、专项管理，确保资金使用规范、安全和高效。

第二章　部门职责

第四条　专项资金管理制度、总体分配使用计划、使用方向及内容、重大资金安排等事项，由青岛市小微企业创业创新基地城市示范工作联席会议（以下简称联席会议）研究决定。

第五条　联席会议办公室（以下简称市财政局）及其他成员单位（以下简称各相关部门）按照“谁使用、谁负责”的原则履行职责。

市财政局：根据市委市政府和联席会议决策部署，统筹专项资金总体管理，牵头拟订总体资金使用方案和管理制度，按规定下达资金使用计划；根据各部门提出的资金使用方案拨付资金，会同各部门对资金使用情况进行监督检查和绩效评价；配合各部门拟订具体业务管理制度；对接财政部，贯彻落实财政部有关专项资金管理部署和要求。

各相关部门负责具体扶持项目资金的预算执行，组织项目申报，审核项目可行性、真实性，提出项目具体资金扶持方案；建立项目管理体系，为项目库建设、项目申报、信息反馈、监督管理、绩效评价等工作提供技术手段；负责对扶持项目实施情况进行监督和绩效评价；对接上级部门，贯彻落实上级有关政策部署和要求。同时，根据部门职责，分别履行以下职责：

市经济和信息化委：牵头制定支持公共服务体系建设和融资支持等方面的具体政策措施和申报指南。

市科技局：牵头贯彻落实《推进方案》；牵头制定支持创新、推动众创空间、创新大赛等方面的具体政策措施和申报指南；具体组织双创示范区（市）评审、对区（市）双创示范工作进行考核监督。

市商务局：牵头制定支持商贸聚集区建设、贸易便利化等方面的具体政策措施和申报指南。

市工商行政管理局：牵头制定支持商事制度改革等方面的具体政策措施和申报指南。

市人力资源和社会保障局：牵头制定支持创业等方面的具体政策措施和申报指南。

第三章　支持方向和内容

第六条　专项资金应按照《推进方案》确定的基本原则、示范目标和主要工作内容使用。对因特殊情况需对专项资金支持方向和内容作出调整的，属国家政策变化的按国家政策相应调整，其他调整应经联席会议研究后报市政府常务会议研究确定。

第七条　专项资金不得用于楼堂馆所等基建工程支出，支持方向和内容主要包括：

（一）支持区（市）小微企业双创示范。主要用于支持各区（市）围绕小微企业创业创新基地城市示范，结合区域特色和自身优势，开展创业创新基地创建、公共服务体系建设及融资环境建设等方面工作。

（二）支持创业创新空间。包括支持战略性新兴产业等产业集聚创业创新发展，国家级小微企业创业创新基地培育扶持，众创空间建设，电子商务产业集聚区建设，农村电子商务“515+X”工程，中韩创客合作产业园建设等。

（三）支持公共服务。包括大中小企业协同创新服务平台建设，小微企业创业创新能力提升，中小企业公共服务平台网络建设，科技成果转化平台建设，科技成果转化应用示范，小微外贸综合服务企业培育，小微商贸流通企业公共服务平台建设，民营企业公共服务提升，小微企业名录系统建设等。

（四）支持融资。包括小微企业贷款风险补偿，科技型小微企业贷款贴息补助，创业担保贷款担保基金和贴息补助等。

（五）其他支持创业创新项目。包括支持创业带动就业，“专精特新”隐形冠军企业奖励，高新技术企业培育，小微企业科技创新，小微企业创业创新活动，小微企业创新发展国际化，小微企业商标培育等方面。

第四章　预算安排和下达

第八条　专项资金由市财政局会同各相关部门拟订资金总体预算方案，经联席会议研究后，提报市政府常务会议研究确定。其中：

（一）各相关部门统筹使用的资金，根据市政府常务会议确定的意见，市财政局将中央专项资金使用计划下达各部门，由各相关部门负责执行。

（二）支持区（市）的资金，根据市政府常务会议确定的意见，由市科技局会同市财政局、经济信息化委、商务局、工商局、人力资源社会保障局等部门制定指标体系和考核办法，完成评定、考核并经联席会议研究确定后，由市财政局将资金下达区（市），各区（市）负责执行。

第五章　项目申报、审核及资金拨付

第九条　各相关部门统筹使用的资金，由各相关部门会同市财政局根据本办法规定的使用方向、内容和有关要求，印发申报指南，明确具体支持标准、申报条件、审核要求、程序等事项。

第十条　申报专项资金的单位、企业（以下简称“项目单位”）应按本办法和申报指南有关要求申报，并符合以下基本条件：

（一）在青岛市辖区内依法登记注册，具有独立法人资格，近五年来在财务、税收、工商管理方面等无严重违法违规行为及其他禁止申报专项资金的行为。

（二）申报的项目必须符合专项资金支持方向和内容。

（三）一个项目原则上只能申报一次，申报单位不得以同一项目重复申报或多部门申报。

（四）项目单位应对申报材料的真实性、完整性负责，不得弄虚作假和套取、骗取财政专项资金。

第十一条　各相关部门根据申报指南确定的程序和方式受理申报单位报送的申报材料，审核申报材料的真实性、完整性并对审核结果负责（必要时可组织专家或委托第三方中介机构审核，出具审核报告），根据审核情况提出具体资金安排意见。

第十二条　市财政局根据各相关部门提出的具体资金安排意见，按有关规定和程序拨付资金。

第六章　绩效评价和监督管理

第十三条　市财政局会同各相关部门负责对专项资金整体使用情况进行监督检查和绩效评价，各相关部门会同市财政局对各项目实施情况和资金管理使用情况进行监督检查和绩效评价。

第十四条 除涉及保密要求不予公开外，资金申报、分配等相关信息必须透明公开，通过市直有关部门门户网站予以公布，主动接受社会监督。

第十五条 获得专项资金支持的项目单位收到资金后，应当按照国家有关财务、会计制度的规定进行账务处理，严格按照规定使用资金，并自觉接受财政、审计及相关部门的监督检查。

第十六条 项目单位应当按照国家档案管理有关规定妥善保管申请和审核材料，以备核查。

第十七条 对违反规定使用、骗取专项资金的行为，依照《财政违法行为处罚处分条例》等国家有关规定进行处理，并按《青岛市财政局实施财政专项资金监督检查信用负面清单制度办法》将违规行为列入负面清单，取消项目单位申报资格。涉及其他违法行为的，视情节轻重提请或移交有关机关依法追究法律责任。

第七章 附则

第十八条 各区（市）按照《推进方案》和本办法有关要求，结合本地实际，确定具体支持方向和内容并制定实施细则，报市财政局备案；负责下达本区（市）资金的项目申报、审核和拨付；对本区（市）资金的使用情况进行监督检查和绩效评价。

第十九条 市级财政安排的用于双创示范的专项资金预算安排、管理等有关事项，按照市级预算管理要求和程序执行。对依托现行政策统筹使用的专项资金，项目申报、审核及资金拨付等按照现行有关政策执行。

第二十条 本办法自发布之日起实施，有效期至2018年12月31日，由市财政局会同各相关部门解释。国家有关政策调整的，本办法相应调整。

地级市出台的相关政策

鄂尔多斯市委市人民政府
印发《关于促进科技创新若干政策》的通知

鄂党发〔2016〕16号

各旗区党委、人民政府，康巴什新区党工委、管委会，市直各部门及各人民团体：

《关于促进科技创新若干政策》已经市委三届132次常委会会议和市政府2016年第11次常务会议研究同意，现印发给你们，请结合实际认真贯彻执行。

中共鄂尔多斯市委员会

鄂尔多斯市人民政府

2016年9月25日

关于促进科技创新若干政策

为深入贯彻全国、全区科技创新大会精神，全面落实创新发展理念，大力实施创新驱动发展战略，加快转型发展步伐，打造创新型城市，建设我国中西部地区具有影响力的科技创新中心，构筑现代产业发展新高地，结合我市实际，制定以下政策。

一、大力培育科技创新主体

1. 鼓励和支持企业加大研发投入，建立企业研发经费投入后补助机制，在企业享受研发费用加计扣除政策的同时，根据税务部门提供的企业研发投入情况，给予企业研发投入资金5%的普惠性奖励。

2. 鼓励和引导企业建设科技创新平台，对新认定的国家级实验室、工程（技术）研究中心和企业技术中心给予300万元奖励；对新认定的自治区级实验室、工程（技术）研究中心、企业技术中心给予50万元奖励。

3. 鼓励企业积极参与实施国家科研项目。对牵头承担国家重点研发计划、自然科学基金等国家级科技计划项目的企业，给予其所获国家专项拨款额10%的补贴；其中需配套经费的项目，予以足额配套。

4. 积极引进高校、科研院所、创新型企业围绕我市主导产业开展技术研发，对其在我市设立的具有独立法人资格，并注入核心技术、配备核心研发团队和研发科技成果在我市转化的研发机构，按照“一事一议”的办法给予300万元至3 000万元补贴。

5. 鼓励我市企业与高校、科研院所和创新型企业建立联合实验室或研发中心，对联合研发机构实施的科研项目予以重点支持。鼓励企业牵头组建产业技术创新联盟，并给予一定工作经费补贴。

6. 实施国家高新技术企业培育行动。建立国家高新技术企业培育库，对符合条件、未获得认定的入库企业进行免费培训和专项辅导，并对其研发项目予以优先支持；对新认定的国家级高新技术企业给予20万元奖励。

7. 实施科技型中小微企业上市支持计划。对在上海、深圳证券交易所主板、创业板和中小企业板上市的科技型企业，市财政奖励300万元；对在新三板上市的企业，市财政奖励100万元。

8. 强化知识产权保护和运用。对新认定的国家知识产权示范企业和国家知识产权优势企业分别给予50万元和30万元奖励。对通过《企业知识产权管理规范》标准认证的企业，给予50万元奖励。鼓励企业参与技术标准研制，并对技术标准起草单位给予一定奖励。

9. 大力发展科技服务业。对从事研究开发、技术转移、检验检测认证、创业孵化、知识产权、科技咨询、科技金融、科学技术普及等服务且业绩突出的科技服务机构给予奖励。探索以政府购买服务方式支持科技服务型企业发展。

二、鼓励转化和引进科技成果

10. 鼓励企业积极引进转化科技成果。对工商注册、纳税关系均在我市，引进吸纳国内外先进技术成果，并成功实现技术转移和成果转化的企业，按技术转让或技术开发合同中实际发生技术交易额的3%给予补贴，单个技术合同补贴金额最高不超过50万元，每个企业补贴总额最高不超过200万元。

11. 加快技术转移平台建设。对新认定的国家、自治区和市级技术转移示范中心，分别给予50万元、20万元和10万元建设经费补贴。

12. 鼓励高校、科研院所和创新型企业在我市建立市场化技术转移机构，对实现科技成果在我市转移转化的，按实际发生技术交易额的2%给予补贴（同一技术多次转让不重复补贴），单个技术合同补贴金额最高不超过20万元，同一机构补贴最高不超过100万元。

13. 鼓励和支持市属高校和科研院所围绕我市主导产业自主或通过联合、引进开展科技创新，所形成的科技成果转化收益全部留归本单位，自主支配转化收益。允许市属高校和科研机构自主分配职务发明成果转让收益，其中科研负责人、技术骨干等人员的收益分配比例可提高到70%以上，剩余部分主要用于科学技术研究和成果转化等相关工作。

14. 建设我国西北地区科技成果交易中心。鼓励国内高校、科研院所、创新型企业在我市举办技术成果专场拍卖会和推介会，财政给予一定补贴。

三、全面引进和培养科技创新人才

15. 实施创新领军人才引进计划。按照我市转型发展方向，面向国内外引进能够突破关键技术和能够引领、带动行业发展的创新领军人才，并通过“一事一议”给予资金扶持，扶持金额最高不超过500万元。

16. 实施高层次人才创业团队引进计划。对高层次人才创业团队在我市创办企业给予资金扶持，扶持金额最高不超过1 000万元。高层次人才创业团队牵头人为国家“千人计划”专家的，再给予100万元补贴。

17. 鼓励和引导企业建设院士专家工作站，实现企业与院士专家及其团队间的资源共享、优势互补，对经自治区批准新建的院士专家工作站给予100万元运行补贴。

18. 加快培育高技能人才。完善在职劳动者职业技能等级或学历层次提升补贴资助办法。实施“技能菁英工程”，每年遴选30名“技能菁英”，组织赴国（境）外开展技能技艺培训、技能技艺交流及参加国际技能竞赛。实施“双元制”职业教育模式，每年选择10家左右企业开展校企联合培养试点，按照一定标准对企业给予培训补贴。

19. 支持高校和科研院所科研人员离岗在我市创业，符合条件的科研人员经所在单位同意，可带科研项目和成果离岗创业，离岗创业期限以3年为一期，最多不超过两期，离岗期间，原单位保留人事关系和基本待遇。

20. 加大特聘科技专家进园区进企业计划和科技特派员制度实施力度，鼓励符合条件的特聘科技专家、科技特派员与我市企业合作实施项目，对优秀特聘科技专家、优秀科技特派员分别给予10万元和5万元奖励。

21. 营造良好的人才发展环境。对来我市创业发展的科技创新团队核心成员，刚性引进的给予我市境内150平方米住房全额购房补贴，柔性引进的可申请入住专家公寓，同时解决配偶工作及子女入学问题。

四、推动大众创业万众创新

22. 加快推进众创空间建设。对国家、自治区、市本级认定的众创空间、星创天地等孵化机构，分别给予100万元、50万元和20万元的补贴。众创空间、星创天地等孵化机构每孵化一户上市企业给予50万元奖励，每孵化一家国家级高新技术企业给予10万元奖励。

23. 实施大众创新鄂尔多斯行动。鼓励大众开展形式多样的创意创新，每年开展一次民间发明创造评选活动，对排名前10位的给予一定奖励。

24. 鼓励和引导我市房地产业企业与专业科技创新企业孵化运营机构利用我市库存商品房建设众创空间，并对其管理机构给予连续3年的运营补贴，每个众创空间每年补贴最高不超过300万元。对影响带动作用特别重大的众创空间，通过“一事一议”予以特殊支持。

25. 建立产业园区（经济技术开发区）科技创新奖励机制，引导和支持产业园区（经济技术开发区）加快创新发展，聚集创新要素，带动提升全市科技创新能力。

五、强化财政金融支持

26. 进一步加大对科技的财政投入力度，依法保障科技创新所需经费，并在其他科技投入方面实现法定增长。

27. 设立科技成果转移转化专项资金。引进具有先进适用技术的实体企业，在按照转化和引进政策予以奖励的基础上，对外地企业和研发机构在我市新上填补产业空白的科技成果转化项目的，给予补贴或贷款贴息。

28. 设立科技重大专项资金，支持产业技术升级和配套集成技术研究开发与试验示范，重点支持我市主导产业关键技术攻关。

29. 设立市科技创新基金，主要用于支持拥有核心技术、成长性高的科技型企业发展。

30. 建立政府引导、多方参与的科技型中小微企业信贷服务体系，设立科技型中小微企业贷款风险补偿专项资金，对科技型中小微企业的贷款，按金融机构贷款利率的50%予以贴息扶持，每个企业最高贴息不超过100万元。

31. 本政策由市政府负责解释。

32. 本政策自发布之日起实施。

洛阳市加快“星创天地”建设扶持办法（试行）

洛两创〔2017〕12号

第一章　总则

第一条　为加快推动我市农业农村“大众创业、万众创新”，发挥星创天地在促进农村创新创业、加快发展现代农业、助推科技扶贫精准脱贫方面的积极作用，促进我市乡村创新创业基地建设，特制定本办法。

第二条　本办法所称星创天地是指在我市范围内由独立法人机构运营，面向农业科技特派员（团队）、大学生、退伍转业军人、退休技术人员、职业农民、中小微农业企业、农民专业合作社、农民工返乡创新创业等主体，提供成果转化、产业创意、产品创新、人才培训等综合服务，打造集科技示范、创业孵化、综合服务为一体的新型农业创新创业平台。

第三条　本办法所支持的星创天地为经国家、省、市科技部门认定或备案的星创天地，且运营良好，有较好发展前景。

第二章　支持方式

第四条　对获批的国家级、省级、市级星创天地（自2016年1月1日起）给予一次性100万元、50万元、10万元的奖励。若当年同时符合两级以上奖励的，按最高级别奖励。

第五条　市级及以上星创天地每年根据其新增改（扩）建孵化场地改造费用（不含基础设施建设费），给予一次性50%的补助，最高100万元。对星创天地为小微企业、创业团队提供公共服务而新购置的仪器、设备、软件平台等，给予一次性50%的补助，最高200万元。

第六条　星创天地针对入驻企业、创业团队或从业人员等举办的管理、服务技能培训、创业辅导等培训，经事前备案的，给予实际发生费用50%的补贴，每个单位每年不超过10万元。

第七条　鼓励建有星创天地的农业科技园区积极申报国家级、省级农业科技园区，对获批的国家级、省级农业科技园区分别给予一次性200万元、100万元的奖励。

第八条　星创天地在孵企业或毕业两年内的孵化企业，每成功备案1家省级科技型中小企业（A类），给予相应“星创天地”5 000元奖励；每成功认定1家高新技术企业，给予相应星创天地5万元奖励。

第三章　申报程序

第九条　资金申报工作每年组织一次，由市科技局、市财政局联合行文下发资金申报通知。

第十条　县（市、区）科技部门、财政部门根据通知要求，组织本辖区的申报工作，通过实地查看、资料审核后，形成推荐意见，联合行文报市科技局、市财政局。

第十一条　市科技局、市财政局对申请第四条、第七条扶持政策的星创天地或农业科技园区进行审核后，报市小微两创工作领导小组批准，按照批准金额，由市财政部门按国库集中支付程序办理资金拨付手续。

第十二条　市科技局、市财政局组织专家对申请第五条、第六条、第八条扶持政策的星创天地，采取资料审查、实地查看等方式进行评审，并委托中介机构对实际完成投入进行认定。专家评审后出具专家评审意见书，确定拟支持名单，并进行公示。公示无异议后，将拟支持名单报市小微两创工作领导小组批准，按照批准金额，由财政部门按国库集中支付程序办理资金拨付手续。

第四章　申报材料

第十三条　申请星创天地（农业科技园区）升级奖励资金需提供：

1. 资金申请报告；

2. 星创天地（农业科技园区）运营主体的营业执照副本（复印件）；

3. 国家、省、市相关认定或备案文件；

4. 申报材料真实性声明（法人代表签字并加盖单位公章）。

第十四条　申请星创天地改造费用及购置公共设施补贴需提供：

1. 资金申请报告；

2. 星创天地运营主体营业执照副本（复印件）；

3. 星创天地认定或备案文件复印件；

4. 具有资质的第三方审计机构出具的年度专项审计报告（审计报告均需带验证码），专项审计报告应包括：符合规定的新增改扩建费用或设备、软件、平台等购置费用支出情况、招标合同、施工合同、完工证明、发票、财务记账凭证等有关材料；

5. 申报材料真实性声明（法人代表签字并加盖单位公章）。

第十五条　申请星创天地培训费用补贴资金需提供：

1. 资金申请报告；

2. 星创天地运营主体营业执照副本（复印件）；

3. 开展培训的相关证明（协议、合同、培训导师及培训人员名单、照片、光盘等）；

4. 相关租赁合同、食宿发票、银行转账票据、财务记账凭证等有关材料复印件；

5. 申报材料真实性声明（法人代表签字并加盖单位公章）。

第十六条　申请星创天地入驻企业奖励资金需提供：

1. 资金申请报告；
2. 星创天地运营主体营业执照副本（复印件）；
3. 入驻企业名单、企业营业执照副本、房屋租赁合同及入驻合同（复印件）；
4. 完税证明汇总表及完税（免税）证明；
5. 相关认定或备案证明；
6. 申报材料真实性声明（法人代表签字并加盖单位公章）。

第五章　监督检查

第十七条　资金使用单位对拨付的资金必须专款专用。对利用虚假材料和凭证骗取专项资金的单位，按照《财政违法行为处罚处分条例》的有关规定对相关单位和人员予以处罚，情节严重构成犯罪的，依法追究刑事责任。

第六章　附则

第十八条　申请单位（企业）不得以同一项目重复申报或多头申报资金。

第十九条　奖励资金由市财政负担，补助资金按现行财政体制执行，由市科学技术局、市财政局组织实施。

第二十条　本办法自印发之日起实施，有效期两年。

洛阳市小微企业创业创新工作领导小组办公室

2017 年 7 月 12 日

日喀则市自然科学基金支持创新创业计划管理办法（试行）

日政办发〔2017〕52号

第一章　总则

为实现日喀则市科技创新驱动发展，积极培养青年科技人才，根据《中华人民共和国科学技术进步法》《西藏自治区应用技术研究与开发专项资金管理办法》（藏财企字〔2014〕72号）相关规定，进一步促进日喀则市“大众创业、万众创新”，结合全市产业发展大会精神以及市委、市政府关于发展壮大七大产业的意见，拟定本办法。

第二章　申请条件与受理

第一条　市自然科学基金支持创新创业计划是我市科技创新体系的重要组成部分。市自然科学基金计划主要面向基层和科研一线，支持有一定科研经验与能力、发展潜力好的青年科技人员。

第二条　市自然科学基金支持创新创业计划由市科技行政主管部门负责实施与管理。主要资助自然科学领域的基础研究、在自然科学领域内进行前期自由探索的项目，重点支持有特色、有优势的基础研究领域。

第三条　市自然科学基金计划面向35周岁（含35周岁）以下的科技人员，培养和选拔一批在自然科学领域崭露头角的优秀青年科技人才，鼓励其进行原始创新和基础研究，注重大胆探索，使其成长为日喀则市科技创新的中坚力量，引领和带动各类科技人才的发展，推动和提高科技人才的创新能力，为建设创新型日喀则市提供有力的人才支撑。

第四条　市自然科学基金计划项目的评审、立项和管理工作，遵循“尊重科学、激励创新、人才为本、择优支持”的原则，做到“公开、公平、公正”，接受社会监督。市科研院所和事业单位的科技人员，可通过项目依托单位提出自然科学基金计划项目立项申请。市科技行政主管部门根据我市经济、社会和科技发展目标，制订优先资助领域、项目指南等，公开向全市发布，引导市级自然科学基金计划项目的申请。

第五条　申请市级自然科学基金计划项目应具备以下条件：

（一）项目申请者应热爱党，热爱祖国，自觉维护祖国统一和民族团结，具有良好的学风和科学道德；

（二）申请的项目应具有一定的科学意义和应用前景；

（三）申请的项目创新性强，立项依据充足，研究内容和目标明确具体，技术方案可行，经费预算合理；

（四）项目申请者年龄不超过35周岁（含35周岁），具有专科学历或初级以上专业技术职称。

市级自然科学基金计划项目实施年限按照项目类型、规模设定为1~2年不等。

第三章　项目申请程序

第六条　申请者通过项目依托单位向市科技行政主管部门提出市级自然科学基金支持创新创业计划项目的立项申请，应填写《日喀则市自然科学基金支持创新创业计划项目立项申报书》。

第七条　项目依托单位负责对项目申请者的资格和填报内容的真实性进行审查并签署意见后，在规定的受理时间内通过项目依托单位汇总上报，同时将项目申请书报送市科技行政主管部门。

第八条　申请项目的主体研究内容已获得国家或自治区、市级相关科技计划资助的，不得重复申报。

第九条　申请者在同一个年度内只能申请一项市级自然科学基金支持创新创业计划项目，并且前一项未结题，不得再申请新的自然科学基金支持创新创业计划项目。

第十条　市自然科学基金计划项目资助金额按照项目类型、规模分别设定为1万~5万元不等。

第十一条　项目负责人应本着实事求是、精打细算的原则，编制切合实际的项目资助经费预算。项目依托单位应按照中共中央办公厅、国务院办公厅印发《关于进一步完善中央财政科研项目资金管理等政策的若干意见》以及《西藏自治区应用技术研究与开发专项资金管理办法》（藏财企字〔2014〕72号）文件规定，严格审核项目资助经费预算，经签署意见后申报。

第十二条　市自然科学基金支持创新创业计划项目资金不得以任何名义提取项目管理费。

第十三条　市自然科学基金支持创新创业计划项目评审，严格按形式审查、专家评审、公示等程序进行。

第十四条　形式审查

市科技行政主管部门负责申请项目的形式审查。有下列情况之一者，不予受理：

（一）申请者不具备规定的申请资格；

（二）申请材料含有虚假信息或撰写不符合要求；

（三）申请项目主体内容明显不符合资助范围；

（四）申请经费超出资助范围。

第四章 项目经费管理

第十五条 市自然科学基金支持创新创业计划项目采取组长领导下的专家制评审方式。

第十六条 参加项目评审的人员，实行保密和回避制度，对评审过程中的各种不同意见以及项目的内容负有保密责任，并遵守知识产权有关规定。

第十七条 市自然科学基金支持创新创业计划专项资金按照《西藏自治区应用技术研究与开发专项资金管理办法》（藏财企字〔2014〕72号），必须做到专款专用，不得用于科研项目以外的其他支出。

第十八条 市自然科学基金支持创新创业计划必须严格管理，对发现弄虚作假、虚报冒领、截留、挪用资金等违规行为的，限期整改，不能完成整改的，一律不通过验收，按程序收回资金，今后不得申报本专项。情节严重的，按照有关法律、法规追究相应的责任。

第五章 项目评审与立项

第十九条 市自然科学基金支持创新创业计划项目在通过专家评审后，对拟资助项目进行公示，公示期限为7个工作日。对公示期满无异议的项目，经审定后下达立项通知。

第二十条 在同等条件下，符合下列条件之一的项目给予优先资助：

（一）申请者以往承担的市自然科学基金支持创新创业计划项目完成质量好、成果突出；

（二）申请者具有研究生以上学历、以往未曾受市自然科学基金支持创新创业计划资助的青年科技人员。

第六章 项目实施与管理

第二十一条 项目依托单位对本单位的市自然科学基金支持创新创业计划项目管理承担以下职责：

（一）落实项目匹配经费，监督项目实施和经费使用，定期向市科技行政部门报告项目管理和实施情况；

（二）协助市科技行政部门实施项目检查，解决项目实施中的问题和困难；

（三）负责项目经费决算和研究工作总结等结题资料审查工作，按要求向市科技行政部门提出验收申请、项目总结等结题报告；

（四）组织做好项目结题和汇总上报工作。

第二十二条 获得资助的项目，由项目依托单位在接到书面通知后1个月内与市科技行政主管部门签订任务书，无正当理由逾期未签订任务书的，视为自动放弃。

第二十三条 市科技行政主管部门依据任务书，将项目经费划拨给受资助的项目承担人。

第二十四条 对已立项资助的项目，原则上不得变更项目名称、项目负责人和项目依托单位；对研究内容、目标等因不可抗拒的原因确需变更的，须由项目承担单位提出书面申请，报市科技行政主管部门批准后，方可变更。

第七章 项目验收与结题

第二十五条 项目完成后，项目负责人应按要求准备结题资料。项目以总结形式结题为主。

第二十六条 市自然科学基金支持创新创业计划项目，须在任务书规定的完成时间后一个月内提交《日喀则市自然科学基金支持创新创业计划项目结题申请书》，并附上研究工作报告、发表的论文和论著、项目申请书、任务书等有关材料复印件一式三份，由依托单位审查和签署意见后，统一报送市科技行政主管部门办理结题手续。

第二十七条 因客观原因不能在计划任务书规定的期限内结题的项目，项目依托单位应提前1个月向市科技行政主管部门提出延期申请，经批准后方可延期，最长期限不超过一年。

第二十八条 在市自然科学基金支持创新创业计划项目实施过程中，依托单位不得擅自变更项目负责人。

市自然科学基金支持创新创业计划项目负责人有下列情形之一的，依托单位应及时提出变更项目负责人或者终止项目实施的申请，报市科技行政主管部门批准；市科技行政主管部门也可以直接作出终止项目实施的决定：

（一）因工作调动、辞职、退休、死亡等原因不再是依托单位工作人员的；

（二）因健康等原因不能继续开展基金资助项目研究工作的；

（三）在科学研究中有剽窃他人成果或者弄虚作假行为的。

（四）项目资助经费的使用不符合有关财务制度的规定或其他违反市自然科学基金计划项目管理办法的行为。

市自然科学基金支持创新创业计划项目负责人调动到本市其他依托单位工作的，经现工作单位与原依托单位协商一致并报市科技行政主管部门备案后，可以变更其依托单位；现工作单位与原依托单位协商不成的，市科技行政主管部门可以作出变更其依托单位或者终止其项目实施的决定。

第八章 成果管理与应用

第二十九条 加强知识产权保护工作，项目组在项目实施过程中，对能形成自主知识产权的发明创造、科学发现等应及时申请专利进行保护。

第三十条 对已完成的市自然科学基金支持创新创业计划项目实行跟踪制，项目承担单位每年可从已结题的自然科学基金支持创新创业计划项目中筛选出有重大应用前景的项目，推荐申报市级以上相关科技计划项目。

第三十一条 市自然科学基金支持创新创业计划项目研究成果的鉴定或评议参照

国家有关规定办理。经评议或鉴定的研究成果，除市科技行政主管部门或有关部门审定需要保密的外，一般予以公开。

第三十二条 取得研究成果的市自然科学基金支持创新创业计划项目向社会公布或者应用时，应当注明“日喀则市自然科学基金创新创业计划资助”的文字和项目编号。

第九章 附则

第三十三条 本办法由市科技行政主管部门负责解释。

第三十四条 本办法自发布之日起实施。